KRÖNERS TASCHENAUSGABE BAND 334

Mark Galliker, Margot Klein,
Sibylle Rykart

Meilensteine der Psychologie

Die Geschichte der Psychologie nach Personen, Werk und Wirkung

Mit 7 Zeichnungen

ALFRED KRÖNER VERLAG STUTTGART

Mark Galliker/Margot Klein/Sibylle Rykart
Meilensteine der Psychologie
Die Geschichte der Psychologie nach Personen,
Werk und Wirkung
Mit 7 Zeichnungen
Stuttgart: Kröner 2007
(Kröners Taschenausgabe; Band 334)
ISBN 978-3-520-33401-5

Gesamtherstellung: Friedrich Pustet, Regensburg

Inhaltsverzeichnis

Vorwort

Die vorliegende Geschichte der Psychologie vermittelt Informationen über die Wegbereiter der Psychologie, ihr Werk und ihre Wirkung. Es handelt sich – wie auch schon aus dem Untertitel hervorgeht – um eine personen- und werkbezogene Psychologiegeschichte. Dabei stellt sich zunächst die Frage, welche Personen in ein Lehrbuch der Psychologiegeschichte gehören? Gibt es hierfür Kriterien?

Für diesen Band wurden jene Philosophen und Psychologen ausgewählt, die wichtige Beiträge zur Entwicklung der Psychologie geleistet haben und auch für das Verständnis derselben bis heute von theoretischer sowie praktischer Bedeutung sind: eben Wegbereiter der Psychologie. Ein weiteres Kriterium für die Aufnahme bildete die Gruppenzugehörigkeit und Anschlussfähigkeit der jeweiligen Forscher. Einzelne Philosophen und Wissenschaftler wurden in erster Linie wegen ihrer Pionierleistungen ausgewählt (u. a. Gründer von Schulen), andere vor allem aufgrund von Forschungsarbeiten, die in ihrer Bedeutung besonders weitreichend sind. Eine Bedingung der Berücksichtigung war immer auch die Möglichkeit der Zuteilung zu einer Gruppierung bzw. eine mögliche Assoziierung im Sinne eines Übergangs zu einer anschließenden Gruppierung.

Philosophen werden bis zum Auftreten der wissenschaftlichen Fachpsychologie berücksichtigt. Bei den Psychologen des 20. Jahrhunderts werden neben den Gründern auch weitere wichtige Repräsentanten der bedeutendsten Schulen bevorzugt behandelt. Dabei wird jeweils der Hauptstrom der akademischen Psychologie im Auge behalten und auf Weiterführungen geachtet.

Bei alldem konzentriert sich der Band auf die Allgemeine Psychologie und die mit ihr ursprünglich zusammenhängende Entwicklungspsychologie sowie auf theoretisch und praktisch bedeutsame Anfänge der Klinischen Psychologie. Forscher der Differentiellen Psychologie, die ausschließlich Unterschiede zwischen Personen untersuchten und sich nicht – oder weniger – mit Gesetzmäßigkeiten befassten, werden dagegen nicht berücksichtigt oder nur am Rande angeführt. Die Sozialpsychologie, die sich erst im letzten Jahrhundert allmählich von der Allgemeinen Psychologie gelöst und verselbständigt hat, wird ebenfalls nicht behandelt, denn sie setzte faktisch weiterhin das isoliert verstandene Individuum der Allgemeinen Psychologie voraus und ergänzte es auf das Soziale hin, während die gesellschaftliche Formation in Bezug auf das Individuelle bzw. oft auch schon der Rückbezug des Sozialen auf die einzelne Person ausklammert wurde. Was die Geschichte der Psychologie selbst betrifft, so wird sie zwar im Hinblick auf den heutigen Mainstream dargestellt, doch werden früher mögliche Alternativen ebenfalls berücksichtigt, gerade auch dann, wenn sie die gesellschaftliche Formation des Psychischen betreffen.

Die vorliegende baukastenartig konzipierte Geschichte der Psychologie bezieht sich auf 72 Wegbereiter der Psychologie, die nach 21 auseinander hervorgehenden und/oder in einem gewissen Verhältnis zueinander stehenden Richtungen (Epochen, Länder, Schulen) geordnet sind. Bei jedem Forscher finden sich jeweils seine biographischen und wissenschaftlichen Ausgangspunkte, Zusammenfassungen der Hauptwerke, methodische Gesichtspunkte, die Rezeption seines Werks, theoretische bzw. wissenschaftliche Nachwirkungen und die praktischen Auswirkungen seiner Forschungstätigkeit.

Bei der Auswahl einzelner Werke der berücksichtigten Wegbereiter der Psychologie wurden die Hauptwerke und/oder diejenigen Werke, in denen die Hauptgedanken der Philosophen oder Psychologen erstmals erscheinen, bevorzugt behandelt. Dabei wurde besonders auf die Bedeutung für heutige Fragestellungen geachtet. Es finden sich außerdem Inhaltsangaben von Werken, die Einfluss auf andere Werke und auf die Entwicklung der Psychologie insgesamt ausgeübt haben. Bei der Darstellung wurde versucht, textnah zu verfahren und den Inhalt zu komprimieren, womöglich durch die Wiedergabe von Zitaten, doch konnte dies aus Platzgründen jeweils nur einzelne Inhalte betreffen und das Ziel konnte nur sein, einen ersten Eindruck zu vermitteln. Die Möglichkeit zur weitergehenden Auseinandersetzung mit dem Werk ist ein besonderes Anliegen des Buches, weshalb sich die Auswahl u. a. auch an der Zugänglichkeit der Originaltexte orientiert.

Die editorischen Angaben wurden auf das Nötigste beschränkt. Bei den Literaturangaben folgt nach dem Namen des Autors an erster Stelle das Jahr, in dem das Werk zum ersten Mal erschien. Wenn es sich nicht um die Erstausgabe handelt, folgt an zweiter Stelle das Jahr, in dem die vorliegende Ausgabe veröffentlicht wurde. Bei Übersetzungen wird in gleicher Weise vorgegangen: An erster Stelle erscheint das Jahr der Erstausgabe in der Originalsprache, an zweiter Stelle die vorliegende deutschsprachige Ausgabe.

Innerhalb der Texte wird fast ausschließlich die männliche Form verwendet. Dies nicht nur der Kürze halber, denn die meisten Autoren der klassischen Psychologie sind männlichen Geschlechts. Die geschlechtsspezifische Zentrierung reicht aber noch weiter. Recherchen ergeben oft keine Informationen über die Mutter und manchmal auch keine oder nur spärliche über den Vater. Insbesondere über die gesellschaftliche Stellung und/oder den Beruf des Vaters finden sich manchmal Informationen.

An dieser Stelle möchten wir uns bei allen Kollegen und Kolleginnen bedanken, mit denen wir in den letzten Jahren über die Geschichte der Psychologie diskutieren durften. Besonders bedanken möchten wir uns bei Klaus Foppa, Carl-Friedrich Graumann, Rudolf Groner, Siegfried Frey, Alfred Lang, Daniel Weimer, Markus Fäh und Rainer Hofer für die vielen Anregungen, die wir von ihnen erhalten haben. Bedanken möchten wir uns auch bei den Studierenden der Psychologie, die sich seit 1990 in Lehrveranstaltungen an der Universität Heidelberg und an der Universität Bern mit der Geschichte der Psychologie engagiert auseinandergesetzt haben und mit ihren Diskussionsbeiträgen und Fragen viel zur Klarheit der theoretischen Darstellungen, zum Praxisbezug der Psychologie sowie zur Form der Darlegung der Psychologiegeschichte beigetragen haben. Die vorliegende Form des Lehrbuches bildete sich in den letzten Jahren insbesondere in der im Rahmen des Bachelorstudiums geprüften Vorlesung *Geschichte und Paradigmen der Psychologie* heraus. Die von den Studierenden gewünschte personenbezogene Darstellungsweise trägt zur Veranschaulichung der sonst oft schwer verständlichen Problemstellungen und zur Bewältigung des Lernstoffes bei. Besonderer Dank gebührt Julia Aparicio Vogl und Alfred Klemm, die als Lektoren sowohl den Inhalt als auch die Darstellung mit wohlwollend-kritischer Aufmerksamkeit prüften und mit zahlreichen Vorschlägen Verständlichkeit und Lesbarkeit steigerten.

Einleitung

Schon Vorschulkinder stellen Fragen nach der Seele: Was ist das, die Seele? Wo finde ich sie? Wie sieht sie aus? Viele Eltern haben Mühe, diese Fragen zu beantworten. Sie behelfen sich mit Bildern, beispielsweise mit religiösen Bildern, oder geben ausweichende Antworten.

Seit Jahrhunderten stellen junge und ältere Menschen Fragen nach der Seele und suchen nach Antworten. Diese Antworten sind mannigfaltig ausgefallen. Alle Bemühungen führten aber bisher zu keiner endgültigen Definition der Seele und zu keinen allgemein gültigen Erkenntnissen über sie.

Seit etwa zweieinhalb Jahrhunderten gibt es Forscher, die aus der ihrer Meinung nach vergeblichen »Seelensuche« die Konsequenzen gezogen haben: Sie bezeichnen die Seele als Phantom oder bloße Metapher. Einige von ihnen blieben dennoch ihrem Wissensgebiet treu, verlagerten aber dessen Forschungsgegenstand auf unmittelbar zugängliche und sichtbare Sachverhalte. Desillusionierte Forscher und Kritiker sprechen dann auch von einer »Seelenkunde ohne Seele« bzw. von einer »Psychologie ohne Psyche«.

Andere im Wissenschaftsbetrieb Beschäftigte sind der Meinung, dass verschiedene Menschen je nach eigenen Bedürfnissen und Gutdünken die Psyche (re-)konstruieren oder je nach eigenen Voraussetzungen über sie erzählen und dabei immer wieder neu und immer wieder etwas anders erzählen. Gemeinsam ist all diesen Wissenschaftlern, dass sie – sofern sie rein individualistisch oder bloß interaktionistisch denken, so wie dies bei den meisten Psychologen bis heute der Fall ist – methodologisch gesehen ihre Bemühungen mehr oder weniger offen der Beliebigkeit überlassen. Sowohl die mehr konstruktivistisch orientierten als auch die mehr narrativ gesinnten Autoren sind aber nicht nur modische Erscheinungen am Rande empirischer Wissenschaft, sondern auch recht alte Bekannte in der Geschichte der Psychologie, welche die Bedingungen der Möglichkeit von Erkenntnis, die beispielsweise

Kant noch »zusammen-dachte«, verselbständigten und jeweils besonders aufbereiteten.

Ganz so anspruchslos wie beispielsweise jene Wissenschaftler, die das »Seelenleben« auf das unmittelbar zugängliche Verhalten reduzierten, muss man heute in der Psychologie allerdings nicht mehr sein. Es gibt inzwischen durchaus über das unmittelbare Verhalten hinausweisende Aussagen, die schon eine gewisse Wissenschaftlichkeit beanspruchen können; doch sollte man hierbei bescheiden bleiben und auch die sozialhistorische Abhängigkeit der Forschungsergebnisse nicht aus den Augen verlieren. So sind die Auseinandersetzungen innerhalb der Psychologie nicht einfach abzuwehren und zu verdrängen: Die »immer wieder aktuelle Krise der Psychologie« (Graumann, 1983, S. 64) liegt nicht zuletzt auch darin begründet, dass sich diese Disziplin lange Zeit genauso gut als Geistes- wie als Naturwissenschaft verstehen ließ. Deshalb haben es sich die Autorinnen und Autoren der vorliegenden Psychologiegeschichte zum Ziel gesetzt, die Krisen der Psychologie besonders zu beachten, die an Auseinandersetzungen beteiligten Forscher bei der Anordnung der Gruppierungen wo möglich zu berücksichtigen und die allmähliche Trennung der ursprünglich ganzheitlichen Wissenschaft in eine Geistes- und eine Naturwissenschaft über längere Zeiträume hinweg zu verfolgen, um schließlich auch erste Ansätze zurück zu einem wieder mehr integrativen Verständnis der Psychologie anzuführen.

Wo aber finden wir die Anfänge der Vorstellungen von der Seele? Zu welchen Vorstellungen gelangten die ersten Philosophen, die nach der Erkenntnis der Ursprünge des Seins strebten und in diesem Zusammenhang besonders über die Seele nachdachten und sie zu erforschen suchten? Wann wurde die erste Seelenlehre formuliert? Seit wann verstehen sich die Philosophen als Wissenschaftler, die als solche über die Seele sachkundige Aussagen zu machen beanspruchen? Seit wann treten diese Wissenschaftler als Psychologen auf, also als Personen, die ihre Aufmerksamkeit besonders dem Gegenstand der Psychologie zuwenden? Seit wann verstehen sie sich als Fachpsychologen? Macht moderne Gehirnforschung die ehrwürdige Rede von der Seele überflüssig? Und was versteht man unter Wissenschaft – damals und heute?

Schon bei Aristoteles findet sich eine Darstellung früherer Philosophen, die sich mit der Seele befassten – eine Darstellung, die durchaus schon als »Geschichte der Psychologie« bezeichnet werden kann. Von einigen Historikern wird Aristoteles dennoch als erster Psychologe oder gar als erster an der Realität orientierter, mithin wissenschaftlicher Psychologe betrachtet. Doch das realwissenschaftliche Denken des griechischen Philosophen ist gleichwohl noch nicht mit dem Wissenschaftsverständnis der modernen Psychologie vergleichbar. Deshalb haben andere Historiker den Beginn der wissenschaftlichen Psychologie eher in Herbarts mathematisch-deduktiver Untersuchung *Psychologie als Wissenschaft* (1824–25) gesehen. Wieder andere Historiker haben den Beginn der wissenschaftlichen Psychologie in die zweite Hälfte des 19. Jahrhunderts verlegt, in die Zeit, in der vorwiegend naturwissenschaftlich orientierte Forscher wie Weber, Fechner und nicht zuletzt auch Wundt die ersten psychophysischen und schließlich psychologischen Experimente durchführten. Auf dem Gebiet der Naturphänomene (insbesondere in der Physik und in der Chemie) konnte sich zuvor der experimentelle Empiriebegriff durchsetzen, der zu vielen praktisch relevanten Resultaten führte, die uns beständig gegenwärtig sind (u. a. in der Technik).

Viele in der Berufspraxis tätige Psychologen können allerdings mit manchen Ergebnissen psychologischer Experimente wenig anfangen. Sie fordern daher einen breiteren Erfahrungsbegriff. Und auch von einigen eher theoretisch ausgerichteten Psychologen wird der naturwissenschaftlich auf das Individuum bezogene, mithin individualistische Empiriebegriff als zu streng und zu eng für den Gegenstand der Psychologie eingeschätzt. In der Geschichte der Psychologie sind an verschiedenen Stellen breitere und weichere Vorstellungen von Vorgehensweisen und Erkenntnismöglichkeiten auffindbar, und dies nicht erst seit der Verzweigung der Psychologie in eine geisteswissenschaftliche und eine naturwissenschaftliche Disziplin, die sich im Laufe des 19. Jahrhunderts vollzog. Schon lange vor der Etablierung der Akademischen Psychologie sind sie zu finden. Diese Vorstellungen werden hier stellenweise berücksichtigt, um dem Anliegen einer für Praktiker brauchbaren Psychologie mindestens ansatzweise zu entsprechen.

Die oben gestellten Fragen sind nicht eindeutig zu beantworten, schon gar nicht in einer Arbeit wie der vorliegenden, mit der vor allem auch intendiert ist, einen ersten Überblick über einige wichtige Vorreiter der Psychologie zu geben. Trotzdem darf diesen Fragen nicht gänzlich ausgewichen werden, wollen wir eine nach verschiedenen Seiten hin offene Vorstellung über die Entstehung der heutigen Psychologie gewinnen und mögliche Einseitigkeiten in der erfolgten Entwicklung nicht verleugnen, denn sie helfen uns, die gegenwärtige empirische Psychologie, so wie sie an den Universitäten gelehrt wird, besser zu verstehen und sie in das Wissenschaftsgefüge einzuordnen.

In diesem Buch vermitteln wir dahingehend einen ersten Eindruck der Psychologie im europäischen Raum seit ihren schriftlich niedergelegten Anfängen bis zur sogenannten *Kognitiven Wende*, wobei sich die Darstellung auf einzelne Forscher konzentriert. Es handelt sich demnach um eine personenbezogene Geschichte der Psychologie; das heißt einzelne Personen und ihr Werk stehen im Zentrum der Darstellung. Die Pioniere der Psychologie werden allerdings nach Zeitalter, Strömungen oder Schulen gruppiert und es wird auch auf Bezüge unter Personen und Gruppierungen hingewiesen, denn eine Geschichte der Psychologie kann sich nicht einfach auf Beiträge zu einzelnen Wissenschaftlern beschränken, sondern muss diese Wissenschaftler in einen äußeren und inneren Zusammenhang zueinander bringen.

Warum eine *personenbezogene* und nicht eine problembezogene oder ideengeschichtliche Darstellung der Geschichte der Psychologie? Hier kommt es auf die Fragestellung an: Will man die Psychologie nicht nur in das geisteswissenschaftliche Leben einer Epoche einordnen und deren Problemstellungen herausarbeiten, sondern den theoretischen Gehalt des tatsächlich Gebotenen kennenlernen, so muss man sich auf die Ebene der einzelnen Forschungspersönlichkeiten und ihrer wichtigsten Werke begeben. Erst dann kann die geleistete Arbeit zusammengestellt, unterschieden und verglichen werden, nicht zuletzt auch im Hinblick auf eine integrierte Theorie der Psychologie: In absehbarer Zeit wird die Psychologie von sprichwortartigen Annahmen in Minimalbereichen wieder zu breiteren Theorien zurückfinden, die auch Prognosen in Bereichen ermöglichen werden, die sich nicht mit dem Bereich einer Ausgangsuntersuchung decken, und damit wird sie auch zu einer kritisch-rationalistischen Überprüfbarkeit gelangen; ein Anspruch, der schon vor Jahrzehnten formuliert wurde, bis dato aber nicht eingelöst werden konnte.

Methodisch orientiert sich die vorliegende Psychologiegeschichte im Wesentlichen am Quellenstudium. Hierbei wird zwischen Quellen unterschiedlicher Qualität unterschieden. So stand bei der vorliegenden Arbeit das Studium ausgewählter Originalwerke der berücksichtigten Forscher eindeutig an erster Stelle. Diese Werke werden zuvorderst in theoretischer Hinsicht, im Weiteren aber auch in methodischer und praktischer Hinsicht, teilweise im Überblick, teilweise zusammenfassend wiedergegeben, wobei die einzelnen Werke nicht isoliert voneinander betrachtet, sondern in größere Zusammenhänge miteinander gebracht werden; auch ideengeschichtliche Gesichtspunkte werden hier zuweilen berücksichtigt. Besonders relevant sind jedoch die Bezüge, welche die Autoren selbst herstellen (u. a. Vorwort, Literaturverweise, kritische Bemerkungen über andere Autoren im Text, praktische Bezüge, Perspektiven). Daneben wurden autobiographische Darstellungen berücksichtigt und Biographien konsultiert, wenn möglich mehrere zum gleichen Forscher, so dass sie miteinander verglichen werden konnten. Ferner wurden bestehende historische Darstellungen einer Schule oder eines ganzen Zeitalters studiert. In manchen Fällen war der direkte

Zugang zu archivierten Dokumenten unumgänglich (Gründungsurkunden, Festschriften, Manuskripte von Vorträgen, Kongressberichte, Forschungsprogramme, Sitzungsprotokolle, Briefe, Tagebuchaufzeichnungen usw.); dies insbesondere bei der Darstellung von theoretischen oder methodologischen Auseinandersetzungen. In Einzelfällen konnten noch lebende Zeugen direkt befragt und deren Einschätzungen im Text berücksichtigt werden. Bisweilen wurden auch neuere Forschungsmethoden verwendet (z. B. Zitatanalysen).

Das Studium der Quellen ist die Voraussetzung der historischen Analyse und der systematischen Darstellung. Hierbei handelt es sich jedoch keineswegs um eine einfache dreigliedrige Abfolge Quellenstudium–Analyse–Darstellung in einem definitiven Sinne, denn nicht selten ergab eine erste Analyse, dass weitere Quellen konsultiert oder gesucht werden mussten, und nach einer ersten Arbeitsphase erforderte oft auch die schon erbrachte systematische Zusammenstellung der Ergebnisse eine Revision. Neue Quellen ergaben nicht selten neue Zusammenhänge und ließen manchmal auch bereits bearbeitete Quellen in einem etwas anderen Licht erscheinen, so dass natürlich auch die nun vorliegende Darstellung nur als vorläufige betrachtet werden kann: »*Historische Zeugnisse erhellen sich gegenseitig.* Und da es keine zwingende Vorschrift gibt, wo man beginnen muss, ähnelt die Arbeit einer kreisförmigen (oder nach anderen Auffassungen einer spiralförmigen) Bewegung« (Lück, 1991/2002, S. 26; Hervorhebung von Lück).

Griechische Philosophie

Die griechische Philosophie ist der Inbegriff der abendländischen Philosophie und bestimmt bis heute die Philosophie und mit ihr die Psychologie, die sich erst im 19. Jahrhundert von der Philosophie ablöste. Sie umfasst die hellenische Philosophie des klassischen Altgriechenland und die hellenisch-römische Philosophie mit ihren Ausstrahlungen in das werdende Römische Imperium. Die hellenische Philosophie gliedert sich wiederum in die vorsokratische Philosophie des 6. und 5. Jahrhunderts v. Chr. und in die im Folgenden ausgeführte attische Philosophie des 4. Jahrhunderts v. Chr. von Sokrates, Platon und Aristoteles. Zu den Vorsokratikern zählen dagegen die ionischen Naturphilosophen, die Eleaten und die jüngeren Naturphilosophen; ihren Abschluss bilden Demokrit und die demokratische Schule. Parallel entwickelte sich die Sophistik mit den wichtigsten Vertretern Protagoras, Gorgias und Hippias.

Sokrates

Ausgangspunkte

Über das Leben von Sokrates ist wenig bekannt. Platon hat ihn aber gut gekannt, und so kann einiges über das Leben von Sokrates aufgrund der von Platon nach Ort und Datum bestimmten Zwiegespräche bzw. Dialoge als zutreffend angenommen werden. Beispielsweise wird vermutet, dass die um einige Jahre jüngere Frau von Sokrates, Xanthippe, es mit diesem nicht gerade leicht gehabt hat. Sokrates führte auf den Straßen Athens beständig Gespräche mit Freunden und Schülern, die, im Unterschied zu den Unterweisungen in Unterredungskunst der Sophisten, an kein Entgelt gebunden waren. Sokrates bezieht sich oft auf die Sophisten, doch während dieselben beanspruchten, als Lehrer der Rhetorik über ein hinreichendes Wissen über das gute Leben des Menschen und der Polis zu verfügen, weist Sokrates dieses Wissen bewusst zurück. Dabei kritisiert er insbesondere den Anspruch der Sophisten, mit Hilfe bloßer Definitionen das gute Leben lehren zu können. Für Sokrates besteht die Lösung begrifflicher Probleme weniger in der Definition, er ist kaum je mit einer solchen wirklich zufrieden, sondern in der Kritik der Fragestellung (Martens, 2004).

Zeittafel

ca. 470 v. Chr.	Sokrates wird in Athen geboren. Berichtet wird von seiner Mutter, der Hebamme Phainarete, und von seinem Vater, dem Steinmetz Sophroniskos.
441–440 v. Chr.	Sokrates nimmt an der militärischen Expedition Athens gegen Samos teil und trifft den Anaxagoras-Schüler Archelaos.
431–422 v. Chr.	Er nimmt als Hoplit an verschiedenen Kampfhandlungen des Peloponnesischen Krieges teil.
423 v. Chr.	Aufführung von Aristophanes' *Die Wolken*, wo Sokrates als Sophist dargestellt wird.
416 v. Chr.	In den späteren Kriegsjahren beginnt der Umgang mit seinen jüngeren Schülern Platon und Xenophon.
406 v. Chr.	Zur Zeit des Seesieges der Athener bei den Arginusen und des darauf folgenden Prozesses gegen die athenischen Feldherren ist Sokrates Ratsherr (Platon) oder Vorsitzender der Volksversammlung (Xenophon). Er widersetzt sich vergeblich einem ungesetzlichen Volksbeschluss.
404 v. Chr.	Niederlage Athens im Peloponnesischen Krieg. Sokrates leistet Widerstand gegen ungesetzliche Maßnahmen der Regierung der Dreißig Tyrannen.
403–399 v. Chr.	Nach der Restauration der Demokratie in Athen scheint Sokrates mit seinen Befragungen meist junger Menschen auf den Straßen und Plätzen Athens zur Verunsicherung der Bevölkerung beizutragen.
399 v. Chr.	Fünf Jahre nach der Niederlage klagen in einem Klima der Angst und Unsicherheit angesehene und wohlhabende Athener Bürger Sokrates wegen Frevel wider die Religion sowie wegen Verführung der Jugend an. Sokrates verteidigt sich, doch da er dennoch mit 280 gegen 221 Stimmen schuldig gesprochen wird, verzichtet er auf die ihm nahegelegte Flucht und akzeptiert das Todesurteil und trinkt in Athen den Schierlingsbecher.

Theätet

Platons *Theätet* (vor 347 v. Chr./1981) behandelt Fragen, die sich auf das Wissen beziehen: Wozu sollen wir wissen, was Wissen ist? Wie können wir wissen, was es ist? Was wissen wir vom Wissen? Dabei lässt er Sokrates seine besondere Vorgehensweise vorstellen und vergleicht sie mit der Entbindung von Gedanken des Schülers. Nicht die Gedanken des Philosophen stehen als etwas Mitzuteilendes im Mittelpunkt des Gesprächs, sondern vielmehr die Hervorbringung eigener Gedanken durch die Schüler mit Hilfe des Lehrers. Mit den Worten von Sokrates ausgedrückt: »Und dabei lernen sie offensichtlich nie auch irgend etwas bei mir, sondern finden selber viele hervorragende Wahrheiten bei sich heraus und bringen sie hervor« (ebd., S. 31). Der Lehrer ist allerdings mit den »Was-ist-das«-Fragen, die nicht bloß auf eine Auflistung von Beispielen, sondern auf das durchgängig Geltende dieser Beispiele abzielen, der Urheber der Entbindung. Die sogenannte *Hebammenkunst* besteht außerdem nicht zuletzt darin, etwas durch Erinnerung an frühere Erfahrungen sowie an vorangegangene Momente im Dialog zu ermitteln, das dann auch die Zustimmung des Schülers erhält, aber dessen ursprüngliche These widerlegt. Erfahrungsgemäß kommt dieses Verfahren beim Schüler nicht immer gut an, weshalb Sokrates Theätet folgenden Rat gibt: »Wenn ich bei meiner Prüfung etwas von deinen Behauptungen für ein Trugbild und nicht für wahr halte und es daher ohne weiteres Aufsehen beiseite schaffe und wegwerfe, dann werde nicht zornig wie erstgebärende Frauen wegen ihrer Geburten. Denn schon viele, mein Lieber, waren so wütend auf mich, daß sie mich am liebsten sogar gebissen hätten, wenn ich sie von irgendeinem Unsinn befreit hatte. Sie glauben nämlich nicht, daß ich sie so behandle, weil ich es gut mit ihnen meine; denn sie verkennen völlig, daß kein Gott den Menschen etwas Schlechtes antun will und daß auch ich derartiges nicht aus Böswilligkeit tue. Vielmehr darf ich auf keinen Fall etwas Falsches durchlassen und etwas Wahres verwerfen« (ebd., S. 33ff.).

Die Maieutik (»Hebammenkunst«)

In Platons *Theätet* (S. 31ff.) bezeichnet Sokrates seine Lehrmethode als Hebammenkunst und beschreibt sie. Das Vorgehen ist dialogisch und besteht aus folgenden Schritten:

- *Dialog in der Form von Fragen und Antworten:* Der Schüler versucht die vom Lehrer gestellten Fragen so gut wie möglich zu beantworten. Der Lehrer unterstützt den Schüler, die Wahrheit aus eigener Kraft hervorzubringen.
- *Überprüfung der Antworten und Weiterfragen:* Der Lehrer überprüft die Antworten und beurteilt ihren Wahrheitsgehalt. Häufig wird die Haltbarkeit der Antworten durch Weiterfragen weiter überprüft.
- *Widersprechende Thesen:* Der Definitionsversuch des Schülers wird als These aufgefasst, die er zu rechtfertigen hat. Dies geschieht oft dadurch, dass der Lehrer beim Schüler die Zustimmung zu weiteren Thesen einholt, die der ersten widersprechen.
- *Berücksichtigung des vorangegangenen Dialogs:* Der Schüler macht sich primär aufgrund eigener Erfahrungen sachkundiger. Für den Übergang vom Nichtwissen zum Wissen steht ihm jedoch auch der vorangegangene Dialog mit den in ihm gelernten und überprüften Unterscheidungen zur Verfügung.
- *Beendigung des Dialogs:* Der Dialog ist beendigt, wenn die Dialogpartner einem Ergebnis gemeinsam zustimmen. Die Zustimmung hängt von den jeweils verfügbaren und akzeptierten Kriterien der Dialogpartner ab. Die Dialogpartner müssen sich also auf eine stets neue Revision ihrer Ergebnisse gefasst machen.

Die besondere Aufgabe des Lehrers besteht darin, die potentielle Produktivität der in den Dialog eingebrachten Beispiele in ihrer Bedeutung abzuschätzen und gegebenenfalls den Zeitpunkt zu bestimmen, zu dem ein neu eingebrachtes Beispiel weitergehende Perspektiven eröffnet (vgl. Birnbacher & Krohn, 2002).

Methode

Bei der *Hebammenkunst* handelt es sich um eine Erkenntnismethode: Zu einem Begriff, der verstanden werden soll (z. B. Tüchtigkeit bzw. Tugend), werden zunächst Beispiele angeführt. In der Regel fallen dem Gesprächspartner gleich mehrere oder gar ein ganzer Schwarm von Beispielen ein. Gesucht ist aber das allen diesen Einzelfällen Gemeinsame, das sich aus Bestimmungen (u. a. in Form von Eigenschaften) zusammensetzt. Wenn Unklarheit über eine dieser Bestimmungen besteht, sind diesbezügliche Kriterien zu formulieren und Einigkeit über dieselben zu erzielen. Darauf folgend lässt sich überprüfen, ob diese Bestimmungen für alle Gruppen von Menschen (z. B. Männer, Frauen, Kinder) zutreffend sind. Wenn dies nicht der Fall ist, kann der Begriff unterteilt werden, wobei für verschiedene Gruppen (teilweise) unterschiedliche Bestimmungen gelten können. Manchmal ist es auch notwendig, den Begriff selbst, oder den Geltungsbereich desselben, einzuschränken. Im Weiteren stellt sich dann die Frage, ob die angenommenen Eigenschaften bzw. Handlungsweisen auch für Menschen zutreffend sein könnten, für die der Begriff nicht anwendbar ist. Es sind also auch Abgrenzungen notwendig, mitunter durch die Einführung von Gegenbegriffen. Oft finden die Dialogpartner keine befriedigende Definition (vgl. u. a. Platon, nach 399 v. Chr./1994).

Sokrates versucht nicht, *empirische* Fälle zu verallgemeinern, denn dabei besteht immer die Gefahr der Übergeneralisierung, wie dies auch später bei der Induktion der Fall sein wird. Vielmehr wird gerade durch die Bestimmung des je Besonderen auch das Allgemeine herausgearbeitet. Im weiteren Verlauf wird es dann wiederum an neuen Einzelfällen nach- oder zurückgewiesen. Konkrete Fragestellungen auf dem Hintergrund eigener Lebenserfahrungen bilden also die Basis dieser *regressiv-progressiven Methodik.*

Rezeption

Bekanntlich hat Sokrates keine Zeile Schriftliches hinterlassen. Seine Wirkung beruhte ausschließlich auf dem Gespräch, oder genauer ausgedrückt: auf dem Zwiegespräch (Dialog). Er rief aber ein reges Schrifttum hervor: Schon bald nach seinem Tod entstand der sogenannte *sokratische Dialog*. Nicht nur Platon, sondern auch andere Philosophen schrieben solche Dialoge, so beeindruckt waren sie von Sokrates, von seiner Philosophie und von seiner Persönlichkeit. Er steht im Mittelpunkt der philosophischen Unterredung und Erörterung der folgenden Jahrzehnte, bis Aristoteles diese Gesprächsform schließlich der Dichtung zuwies.

In der Folge wurde die philosophische Auseinandersetzung *monologisiert*. In der mittelalterlichen und neuzeitlichen Philosophie spielt der Dialog keine große Rolle mehr. Zwar gibt es auch noch im 20. Jahrhundert Philosophen, für die er von Bedeutung ist, doch steht hier nicht der kritische und eher einseitige sokratische Dialog im Zentrum der Überlegungen (vgl. u. a. Buber, 1962). Die meisten aktuellen philosophischen Probleme werden jedoch nicht mehr über den Dialog zu lösen versucht. Auch in der modernen Psychologie kommt dem Dialog kaum Bedeutung zu, wenn man vom praktisch-therapeutischen Bereich absieht. Neuerdings gibt es zwar einige wenige Psychologen, die sich mit ihm auch in empirischer Hinsicht beschäftigen, doch geschieht dies nicht in der Tradition von Sokrates. An die Stelle des einseitigen Frage-Antwort-Dialogs ist die gegenseitige Verständigung im Rahmen sozialer Interaktion und sprachlicher Kommunikation getreten (vgl. u. a. Foppa, 1984).

Theoretische Nachwirkungen

Sokrates versuchte wie viele Philosophen vor und nach ihm, von konkreten Erfahrungen oder Urteilen ausgehend zu universell gültigen Aussagen, Prinzipien oder Regeln zu gelangen. Allerdings handelte es sich bei ihm stets mehr um den Versuch einer Verallgemeinerung als um die Verwirklichung derselben. So durchschnitt Sokrates von Anfang an die Wurzeln des *Dogmatismus*, denn das beständige Fragen und Infragestellen zwingt immer wieder zum Eingeständnis der eigenen Unwissenheit sowie jener fremder Autoritäten. Der Dialog im Sinne von Sokrates hat also etwas Aufdeckendes oder negativ ausgedrückt: etwas »Entrüstendes« oder wie sich Bodenheimer (1984) ausdrückt: »Obszönes« an sich, das entgegen dem schülerzentrierten Anspruch von Sokrates durchaus auch ein Dominanzverhältnis einschließt, wenngleich primär in formaler und weniger in inhaltlicher Hinsicht. Sokrates ist somit der Typus des theoretischen Menschen, eine Daseinsform, die vor ihm so nicht bestand, in der Geistesgeschichte des Abendlandes dagegen häufig anzutreffen sein wird, wenngleich eher selten in der radikalen und auch uneigennützig konsequenten Art, wie sie Sokrates vorlebte.

Praktische Auswirkungen

Die Hebammenkunst hat den vorwiegend gegen die Sophisten gerichteten Anspruch einer *Therapie der Philosophie.* Es handelt sich um eine Abwehr unnötiger Spitzfindigkeiten oder – in schwierigeren Fällen – um den Versuch, das, was dominante Personen zur Wahrheit erklären, nicht gelten zu lassen. Die Methode ist anwendbar in der Ethik, in der Erkenntnistheorie und in der Mathematik. Neuerdings wird sie auch im Rahmen der Psychotherapie verwendet (Beck et al., 1979). Die Autorität des Lehrenden oder des Therapeuten wird dabei wohl in Verfahrensfragen, nicht aber in Sachfragen geltend gemacht.

Stavemann (2002) hat ein Buch über Sokratische Gesprächsführung für Psychotherapeuten, Seelsorger und Berater publiziert, und auch die sogenannte *Kognitive Umstrukturierung* bezieht sich auf den Sokratischen Dialog. Entsprechende »Strategien« werden gegenwärtig herausgearbeitet und weiterentwickelt (Wilken, 1997/2003).

Platon

Ausgangspunkte

Platon schließt mit seiner eigenen Philosophie an Sokrates an: Für Letzteren ist hinsichtlich der Begriffsbestimmung zwar bereits das Allgemeine relevant, aber dasselbe ist noch nicht eine von Sachverhalten abgetrennte Wesenheit oder Idee wie bei Platon – ganz abgesehen davon, dass sich Sokrates bewusst war, dass das Allgemeine in vielen Bereichen nicht oder zumindest nicht zureichend bestimmt werden kann.

Zeittafel

427 v. Chr.	Platon wird in Athen geboren.
408 v. Chr.	Er wird Schüler von Sokrates.
389–388 v. Chr.	Platon reist nach Sizilien. Er lernt den Tyrannen von Syrakus, Dionysius, sowie dessen Schwager Dion kennen.
387 v. Chr.	Platon gründet eine Schule auf einem Athener Grundstück, das dem Heros Akademos geweiht ist. Deshalb erhält die Lehranstalt den Namen »Akademie«. Platon begegnet der Naturphilosophie seiner Zeit mit Misstrauen und stellt derselben seine Ideenlehre gegenüber.
367–365 v. Chr.	Platon reist wieder nach Syrakus, wo inzwischen Dionysios II. regiert. Gescheiterter Versuch Dions, nach Maßgabe der Philosophie eine Herrschaft zu errichten. Verbannung Dions. Platon erleidet Repressalien und kehrt nach Athen zurück. Dion geht nach Syrakus zurück und übernimmt gewaltsam die Macht. Später fällt er einer Verschwörung zum Opfer.
361–360 v. Chr.	Auf Drängen von Dionysios II. kehrt Platon nach Sizilien zurück und scheitert dort erneut.
347 v. Chr.	Platon stirbt in Athen.

Die Verteidigung des Sokrates

Platon schrieb *Die Verteidigung des Sokrates* (*Apologia Sokratus*, 399 v. Chr./1987) aus seiner eigenen Perspektive. Andere Darstellungen des Prozesses decken sich nur stellenweise mit der der Apologie und sind teilweise glaubwürdiger. Die unterhaltsam dargebotene Verteidigungsrede des platonischen Sokrates in der Form der attischen Gerichtsrede ist angesichts der öffentlichen Klage herausfordernd und kompromisslos. Sokrates grenzt sich von der *Naturspekulation* sowie von der *Sophistik* ab und widerlegt die Vorwürfe, unternimmt aber im Weiteren nichts, die Richter für sich einzunehmen und umzustimmen. Im Gegenteil: Reiche, korrupte und sich als weise dünkende Athener Bürger werden vom selbstbewusst auftretenden Sokrates schonungslos entlarvt, und der Angeklagte stellt den wahren Grund der Anklage gegen den vorgegebenen: Das Orakel zu Delphi habe ihn als den weisesten Mann ausgegeben, was er habe widerlegen wollen, weshalb er Politiker, Dichter und schließlich auch Handwerker geprüft habe, stets mit dem Ergebnis, dass sich die Geprüften als weise eingeschätzt hätten, ohne dass sie es wirklich gewesen seien. So sei es gekommen, dass er sich bei vielen verhasst gemacht habe. Nach so einem Gespräch mit einem Politiker habe er nachher gedacht: »Im Vergleich zu diesem Menschen bin ich der Weisere. Denn wahrscheinlich weiß ja keiner von uns beiden etwas Ordentliches und Rechtes; er aber bildet sich ein, etwas zu wissen, obwohl er nichts weiß, während ich, der ich nichts weiß, mir auch nichts zu wissen einbilde. Offenbar bin ich im Vergleich zu diesem Mann um eine Kleinigkeit weiser, eben darum, daß ich, was ich nicht weiß, auch nicht zu wissen glaube« (ebd., S. 9).

Er könne nicht anders, als sich so zu verhalten, denn es sei ihm von den Göttern auferlegt, die gängigen falschen Vorstellungen vom Werte des Reichtums und des Ruhmes in Abrede zu stellen und die Menschen zur Sorge um ihre Seele anzuhalten. Hiervon lasse er sich auch nicht durch die Gefahr des Todes abbringen: »Denn sich vor dem Tode zu fürchten (...), das ist nichts anderes, als sich für weise zu halten, ohne daß man es ist. Das bedeutet ja, daß man zu wissen glaubt, was man gar nicht weiß. Denn niemand weiß, ob nicht der Tod für den Menschen die größte aller Wohltaten ist, und doch fürchten ihn die Leute, als ob sie genau wüßten, daß er das größte aller Übel ist« (ebd., S. 20). Die sokratische Befragung wurzelt nach Platon in der Sorge um die Seele sowie in der Sorge um das Gute. Er stellt die Lebensführung von Sokrates als Selbsterforschung dar, die das Leben erst lebenswert mache.

Der Staat

Platons aus zehn Büchern bestehendes Hauptwerk *Der Staat* (*Politeia*, vor 347 v. Chr./2004) basiert auf einer Vielfalt von schon in früheren Schriften behandelten Themen und führt zum Staatsentwurf. Der Autor ist überzeugt davon, dass die ethischen und politischen Zustände in Athen verkommen sind, wobei die Krise auf psychische Verwahrlosung der Menschen zurückgeführt wird. Ein Beispiel hierfür sei die Verurteilung von Sokrates. Am Anfang des Werkes steht denn auch die Frage von Sokrates nach dem Wesen der Gerechtigkeit. Die sophistische These, dass Gerechtigkeit nichts anderes als die Nützlichkeit des Stärkeren sei, wird zurückgewiesen. Das Problem verlange eine grundsätzliche Erörterung, denn oft erlitten gerade die Gerechten die schlimmsten Schicksale.

Die Antwort auf die Ausgangsfrage ist der Entwurf eines Staatswesens, das darum besorgt ist, die Menschen zur Geistigkeit und zur Gerechtigkeit zu führen. Für den Aufbau eines solchen Staates geht Platon von einer idealen Grundlage aus: Das Feld staatlichen Handelns ist für ihn weder die Außen- noch die Innenpolitik. Er beschreibt nicht, wie sich die reale Politik in konkreten Situationen handhaben ließe. Sein Staat kümmert sich vielmehr um das Seelenwohl der Menschen und damit auch um ihre Erziehung.

Platon geht von einer dreigliedrigen Seele aus: Vernunft, Lenkung, Begehren. Entsprechend wird der Staat in drei Stände unterteilt: *Wächterstand* (Philosophen, die für die Erhaltung des Staates sorgen), *lenkender Stand* (besorgt die eigentlichen Staatsgeschäfte), dritter oder gleichsam *leiblicher Stand* (arbeitende Bevölkerung). Die Herrschaft der Philosophen ist dabei nicht faktisch gemeint, sondern als eine die Erkenntnis betreffende. Gerechtsein ist für Platon die Erfüllung der allgemein menschlichen Aufgabe, nach der Idee des Guten zu streben, und die Idee des Guten ist Bedingung der Wahrheit der Vernunft und zugleich der Grund des wahren Seins. Diese Idee wird mit der Sonne verglichen als der Bedingung von Sehen und von wahrem Leben, und mit ihr ist die Erfüllung menschlicher Aufgaben verbunden. Hierzu gehöre, dass der Mensch das Nicht-Geistige, das Triebhafte im Leib beherrsche, ja bezwinge, damit er besonnen wird. Um das Gute anzustreben seien außerdem insgesamt vier Kardinaltugenden notwendig: Besonnenheit, Weisheit, Klugheit und Tapferkeit.

Das *Höhlengleichnis* ist ein Bild für den Auf- und Abstieg aus der Höhle zur Sonne und zurück: Aufsteigend bewege sich die erkennende Seele von der Sicht bloßer Schatten zur Sicht der Dinge und schließlich zu jener der Ideen. Absteigend bringe der erkennende Mensch oder der Philosoph das Licht seines Wissens in die Höhle zurück.

Höhlengleichnis

Platon lässt im siebten Buch von *Der Staat* (S. 327–332) Sokrates seinem Dialogpartner Glaukon folgendes Gleichnis vortragen:

- *Leben in der Höhle:* In einer unterirdischen Wohnstätte leben gefesselte Menschen. Die Höhle hat einen nach aufwärts gestreckten Eingang. Von dort her leuchtet das Licht eines Feuers. Zwischen demselben und den gefesselten Menschen steigt ein Weg an, an dem entlang eine Wand verläuft. An dieser vorbei tragen Menschen Geräte, die über sie hinausragen.
- *Schatten:* Die Menschen in der Höhle sehen von sich und den Menschen mit den Geräten nur die Schatten, die von dem Feuer auf die gegenüberliegende Mauer geworfen werden. Sie halten nichts anderes für wahr als diese Schatten der Menschen und ihrer Gegenstände.
- *Weg ans Licht:* Wird ein Mensch gedrängt, in das Licht der Sonne zu blicken, wird er geblendet. Erst mit der Zeit

könnte ein Aufsteiger die Sonne selbst an ihrem Platz anblicken und ihr Wesen erkennen.

- *Rückkehr:* Kehrte der aufstrebende Mensch nun in die Höhle zurück, so wären seine Augen zum Sehen in der Finsternis untauglich. Dieser Mensch würde sich lächerlich machen und die anderen würden sagen, der Aufstieg sei daran schuld und der bloße Versuch zu einem Aufstieg sei verwerflich.

Das Gleichnis unterstellt unveränderliche Stände. Den drei Ständen entsprechend sind das Sein sowie die Erkenntnis aufgebaut:

- *Welt außerhalb der Höhle:* Es ist die Oberwelt, die wahre Wirklichkeit, die Welt der Sonne und des Lichts, die den Aufsteiger zunächst blendet und ihm schließlich die Augen öffnet. Es handelt sich um die Welt der Erkenntnis.
- *Erfahrungswelt:* Der Welt der Erfahrung kommt nur ein mittlerer Rang zu zwischen den unvollkommenen Gebilden der körperlichen Sinneswelt und den vollkommenen Formen der Ideenwelt (etwa ein Acker mit ungefähr gleichen Längen, Breiten und Winkeln versus Quadrat).
- *Welt in der Höhle:* Es handelt sich um die Körperwelt. Die Dunkelheit in der Höhle symbolisiert den Mangel an klarer Erkenntnis, die Schatten die falschen Vorstellungen von der Realität und von den moralischen Begriffen (u. a. Gerechtigkeit).

Platon unterscheidet im *Staat* ein den Sinnen zugängliches, körperliches Sein und ein ideelles Sein, das in geistigen Akten zugänglich ist. Die sinnliche Erfahrung könne demnach keinen Aufschluss über das Wesentliche geben, erschließe sie doch nur die Körperwelt. Das ideelle Sein könne vom menschlichen Denken nicht hervorgebracht werden, denn es handle sich dabei um das eigentliche Sein, das durch das menschliche Denken lediglich nachgebildet werde. Ideelles Sein beinhalte Ideen, wobei Idee (eidos, idea) wörtlich »sichtbare Gestalt« bedeutet. Platon verwendet den Begriff zur Bezeichnung des geistig erschaubaren Wesens. Das Erschauen oder wenn man will: Erkennen der Ideen durch das menschliche Denken sei indes mehr ein Ahnen als ein verstandesmäßiger Vorgang, denn beim Erkennen der Ideen handle es sich um eine Wiedererinnerung an Formen, die der Seele schon vor ihrem Dasein auf Erden eingegeben worden seien. Wie das Erkennen so wird auch das Lernen als ein solcher Vorgang der Wiedererinnerung verstanden.

Neben den grundlegenden erkenntnistheoretischen Fragen behandelt Platon in seinem Hauptwerk auch praktische Probleme. So ist für ihn das Geschlecht keine konstitutive Eigenheit der Seele: Frau und Mann seien wesenhaft gleich, und bei gleicher Seele sei für Frauen und Männer auch die gleiche Erziehung vonnöten. Entsprechend müssten sie auch die gleichen Dienste erfüllen – bis hin zu den Kriegsdiensten. Freilich gibt es im *Staat* auch viele Stellen, die heutigen Lesern fragwürdig erscheinen: Wenn beispielsweise von Staats wegen die besten Männer und Frauen zur Paarung zusammengeführt oder wenn die Kinder nicht als ihren Eltern zugehörig betrachtet werden.

Methode

Platons Erkenntnisvorgang entspricht dem Auf- und Abstieg im Höhlengleichnis: Aufsteigend wird das Viele und Verstreute zur Einheit des Begriffs geführt, absteigend zeigt er, wie mannigfaltig der eine Begriff erscheinen kann. Hierbei erweisen sich die scheinbaren Originale nur als endliche und veränderliche Abbildungen der ewig gültigen Ideen. In der heutigen Terminologie ausgedrückt, geht es hier um die *begrifflich-deduktive Erkenntnisgewinnung*, so wie sie beispielsweise in der Mathematik vorkommt.

Rezeption

Platon wollte eine Tradition begründen und organisierte eine Stiftung, der er seinen materiellen Besitz und sein geistiges Erbe vermachte. Speusippos und Xenokrates, die beiden ersten Leiter der Akademie nach Platon, versuchten seine Lehre zu systematisieren. Aristoteles verließ nach dem Tode Platons die Akademie und schuf eine eigene Philosophie.

Zur Zeit des Hellenismus stand man der Platonischen Dogmatik kritisch gegenüber. Erst der Stoiker Panaitios brachte im 2. Jahrhundert v. Chr. wieder eine große Wertschätzung für Platon auf, und das Christentum versprach sich von Platons Philosophie eine Konzeption für den über der irdischen Welt erhabenen Gott. Im 3. Jahrhundert n.Chr. entwickelte Plotin den *Platonismus* weiter. Der sogenannte *Neoplatonismus* war bis ins Mittelalter hinein wegleitend, doch schon bei Augustinus findet sich ein eher ambivalentes Verhältnis zum Platonismus und Neoplatonismus. Im Mittelalter fiel dann Aristoteles ein größeres Gewicht zu als Platon. In der Renaissance diente Platon der Überwindung der mittelalterlichen *Scholastik.*

Theoretische Nachwirkungen

Bei Platon wird zwischen zwei Welten unterschieden, zwischen denen ein *Abbildverhältnis* besteht. Die eine Welt wird als ideelle Welt aufgefasst und die andere Welt als materielle Welt. Die raum-zeitlichen Dinge der materiellen Welt sind Abbilder der ideellen Welt, der Ideen, der Urbilder. Die Menschen gehören zwei Welten an. Es handelt sich um eine zweiseitige, ja gegensätzliche (ursprünglich: zwiespältige) Betrachtung der Wirklichkeit. Diese Auffassung wird als *Dualismus* bezeichnet. Der Dualismus wird in der abendländischen Geistesgeschichte und Erkenntnistheorie eine wichtige Rolle spielen. Im französischen Rationalismus wird er einen ersten Höhepunkt erreichen. Erst Darwin wird ihn wissenschaftlich verabschieden.

Praktische Auswirkungen

Nach Platons Auffassung gehören Menschen zwar zwei Welten an, doch letztlich seien sie im Jenseits beheimatet. Hierbei handelt es sich um einen idealen Ausgangspunkt. Im sogenannten *Idealismus* wird die Welt primär von den Ideen (später auch erkenntnistheoretisch gesehen vom Geist, der Vernunft, vom Bewusstsein und in praktischer Hinsicht: vom Idealen) aus betrachtet und bestimmt. Dies mit langandauernden, teilweise auch noch in der Moderne anhaltenden Auswirkungen. Bei Platon sind zentrale Ideen jene des Wahren, Guten und Schönen. In diesen Ideen wird das Göttliche sichtbar. Wie das Höhlengleichnis veranschaulicht, ist es der menschlichen Seele nach Platon unter bestimmten Voraussetzungen möglich, das reine Sein zu erschauen oder zu erkennen. Insofern wird auch davon ausgegangen, dass sie ihm ähnlich ist. Platon hat aber noch keinen einheitlichen Begriff der Seele oder der Psyche (dieses Wort bedeutet eigentlich »Hauch«). Doch hat er sie in verschiedenen Dialogen (v. a. in *Phaidon*) bereits als eine Art reine Gestalt oder als gleichbleibendes Wesen (bzw. als gleichbleibende Substanz) beschrieben. Erkenne die Seele eine Idee, dann gelange sie sozusagen zu einem »Modell des Wirklichen«, beispielsweise zu einem perfekten Quadrat, und werde dadurch ihrer Verwandtschaft mit dem Erkannten inne. Erkenntnis ist folglich für Platon Erinnerung, Wiedererkenntnis.

Aristoteles

Ausgangspunkte

Während Sokrates nach dem Allgemeinen in der Realität suchte, erhob Platon dasselbe als Idee über die Wirklichkeit. Aristoteles kehrt nun wieder zur Realität zurück. Er setzt bei den »Was-ist-das«-Fragen von Sokrates an und sieht deren Besonderheit in ihrem begrifflichen Charakter. Hinsichtlich seiner Seelenlehre orientiert sich Aristoteles an Platon, der die mit Vernunft begabte Seele erstmals immateriell auffasste. Gegen Platon legt Aristoteles aber dar, dass das »Sich-selbst-Bewegende« nicht die Seele, sondern das ganze Lebewesen betreffe.

Zeittafel

384 v. Chr.	Aristoteles kommt in Stagira (Makedonien) zur Welt.
367 v. Chr.	Er wird in die Akademie aufgenommen.
347 v. Chr.	Nach dem Tod Platons verlässt Aristoteles die Akademie und entwickelt aus der Kritik an seinem Lehrer seine eigene Philosophie. Von Hermias eingeladen zieht er nach Assos an der kleinasiatischen Küste.
345 v. Chr.	Aristoteles geht auf die Insel Lesbos.
342 v. Chr.	Er nimmt die Aufgabe an, Alexander (später: »der Große«) griechisch zu erziehen, und zieht an den makedonischen Hof in Pella.
338 v. Chr.	Alexander gewinnt seine erste Schlacht bei Chaironeia.
334 v. Chr.	Aristoteles begibt sich nach Athen und gründet mit Unterstützung des Statthalters Antipater eine eigene Philosophieschule, das »Lykeion«.
323 v. Chr.	Nach dem Erschöpfungstod Alexanders in Babylon flieht Aristoteles nach Chalkis auf Euboia.
322 v. Chr.	In Chalkis stirbt er an einem Magenleiden.

Über die Seele

Das von Aristoteles wahrscheinlich im Lykeion geschriebene Werk *Über die Seele* (*Peri psychès*, 335–323 v. Chr./1995) umfasst drei Rollen bzw. drei Bücher. Das erste Buch beinhaltet u. a. eine erste Geschichte der Psychologie. Aristoteles fragt sich, womit frühere Philosophen die Seele verglichen. Die Psyche wird hier u. a. als feinteiliges Feuer, als bewegende Kraft oder auch als Harmonie wahrgenommen. Wer nur ein Element (an-)erkenne (z. B. Luft oder Feuer), verstehe die Psyche als Einheit; wer mehrere Ursachen oder Elemente (an-)erkenne (Luft, Wasser, Feuer, Erde), lasse auch die Psyche aus verschiedenen Urdingen bestehen. Erkenntnistheoretisch heißt dies, dass Ähnliches mit Ähnlichem zugänglich wird.

Nach Aristoteles haben die früheren Naturphilosophen aus Merkmalen der Seele (Bewegung, Wahrnehmung, Unkörperlichkeit) auf ihre Natur als Prinzip der Lebewesen geschlossen: Wenn von den Naturdingen gemäß den vier Elementen (Luft, Wasser, Feuer, Erde) mehrere Prinzipien angenommen werden, dann sprechen die früheren Philosophen auch der Seele mehrere Prinzipien zu (nämlich zwei bis vier);

gehen sie dagegen nur von einem Prinzip aus, so reduzieren sie auch die Seele auf nur ein Prinzip (z. B. Luft). Nach Aristoteles sind die Merkmale der menschlichen Seele allerdings nicht jenen des Leibes (z. B. Selbstbewegung des Leibes) *gleichzusetzen*. Eine der menschlichen Seele allein zukommende Eigenschaft sei die Vernunfterkenntnis, die als Vernunfteinsicht doch eine Bewegung impliziere, aber besonders als *wissenschaftliche* Erkenntnis mehr als ein Ruhen und Anhalten aufzufassen sei.

Ansichten früherer Philosophen über die Seele

Das erste Buch von Aristoteles *Über die Seele* beinhaltet u. a. verschiedene Auffassungen von der Seele vor Aristoteles:

- *Pythagoras* (ca. 570–496 v. Chr.) fasst die Seele als feine Teilchen auf, die sich beständig bewegen. Er stellt sie sich als die im Sonnenstrahl sichtbar werdenden Staubteilchen vor.
- *Heraklit* (ca. 544–483 v. Chr.) betrachtet die Seele als Ausdünstung. Die Seele sei beständig im Flusse. Das Feuer verwandle sich in Wasser, Luft, Erde und wiederum in Feuer. Als Bewegtes vermöge die Seele das Bewegte zu erkennen.
- *Anaxagoras* (499–428 v. Chr.) beurteilt die Seele nach ihrem irrationalen Vermögen und unterscheidet sie von der Vernunft. Sie wird von den Sinnen losgelöst und als Bewegungsursache des Kosmos betrachtet.
- *Empedokles* (ca. 483–423 v. Chr.) fasst die Seele entsprechend den Naturdingen als aus den vier Elementen Luft, Wasser, Feuer, Erde bestehend auf, doch wird auch in jedem einzelnen Element die Seele wahrgenommen.
- *Demokrit* (ca. 460–371 v. Chr.) betrachtet die Seele als Bewegungsursache des Leibes (v.a. über die Atmung). Sie bestehe aus feinen, kugelförmigen, sich ständig bewegenden Atomen, aus denen auch das Feuer und die warme Luft gebildet seien.

Aus dem ersten Buch *Über die Seele* von Aristoteles geht hervor, dass (Selbst-)Bewegung und Unkörperlichkeit die zwei wichtigsten Eigenschaften der menschlichen Seele sind. Im zweiten Buch sucht Aristoteles nach einer eigenen Definition der Seele, zunächst nach einer, die möglichst die Seele aller Lebewesen umfasst. Die Seele wird hier als Wesen oder als wesenmäßiges Sein (auch Substanz genannt) aufgefasst. Sie sei dies ihrem Begriffe nach, und durch das Leben sei das Beseelte gegenüber dem Unbeseelten bestimmt. Von einem Lebewesen wird gesagt, dass es lebe, wenn Leben in mindestens einer seiner verschiedenen Bedeutungen vorliegt (also als örtliche Bewegung, als Bewegung der Ernährung oder als Wachstum, als Wahrnehmung und auch als Vernunft). Die Seele sei Prinzip der genannten Phänomene und werde durch entsprechende Vermögen bestimmt: »Die Seele ist (...) dieses (Prinzip), wodurch wir primär leben, wahrnehmen und denken. Daher ist sie wohl ein gewisser Begriff und eine Form, nicht jedoch Materie und Zugrundeliegendes« (Aristoteles, 335–323 v. Chr./1995, S. 71).

Definition der Seele

Aristoteles (S. 59–63) definiert im ersten Kapitel des zweiten Buches *Über die Seele* die Seele zweifach:

- *Seele als Begrifflichkeit:* Die Seele ist die Form (bzw. die Formursache) des Wesens eines natürlichen Körpers der Lebewesen (und nicht dieser natürliche Körper selbst).
- *Seele als Lebensprinzip:* Die Seele ist das Prinzip, wodurch die Lebewesen leben. Das Beseelte unterscheidet sich vom Unbeseelten dadurch, dass es lebt.

Die beiden Definitionen der Seele schließen einander nicht aus. Geht man von der Formursache aus, so bilden sie eine Einheit. Das Lebensprinzip ist der Begriff des Wesens des »Lebe-Wesens«.

Nach Aristoteles (335–323 v. Chr./1995) hat der Körper die Möglichkeit von Leben (Potenz). Seine Wesensform wird als Akt verstanden, als Vollendung dieser Möglichkeit (Entelechie). Bei diesem Akt werden zwei Stufen unterschieden: Akt als bloße Anlage einer Haltung, die fähig ist, tätig zu werden (erster Akt), und Akt als Verwirklichung (zweiter Akt). Wenn also eine Haltung erreicht wird, bedeutet sie eine erste Vollendung auf einer ersten Stufe. Diese erste Vollendung birgt dann zugleich eine zweite Möglichkeit. Sie vermag gegebenenfalls in Tätigkeiten und damit auf die nächste Stufe überzugehen.

Im dritten Buch weist Aristoteles darauf hin, dass sich etwas vorzustellen bedeutet, eine (bloß intuitive) Meinung zu haben von dem, was man von präsenten Dingen nicht wahrnimmt. Nach Aristoteles steht also das Vorstellungsvermögen zwischen Sinnesvermögen und Vernunftvermögen. Der Autor unterscheidet zwischen rezeptiver und aktiver Vernunft. Er weist ferner darauf hin, dass die Vernunft das Vermögen sei, *alles* zu sein. Das durch die Vernunft oder den Intellekt Erfassbare ist nach Aristoteles das Intelligible. Die Vernunft habe keine andere Natur als jene, vermögend zu sein, also fähig, die intelligiblen Formen aufzunehmen und zu erkennen. Die erkennende Vernunft befinde sich zunächst in Potenz und dann im Akt. Die Vernunft als Akt ist also abtrennbar von den Lebensfunktionen und zwar entweder nur dem Begriffe nach oder auch räumlich. Nach Aristoteles ist die Vernunft nur abgetrennt das, »was sie (ihrem Wesen nach) ist, und nur dieses (Prinzip) ist unsterblich und ewig« (ebd., S. 173).

Vernunft

Aristoteles unterscheidet im vierten Kapitel des dritten Buches *Über die Seele* (S. 165–169) zwischen folgenden Arten der Vernunft:

- *Rezeptive Vernunft*, die alle Formen aufnehmen und so in gewisser Weise zu allem werden kann.
- *Aktive Vernunft*, die wie das Licht alles erhellt.

Im neunten Kapitel des dritten Buches *Über die Seele* schlägt Aristoteles eine gegenüber Platons Einteilung der Seele (Begehren, Mut, Vernunft) erweiterte Einteilung derselben vor. Nach Aristoteles beinhaltet die Seele u. a. Vermögen wie Nähr- und Sinnesvermögen, Strebevermögen und Vernunftvermögen. Bewegungsprinzip ist das Strebungsvermögen.

Verschiedene Strebungen könnten sich einander entgegensetzen, je nachdem, ob sie der Vernunft folgten oder nicht. Das Strebevermögen werde durch Vernunft und Vorstellung vermittelt. Die Vorstellung stelle sich das Objekt als erstrebenswert vor. Das Strebevermögen richtet sich nach dem Autor immer auf ein (erstrebbares) Objekt. In letzter Instanz werde es durch das Objekt bewegt. Es ergibt sich also eine Kreisbewegung vom Objekt zum Erkenntnisvermögen sowie von diesem zum Strebevermögen und von diesem wiederum weiter zum Objekt.

Der Kreis der Bewegung

Im zehnten Kapitel des dritten Buches *Über die Seele* (S. 193–197) stellt Aristoteles eine Kreisbewegung vor, die sich schematisch vereinfacht wie folgt darstellen lässt:

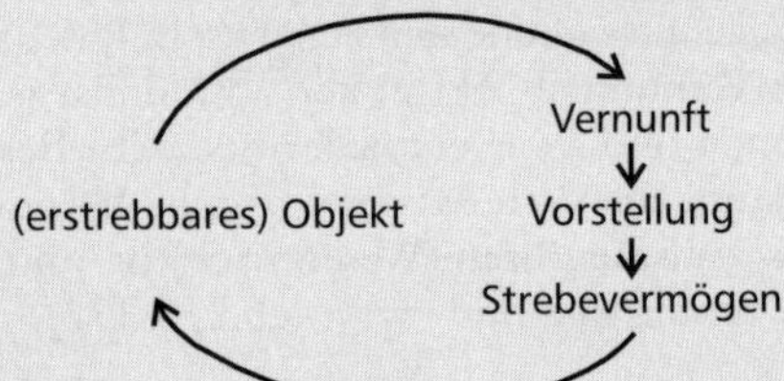

Damit handelt es sich um eine gegenstandsbezogene Betrachtungsweise.

- *Das Objekt* ist das erste Bewegende.
- *Die Seele* ist das bewegte Bewegende.
- *Das Lebewesen* ist das Bewegte.

Im elften Kapitel des dritten Buches (335–323 v. Chr./1995) nimmt Aristoteles eine Rangordnung der seelischen Vermögen vor. Er beginnt mit den Lebewesen, die nur den Tastsinn besitzen, der mit den Materien der Sinnesobjekte direkt in Berührung kommt und die Grundlage für die höheren Sinneswahrnehmungen bildet. Mit dem Tastsinn scheint auch schon bei einfachen Lebewesen Lust- und Schmerzempfindung vorzuliegen und damit auch Begierde und Vorstellung, mag sie auch noch so unvollkommen sein. Bei höheren Lebewesen verbinde sich die Vorstellung mit weiteren Sinnesvermögen. Beim Menschen sei die Vorstellung zudem mit Vernunft, Überlegung und Beratschlagung verbunden. Die Menschen könnten außerdem aus mehreren Vorstellungen eine Vorstellung bilden. Doch zuweilen siege das Streben und bewege den Willen (im Falle der Unbeherrschtheit).

Kleine Schriften zur Naturphilosophie

Die *Kleinen Schriften zur Naturphilosophie* (*Parva naturalia*, undatiert/1997) von Aristoteles beinhalten sieben Abhandlungen. In der ersten *Über die Sinneswahrnehmung und ihre Gegenstände* erscheint u. a. eine Kritik an den bisherigen Theorien des Sehens (Demokrit, Platon). In der zweiten Abhandlung wird das Gedächtnis behandelt: Hinsichtlich der Zukunft habe man Erwartungen, bezüglich der Gegenwart Wahrnehmungen und bezüglich der Vergangenheit Gedächtnis. Letzteres werde bei früher schon Gehörtem, Gesehenem oder Gedachtem wirksam: »Das Gedächtnis ist also weder Wahrnehmung noch Annahme, sondern eine eigentümliche Modifikation des einen oder des anderen, die eintritt, wenn die Zeit vergangen ist« (ebd., S. 88). Gegenstände des Gedächtnisses seien Objekte der Vorstellung, also jene Objekte, die eine Vorstellung voraussetzten. Es stellt sich die Frage, wie denn Gedächtnis überhaupt möglich ist. Nach Aristoteles handelt es sich dabei um eine Art Bild, das in jenem Teil des Körpers hervorgerufen wird, der die Seele in sich trägt. Die mit der Wahrnehmung auftretende Bewegung hinterlasse einen Abdruck des Wahrnehmungsbildes, vergleichbar dem Siegeln mit einem Ring: »Daher haben Leute, die sich aufgrund ihrer Affekte oder ihres Alters wegen in großer Erregung befinden, kein Gedächtnis, der Wahrnehmungseindruck und das Siegel treffen gleichsam auf fließendes Wasser. Andere wieder sind verwittert wie alte Gebäude und zu verkümmert, um einen Eindruck aufzunehmen« (ebd., S. 90). Ebenso hätten allzu lebhafte oder allzu träge Menschen ein schlechtes Gedächtnis, denn bei den einen bleibe das Vorstellungsbild nicht in der Seele und bei den anderen vermöge es sich gar nicht erst festzusetzen. Stetige, nicht allzu heftige Beschäftigung *mit etwas* sei für das Gedächtnis förderlich.

Beim Erinnern machten die Menschen frühere Bewegungen eine nach der anderen in einer Assoziationskette durch, bis sie zu jener gelangten, nach der die gesuchte gewöhnlich auftrete: »Daher suchen wir einen Zusammenhang aufzuspüren, indem wir im Denken vom gegenwärtigen Augenblick oder einem anderen bestimmten Punkt ausgehen, und zwar von einem ähnlichen, entgegengesetzten oder dem Gesuchten verwandten Ereignis. Daraus ergibt sich die Erinnerung, denn die Bewegungen, die wir durchlaufen, sind teils identisch, teils gleichzeitig mit der, die wir suchen, teils ein Teil von ihr, so daß es nur mehr eines kleinen Anstoßes bedarf, um die zu finden, die in der Reihe unmittelbar als gesuchte folgt« (ebd., S. 94).

Verbindungsarten der Glieder einer Assoziationsreihe

Aristoteles weist in der zweiten Abhandlung *Über Gedächtnis und Erinnerung* seines Werkes *Kleine naturwissenschaftliche Schriften* (S. 94ff.) auf insgesamt fünf verschiedene Verbindungsarten der Glieder einer Assoziationskette hin:

- *Identische* Bewegungen oder Ereignisse wie das gesuchte Ereignis
- *Ähnliche* Bewegungen oder Ereignisse wie das gesuchte Ereignis

- *Entgegengesetzte* Bewegungen oder Ereignisse zum gesuchten Ereignis
- *Gleichzeitige* Bewegungen oder Ereignisse wie das gesuchte Ereignis
- *Teile* der gesuchten Bewegung oder des gesuchten Ereignisses

Nach Aristoteles (undatiert/1997) wird manchmal eine breitere Anstrengung benötigt, um ein vergangenes Ereignis zu finden. »Das glückt, indem man mannigfaltige Bewegungen in Gang setzt, bis man zu einer solchen Bewegung gelangt, aus der sich der gesuchte Sachverhalt ergibt« (ebd., S. 95). Gelangten Personen zu einem entsprechenden Ausgangspunkt, werde das Ziel schnell über gegebenenfalls mehrere Zwischenglieder erreicht. Aristoteles führt in diesem Zusammenhang das Beispiel »Herbst« an, zu dem man über den Ausgangspunkt »Milch« gelangen könne: Milch–weiß–Nebel–feucht–Herbst. Bei einer bestehenden Reihe gelange man vom Mittelpunkt aus am schnellsten zum Ziel, weil man sich von hier aus in mehr als eine Richtung bewegen könne: »Setzt die Erinnerungsbewegung nach sehr langer Zeit ein, wird sie in Richtung auf einen gewohnten Sachverhalt hin ablaufen, denn die Gewohnheit ist bereits gleichsam zur zweiten Natur geworden; woran wir oftmals denken, daran erinnern wir uns aus diesem Grunde schnell. Denn wie im Bereich der Natur eins auf das andere folgt, so auch in unserer Gewohnheit; und Wiederholung führt zur zweiten Natur« (ebd., S. 96).

Es folgen Abhandlungen über Schlaf und Wachsein, Träume und Traumdeutung, über die Lebensdauer, über Jugend und Alter und schließlich über die Atmung. Träume seien Vorstellungsbilder, die im Schlaf auftreten. Manche dieser Vorstellungsbilder könne man als Ursachen der persönlichen Handlungen eines Menschen verstehen: »Denn ebenso, wie uns unsere Vorhaben oder gegenwärtige oder bereits geleistete Tätigkeiten oft noch in einem aktualen Traum beschäftigen und wir sie im Traum ausführen (…), so müssen umgekehrt auch die im Schlaf auftretenden Bewegungen oft der

Ursprung für die Tätigkeiten am Tage sein, denn der Entschluß zu diesen ist ebenfalls im Zusammenhang mit unseren nächtlichen Vorstellungsbildern auf den Weg gebracht worden« (ebd., S. 132).

Über Traumdeutung

Aristoteles bemerkt in der vierten Abhandlung *Über Traumdeutung* seines Werkes *Kleine naturwissenschaftliche Schriften* (S. 130–136) zu den Vorstellungsbildern, die während des Schlafes auftreten (Träumen), u. a. Folgendes:

- *Erzeugnisse der Wahrnehmung äußerer Objekte und Vorstellungsbilder innerer Vorgänge* rufen während des Schlafes stärkere Bewegungen hervor als im Wachzustand.
- *Wenn die Einzelsinne und der Verstand untätig sind* und ihre Funktionen nicht ausüben, erscheinen auch geringe Schmerz- und Lustempfindungen an der Oberfläche.
- *Heftige Bewegungen des Nachts* führen dazu, dass die Vorstellungsbilder der Träume den abgespiegelten Dingen wenig entsprechen und einen aktuellen Bezug verhindern.
- Hieraus resultieren *gegeneinander verschobene und verzerrte Bildteile*.

Methode

Für Aristoteles ergibt sich die Wahrheit nicht aus der Schau der Ideen wie für Platon. Er versteht sich als Wissenschaftler, ja als Realwissenschaftler. Ein solcher habe die Ursachen zu analysieren, Beweise zu führen und so auch den Zusammenhang zwischen Ursache und Wirkung nachzuweisen. Der Autor verfolgt die Ursachenketten bis zu den ersten Prinzipien zurück. In der Schrift *Über die Seele* geht er von den Objekten aus, um aus diesen auf die Natur der Vermögen zurückzuschließen. Die von den materiellen Dingen abgetrennten, insbesondere mathematischen Gegenstände werden Abstraktionen genannt. Mathematische Gegenstände werden dabei zwar abstrakt betrachtet, also abgetrennt von materiellen Dingen, aber dieselben bestehen für Aristoteles in Wirklichkeit nicht abgetrennt von den Dingen.

Eine Abtrennung der Vernunft als der spezifisch menschlichen Seele wird zwar in Aussicht gestellt, doch in methodischer Hinsicht wird dieselbe nicht realisiert. Aristoteles behandelt die Abstraktion ausschließlich als Weglassung. Das heißt, die Erkenntnis schreitet vom sinnlich-anschaulich Gegebenen, das der Sache nach noch unklar ist, zu ihrer begrifflichen Klärung, mithin zum Ursächlichen, fort (Seidl, 1995).

Rezeption

Die Schrift *Über die Seele* gehört zu den bahnbrechenden Schriften des Aristoteles. Das fünfte Kapitel des dritten Buches ist aber so knapp formuliert, dass viele Fragen offen bleiben mussten. Im Mittelalter wurde vor allem dieser Teil der Schrift Gegenstand verschiedener Kontroversen. Die *Kleinen Schriften zur Naturphilosophie* sind auch heute noch eine Fundgrube psychologischer Erkenntnisse.

Theoretische Nachwirkungen

Aristoteles hat auf die sich im Laufe der Jahrhunderte entwickelnde Psychologie sehr großen Einfluss ausgeübt. Dies gilt nicht nur für die *Vermögenspsychologie*, die über Christian Wolff auch noch die Psychologie Immanuel Kants beeinflussen sollte. Mindestens ebenso relevant ist seine Aufgliederung des psychologischen Bereichs, der heute als *allgemeinpsychologischer* bezeichnet wird. Die Unterscheidung zwischen aktiver und rezeptiver Vernunft hat der Psychologie bis in das späte 20. Jahrhundert hinein immer wieder neue Impulse gegeben. Auch der assoziationstheoretische Ansatz wird in der Psychologiegeschichte immer wieder aufgegriffen, in einzelnen Punkten ausgestaltet oder auch umgestaltet. An dieser Stelle sei nur auf Hume, Herbart und Freud hingewiesen.

Praktische Auswirkungen

In mehreren Schriften beschäftigt sich Aristoteles auch mit praktischen Fragen der Psychologie (u. a. mit dem Schlaf und mit Träumen). Teilweise handelt es sich hier um Problemstellungen, die bis heute von Bedeutung sind.

Christliche Kirchenlehre

Christliche Lehrer griffen philosophische Ansätze der Antike auf und versuchten sie für ihren Glauben zu verwenden. Die Überzeugung, die jüdische Erwartung des Messias habe sich erfüllt, wurde zu einer Heilslehre ausgebaut, die durch das erprobte metaphysische Denken ergänzt und abgestützt wurde. Gott bildete den Anfang einer Philosophie, die der Erlösung dienen sollte. Die Kirchenlehrer übernahmen zunächst viel vom Idealismus Platons und seiner Nachfolger. Auch Aristoteles erlangte schließlich große Bedeutung. In der Scholastik (9. bis hin zum 16. Jahrhundert) ging das christliche Europa bei den griechischen Philosophen und den römischen Kirchenvätern ›in die Schule‹ und erwirkte eine Synthese von christlicher Theologie und antiker Philosophie.

Aurelius Augustinus

Ausgangspunkte

Augustinus war ein Kenner platonischer sowie neuplatonischer Schriften. Hieraus führte er Begriffe und Argumente in die damalige christliche Lehre ein.

Zeittafel

354	Aurelius Augustinus wird in Tagaste (Numidien in Nordafrika) als Sohn einer christlichen Mutter und eines götterverehrenden Vaters geboren. Er studiert in Karthago die Freien Künste. Später ist er in Karthago als Rhetoriklehrer tätig.
383	Augustinus fährt nach Rom und lernt die neuplatonischen Schriften kennen.
384	Er wird Rhetoriklehrer in Mailand.
387	Augustinus kehrt nach Karthago zurück.
391	Er wird zum Priester geweiht.
394	Er wird zum Bischof von Hippo Regius geweiht.
413–426	Augustinus legt in seinem Werk *Über den Gottesstaat* u. a. dar, dass das Römische Reich nicht deshalb vom

Untergang bedroht sei, weil die Christen sich weigerten, den römischen Göttern zu opfern, sondern weil der Götterkult selbst sittenlos geworden sei.

430 Augustinus stirbt in Hippo Regius während eines Vandaleneinfalls.

Bekenntnisse

Die *Bekenntnisse* (*Confessiones*, 397/2003) von Augustinus bestehen aus dreizehn Büchern. Sie beinhalten u. a. eine Einteilung der seelischen Funktionen sowie Gedanken zur tradierten *Illuminationstheorie*, die nach Augustinus besagt, dass das Wort Gottes das wahre Licht ist, das den ganzen Menschen erleuchtet.

In den ersten Büchern erinnert sich Augustinus in der Art einer Biographie an seine persönliche Entwicklung bis zurück zur Taufe. Bei dieser Erinnerung an seine Kindheit und seine ungebundene Studienzeit handelt es sich um ein offenherziges Bekenntnis. Augustinus reflektiert eingehend die Bedeutung seiner Selbstbeobachtungen: Die innere Erfahrung des Menschen betreffe nicht nur Gott, sondern auch die eigene Person. Er beschreibt seine eigenen Freuden und Kümmernisse und entwickelt Wissen über sich selbst und das eigene Selbst.

Im zehnten Buch denkt Augustinus über den für jeden Menschen möglichen Weg zur Wahrheit nach und legt dar, wie Menschen die Wahrheit, mithin Gott, erkennen können: Nach Augustinus sollte die Liebe sich vom äußeren Menschen und der sinnlichen Welt lösen. Entsprechend sollte auch die Erkenntnis die Wendung vom Äußeren zum Inneren nehmen. Auch die Erkenntnis folgt also dieser *Innenwendung*. Der Autor analysiert die Sinneserkenntnis mit der ihr zugrunde liegenden Lebenskraft (anima vegetativa) und dem Empfindungsvermögen (anima sensitiva). Ihre Inhalte fielen unter das Kriterium der Wandelbarkeit (mutabilitas). Die Wendung vom Äußeren zum Inneren führe in die Bereiche des sich vergegenwärtigenden Bewusstseins. Dieses Bewusstsein beinhalte das Gedächtnis, die Phantasie und die Affekte.

Psychologisch relevante Begriffe

Augustinus (397/2003) stellt den körpernahen Sinnesempfindungen (sensus) und Begierden (concupiscibilitas) Vorgänge der Seele bzw. des Geistes (anima) gegenüber: Letztere werden in den Dimensionen der Zeit angeordnet, richten sich doch die Erlebnisse des Menschen auf die Vergangenheit, die Gegenwart und die Zukunft.

- Das *Gedächtnis* (memoria) wird tätig, wenn sich der menschliche Geist auf die Vergangenheit richtet.
- *Verständnis und Einsicht* (intellectus, intelligentia, ratio) betätigen sich bei Ausrichtung des Geistes auf die Gegenwart.
- Der *Wille* (voluntas) wird wirksam, wenn sich der menschliche Geist auf die Zukunft richtet.
- Die *Vorstellung* (imaginatio) wird als Zwischenglied zwischen Gedächtnis und Einsicht betrachtet.

Beispiel:

Augustinus (ebd., S. 223) weist darauf hin, was geschieht, wenn etwas (auswendig) erzählt wird:

- *Begehung von Gedächtnisräumen:* Mit dem Erzählen gelangen wir in die Gefilde der Vorstellungen und weiten Paläste des Gedächtnisses. Dort sind unzählige Gedanken und Bilder hinterlegt, welche die Sinne von allen möglichen Dingen aufgenommen haben. Der Erzähler erweitert, verringert oder verändert alles, was von den Sinnen erfasst wurde.
- *Vorführung:* Der Mensch vermag auf seinen bloßen Befehl hin vorzuführen, was er möchte. Einige Bilder kommen sogleich hervor, gegebenenfalls ohne Mühe und in geordneter Reihenfolge. Oft ist aber auch längeres Aufsuchen der Bilder notwendig, die sich in verborgenen Kammern des Gedächtnisses befinden.
- *Zurückstellung:* Oft ist auch das Verscheuchen von Bildern notwendig, die sich hervordrängen, wenn nach etwas anderem gesucht wird. Unerwünschte Bilder wer-

den zurückgestellt, um Platz zu schaffen für die erwünschten. Diese zurückgestellten Bilder können später wieder hervorgeholt werden.

Nach Augustinus sind zwar die einzelnen seelischen Vorgänge voneinander unterscheidbar, gleichwohl bildeten sie eine Einheit. Diese Einheit drücke sich in der Erfahrung des Selbst aus (vgl. u. a. Schönpflug, 2004).

Im elften Buch analysiert Augustinus die Zeit: Von der sich letztlich auf einen seiend-nichtseienden Augenblick reduzierenden Außen- oder Weltzeit sei auf die *innere* Zeiterfahrung zurückzugehen. Der Augenblick könne nur dann festgehalten und mit allen anderen Augenblicken verbunden werden, wenn sich das Bewusstsein als Erinnerung des Vergangenen, als Anblick des Gegenwärtigen sowie als Erwartung des Zukünftigen ausdehne: »Aber wie kann das Zukünftige, das noch nicht ist, verbraucht werden? Wie kann das Vergangene, das nicht mehr ist, zunehmen? Nur weil der Geist dreierlei tätigt: Er erwartet, er erfährt, er erinnert sich« (ebd., S. 329).

Methode

Augustinus schrieb eine philosophisch-theologische Abhandlung auf der Grundlage der eigenen Erfahrungen bzw. der *Selbstbeobachtung*. Es handelt sich um eine Analyse erkenntnistheoretischer sowie psychologischer Probleme. Der klassische Dialog wird dabei zum *inneren Zwiegespräch* – mit Gott und mit sich selbst. Dieser innere Dialog der Seele mit Gott ist ein Bekenntnis vor Gott sowie vor sich selbst und den Menschen. Das Bekenntnis vor Gott wird im doppelten Sinne des lateinisches Wortes (confessiones) verstanden: als Schuldbekenntnis und als Bekenntnis des Glaubens, mithin als Lobpreisung Gottes.

Dem erinnernden Bekenntnis an den eigenen Weg zur Wahrheit folgen die *Reflexion* desselben und die Verallgemeinerung auf den für jeden Menschen möglichen Weg zur Wahrheit. Um diesen Weg beschreiten zu können, genügen weder Bildinhalte (imagines) noch Zahlen und Maße, deren methodische Bedeutung Augustinus bereits erkannt hat (Messung von Zeiteinheiten). Es ist vielmehr der Wunsch nach dem seligen Leben (vita beata), der die Brücke zur Wahrheit bildet. Dieser Wunsch ist in der Tiefe des Bewusstseins auffindbar.

Augustinus fügt das Denken Platons sowie des Neuplatonismus in das christliche Denken ein. Er ist der Ansicht, dass die Seele sich selbst steuert und dem Körper Befehle gibt.

Rezeption

Mit dem Werk des heiliggesprochenen Augustinus vollzieht sich die Zeitenwende von der Antike zum Mittelalter. Augustinus hinterließ ein reiches Schrifttum, das die abendländische Theologie und Philosophie stark beeinflusste. Seine wichtigsten Werke wurden während des ganzen Mittelalters abgeschrieben, mit Bildern ausgestattet und zitiert.

Augustinus löste die Grundfrage des menschlichen Erkenntnisanspruches durch die Theorie der Erleuchtung, nach der die Wahrheit der Seele durch Gott eingestrahlt wird und dort durch Selbstbeobachtung auch erkannt werden kann. Es war vor allem die Illuminationstheorie, die im Mittelalter heftig umstritten war und unterschiedlich ausgelegt wurde.

Theoretische Nachwirkungen

Bei Augustinus wird die Seele als etwas für sich Bestehendes gedacht. Sie wird schon als individuelle Substanz (auch das Unveränderliche, Beharrende genannt) aufgefasst, der auch individuelle Unsterblichkeit zukommt. Vielleicht lässt sich diese Interpretation der Seele als Individualisierung der Seele verstehen, die aus christlicher Perspektive einen großen Fortschritt gegenüber der antiken Seelenlehre bedeutet, doch Augustinus hiermit bereits auf dem Wege zu einer empirischen Individualpsychologie zu sehen, scheint doch fragwürdig zu sein (vgl. Pongratz, 1967/1984).

Praktische Auswirkungen

Durch Augustinus wird die Seelenlehre zur Lehre von der inneren Erfahrung. Durch diese Frühform der Selbstbeobachtung und späteren Introspektion gelangten die Menschen zur Ichgewissheit im Erleben. Der Begriff des Selbst sollte in der Psychologie der Moderne zum Inbegriff der Eigenständigkeit des sich erlebenden Menschen werden. Bei Augustinus finden sich auch Überlegungen zum spezifisch Menschlichen des Kleinkindes (u. a. zu Herrschaft und Eifersucht), zu Jugendprotest und zu den Adoleszenzschwierigkeiten. Die Menschen, so Augustinus, sollten sich nicht nach außen kehren, sondern bei sich selbst einkehren. Die Erleuchtung des Menschen sei von Gott gegeben. Augustinus formuliert eine *Gnadenlehre.* Allerdings erfolge die Erkenntnis der Wahrheit nicht ohne eigenes Zutun des Menschen. Der Mensch habe seine Überheblichkeit abzulegen und sich demütig zu beugen. Er solle sich von der Sinneswelt abwenden, denn die Sinne seien unrein, nur der Geist sei rein. Er solle bei sich selbst einkehren, was zugleich Hinwendung zur höheren Seele (Gott) bedeute. Durch diese Einkehr gelange der Mensch auch zur allgemeinen Sicherheit bzw. zur Selbstgewissheit. Diese Gewissheit innerer Erfahrung richte sich gegen Selbstzweifel sowie gegen rationalen Erklärungszwang. Gott biete Sicherheit; er sei das Bleibende, das Gute, das nie enttäusche. Ihm erwachse Lob aus den bösen sowie aus den guten Taten der Menschen, denn Gott benutze auch die Sünde für seine Ziele. Dem Bösen komme somit keine Selbständigkeit zu.

Thomas von Aquin

Ausgangspunkte

Thomas von Aquin fasste die damalige Theologie und Philosophie zusammen. Insbesondere vereinigte er die Lehre von Augustinus mit der des Aristoteles. Thomas ist jener Dominikanermönch, der für die Nachwelt den Höhepunkt der

Scholastik (der Begriff bedeutet wörtlich übersetzt »Schulwissenschaft«) verkörpert. Maßgebend für seine Lehre ist das von Aristoteles stammende Begriffspaar Möglichkeit (potentia) und Wirklichkeit (actus), dem bei Thomas die Begriffe Wesen und Sein entsprechen.

Zeittafel

1225	Thomas wird im Schloss Roccasecca bei Aquino in der Nähe von Neapel geboren.
1230	Er wird als Oblate (gottgeweihtes Kind) in das Kloster Montecassino gebracht. Seine erste Ausbildung erfährt er in diesem Kloster.
1236	Zur weiteren Ausbildung wird er nach Neapel gebracht.
1243	Er tritt in den Dominikanerorden ein.
1244–48	Studium an der in Köln neu gegründeten Universität (u. a. bei Albertus Magnus).
1252	Beginn der eigenen Lehrtätigkeit mit philosophisch-theologischen Vorlesungen in Paris.
1272	Thomas wird Studienleiter seines Ordens.
1274	Er wird zum Konzil nach Lyon berufen. Unterwegs stirbt er im Kloster Fossanuova bei Rom. Gerüchte sprechen von Vergiftung.

Kommentar zum Buch Über die Seele

Thomas schrieb seinen *Kommentar zum Buch Über die Seele* von Aristoteles (*Sententia in librum De anima*, etwa 1270/1937) wohl mit dem Ziel, die eigenen systematischen Traktate vorzubereiten. Sein unmittelbares Anliegen in diesem Werk ist es, die Prinzipien und Methoden des Aristoteles gegen falsche Deutungen zu sichern und deren Vereinbarkeit mit dem christlichen Glauben nachzuweisen. Der Kommentar ist in erster Linie wegen seiner detaillierten Analyse der Sinneserkenntnis relevant: Der in der Seele angenommene Verstand habe die Fähigkeit, in der Erkenntnis *alles* zu werden. Thomas betont dabei die Geistigkeit der Seele. Sie sei forma substantialis des Körpers. Die Körperlichkeit bedinge, dass das Seelenleben erst mit der Zeugung beginne. Nach Thomas lebt aber die Seele nach dem Absterben des Körpers weiter. Wie bei Aristoteles ist die Seele auch hier zwar die Form des Leibes, doch wird sie zu einer geistigen Formsubstanz, die sich als solche auch gegenüber dem Leib verselbständigen kann.

Fürstenspiegel

Der Traktat *Über die Herrschaft des Fürsten* (*De regimine principum*, 1267/2004) wurde von Thomas von Aquin als Geschenk für den König von Zypern verfasst. In diesem Werk wird die königliche Gewalt begründet. Die Aufgaben des Königs werden beschrieben. Zu diesen gehören u. a. auch städtische Gründungen, die der geistigen und körperlichen Gesundheit der Menschen zuträglich sind.

Thomas warnt die Fürsten vor dem maßlosen Streben nach Ruhm. Dieses Streben führe zu Kriegen und stürze die Heere ins Verderben. Nach dem Autor ist es vor allem diese Ruhmsucht, die den Fürsten dazu zwingt, mehr zu scheinen als er ist, Tugend zu heucheln und falsch zu werden. Seine wahre Tugend stelle dagegen ein Gleichnis Gottes dar, strebe doch der Fürst im Königreich das an, was der oberste Herrscher überall verwirkliche. Da vom Fürsten mehr erwartet werde als von anderen Menschen, werde ihm, wenn er seine Aufgabe erfülle, auch ein besonderer göttlicher Lohn zuteil. Aber auch um seines eigenen irdischen Wohls willen solle sich der Fürst bemühen, eine gute Herrschaft auszuüben. Tyrannen, die nicht das Gemeinwohl im Auge behielten, sondern ihren persönlichen Vorteil suchten, vermöchten keine Freundschaften zu festigen und erlangten keine Gemeinschaft mit ihren Untertanen. Sie könnten nicht auf deren Treue bauen, lebten in Furcht und könnten ihre Macht nicht lange erhalten. In Gemeinschaft verbundene Menschen, so Thomas, verhelfen einander dagegen wechselseitig zu einem guten Leben. Zum Amte des Fürsten gehöre neben der Begründung und Erhaltung des materiellen Gemeinwohls auch die geistige Entfaltung der Menschen. Diese Entfaltung erreiche der Fürst, indem er in allem das Unzweckgemäße richtigstelle, das Fehlende ergänze und überall dort nach Vervollkommnung strebe, wo eine Verbesserung überhaupt möglich sei.

Methode

Die *scholastische Methode* besteht aus der Lesung überlieferter Texte, deren Kommentierung anhand von Autoritäten und einer möglichst widerspruchsfreien Integration in ein umfassendes theologisch-philosophisches System (summa). Allerdings nimmt Thomas schon eine deutliche Trennung zwischen Glauben und Wissen vor: Die Erkenntnis finde medial zwischen Subjekt und Objekt statt. Im Akt der Erkenntnis werde zwischen Subjekt und Objekt vermittelt. Erkenntnis wird demnach als Prozess der Verähnlichung (Assimilation) verstanden und zwar sowohl des Subjekts als auch des Objekts. Auch wenn damit Erkenntnis nicht aus einem einseitigen Verhältnis der Abbildung bestehe, so vermöge der handelnde Intellekt in gewisser Weise doch das Allgemeine in Begriffen zu fassen. Insofern schaffe er diese Begriffe nicht nur verbal, sondern realisiere sie auch ihrem Gehalt nach. Die Existenz der Begriffsinhalte gehe jedoch dem Denken, mithin auch dem allgemeinen Begriff, voran. Demnach komme auch Allgemeinbegriffen (Universalien) Realität zu. Sie seien nicht nur Worte, wie die Nominalisten im *Universalienstreit* behaupten werden. In Bezug auf die Universalien war Thomas also Realist.

Rezeption

Im Jahre 1324 wurde Thomas von Aquin heiliggesprochen und 1567 zum Kirchenlehrer erklärt. 1850 wurde er Patron aller katholischen Schulen. Papst Leo XIII. erklärte den *Thomismus* in der von ihm 1879 erlassenen Enzyklika *Aeterni patris* zur offiziellen Philosophie der Kirche. Der *Kommentar zum Buch Über die Seele* verhalf der Seelenlehre des Aristoteles trotz gelegentlicher Hinweise auf die verbleibenden Unvereinbarkeiten mit dem christlichen Glauben zu einer bleibenden Anerkennung auch aus der Perspektive Roms. Dennoch hat dieser Kommentar bei Philosophen bisher relativ wenig Interesse gefunden. Ganz zu Unrecht könnte man meinen, handelt es sich doch um eine kaum zu übertreffende Darstellung und Überarbeitung der stellenweise schwer verständlichen Seelenlehre von Aristoteles.

Theoretische Nachwirkungen

Im Buch *Über die Herrschaft der Fürsten* wird der Staat zwar primär als geistige Lebensgemeinschaft betrachtet, doch wird auch die menschliche Natur nicht gänzlich ausgeklammert: Was immer das Motiv des Handelns sei, Ruhmsucht, Vergnügen, eigene Bereicherung oder auch die von Thomas vom Fürsten geforderte Förderung des materiellen und geistigen Wohls anderer Menschen: Hinter allem stehe das Streben nach Glück.

Das Gemeinsame in verschiedenen Erscheinungen wird erahnt, doch es wird noch nicht in seinen kontinuierlichen Übergängen erkannt. Bei Thomas steht der Mensch zwischen Tier und Engel. Aufgrund dieser Zwischenstellung ziehe ihn sein Körper zum Tier, während seine Geistigkeit zu Gott strebe. Der Mensch sei unvollkommen und deshalb ergänzungsbedürftig. Um ihm ein gutes Leben zu ermöglichen, müsse er gefördert werden.

Praktische Auswirkungen

Der *Thomismus* prägte weit über den Dominikanerorden hinaus über Jahrhunderte das Denken der römisch-katholischen Kirche. Auch noch bei strittigen Fragen des 20. Jahrhunderts berief sich der Vatikan auf das Seelenverständnis des Thomas von Aquin (z. B. beim Problem der Abtreibung). Thomas bestimmte die Seele als den in allen Individuen identischen Geist, als Substanz, der als solcher auch Ewigkeit zukomme. Dieser Geist ermögliche auch Einsicht, wodurch das psychologische Denken durchaus einen Platz in der christlichen

Ethik erhält, wenngleich nicht in einem auf das Selbst bezogenen Sinne wie bei Augustinus. Die Ratschläge von Thomas sind sicherlich schlicht und kaum auf die moderne politische Welt übertragbar. Sie sind gleichwohl noch von Interesse, weil es sich um Ergebnisse erster Versuche einer praktischen Wissenschaft handelt.

Renaissance-Humanismus

Zu Beginn der Neuzeit, in der bewegten Zeit der Renaissance, erlaubten sich einige Philosophen auch Argumentationen, die mit den Glaubensvorstellungen der Kirche nicht unbedingt übereinstimmten. Das freiere Geistesleben des Altertums wurde Vorbild und unmittelbarer Bezugspunkt des eigenen Denkens. Einige wenige Philosophen lösten sich ganz von der Bevormundung durch die Kirche.

Unter Humanismus wird das Streben nach Menschlichkeit und menschenwürdiger Daseinsgestaltung verstanden. Er basiert auf der Überzeugung von der Bildungsfähigkeit der Menschen, die der frühbürgerlichen Entwicklung zu Beginn der Neuzeit entsprach. Es handelte sich hier um eine vielseitige Kultur- und Bildungsbewegung, deren Ziel es war, durch Wiedererweckung und Pflege der antiken Sprachen, Literatur und Kunst den ausschließlichen Geltungsanspruch der Scholastik aufzulösen. Der die Renaissance einleitende, begleitende und überdauernde Humanismus entwickelte sich in den verschiedenen Gebieten nicht gleichzeitig und im selben Ausmaß und wurde auch späterhin mit etwas anderer Ausgestaltung und Bedeutung wiederbelebt.

Niccolò Machiavelli

Ausgangspunkte

Im Jahre 1494 fiel Karl VIII. von Frankreich mit einer Streitmacht von 30 000 Mann in Italien ein. Als Florenz kapitulierte, ließ sich Piero de' Medici übermäßige Zugeständnisse abnötigen. Er wurde vom empörten Volk unter Führung von Girolamo Savonarola aus dem Land vertrieben. Der revolutionäre Dominikanermönch Savonarola rief eine theokratische Republik aus und gab Florenz eine neue Verfassung, welche den Einfluss des städtischen Adels einschränkte und dem mittleren Bürgertum große Mitspracherechte einräumte. Da Savonarola auch den mächtigen Borgia-Papst Alexander VI. herausforderte, wurde er bereits nach vier Jahren zum Opfer seiner Gegner. Für den republikanisch gesinnten Machiavelli galt der auf dem Scheiterhaufen endende Bußprediger und Reformer Savonarola als abschreckendes Beispiel des für die Realpolitik untauglichen »unbewaffneten Propheten«, der sein Scheitern selbst provoziert habe, indem er die bestehenden Machtverhältnisse verkannt und sich unnötig Feinde gemacht habe. Thomas von Aquin hatte gelehrt, dass der Mensch in der politischen Gemeinschaft seine Existenz sichern könne sowie seine sittliche Bestimmung finde. Die Herrschaft der Fürsten wurde damit mehr legitimiert als sie aufgrund vorliegender Erfahrungen realistisch eingeschätzt wurde. Der nach einem Machtwechsel in Florenz aus dem Staatsdienst entlassene Machiavelli befasste sich – das Schicksal Italiens sowie sein eigenes Schicksal vor Augen – in einer Weise mit den Regeln politischer Klugheit, die nicht länger einer Beschönigung der Realität gleichkam.

Zeittafel

1469	Niccolò Machiavelli wird als Sohn eines Juristen in Florenz geboren.
1498	Er beginnt seine politische Karriere als Sekretär des Rats der Zehn. Bald übernimmt Machiavelli auch diplomatische Aufgaben. Mit Hilfe der von ihm aufgestellten Miliz erfolgt die Rückeroberung von Pisa, was Florenz den Zugang zum Meer ermöglicht.
1512	Die Medici ergreifen in Florenz die Macht. Machiavelli verliert seine Ämter, weil man ihn (fälschlicherweise) der Verschwörung verdächtigt.
1513	Der Vater von fünf Kindern wird auf sein Landgut verbannt. Dort schreibt er sein einflussreichstes Werk *Il Principe.*
1520	Ab diesem Zeitpunkt erhält er wiederum Aufträge, allerdings ohne die von ihm erhofften größeren politischen Einflussmöglichkeiten.
1527	Machiavelli wird erneut abgesetzt. Er stirbt in Florenz.

Über die Herrschaft des Fürsten

Das dem Herzog von Urbino gewidmete Werk *Der Fürst* (*Il Principe*, 1513/1976) beschreibt anhand von Fallbeispielen aus der Zeitgeschichte sowie aus der Antike Strategien zum Erwerb, Ausbau und Erhalt politischer Macht. Der Fürst, der für den politisch Handelnden steht, achte darauf, immer Herr der Lage zu bleiben. Wegleitend beim Handeln sei die rationale Einschätzung der Situation. Politische und ethische Gesichtspunkte werden bei Machiavelli voneinander getrennt: Voraussetzung des Erfolges sei die Tugend (virtù), zu deren wesentlichen Eigenschaften Sachverstand und Tatkraft gehörten. Ohne Tugend vermöge der politisch Handelnde aus den Wechselfällen der Fortuna keinen Nutzen zu ziehen und bleibe schwach. Unter Tugend wird also die Triebkraft der politischen Gestaltung verstanden. Tugend zu haben bedeute nicht einfach, traditionellen Ansprüchen wie Ehrlichkeit und Anstand zu genügen. Das Ergebnis von Großzügigkeit, Freigebigkeit und Milde sei oft lediglich Erfolglosigkeit. Vor dem Handeln seien die konkreten Voraussetzungen desselben zu analysieren. Hierzu gehöre das Erfassen und Abwägen der Stärken und Schwächen der einzelnen Parteien sowie die genaue Beachtung der Balance der einzelnen Kräfte. Das heißt: Eine genaue Analyse der Erfahrungen und ihrer Voraussetzungen ist notwendig, wenn man seinen eigenen Untergang vermeiden will: »Viele haben sich Republiken und Fürstentümer vorgestellt, die nie jemand gesehen oder tatsächlich gekannt hat; denn es liegt eine so große Entfernung zwischen dem Leben, wie es ist, und dem Leben, wie es sein sollte, daß derjenige, welcher das, was geschieht, unbeachtet läßt, zugunsten dessen, was geschehen sollte, dadurch eher seinen Untergang als seine Erhaltung betreibt« (ebd., S. 119). Im Weiteren bestehe die Fähigkeit des Fürsten darin, einen günstigen historischen Augenblick sofort wahrzunehmen und seine Tatkraft zu beweisen. Der Fürst handle also mit Entschiedenheit zweckdienlich, zwar wenn möglich in einem ethisch vertretbaren Sinne, nötigenfalls aber auch in einer nicht legitimen

Art und Weise. Täuschung, Wortbruch und Grausamkeit könnten – unverzüglich und dosiert eingesetzt – nach Machiavelli durchaus einer momentan gegebenen Situation angemessen sein, nicht zuletzt auch deshalb, um sonst später notwendig werdende härtere Maßnahmen zu vermeiden.

Methode

In *Il Principe* wird eine realistische Vorgehensweise konzipiert, die nicht länger auf der Autorität der Kirchenväter beruht. Die Einheit von Ethik und Theologie wird in Abrede gestellt. Es handelt sich um den Beginn einer *Krisenwissenschaft*, deren Methodik als induktiv bezeichnet werden kann. Entscheidend sind dabei die genaue Analyse der Voraussetzungen einer Situation und die möglichst rationale Einschätzung derselben.

Rezeption

Das Buch *Über die Herrschaft des Fürsten* löste gleich nach Erscheinen heftige Kontroversen aus. Ein Teil der Interpreten verstand es als illusionslose Beschreibung der politischen Gegebenheiten, während andere es als Empfehlung für rücksichtsloses politisches Handeln auffassten und das Buch ablehnten.

Theoretische Nachwirkungen

Die gegensätzliche Wirkungsgeschichte des einerseits als realistische Darstellung und andererseits als gewissen- und verantwortungslosen Traktat eingeschätzten Werkes setzte mit dessen Veröffentlichung ein. Dass Papst Clemens VII. noch den Erstdruck in der vatikanischen Druckerei ermöglichte, hielt seinen Nachfolger Papst Paul IV. nicht davon ab, das Werk auf den Index der verbotenen Bücher zu setzen. In den französischen Religionskriegen des 16. Jahrhunderts beschuldigten sich Katholiken und Protestanten gegenseitig des *Ma-*

chiavellismus, während auf beiden Seiten die eigene Position als moralisch einwandfrei gerechtfertigt wurde. Der junge Friedrich der Große verurteilte in seinem *Anti-Machiavelli* die Maximen des *Principe* als unmoralisch, um sie später als König selbst in die Tat umzusetzen. In seinem Testament räumte er gegenüber Machiavelli ein, dass inmitten von rücksichtslosen Gegnern der Selbstlose nicht bestehen könne.

Praktische Auswirkungen

Nach Machiavellis eigenen Worten ist es »angemessener, der Wirklichkeit nachzugehen als den bloßen Vorstellungen über sie« (1513/1976, S. 119). Sein Werk lässt sich als Enthüllungsschrift über psychologisch wirksame Herrschafts- und Verhaltenstechniken verstehen. Mit diesem Werk manifestiert sich ein radikaler und folgenreicher Bruch mit der christlichen Seinsordnung. Die Politik wird nun als besonderer Bereich menschlichen Handelns beschrieben, für den die traditionellen Moralvorstellungen nicht mehr gelten. Relevanter scheinen dagegen die rechtzeitige Einplanung möglicher Schwierigkeiten, die pragmatische Orientierung des Handelns sowie die Selbstbehauptung zu sein. Möglichen Beziehungen und Bündnissen wird große Bedeutung beigemessen. Das Böse wird weder beschönigt noch verherrlicht, sondern vielmehr beim Namen genannt und situativ angemessen instrumentalisiert. Das Menschenbild Machiavellis scheint für viele Politiker und Politikerinnen zutreffend zu sein, wenngleich dies selten wahrgenommen wird, zumindest nicht in einem affirmativen Sinne. Inwieweit dieses Menschenbild heute auch außerhalb von Politik und Organisation psychologisch relevant ist, bleibt allerdings fraglich. An dieser Stelle sei nur darauf hingewiesen, dass implizite und auch explizite Übertragungsversuche auf den psychologischen Bereich vorliegen (vgl. u. a. Naumann, 2005).

Desiderius Erasmus von Rotterdam

Ausgangspunkte

Erasmus von Rotterdam richtete sein Denken an antiken Autoren aus und versuchte dieses Denken aktuell umzusetzen. Er war von der Bedeutung der Bildung überzeugt, berücksichtigte aber auch Möglichkeiten, wie sich Menschen überhaupt erst ansprechen lassen. Dafür machte er sich die Tatsache zunutze, dass in den Mysterien- und Fastnachtsspielen des Mittelalters der Narr eine wichtige Rolle spielte.

Zeittafel

ca. 1469	Desiderius Erasmus wird in Rotterdam als illegitimer Sohn eines Geistlichen geboren.
1478–83	Er besucht die Schule der Brüder vom gemeinsamen Leben in Deventer.
1487	Erasmus tritt in das Augustiner-Chorherren-Kloster Steyn bei Gouda ein.
1495–99	Erasmus studiert in Paris. Er findet an der spätscholastischen Gelehrsamkeit wenig Gefallen.
1499–1500	Bei seinem ersten Aufenthalt in England macht Erasmus Bekanntschaft mit dem späteren König Heinrich VIII.
1500–06	In England lernt Erasmus mit Thomas Morus und John Colet die Bildung als Grundlage des gesellschaftlichen und religiösen Fortschritts kennen.
1506–09	Erasmus reist nach Italien und erlebt dort die Renaissance-Kultur. In Turin promoviert er zum Doktor der Theologie. Er arbeitet u. a. an Ausgaben der Kirchenväter und antiker Autoren. Letztere werden ihm zur Folie der Selbstverwirklichung. Dies ist für ihn persönliche Menschwerdung, Humanismus.
1515–16	Erasmus reist nach Basel. Verbindung mit dem oberrheinischen Humanistenkreis. Er schreibt ein Werk über christliche Prinzipien, das als Gegenstück zu Machiavellis *Il Principe* gedacht ist.
1517	Erasmus erlangt vom Papst eine Dispens, die ihn vom Klosterleben entbindet.
1520	Er versucht in der Auseinandersetzung um Luther zu vermitteln.

1521–29 Er lebt und lehrt in Basel. Kontroverse mit Luther. Wegen reformatorischer Unduldsamkeiten zieht er von Basel nach Freiburg im Breisgau.

1530 Erasmus genießt in ganz Europa hohes Ansehen. Trotz zahlreicher Aufforderungen nimmt er nicht am Reichstag zu Augsburg teil, berät aber viele Teilnehmer.

1536 Erasmus kehrt nach Basel zurück. Er stirbt in Basel. Sein Grab befindet sich im Basler Münster.

Das Lob der Torheit

Die von Erasmus im Jahre 1509 bei einem Ritt über die Alpen konzipierte und anschließend im Hause des Thomas Morus vollendete Schrift *Lob der Torheit* (*Encomium moriae*, 1511/1949) ist seinem Gastgeber gewidmet (morus = Tor). In dieser Schrift wird den Menschen ironisch und zuweilen auch satirisch ein Narrenspiegel vorgehalten. Die Torheit tritt als Person auf, und was macht sie? Sie verkündet ihr Eigenlob. Sie stellt dar, dass das Leben in all seinen Facetten ohne Narrheit gar nicht denkbar ist, gefalle doch der Schein den Menschen weit besser als die Wirklichkeit. Die Torheit prangert Dünkel und Einbildung des niedrigen und hohen Klerus an. Sie nimmt auch den Wahnsinn der Menschen aufs Korn, die anscheinend bereits die zukünftige Seligkeit gekostet hätten oder auch auf andere Weise meinten, über die sinnliche Welt hinausgewachsen zu sein: »Man hole sich einen weisen Mann zu einem Gelage: Entweder ist er in brütendes Schweigen versunken, oder er stört mit aufdringlichem Problematisieren. Bittet man ihn zum Tanz, möchte man glauben, ein Kamel schwinge das Tanzbein. Bei öffentlichen Vorführungen bringt er das Volk durch seine Miene um das Vergnügen (...). Kommt er zu einem Gespräch hinzu, stockt die Unterhaltung gleich. Gilt es einen Kauf zu tun, einen Vertrag zu schließen, kurz, irgendeine unvermeidliche Angelegenheit des täglichen Lebens zu erledigen, vermeinst du in dem Weisen einen Stock zu sehen, aber keinen Menschen« (ebd., S. 30).

Methode

Erasmus hält seinen Zeitgenossen einen Spiegel vor. Dem Fehlverhalten der Menschen wird also nicht mit Moral und Glauben begegnet, sondern dieses Verhalten wird wiedergegeben als das, was es ist; so wie es bei anderen Menschen ankommt. Dieses Verhalten bewirkt etwas, nicht zuletzt auch bei dem Menschen, der dieses Verhalten zeigt. Wie geht Erasmus bei dieser *Widerspiegelung* vor? »Mit einem Januskopf von Dummheit und Torheit verkündet die Moria ihr faustdickes Eigenlob. Sie macht es mit all dem Zauber und all den gelehrten Mätzchen, die sie bloßstellen will. Sie brilliert mit Zitaten und Anspielungen, daß dem Leser der Kopf brummt und er gar nicht mehr weiß, was es überhaupt zu beweisen gilt. Barbarische Unbildung und banausische Bildungsfeindschaft werden ironisch mit Lorbeeren versehen, das ist die Dummheit. Wenn sie dem dünkelhaften Wissensstolz Honig um den Mund streicht und den Ein-Gebildeten Kratzfüße macht, vermummt sich die Moria als Dummheit. Alle müssen sie daran glauben und ihr zweifelhaftes Lob einstecken, die geschäftstüchtigen und erfolgreichen Dummen so gut wie die lebensuntüchtigen ›Weisen‹. Als Torheit im eigentlichen Sinne stellt sie sich dann auf die Seite der Einfältigen und Harmlosen, bis sie schließlich den Menschen als Toren vor Gott durchschaut« (Gall, 1949, S. 131f.).

Rezeption

Das *Lob der Torheit* ist das bekannteste Werk von Erasmus. Es wurde schon zu seinen Lebzeiten mehrfach neu aufgelegt. Für seine Zeitgenossen bildete die Torheit ein beliebtes Motiv heiterer Selbstbespiegelung, doch die alte Kirche prägte bald das unheilstiftende Wort von den Eiern, die der Erasmus gelegt und der Luther ausgebrütet habe. Erasmus war ebenso Weltbürger wie Nichtbürger bei allen, weil er überall, aber nirgends richtig zuhause war. In diesem Freiraum kann er es sich auch erlauben, sich selbst widerzuspiegeln, etwa wenn er das sich ausbreitende Wissen als »erasmisch« bezeichnet und damit im Munde der Torheit sich selbst zum Narren hält.

Theoretische Nachwirkungen

Erasmus übte an der Kirche scharfe Kritik, war jedoch ein Gegner kleinlicher Glaubensstreitereien. Oft wird er als der Wegbereiter der Reformation betrachtet, doch zu einem klaren Bekenntnis konnte er sich nicht durchringen, was häufig beklagt wurde: Als Erasmus zur Zeit der Aufklärung neuen Widerhall fand, warf ihm etwa der junge Herder Menschenfurcht und Wankelmut vor, doch Wieland nahm ihn gegen die »Beckmesserei« in Schutz und für Goethe war Erasmus eine Bereicherung und ein Bildungsbesitz. Nach dem Zweiten Weltkrieg war die Zeit reif für die Einsicht in das Unheil nationalistischer sowie konfessioneller Zerrissenheit. Erasmus wurde folglich zunächst in Deutschland, in den Niederlanden und in England wiederentdeckt und schätzen gelernt. Heute wird Erasmus als Pionier der Menschenbildung, als erster moderner Schriftsteller, ja als erster großer Europäer gefeiert.

Praktische Auswirkungen

Erasmus glaubte, dass der Mensch sich selbst verfehlt, wenn er die Bildung versäumt; zugleich wollte er aber vor Augen führen, dass der Mensch nicht ausschließlich durch Bildung zum Menschen wird – eine Problematik, die heute aktueller ist denn je.

Michel de Montaigne

Ausgangspunkte

Der Späthumanist Michel de Montaigne musste sich als adeliger Grundbesitzer in der Reformation, einer Zeit starker Erschütterungen und Umgestaltungen, mit seinen Lebensvoraussetzungen beschäftigen. Durch humanistische Lehrer angeregt, versetzte er sich hierzu u. a. in die Antike, indem er sich vor allem von den Stoikern und Epikureern anregen ließ. Montaigne entnahm diesem literarischen Schatz viele Beispiele, die er jedoch nicht in erster Linie als Dokumentation der Bildung oder – wie es damals häufig der Fall war – als Schmuck verstand, sondern er behandelte sie vielmehr als Varianten des vielgestaltigen und doch immer auch gleichbleibenden Menschentums. Der wichtigste Bezug zu diesem Menschentum war allerdings er selbst: Michel de Montaigne.

Zeittafel

1533	Michel de Montaigne wird auf dem Landgut Montaigne bei Bordeaux geboren. Sein Vater baut das Landgut allmählich in einen schlossähnlichen Herrensitz um.
1552–53	Montaigne studiert in Toulouse.
1554	Im Alter von 21 Jahren übernimmt er ein juristisches Amt in Périgueux.
1557	Montaigne wird als Parlamentsrat nach Bordeaux versetzt. In der Folge muss er am Hof in Paris mehrmals Vermittlungsaufgaben bewältigen (u. a. wegen der Religionsstreitigkeiten).
1570	Nach Aufgabe seines juristischen Amtes zieht er sich auf sein kleines Schloss zurück um zu schreiben.
1580	Montaigne reist über Ostfrankreich und Süddeutschland nach Italien. Bei einem Kuraufenthalt in den Bädern von Lucca erfährt er, dass er zum Maire von Bordeaux gewählt worden ist.
1581–85	Er übt das Amt des Bürgermeisters zur allgemeinen Zufriedenheit aus. Nach der zweijährigen Amtszeit wird er für weitere zwei Jahre wiedergewählt. Mehrmals ist der König von Navarra zu Gast.
1588	Montaigne verliebt sich in seine »Wahltochter« Fräulein von Gournay, die später seine Werke herausgibt. Im Gefolge König Heinrichs III. muss er Paris verlassen.
1592	Montaigne stirbt während einer Messe, die an seinem Krankenlager auf seinem Landgut Montaigne gelesen wird.

Die Essais

Das in Bordeaux veröffentlichte Hauptwerk des Philosophen und Politikers Michel de Montaigne führt den Titel *Die Essais* (1580/1984), um die Leser von Anfang an darauf aufmerksam zu machen, dass im Folgenden Nebensächliches und vielleicht auch Bedeutsames, Philosophisches und weniger Philosophisches, Persönliches und weniger Persönliches, Kurioses und weniger Kurioses locker aneinandergereiht wird.

Aufgrund seiner bekannten Frage »Was weiß ich?« wird Montaigne als Skeptiker bezeichnet, doch hält sich sein Skeptizismus in Grenzen. Der Autor stellt vielmehr eine Lebenskunst vor, die durchaus auch heute noch von Interesse ist.

Lebenskunst

Folgende Punkte (vgl. u. a. Franz 1984, S. 20) lassen sich bezüglich der Lebenskunst von Montaigne aus *den Essais* extrahieren:

- *Sich vom Leben beschenken lassen:* Die Lebenskunst besteht vor allem in der Bereitschaft, sich vom reichen Leben schenken zu lassen, was es zu schenken vermag, und in der seelischen Haltung der Unabsichtlichkeit, Ungespanntheit und lockeren Heiterkeit.
- *Eigener Reichtum:* Bei dieser Haltung kommt es auch darauf an, sich nichts vorzumachen, denn nur der eigene Reichtum kann einem etwas schenken. Dieser wächst an, wenn man versucht, möglichst gut, möglichst leicht und möglichst ehrlich zu leben und zu sterben.
- *Bescheidenheit:* Bei alldem sollten die Menschen allerdings bescheiden bleiben. Sie können lernen, sich mit den Gegebenheiten ihres Wesens abzufinden.
- *Auf die Natur hören*: Die Menschen hören mit Vorteil darauf, was die Natur ihnen sagt, und die Natur sagt ihnen, dass sie von ihr abhängig sind.

Einige weitere Gedanken des Autors sollen im Folgenden am Beispiel seiner Behandlung des Gesprächs und des Gedächtnisses punktuell wiedergegeben werden. Nach Montaigne ist das Gespräch die lohnendste und natürlichste Übung unseres Geistes, denn es verschaffe geistige Bewegung und auch Belehrung: »Durch die Gesellschaft, ja, durch den Klang meiner Stimme kann ich mehr aus meinem Geist herausholen, als ich drin finde, wenn ich ihn in der Einsamkeit sondiere und betätige« (Montaigne, 1580/1984, S. 47). Weiterhin könnten auch regelrechte Wortgefechte den Beteiligten etwas geben: »Wenn ich im Wortgefecht bin mit einem kräftigen Geist und einem geübten Kämpfer, so findet er meine Blößen sofort heraus und trifft mich von rechts und links« (ebd., S. 318). Widerspruch könne beleidigen oder verärgern; man könne dadurch aber auch munter und aufmerksam werden. Sofern man nicht schulmeisterlich behandelt werde, könne man in der Regel den Vorwürfen leicht zustimmen – und sei es nur aus Höflichkeit. »Ich will lieber mit Leuten verkehren, die mich hart herannehmen, als mit solchen, die Angst vor mir haben; es macht keinen Spaß und verdirbt den Charakter, wenn wir mit Menschen zu tun haben, die uns immer bewundern und den Vortritt lassen (...). Der Sieg über mich selbst macht viel stolzer, wenn ich, selbst in der Hitze des Gefechts, von den starken Gründen meines Gegners mich überzeugen lasse, als wenn ich ihn besiege, weil er nichts Vernünftiges zu sagen hat« (ebd., S. 319). Durch die Absicht, alles richtig zu machen, werde der seelische Schwung gehemmt. So falle ihm gelegentlich gerade dann nichts ein, wenn er danach suche. Er finde es eher durch zufälliges Draufstoßen als durch angestrengtes Grübeln: »Je mehr ich vor dem Steckenbleiben Angst habe, um so schlimmer wird es. Wenn ich nichts Besonderes will, ist mein Gedächtnis ganz gut; es muß von selbst kommen, wenn ich etwas von ihm verlange; wenn ich es presse, wird es scheu und versagt; und wenn es einmal unsicher geworden ist, nützt es nichts, wenn ich darin wühle; da verstrickt und verwirrt es sich nur noch mehr; es ist mir dienstbar zu der Zeit, die ihm paßt, nicht zu der, die mir paßt« (ebd., S. 254f.).

Methode

Montaigne war der *Moralistik* nach französischem Vorbild nicht abgeneigt. Mit Moral im heutigen Sinne hat diese Art von Morallehre allerdings wenig zu tun, handelt es sich doch bei der französischen um jene ebenso sachliche wie ästhetische Betrachtungsweise des Menschen, die Erziehung und Veränderung desselben gerade ausschließen möchte. Die Menschen werden dafür genau beobachtet und beschrieben, wobei vor allem darauf geachtet wird, dass sie nicht klassifiziert, schematisiert und idealisiert werden, denn es geht nicht darum, aufzuzeigen, zu welchem Typus ein Mensch gehört, und auch nicht darum, wie er sein sollte oder sein könnte, sondern es geht ausschließlich darum, die einzelnen Personen so zu beschreiben, wie sie tatsächlich sind.

Vor allem aber stellt sich Montaigne die Frage: »Wie bin ich, Montaigne, denn als Mensch wirklich?« »Welches sind die Grenzen und welches sind die Möglichkeiten meines Menschseins?« Montaignes Methode ist also die der unbestechlichen *Selbstbeobachtung*. Dabei geht er bewusst unsystematisch, eben essayistisch vor und folgt den sich darbietenden Assoziationen: Ähnliche Gedanken werden in den verschiedensten Zusammenhängen untergebracht, wiederholt und abgewandelt. Dabei fragt sich Montaigne immer wieder: »Was weiß ich?«, überlegt sich das eingehend und ganz genau und wägt wieder und wieder alle seine verschiedenen Gedanken gegeneinander ab.

Die Gedankenwaage

Das Symbol der Waage steht für das Strukturprinzip, das Montaignes Denken bestimmt. Sein Vorgehen in den *Essais* kann wie folgt veranschaulicht werden (vgl. Franz 1984, S. 22f.):

- *Freiraum:* Im Denken wie im Handeln gilt es einen Freiraum zu bewahren oder zu schaffen. Dieser Freiraum ermöglicht das weitere Vorgehen (Auswahl, Abwägung, Ausgleich).

- *Auswahl:* In diesem Freiraum werden die Glieder (Gedanken, Handlungen), die für das weitere Handeln von Belang sind, gedanklich ausgewählt.
- *Abwägung:* Es erfolgt ein rationales Abwägen zwischen vergleichbaren Gliedern.
- *Ausgleich:* Zeigt sich eine einseitige Belastung (in Gedanken, in Handlungen), so erfolgt ein Ausgleich, wodurch die Belastungen der Waage wiederum ins Gleichgewicht gebracht werden.
- *Weitere Gedankenarbeit:* Unter diesen Voraussetzungen kann der Verstand erst richtig funktionieren und weitere Gedankenarbeit geleistet werden.

Dieses feine Spiel der Gedankenwaage schließt Zwang und jede Art von Voreingenommenheit aus (also auch Typisierung, Schematisierung und Idealisierung).

Rezeption

Die Nachwelt hat auf Montaigne nicht nur positiv reagiert. Zur Zeit des Absolutismus wurde er abgelehnt. Die sogenannten Antimontaignisten monierten mangelndes Christentum, mangelnde Moral, mangelnde Heroik. Im Unterschied zu Montaigne strebten sie nach der Beherrschung der menschlichen Natur durch den Verstand und durch den Willen, doch Montaigne gestand dem Verstand und dem Willen kein Eigenleben gegenüber dem eigentlichen Leben zu. Die sonst so oft gedruckten *Essais* wurden während der Zeit des Absolutismus kein einziges Mal neu herausgegeben. Erst mit dem Aufkommen eines neuen Humanismus, der humanitären Welt- und Naturbetrachtung, wurde Montaigne neu entdeckt; Goethe etwa schätzte vor allem die vielen heiteren Wendungen in seinen Texten.

Theoretische Nachwirkungen

Der Autor der *Essais* will sich nichts vormachen, nichts erzwingen. Manchmal überlässt er sich auch assoziativ seinen Gedanken, und gerade deshalb sind *Die Essais* immer noch wirksam. Der französische Esprit ist in Montaignes Werk spürbar. So begründeten *Die Essais* denn auch das Essay als literarisch-philosophische Gattung: Etwas wird versucht und auch gesucht – vorsichtig, tastend und dann wieder assoziativ –, nicht zu optimistisch und auch nicht zu pessimistisch. Es handelt sich dabei um eine Art des Denkens ohne festes Geländer: Etwas wird sachte umschrieben, aber nie ganz erreicht und identifiziert, nie ganz begriffen und definiert. So vermag Montaigne den Leser über seinen Stand und über seine Zeit hinaus auch heute noch anzusprechen.

Praktische Auswirkungen

Die *Essais* können nach wie vor zur Besinnung anregen, weil Montaigne sich nicht als Rollenträger präsentiert, sondern als Mensch mit Fehlern, die als solche gerade die Möglichkeit in sich bergen, etwas anderes aus sich zu machen: »Die Heiterkeit und Weisheit, die aus den Essais spricht, entspringt dem Vertrauen, daß wir ohne die Unvollkommenheiten, unter denen wir leiden, eben keine Menschen sein würden, und daß wir ohne sie in der Wirklichkeit nicht leben könnten« (Franz, 1984, S. 21).

Französischer Rationalismus

Der Rationalismus ist eine Denkrichtung, die im 17. Jahrhundert in Frankreich entstand. Sie stellt die Ratio, d. h. die Vernunft, ins Zentrum ihrer Betrachtungsweise. Während dabei subjektiv das Denken betrachtet wird, ist es objektiv die Ordnung der Dinge, die im Fokus steht. Mit dem Rationalismus entstand der neuzeitliche Begriff der Wissenschaft, der vorerst noch gleichbedeutend mit Logik und Mathematik war. Der empirische Aspekt der modernen Naturwissenschaften existierte noch nicht.

René Descartes

Ausgangspunkte

Descartes war mit der Denkweise der Scholastik sowie mit der Geisteshaltung des Humanismus vertraut. Seine Studien erstreckten sich von der Metaphysik über die Medizin bis hin zur Physik. Descartes begann an allem zu zweifeln: an den überkommenen theologischen und philosophischen Meinungen ebenso wie an der Wahrheit der Sinneserkenntnisse. Descartes sollte nie ein akademisches Amt bekleiden, und aus seiner Tätigkeit als Philosoph und Wissenschaftler bezog er zu keiner Zeit ein regelmäßiges Einkommen.

Zeittafel

1596	René Descartes wird in La Haye als viertes Kind einer kleinadeligen Familie geboren. Sein Vater ist Gerichtsrat am Obersten Gerichtshof der Bretagne in Rennes.
1604–12	Er kommt als Internatsschüler an das Jesuitenkolleg von La Flèche und eignet sich eine klassische sowie eine mathematische Bildung an.
1616	Descartes studiert Jura in Poitiers und schließt mit dem Examen ab. Statt eine juristische Karriere einzuschlagen, absolviert er an einer Pariser Akademie für junge

	Adelige einen Lehrgang in Fechten, Reiten, Tanzen und gutem Benehmen und verdingt sich noch im gleichen Jahr als Soldat im holländischen Breda.
1620	Nach der Beteiligung am Deutschlandfeldzug bricht Descartes seine Offizierslaufbahn ab.
1625–29	Descartes zieht nach Paris und verkehrt in der guten Gesellschaft, besteht siegreich ein Duell, liest viel und beginnt zu schreiben, u. a. einen kleinen Traktat über die Regelung des Intellekts.
1630	Er zieht in die Niederlande, wo er die nächsten achtzehn Jahre relativ zurückgezogen lebt.
1637	Sein *Bericht über die Methode* erscheint anonym in Leiden.
1649	Descartes wird von Königin Christine nach Schweden eingeladen. *Die Leidenschaften der Seele* wird veröffentlicht.
1650	Descartes stirbt er am schwedischen Hof (Stockholm).
1663	Descartes' Schriften werden von Rom auf den Index gesetzt.

Über den Menschen

Descartes stellt in seiner Schrift *Über den Menschen* (*De homine*, 1662/1969) erstmals einen Reflex dar. Er beschreibt das Zurückziehen des Fußes bei Schmerzreizen: Wenn sich der Fuß einer Person in der Nähe des Feuers befinde, so hätten die kleinen, schnell bewegten Teilchen dieses Feuers aus sich heraus die Kraft, die betroffene Stelle der Haut dieses Fußes in Bewegung zu versetzen. Indem sie dadurch an der kleinen Faser zögen, öffneten sie im gleichen Moment den Eingang der Pore. Nachdem der Eingang der Pore geöffnet sei, träten die auf die Sinnesreize reagierenden Lebensgeister der Hirnkammer dort ein. Sie würden auf diesem Wege in die Muskeln getragen, die dazu dienten, den Fuß vom Feuer wegzuziehen.

Diesem Ansatz scheint die Erklärung von Reaktionen und darüber hinaus die der Entstehung von Verhalten nicht mehr allzu fern zu liegen.

Bericht über die Methode

Der *Bericht über die Methode* (*Discours de la Méthode*, 1637/2001) von Descartes erschien anonym in Leiden. Es handelt sich dabei um eine Art Vorbericht über erfolgreiches wissenschaftliches Vorgehen. Zu den bekanntesten Teilen des Werkes gehört das Kapitel über die Gründe für die Existenz Gottes und der menschlichen Seele: Aufgrund möglicher Sinnestäuschungen betrachtet Descartes die in den Geist eintretenden Vorstellungen nicht als eher wahr als die Illusionen der Träume. Descartes leitet daraus Folgendes ab: »Aber gleich darauf bemerkte ich, daß, während ich auf diese Weise denken wollte, alles sei falsch, doch notwendig ich, der dies dachte, irgendetwas sei. Und indem ich bemerkte, daß diese Wahrheit: *ich denke, also bin ich*, so fest und so sicher ist, daß sämtliche ausgefallensten Unterstellungen der Skeptiker nicht in der Lage sind, sie zu erschüttern, urteilte ich, daß ich sie ohne Bedenken als das erste Prinzip der Philosophie (...) annehmen konnte« (ebd., S. 64f.; Hervorhebung von Descartes).

Descartes weist darauf hin, dass er sich zwar vortäuschen könne, keinen Körper zu haben, doch könne er sich nicht vortäuschen, selbst nicht zu sein. Der Vorrang komme demnach der »denkenden Natur« zu, die als solche immateriell und nicht ausgedehnt sei, und so wird das Denken von der ausgedehnten körperlichen Natur unterschieden. Damit sei aber auch die körperliche Natur oder die materielle Welt gegeben, doch deren Elemente seien weniger gewiss, denn die Menschen wüssten nur kraft ihrer Vorstellungen von ihnen. Viele Menschen hätten allerdings auch Mühe, ihre Seele zu erkennen, da sie sich niemals über sinnlich wahrnehmbare Dinge erhöben und derart daran gewöhnt seien, nichts zu erwägen, »daß ihnen alles, was nicht bildlich vorstellbar ist, als nicht einsichtig erscheint« (ebd., S. 71f.).

Nach Descartes gehört zu den Vorstellungen des Denkens auch die Idee von Gott. Da sie dieselbe vollkommene Realität einschließe, könne der denkende Mensch sie sich nicht selbst gegeben haben. Aus der Gottesidee und der göttlichen Wahrhaftigkeit folge aber auch alles andere, was klar und deutlich erkennbar sei.

Die Leidenschaften der Seele

Descartes' Schrift *Die Leidenschaften der Seele* (*Les Passions de l'âme*) wurde im Jahre 1649 publiziert. Sie beinhaltet im Wesentlichen eine Psychologie der Affekte: Ihr Ausgangspunkt ist die Beschreibung der Affekte im Sinne einer deskriptiven Psychologie; ihr Ziel das Zeigen der Möglichkeit rationaler Affektkontrolle.

Der Autor unterscheidet zwischen aktiven und passiven Phänomenen. So könnten die Leiden des Menschen auf seine Psyche oder auf seinen Körper als Ursache bezogen werden. Im ersten Fall würden sie von nervösen Vorgängen hervorgerufen, die als »Leidenschaften« verstanden werden. Descartes formuliert in diesem Zusammenhang u. a. die Hypothese, dass die Zirbeldrüse der bevorzugte Ort der psychophysischen Wechselwirkung sei.

Methode

Descartes zentriert die Verstandestätigkeit. Als Kriterium der Wahrheit nennt er Klarheit und Deutlichkeit. Das Subjekt, das sich während des Denkens selbst als Objekt erkenne, wird auf eine Existenz des Denkens reduziert. Zumindest dass die unmittelbare Sinneswahrnehmung nicht unbedingt auch der Garant für Wahrheit ist, lässt sich anhand zahlreicher Beispiele aus der neuzeitlichen naturwissenschaftlichen Forschung seit Galileo Galilei aufzeigen, und auch in der neueren Psychologie gibt es Theorien, die diesem Alltagsverständnis widersprechen, wie beispielsweise die *Theorie der kognitiven Dissonanz* von Festinger (1957).

Rezeption

Für Descartes waren die Naturgesetze unveränderliche Gesetze. Dies brachte ihn in Konflikt mit der Lehre der Kirche.

Descartes räumte zwar ein, dass Gott die Gesetze erstellt habe; wenn die Gesetze aber einmal erstellt seien, folge die Natur ihren eigenen Gesetzen.

Descartes' Annahme eines substanziellen Unterschiedes zwischen der ausgedehnten Körperwelt und dem Bewusstsein wurde in der Geschichte der Psychologie große Bedeutung beigemessen. Schon bei Descartes selbst hatte diese Zweiteilung der Welt ein kompliziertes System von Wechselwirkungen zwischen den beiden Welten zur Folge.

Theoretische Nachwirkungen

Der *Cartesianische Dualismus* hat die Spaltung von Leib und Seele in der vom Christentum geprägten Gesellschaft theoretisch zum Ausdruck gebracht und damit diese Spaltung für lange Zeit festgeschrieben. Fortan entwickelten sich zwei Wissenschaften: eine auf das Bewusstsein gerichtete und eine auf die Körperwelt gerichtete Wissenschaft.

Cartesianischer Dualismus

Die Unterscheidung zweier Substanzen und damit die »Subjekt-Objekt-Spaltung« sollte für die weitere Entwicklung des Denkens und der neuzeitlichen Wissenschaft kennzeichnend sein. Der *Dualismus* von Descartes lässt sich konzeptuell mit folgender Gegenüberstellung veranschaulichen:

Innenwelt	*Außenwelt*
unausgedehnt	ausgedehnt
immateriell	materiell
unmittelbar gewiss	ungewiss
Bewusstsein	körperliche Welt
Denken	Reflexe
Seele	Leib
Subjekt	Objekt
Geisteswissenschaft	Naturwissenschaft

Für die Körperwelt hat Descartes den *Reflexbogen* bereits dem Prinzip nach erkannt. Er machte den menschlichen Körper dem tierischen vergleichbar, was mehr als 200 Jahre vor Darwin unerhört war. Diese Erkenntnis sollte im 19. und 20. Jahrhundert große Auswirkungen auf die monistische russische Physiologie und Psychologie, insbesondere auf das Paradigma derselben: die *Reflexologie*, haben und über dieselbe schließlich auch den amerikanischen *Behaviorismus* beeinflussen.

Praktische Auswirkungen

Descartes fordert den Leser dazu auf, das eigene Denken als voraussetzungslose Tatsache wahrzunehmen, was damals, als die Logikschulung der Schüler vor allem dazu diente, Aussagen auf Autoritäten (letztlich Gott) zurückzuführen, eine Provokation war. Andererseits wirkte sich sein Dualismus über lange Zeit wie ein wissenschaftliches Dogma aus. In therapeutischer Hinsicht konnte dieses erst mit dem modernen psychosomatischen Medizinverständnis stellenweise überwunden werden.

Julien Offray de la Mettrie

Ausgangspunkte

La Mettrie orientierte sich in seinem Studium an Descartes, doch verwarf er dessen Dualismus. Descartes habe sich zwar häufig getäuscht; entscheidend sei aber, dass er als erster erkannt habe, dass die Tiere bloße Maschinen seien.

Zeittafel

1709	Julien Offray de la Mettrie wird als Sohn eines wohlhabenden Tuchhändlers in Saint-Malo geboren.
1725–33	La Mettrie studiert in Paris Philosophie und Naturwissenschaften, später Medizin.

1734	Er begibt sich nach Leiden zu Hermann Boerhaave, dem Begründer der klinischen Medizin.
1735	Er wird als Arzt in Saint-Malo tätig.
1742	La Mettrie wird Leibarzt des Herzogs von Grammont und nimmt in den folgenden Jahren als Regimentsarzt an mehreren Feldzügen teil.
1751	La Mettrie stirbt in Berlin, einem Gerücht zufolge an einer Überdosis Trüffelpastete.

Der Mensch eine Maschine

La Mettrie verweist mit dem Titel *Der Mensch eine Maschine* (1747/2001) seines stellenweise polemisch formulierten Werkes auf die schon von Descartes vertretene mechanistische Theorie, nach der Tiere Maschinen (bête machine) seien. Nach dem Autor ist der Mensch eine Maschine, die selbst ihre Federn aufzieht. So wie die Eigenschaften einer Maschine vollständig aus den Eigenschaften und der Anordnung ihrer Teile zu verstehen seien, könne der Mensch – mit allem, was er ist und sein kann – aus den Eigenschaften und der Anordnung seiner Organe und der übrigen Teile seines Körpers verstanden werden.

Die Beschreibung des Zusammenhangs von Sinnesorganen, Nervenbahnen und Gehirn wird von La Mettrie auf die leib-seelische Organisation des Menschen ausgedehnt. Dem Autor geht es dabei nicht darum zu verstehen, warum Prozesse des Gehirns Bewusstsein herbeiführen, vielmehr gelte es zu beschreiben, welche Gehirnprozesse welche Prozesse des Bewusstseins bewirken: Die Ideen der Menschen seien in ständiger Bewegung. »Sie jagen sich, wie eine Welle die andere verdrängt« (ebd., S. 49).

Neben der Einbildungs- und Vorstellungskraft der Menschen wird auch deren Urteilskraft thematisiert. Des Körperlichen geistiger Aspekt lasse sich physiognomisch aus den Gesichtszügen erraten, denn methodologisch gesehen sei er abhängige Variable physiologischer Werte, die durch Ernährung, Alter, Krankheit modifizierbar seien. Der Autor fasst den Menschen also in der Tradition von Descartes als Mechanismus auf, doch im Unterschied zu Descartes, der zwei Substanzen annimmt, wird der Mensch letztlich monistisch verstanden. »Ich halte das Denken für so vereinbar mit der organisch aufgebauten Materie, daß es ebensogut eine Eigenschaft derselben zu sein scheint wie die Elektrizität, das Bewegungsvermögen, die Ausdehnung usw.« (ebd., S. 86).

Mit seiner monistischen Auffassung reduziert La Mettrie den Menschen jedoch nicht auf seine Anatomie und seine (Neuro-)Physiologie; der Mensch übernehme vielmehr auch alles (gemeint sind beispielsweise Gebärden oder der Tonfall der Sprache) von anderen Menschen, mit denen er zusammenlebe. Demnach ist das Verhalten auch für La Mettrie nicht vollständig durch das Gehirn vorherbestimmt, sondern durch externe Voraussetzungen und Einflüsse veränderbar. So weist der Autor etwa darauf hin, dass die Augen eines Tauben schärfer und einsichtiger sind, als wenn er nicht taub wäre, da der Verlust eines Sinnes den Scharfsinn eines anderen erhöhe. Eine Rückwirkung auf die Organe und das Gehirn habe zudem auch die Bildung: Das Gehirn sei ohne Bildung für nichts und wieder nichts vorhanden, so wie die beste Bildung ohne hinreichende neurologische Voraussetzungen nichts bewirken könne.

Methode

Die Maschinenmetapher ist nicht zuletzt auch methodologisch zu verstehen: Bei der Untersuchung menschlicher Belange hat sich nach La Mettrie der Wissenschaftler ausschließlich an körperliche Sachverhalte zu halten; somit an das, was ihm mittels Beobachtung und Experiment objektiv zugänglich sei. Der Autor fordert dazu auf, »Seele«, »Geist«, »Bewusstsein« des Menschen naturwissenschaftlich zu erforschen. Er erweitert damit das Gebiet der Naturwissenschaften, das sich bis dahin auf die materiellen Dinge der Materie beschränkt hat, und postuliert dafür eine materialistische Auffassung des Lebendigen. Diese Auffassung ist insofern radikal, als sie sich ausdrücklich auch auf die psychischen Bereiche der Menschen erstreckt. La Mettries Auffassung könnte auf folgende, heute häufig diskutierte Formel gebracht werden: Keine Differenzen in psychischen Bereichen ohne entsprechende Differenzen in den körperlichen Zuständen.

Rezeption

L'Homme Machine war so etwas wie ein Skandalerfolg. Der Autor musste Holland verlassen und Zuflucht am Hof Friedrichs des Großen suchen. In der heutigen Wissenschaft wird die Gleichung Mensch = Maschine stillschweigend weitgehend akzeptiert. In der Robotik wird sogar versucht, sie praktisch umzusetzen.

Theoretische Nachwirkungen

Für den Autor sind die Menschen ihren geistigen Strebungen nach nicht übernatürlich verursacht und sie sind auch nicht aus einem wertvolleren Stoff gebaut worden als die Tiere: »(Die Natur) bringt mit Leichtigkeit und Freude Millionen Menschen hervor, während es einen Uhrmacher viel Mühe kostet, eine komplizierte Uhr herzustellen. Ihre wunderbare Macht geht aus allem hervor, sowohl aus der Erzeugung des niedrigsten Insekts als aus der des herrlichsten Menschen; das Tierreich bereitet ihr nicht mehr Mühe als das Pflanzenreich, das großartigste Genie nicht mehr Mühe als eine Ähre« (La Mettrie, 1747/2001, S. 91). La Mettrie vergleicht die Menschen gerade auch in ihren psychischen Eigenschaften mit den Tieren. Zwischen der bis dahin strikt getrennten menschlichen und tierischen Welt finden sich danach nur noch graduelle Differenzen im Sinne einer feineren körperlichen Organisation. Der Autor nimmt damit Elemente der Darwin'schen Evolutionstheorie vorweg.

Praktische Auswirkungen

Nach La Mettrie ist auch in praktischer Hinsicht vom Körperlichen auszugehen. Demzufolge gehören die geistigen und emotionalen Aspekte desselben in die Zuständigkeit des Arztes und nicht etwa in jene des Theologen. Von praktischer Bedeutung ist auch die Auffassung La Mettries, dass das Psychische und das Somatische eine Einheit bilden, die ihren Ausdruck in der modernen Psychosomatik findet.

Britischer Empirismus

Seit dem 13. Jahrhundert stand dem englischen König ein Parlament mit Repräsentanten der Grafschaften und Städte gegenüber, die den König und seine Taten beobachteten, doch waren sie noch nicht stark genug, um ihn tatsächlich zu kontrollieren. Die Beobachtbarkeit von Tatsachen steht auch im Zentrum des *Empirismus*, dessen Wurzeln in England bereits im 17. Jahrhundert aufzufinden sind. Theorien werden dabei Beobachtungen gegenübergestellt, welche die Theorien in Frage stellen. Zwar war diese Vorgehensweise im ursprünglichen Empirismus noch teilweise spekulativ, doch wurde die Welt bereits als eine Tatsachen- und Erfahrungswelt aufgefasst.

Thomas Hobbes

Ausgangspunkte

Hobbes setzte sich mit der spekulativen Metaphysik auseinander und bestimmte die Philosophie neu als die Erkenntnis der Wirkungen aus den Ursachen. Hierbei wurde er u. a. von Francis Bacon beeinflusst, bei dem er als Sekretär arbeitete, nachdem er seine Tätigkeit als Hauslehrer bei adeligen Familien aufgegeben hatte. Die rationalistische Ethik war wegleitend für Hobbes' Vertrauen in die politische Vernunftordnung.

Zeittafel

1588	Thomas Hobbes wird als Sohn eines Landpfarrers und einer Bauerntochter in Malmesbury in der Grafschaft Wiltshire geboren. Da Thomas bereits mit vier Jahren lesen, schreiben und rechnen gelernt hat, wird er als Wunderkind betrachtet.
1596	Er wird in einer Privatschule in den klassischen Sprachen unterrichtet.
1602	Er beginnt ein Studium an der Universität Oxford und beschäftigt sich vor allem mit Logik und Physik.

1608 Bachelor-Abschluss an der Universität Oxford. Er wird Hauslehrer bei der Adelsfamilie Cavendish; eine Stelle, die er zeitlebens beibehalten wird, allerdings wird es Unterbrechungen geben, nicht nur, weil er zwischenzeitlich als Sekretär von Francis Bacon tätig ist (er übersetzt einige seiner Schriften ins Lateinische). Auf den Auslandsreisen, die er mit seinen Schülern, den Kindern der Familie, unternimmt, lernt er u. a. Galilei und Descartes kennen.

1640 Nach der Auseinandersetzung zwischen König und Parlament muss Hobbes nach Frankreich ins Exil. Er verfasst staatsphilosophische Schriften, in denen er das Papsttum und die Kirche kritisiert, aber das Königtum verteidigt.

1642 Hobbes' Arbeit *Die Bürger* (*De cive*) erscheint als Privatdruck in Paris. Sie wird in der späteren Trilogie *Elemente der Philosophie* (*Elementorum philosophiae*) den dritten Teil bilden.

1651 Hobbes muss erneut fliehen – diesmal zurück nach England, das mittlerweile unter dem Protektorat der Cromwells steht. Sein staatstheoretisches Werk *Leviathan* erscheint. Wegen seines angeblichen atheistischen und häretischen Charakters ist er Anfeindungen seitens der Kirche und des Adels ausgesetzt. Von der Staatsmacht bleibt er vorerst weitgehend unbehelligt.

1655 *Vom Körper* (*De corpore*) wird in London veröffentlicht (erster Teil der Trilogie).

1658 *Vom Menschen* (*De homine*) erscheint in London (zweiter Teil der Trilogie).

1660 Nach der Restauration der Monarchie verschärft sich Hobbes' persönliche Situation. Dank einflussreicher Freunde, wie etwa dem Earl von Arlington, gelingt es ihm jedoch, die gegen ihn gerichteten Intrigen unversehrt zu überstehen.

1679 Hobbes stirbt in Hardwick Hall/Derbyshire.

Anfangsgründe der Philosophie

Das psychologisch sowie philosophisch grundlegende Werk von Hobbes *Elemente der Philosophie* (*Elementorum philosophiae*, 1655/1997 und 1642/1647–1658/1994) erschien in drei Abschnitten in London und Paris. Der in logischer, nicht in historischer Hinsicht erste Abschnitt *Vom Körper* beinhaltet theoretische Ausführungen über die für Hobbes wesentlichen Prinzipien Ort, Zeit, Körper usw. und enthält auch einen Abriss der mechanistischen Auffassung der Welt.

Im zweiten Abschnitt, der *Vom Menschen* handelt, beschäftigt sich der Autor vor allem mit evolutionären Aspekten des Menschlichen (u. a. Zeugung, Ernährung, Blutkreislauf, Bewegung des Körpers). Besonders untersucht wird, wie sich Menschen mit ihrem Körper in ihrer Umwelt zurechtfinden. Dies führt zur Beschäftigung mit der (v. a. visuellen) Wahrnehmung. Die angeführten Ergebnisse sind für die damalige Zeit teilweise erstaunlich. Ein Beispiel hierfür ist die Feststellung, dass Gegenstände umso größer erscheinen, je schneller sie sich bewegen.

Der dritte Abschnitt *Vom Bürger* erschien schon vor den beiden anderen Abschnitten im Jahre 1642 als Privatdruck in Paris. Themen wie Freiheit, Gewalt, vernünftiges Handeln sowie Naturzustand des Menschen werden hier behandelt. So sei der Mensch kein von Natur aus für die Gesellschaft geeignetes Wesen. Im Gegenteil: Wesentlich für ihn seien die natürliche Begierde und der Gebrauch der gemeinsamen Dinge für sich allein. Die Vernunft verlange allerdings die Abtretung der individuellen Rechte auf alles (Naturrecht). Deshalb würden die Menschen untereinander durch Vertrag einen Staat schaffen, in dem das Naturrecht aufgehoben sei. Um den inneren Frieden zu garantieren, werde die Gewalt an den Staat delegiert (Staatsgewalt).

Methode

Nach Hobbes ist alles Denken ein Verbinden und Trennen, Addieren und Subtrahieren. Denken sei rationale Erkenntnis und wird folgerichtig mit dem Rechnen verglichen. Methodisch unterscheidet Hobbes zwischen resolutiven (analytischen) und kompositiven (synthetischen) Vorgehensweisen. Hinzu komme das Schließen von Erscheinungen auf Ursachen: In der Widmung des Werkes weist Hobbes darauf hin, dass das Schließen von den Phänomenen auf Ursachen die einzige Vorgehensweise sei, bei der die Schlüsse nicht aus Definitionen, sondern nur aus »nicht absurden Annahmen« abgeleitet würden. Später fasste Hobbes seelische Prozesse stärker als mechanisch determinierte Bewegungsvorgänge auf, die physikalisch beschreibbar sind.

Rezeption

Die in den *Anfangsgründen der Philosophie* beschriebene Methodik wurde für Generationen von Philosophen wegleitend. Auch der Hinweis auf die von den Erscheinungen ausgehende Vorgehensweise wurde zur Kenntnis genommen und später auch wissenschaftlich umgesetzt.

Theoretische Nachwirkungen

Hobbes sah die Psyche als Teil einer naturgesetzlich organisierten Welt. Alles Psychische habe seinen Ursprung in der Empfindung. Bei Hobbes sind auch erste Ansätze zu einer Psychologie des menschlichen Zusammenlebens zu erkennen. Hierbei werden auch die natürlichen Voraussetzungen der Menschen berücksichtigt.

Praktische Auswirkungen

Da die staatliche Macht nicht mehr länger durch das »Gottesgnadentum« legitimiert werden konnte, war eine neue Legitimationsbasis für die Herrschaft des Fürsten gefragt. Hobbes lieferte mit seiner *Lehre vom Staatsvertrag* eine neue rechtliche Grundlage für diese Herrschaft, indem dort postuliert wird, dass die vielen vereinzelten Individuen diesen Vertrag aus Furcht voreinander miteinander abschließen. Der Erstellung und Erhaltung von Vertragsverhältnissen kam im Hinblick auf ein geordnetes menschliches Zusammenleben besondere Bedeutung zu. Hierbei handelte es sich um eine wichtige Zielsetzung innerhalb der sich allmählich entwickelnden bürgerlichen Gesellschaft. Hobbes' erste Ansätze einer politisch relevanten Psychologie leisteten einen theoretischen Beitrag zur Sicherung des Friedens innerhalb der Gesellschaft.

John Locke

Ausgangspunkte

Locke begann bereits in den 50er Jahren des 17. Jahrhunderts die Werke von Descartes zu studieren. Zu dieser Zeit konnte die cartesische Philosophie an den von Aristoteles und den Scholastikern geprägten englischen Universitäten noch nicht gelehrt werden, hatte aber bereits einen gewissen Einfluss auf die jungen Gelehrten des Landes. Locke folgte erkenntnistheoretisch zunächst Descartes, kritisierte später aber auch zentrale Thesen seines Vorgängers.

Zeittafel

1632	John Locke wird in Wrington geboren.
1652–58	Locke studiert an der Universität Oxford und schließt sein Studium mit dem Master of Arts ab.
1665	Er geht als Sekretär der Gesandtschaft Sir Walter Vanes an den brandenburgischen Hof nach Kleve.
1675–79	Während seines Aufenthaltes in Frankreich lernt er einige namhafte Philosophen und Naturwissenschaftler kennen.
1683	Nach seiner Rückkehr veröffentlicht er zwei Traktate über die Regierung und muss in die Niederlande emigrieren.
1683	Locke kann nach London zurückkehren, wo er eine Stelle in einer Berufungskommission für Steuerfragen erhält. Ein von ihm verfasster Brief über Toleranz erscheint anonym in Gouda.
1696	Locke erhält einen Posten im nationalen Handelsrat.
1700	Aus gesundheitlichen Gründen muss er die Berufungskommission und den Handelsrat verlassen.
1704	Locke stirbt in Oates (Essex) und wird auf dem Friedhof der Kirche von High Laver beigesetzt.

Ein Versuch über den menschlichen Verstand

Das in den Jahren 1671 bis 1689 entstandene Werk *Ein Versuch über den menschlichen Verstand* (*An Essay Concerning Human Understanding*, 1690/1988, 2000) gilt als Lockes philosophisches Hauptwerk, das auch in psychologischer Hinsicht von Interesse ist.

Im *ersten Teil* des Werkes wird Descartes' These von den im menschlichen Geist eingeborenen Ideen (Innatismus) behandelt. Locke weist die These des französischen Philosophen zurück.

Im *zweiten Teil* des Werkes wird dargelegt, dass für die Erlangung von Erkenntnissen eingeborene Ideen *nicht* notwendig sind. Der Ursprung der Erkenntnis liege vielmehr in der Erfahrung (experiences). Dieser Vorgang erfolge durch sinnliche Wahrnehmungen (sensations), die sich auf äußere Objekte bezögen, oder durch Reflexionen (reflections), die innere Objekte referierten. Die meisten Ideen würden dabei zunächst durch Sensation dem Verstand zugeleitet. Dort bildeten sich durch die Reflexion auch Ideen, die den Geist selbst beträfen, wie beispielsweise Zweifeln, Glauben, Schließen. Des Weiteren ermögliche es der Verstand, Operationen wie Vergleichen, Abstrahieren und Zusammensetzen auf Erfahrungen anzuwenden. Damit ließen sich weit über die Zahl der durch Sensation und Reflexion gelieferten Ideen hinaus neue, komplexe Ideen bilden (z. B. die Idee des Pferdes oder die Idee der Schönheit). Der Autor unterscheidet komplexe Ideen von einfachen Ideen. Ein Beispiel für eine einfache Idee ist jene der Festigkeit. Sie wird dem wahrnehmenden Menschen durch den Tastsinn zugeführt. Da die Vorstellung einfacher Ideen für sich Schwierigkeiten bereitet, setzt Locke begrifflich (noch) die Substanz voraus, aus der sie hervorgehen: Als Bezugspunkt der Empfindungen ist sie für den Autor nach wie vor notwendig. Locke weist aber darauf hin, dass sie selbst nicht empirisch erfassbar ist.

Im *dritten Teil* wird die Funktion der Sprache für die Erkenntnis behandelt: Wer keine besonderen Namen für komplexe Ideen zur Verfügung habe, sei wie ein Buchhändler, in dessen Laden Bücher ungebunden und ohne Titel herumlägen. Die Beziehung zwischen Wort und Idee beruhe auf Konvention. Zudem wird die Bedeutung von Klarheit und Präzision der Sprache hervorgehoben. Andernfalls werde der

Weg zur Erkenntnis versperrt. Als Beispiel wird hier der scholastische Missbrauch der Sprache angeführt.

Im *vierten Teil* des Werkes stellt sich der Autor die Frage, wie der Verstand mit dem Ideenmaterial Erkenntnis konstituieren kann: Locke bestimmt die Erkenntnis als Perzeption der Übereinstimmung oder Nichtübereinstimmung von Ideen. Die Erkenntnis, dass die drei Winkel eines Dreiecks gleich zwei rechten sind, ergibt sich also durch die Perzeption der Übereinstimmung der drei Winkel des Dreiecks mit den zwei rechten.

Methode

Auf das Erfahrungsmaterial werden Operationen wie Vergleichen, Abstrahieren und Zusammensetzen angewendet.

Rezeption

Der *Versuch über den menschlichen Verstand* zählt zu den einflussreichsten Werken der Philosophie. Mit dem Begriff der scheinbar notwendigen, aber nicht empirisch verstehbaren Substanz wird eine Problematik angesprochen, die bei Kant zum Ding an sich führte.

Theoretische Nachwirkungen

Locke beeinflusste im 18. Jahrhundert die sich entwickelnde Psychologie und die Pädagogik. Im späten 19. Jahrhundert sollte William James bei der Untersuchung des Bewusstseins die Bedeutung von John Locke erkennen.

Praktische Auswirkungen

Die Kritik eingeborener Ideen erschwerte die weitere Verwendung derselben zur Legitimierung von Dominanzverhältnissen sowie zur Aufrechterhaltung von wirtschaftlichen Privilegien. Es handelt sich also bei Lockes Werk um ein frühes Beispiel von Ideologiekritik mit großer praktischer Bedeutung. Locke formulierte in diesem Zusammenhang auch seine Überlegungen zur Gewaltentrennung, die schließlich dazu führen sollten, dass die Machtausübung des Herrschers durch ein Parlament kontrolliert wurde.

David Hume

Ausgangspunkte

Ähnlich wie Locke setzte sich auch Hume kritisch mit den spekulativen und rationalistischen Systementwürfen des 17. Jahrhunderts auseinander und knüpfte unmittelbar an Untersuchungen über Vermögen und Grenzen des menschlichen Verstandes an.

Zeittafel

1711	David Hume wird als Sohn einer schottischen Adelsfamilie in Edinburgh geboren.
1723	Er hört an der Universität Edinburgh juristische und philosophische Vorlesungen und besucht auch Veranstaltungen zur griechischen Philologie.
1734–37	Hume lebt in Frankreich.
1744	Ablehnung der Bewerbung um eine Professur für Philosophie an der Universität Edinburgh.
1745–46	Hume arbeitet als Gesellschafter und Pfleger des Marquis von Annandale.
1746–48	Er wird Privatsekretär des Generals Saint Clair und begleitet ihn nach Wien und Turin.
1752–57	Nach einer erfolglosen Bewerbung um eine Professur für Logik an der Universität Glasgow arbeitet er in der juristischen Bücherei von Edinburgh.
1763	Hume reist als Privatsekretär des englischen Botschafters Marquis von Hertford an den französischen Königshof nach Versailles. In Paris pflegt er einen regen Gedankenaustausch mit Rousseau.
1766	In Begleitung von Rousseau kehrt er nach England zurück.
1767–69	Hume arbeitet als Unterstaatssekretär im Auswärtigen Amt.
1769–76	Er lebt zurückgezogen in seiner schottischen Heimat.
1776	Hume stirbt in Edinburgh.

Eine Untersuchung über den menschlichen Verstand

Humes Werk *Eine Untersuchung über den menschlichen Verstand* (*Enquiries Concerning the Human Understanding*, 1739–40/1748/1982) wurde in London veröffentlicht. Die Untersuchung entspricht im Wesentlichen dem Inhalt des ersten Buches des acht Jahre früher veröffentlichten *Traktats über die menschliche Natur* (*Treatise of Human Nature*). Obwohl es sich um eine konsistentere und leichter verständliche Fassung seiner früheren Arbeit handelt, war sie über längere Zeit kaum erfolgreicher als die erste Fassung.

Nach einem ersten Abschnitt über die verschiedenen Arten der Philosophie behandelt Hume im zweiten Abschnitt den Ursprung der Vorstellungen. Die Wahrnehmung (perception) unterteilt er dabei in zwei Arten unterschiedlicher Stärke und Lebendigkeit: Gedanken (thoughts) und Vorstellungen (ideas) seien weniger lebhaft als unmittelbare Sinneseindrücke (impressions), denn Vorstellungen seien bloße Abbilder der Eindrücke. Sie seien daher die schwächeren Perzeptionen, die erst dann bewusst würden, wenn wir Wahrnehmungen und Gemütsbewegungen reflektierten. Es sei für Personen nicht möglich, an etwas zu denken, das sie nicht früher durch äußere oder innere Sinne empfunden hätten.

Zusammengefasst heißt dies, dass jede Vorstellung einem vorausgehenden Eindruck oder einer Empfindung nachgebildet ist. An diese Erfahrung sind keine substantiellen Voraussetzungen geknüpft, denn außerhalb derselben gibt es keine notwendigen Beziehungen, die beim Auftreten eines Ereignisses mit Gewissheit auf ein anderes Ereignis zu schließen erlauben. Ursachen und Wirkungen sind nach Hume nicht durch Vernunft, sondern durch Erfahrung zu entdecken. Dies gelte auch für den ersten Anblick einer angestoßenen Billardkugel: Die apriorische Vorstellung derselben sei willkürlich, denn sie könne nicht in der Ursache als solcher entdeckt werden. Der Beobachter müsse das Ereignis abwarten und sich an den effektiven Zusammenhang gewöhnen, um eine Aussage machen zu können, denn gerade auch bei scheinbar offensichtlichen Zusammenhängen seien immer auch andere Ursachen und andere Wirkungen möglich, die der Vernunft genauso folgerichtig und natürlich erscheinen könnten: »Wir würden deshalb vergeblich danach streben, ein einzelnes Ereignis zu bestimmen oder irgendeine Ursache oder Wirkung zu erschließen, ohne die Hilfe von Beobachtung und Erfahrung« (ebd., S. 47). Allerdings würden von ähnlichen Ursachen auch ähnliche Wirkungen erwartet, denn das sei die Summe unserer Erfahrungen und unserer Erfahrungsschlüsse.

Hume verweist in seinem Werk immer wieder auf die Gewohnheit und auch auf die herkömmliche Lebenspraxis: Ohne Gewohnheit wüssten die Menschen nichts von Sachverhalten, die jenseits dessen lägen, was Sinnen und Gedächtnis unmittelbar gegeben sei. Auch die einfachen Träger von Qualitäten, die einfachen Ideen, beruhten auf solchen gewohnheitsmäßigen, mithin bekannten Verbindungen: »Nachdem man gefunden hat, daß in vielen Fällen zwei Arten von Gegenständen – Feuer und Hitze, Schnee und Kälte – immer in Zusammenhang standen, wird der Geist, wenn Feuer oder Schnee sich erneut den Sinnen darbieten, aus Gewohnheit dazu gebracht, Hitze oder Kälte zu erwarten und zu *glauben*, daß es eine derartige Qualität gibt und sie sich nun bei eingehenderer Beschäftigung entdecken wird« (ebd., S. 66ff., Hervorhebung von Hume).

Im dritten Abschnitt des Werkes behandelt Hume die Assoziationen der Vorstellungen. Nach dem Hinweis, dass er keinen Philosophen kenne, der *alle* Prinzipien der Assoziation aufzuzählen oder zu klassifizieren versucht habe, nennt der Autor selbst (in Abweichung von Aristoteles) die Prinzipien Ähnlichkeit, Kontiguität und Kausalität.

Assoziationsprinzipien

Hume behandelt im dritten Abschnitt seiner *Untersuchung über den menschlichen Verstand* (S. 38ff.) die Assoziation der Vorstellungen. Er nennt folgende Prinzipien der Vorstellungsverknüpfung:

- *Ähnlichkeit* (*resemblance*)
  Beispiel: Ein Bild lenkt die Gedanken auf ein Original.
- *Raum-zeitliche Berührung* (*contiguity*)
  Beispiel: Die Erwähnung von einem der Räume in einem Gebäude bringt das Gespräch auf die anderen Räume.
- *Ursache oder Wirkung* (*cause or effect*)
  Beispiel: Wenn wir an eine Wunde denken, ist der Gedanke an den folgenden Schmerz unvermeidbar.

Nach Hume liegt die Vorstellung von Ursache und Wirkung in der gewohnheitsmäßigen Verknüpfung der zeitlichen Abfolge entsprechender Ereignisse. Verknüpfungen von Vorstellungen seien überall erkennbar. Selbst in den freiesten Gesprächen, den abenteuerlichsten und schwärmerischsten Tagträumen sowie in den wirklichen Träumen seien sie auffindbar. Dabei sei die Vollständigkeit der Aufzählung der Vorstellungsverknüpfungen schwer zu beweisen. Es bleibe anhand etlicher Einzelfälle zu überprüfen, ob die Aufzählung noch ergänzt werden müsse. Allerdings gelte es, mit möglichst wenigen Prinzipien auszukommen. So könne etwa der Widerspruch als eine Mischung von Ursächlichkeit und Ähnlichkeit betrachtet werden.

Methode

Hume legt in seinem auch methodologisch nach wie vor aufschlussreichen Buch *Eine Untersuchung über den menschlichen Verstand* dar, dass Erkenntnisse a priori in den Realwissenschaften nicht möglich sind, denn Ursachen und Wirkungen seien nicht durch Vernunft, sondern durch *Erfahrung* zu entdecken. Auch die Entdeckung eines Gesetzes erfolge ausschließlich dank der Erfahrung. Das Äußerste, was menschliche Vernunft hier vermöge, bestehe darin, die Naturphänomene hervorbringenden Prinzipien zu vereinfachen.

Methodische Vorschläge

Hume (ebd., S. 31–124) macht eine Reihe methodischer Vorschläge, von denen hier vier herausgegriffen werden:

- *Abwarten von Erfahrung:* Bevor Aussagen formuliert werden, sind die Erfahrungen abzuwarten. Auch einzelne Ereignisse können nicht ohne Erfahrung bestimmt werden.
- *Trennung von Ursache und Wirkung:* Jede Wirkung ist ein von ihrer Ursache verschiedenes Ereignis. Auch bei scheinbar selbstverständlichen Zusammenhängen sind erfahrungsgemäß immer auch andere Ursachen und andere Wirkungen möglich, als die vorher ausgedachten.
- *Bestimmung des Geltungsbereichs:* Unmittelbare und zuverlässige Informationen gewinnt man nur über bestimmte Objekte in einer bestimmten Zeitspanne.
- *Vorsicht bei Prognosen:* Auch wenn aus der beobachteten Gleichförmigkeit des Geschehens Notwendigkeit hervorzugehen scheint, darf nicht erwartet werden, dass alle Menschen stets genau in der gleichen Weise handeln werden.

Rezeption

Humes Erkenntnisse fanden keine unmittelbare Anerkennung durch die Zeitgenossen. Seine Kritik des Substanz- und Kausalitätsbegriffs stellte das Denken der Schulmetaphysiker allzu sehr in Frage: Für Hume war Substanz nur mehr ein Zusammenhang einfacher Vorstellungen, die kraft Einbildung miteinander vereinigt worden sind; Kausalität ein Zusammenhang, der aus der Gewohnheitsbildung mehr oder weniger systematisch extrahiert wird.

Theoretische Nachwirkungen

Kant sollte gegenüber Hume, der im Unterschied zu Aristoteles bei der Behandlung der Assoziationen auch die Kausalität berücksichtigt, einräumen, dass die Lektüre seines Werkes seinen dogmatischen Schlummer unterbrochen habe. Für Kant sollte es aber gerade das Hauptanliegen sein, zu zeigen, dass sich Kausalität nicht auf Assoziationen reduzieren lässt. Auch weitere Philosophen wie Husserl oder Ayer sollten sich intensiv mit Hume auseinandersetzen.

Praktische Auswirkungen

Hume hat u. a. auch über die Seelsorge nachgedacht: Eine komplexe Idee wie die Seele ist nach Hume keine Substanz, sondern ein Bündel fortwährend wechselnder Vorstellungen und Gefühle, die u. a. über Träume und Tagträume zugänglich und andauernd beachtet werden. Der Glaube an Wunder sei hier wie dort fragwürdig: »Kein Zeugnis genügt, um ein Wunder zu konstatieren, es sei denn, das Zeugnis sei solcher Art, daß seine Falschheit wunderbarer wäre als die Tatsache, die es zu konstatieren trachtet« (Hume, 1739–40/1748/1982, S. 38ff.). Hingewiesen sei hier auch auf Anwendungen von Humes Gedanken in der Psychotherapie (z. B. auf die Bedeutung der Gewohnheitsbildung in der Verhaltenstherapie und der Assoziationen in der Psychoanalyse).

Deutsche Aufklärung

Die Aufklärung war eine fortschrittsgläubige Geistesbewegung des aufstrebenden Bürgertums mit dem Ziel, auf religiöse und politische Autorität beruhende Anschauungen durch solche zu ersetzen, die sich aus der Vernunft ergeben. Die vorwiegend am französischen Rationalismus orientierte deutsche Aufklärung des 18. Jahrhunderts ist mit ihren Begriffsklärungen, Analysen von Abhängigkeitsverhältnissen sowie weiterführenden politischen Ideen in erster Linie philosophisch relevant, doch sind einige Werke auch in psychologischer Hinsicht wertvoll, wenngleich dies nicht immer auf den ersten Blick erkennbar ist: Aufklärung bedeutet nicht nur Erhellung des Verstandes, sondern auch Erleuchtung des Herzens. Sie wird außerdem als Unterweisung in vernünftiger Lebensführung sowie als moralisch-pragmatische Erziehung des heranwachsenden Menschen – manchmal auch schon unter Mitberücksichtigung seiner sozialen Voraussetzungen – aufgefasst (Hinske, 1990).

Immanuel Kant

Ausgangspunkte

In erkenntnistheoretischer Hinsicht orientierte sich Kant einerseits am Rationalisten Descartes und andererseits am Empiristen Hume. In psychologischer Hinsicht war für ihn lange Zeit die bis auf Aristoteles zurückgehende *Vermögenspsychologie* von Bedeutung.

Zeittafel

1724	Immanuel Kant wird als Sohn eines Riemermeisters und einer pietistisch gesinnten Mutter in einer Vorstadt von Königsberg (heute Kaliningrad) geboren.
1740–55	Studium der Theologie, Philosophie, Mathematik sowie der Naturwissenschaften an der Universität Kö-

	nigsberg. Kant arbeitet als Hauslehrer bei drei Familien in der Umgebung. Promotion und Habilitation.
1762–64	Herder gehört zu den Hörern von Kants Vorlesungen.
1766	Kant arbeitet als Unterbibliothekar in der königlichen Schlossbibliothek.
1770	Er wird ordentlicher Professor für Logik und Metaphysik an der Universität Königsberg.
1781	Die *Kritik der reinen Vernunft* erscheint.
1794	Kant wird in die Petersburger Akademie der Wissenschaften gewählt. In Preußen stößt sein Konzept einer Vernunftreligion bei Friedrich Wilhelm II., dem Nachfolger Friedrichs des Großen, auf Unwillen. Es kursiert das Gerücht einer baldigen Amtsenthebung und Verbannung Kants.
1796	Kant hält seine letzte Vorlesung.
1798	Wahl in die Akademie der Wissenschaften in Siena. Kant geht im Streit der Fakultäten nochmals auf die Religionsfrage ein.
1803	Beginn einer schweren Erkrankung.
1804	Kant stirbt in Königsberg.

Träume eines Geistersehers

Kant stellt sich in der anonym in Königsberg erschienenen Schrift *Träume eines Geistersehers* (1766/2002) folgende Frage: »Soll (der Philosoph) die Richtigkeit aller solcher Geistererscheinungen gänzlich ableugnen? Was kann er für Gründe anführen, sie zu widerlegen?« (ebd., S. 5). In dieser Aufklärungsschrift, die erkenntnistheoretisch gesehen noch seiner vorkritischen Periode zugehört, setzt sich Kant ebenso kritisch mit den Träumen der Metaphysiker wie mit den Träumen der eigentlichen Geisterseher (insbesondere Swedenborg) auseinander.

In den Visionen der Träumer der Vernunft, der metaphysisch ausgerichteten Philosophen und damaligen Psychologen unter den Philosophen, konstatiert er erschlichene Begriffe, Vertrauen in Scheingründe der Vernunft, die Berufung auf immaterielle Prinzipien, ohne deren Folgen zu bedenken. Bei den Geistersehern, den Träumern der Empfindsamkeit, räumte er die Möglichkeit einer auf Krankheit zurückgehenden Täuschung der Sinne ein. Einerseits sei ungewiss, ob es

Geister gebe, ja es sei nicht einmal klar, was das Wort »Geist« bedeute; andererseits schienen zwar »geistige Empfindungen« zu existieren; diese könnten aber so genau in die Einbildung verwebt sein, dass es unmöglich sei, dieselben von den Blendwerken zu unterscheiden.

Auf Seiten der Metaphysiker diagnostiziert Kant eine Überstiegenheit des Verstandes, auf Seiten der Geisterseher und Phantasten eine Täuschung der Sinne. So könnten die Metaphysiker »die Möglichkeit immaterieller Wesen annehmen, ohne Besorgnis, widerlegt zu werden, wiewohl auch ohne Hoffnung, diese Möglichkeit durch Vernunftgründe beweisen zu können« (ebd., S. 12), denn die herkömmlichen metaphysischen Aussagen ließen sich nicht beweisen, »weil die Natur der Seele im Grunde nicht bekannt genug ist« (ebd., S. 17). Zur Verrückung der Geisterseher meint Kant: »Das Eigentümliche dieser Krankheit besteht darin: daß der verworrene Mensch bloße Gegenstände seiner Einbildung außer sich versetzt, und als wirklich vor ihm gegenwärtige Dinge ansieht« (ebd., S. 45).

Kant vergleicht die (Selbst-)Täuschung der Geisterseher mit folgender gewöhnlichen Erfahrung: »Wenn man nach vollbrachtem Schlafe mit einer Gemächlichkeit, die einem Schlummer nahe kommt, und gleichsam mit gebrochenen Augen die mancherlei Fäden der Bettvorhänge oder des Bezuges oder die kleinen Flecken einer nahen Wand ansieht, so macht man sich darauf leichtlich Figuren von Menschengesichtern und dergleichen. Das Blendwerk hört auf, so bald man will und die Aufmerksamkeit anstrengt« (ebd., S. 45f.).

Kant versucht also weder, die parallelisierten Träumereien der Metaphysiker und Geisterseher faktisch zu widerlegen noch sie zu beweisen. Er weist lediglich darauf hin, dass der Leser bei weiterem Nachdenken feststellen werde, dass er auf alle vergeblichen Nachforschungen bei Fragestellungen verzichten könne, zu denen keine Daten in der *gewöhnlichen* Welt gegeben seien: »Wenn (...) gewisse angebliche Erfahrungen sich in kein unter den meisten Menschen einstimmiges Gesetz der Empfindung bringen lassen, und also nur eine Regellosigkeit in den Zeugnissen der Sinne beweisen würden (wie es in der Tat mit den herumgehenden Geistererzählungen bewandt ist), so ist ratsam, sie nur abzubrechen; weil der Mangel der Einstimmung und Gleichförmigkeit alsdenn der historischen Erkenntnis alle Beweiskraft nimmt, und sie untauglich macht, als ein Fundament zu irgend einem Gesetze der Erfahrung zu dienen, worüber der Verstand urteilen könnte« (ebd., S. 82f.). Nur wenn die Wissenschaft von den Grenzen der menschlichen Vernunft bestimmt werde und sich auf den niedrigen Boden der Erfahrung und des gemeinen Verstandes begebe, könne sie Begleiterin der Weisheit sein.

Kritik der reinen Vernunft

Das Ziel von Kants *Kritik der reinen Vernunft* (1781/2003) ist es, die Grenzen reiner Vernunfterkenntnis zu bestimmen. Der Autor wendet sich dafür erkenntniskritisch gegen die anmaßende Annahme, durch reines Denken im Sinne des metaphysischen Rationalismus (d.h. durch bloße Begriffsoperationen) könne man zu Wahrheiten über transempirische Ideen (z.B. Gott, Freiheit) gelangen. Er wendet sich aber auch gegen den Empirismus von Hume, der ausschließlich nachträgliche Erkenntnisse auf Grund der Erfahrung zulässt.

Nach Kant besteht das Merkmal aller Wissenschaften darin, in Prinzipien fundiert zu sein, die einerseits notwendig und allgemein und andererseits realitätserschließend sind. Seine dualistische Voraussetzung der Kritik der Vernunft lautet dahingehend wie folgt: Die Erkenntnis entspringt aus zwei Grundquellen: erstens, die Vorstellungen zu empfangen (Rezeptivität der Eindrücke), und zweitens, durch diese Vorstellungen einen Gegenstand zu erkennen (Spontaneität der Begriffe): »Anschauung und Begriffe machen also die Elemente aller unserer Erkenntnis aus, so daß weder Begriffe, ohne auf einige Art korrespondierende Anschauung, noch Anschauung ohne Begriffe, eine Erkenntnis abgeben können« (ebd., S. 119).

Diese Vereinigung von Anschauung und Begriffen bei gleichzeitiger klarer Trennung der beiden Zugänge im Sinne der von Kant vorausgesetzten Dualität betrifft die streng naturwissenschaftliche Erkenntnis eines Galilei oder eines Newton. Neben dieser Art von Erkenntnis gibt es nach Kant aber auch mathematische Erkenntnis, auf nachträglicher Erfahrung beruhende Erkenntnis (im Sinne von Hume) sowie Erkenntnisse metaphysischer Art. Um den Voraussetzungen wissenschaftlicher Erkenntnisse auf die Spur zu kommen, unterscheidet Kant zwischen Urteilen a priori und Urteilen a posteriori sowie zwischen analytischen und synthetischen Urteilen.

Arten von Urteilen

Ein Urteil ist ein Akt des Bejahens oder des Verneinens, in dem zwei Begriffe (Subjekt und Prädikat) miteinander in Beziehung gesetzt werden. Kant trifft in der *Einleitung* der *Kritik der reinen Vernunft* (S. 49–78) dahingehend folgende Unterscheidungen:

- *Erkenntnisse* sind entweder *a priori* (vom Früheren her) oder *a posteriori* (vom Späteren her) gültig.
- *Urteile* erfolgen entweder *analytisch* (zergliedernd) oder *synthetisch* (zusammensetzend).

Aus den Paaren analytisch versus synthetisch und a priori versus a posteriori ergeben sich vier Kombinationen:

- *Analytische Urteile a priori:* Es wird nichts Weiteres ausgesagt, als das, was im erläuterten Begriff bereits enthalten ist. Beispiel: Jeder Schimmel ist weiß. Hier müssen lediglich die logischen Gesetze befolgt werden (insbesondere der Satz vom Widerspruch).
- *Analytische Urteile a posteriori:* Diese Kombination ist nicht möglich, denn sie ist ein Widerspruch in sich.
- *Synthetische Urteile a priori:* Diese Urteile fügen dem Begriff des Subjekts ein Prädikat an, das der Begriff noch nicht enthält. Dennoch ist das Urteil ausnahmslos wahr (Beispiel: Fallgesetz).

- *Synthetische Urteile a posteriori:* Es handelt sich um zusammengesetzte Urteile, die auf nachträglicher Erfahrung basieren und das Wissen erweitern. Beispiel: Statistische Aussagen.

Kant stellt sich in der *Kritik der reinen Vernunft* die Frage: »Wie sind synthetische Urteile a priori möglich?« (ebd., S. 68). Was sind also die Bedingungen der Möglichkeit reiner Naturwissenschaft? Sind synthetische Urteile a priori überhaupt möglich? Wie können in sie zwei grundsätzlich verschiedene Erkenntnisarten einfließen, nämlich sinnliche sowie verstandesmäßige Erkenntnisse?

Nach Kant wird der sinnlich zugängliche, aber noch unbestimmte Gegenstand durch die a priori gegebenen Formen von Raum und Zeit der Anschauung unterzogen. Der Erkennende kann demnach nur Erscheinungen wahrnehmen; die Sache selbst lässt er unerkannt liegen, auch wenn die Sache an sich wirklich sein mag: »Sind es aber nur sinnliche Anschauungen, in denen wir alle Gegenstände lediglich als Erscheinungen bestimmen, so geht die Form der Anschauung (als eine subjektive Beschaffenheit der Sinnlichkeit) vor aller Materie (den Empfindungen), mithin Raum und Zeit vor allen Erscheinungen und allen datis der Erfahrung vorher, und macht diese vielmehr allererst möglich« (ebd., S. 352f.).

Die empirische Erkenntnis vollzieht sich nach Kant immer schon als eine räumlich sowie zeitlich (vor-)strukturierte und je besonders begreifbare Unterordnung des gegebenen Anschauungsmaterials. Die hierbei verwendeten Begriffe sind nach dem Autor reine Verstandesbegriffe, also mit keinerlei sinnlichen Wahrnehmungsqualitäten behaftete Formbegriffe von zeitloser Universalität (u. a. Kausalität, Wechselwirkung). So ist beispielsweise die Kausalität eine Denkkategorie, die nicht erst aus der Erfahrung hervorgeht, sondern dieser vorausgesetzt ist. Sinneseindrücke sind Kants Auffassung nach nur ein subjektives Spiel von Empfindungen und Vorstellungen, denen kein Objekt zukäme, wenn es nicht eine Regel gäbe, nach der die Eindrücke aus einem vorhergehenden Vorgang folgen würden. Das blinde Spiel der Vorstellungen könnte folglich allenfalls ein Traum sein, ja nach Kant wäre es sogar »weniger ... als ein Traum« (ebd., S. 891).

Wie die reinen Anschauungsformen Raum und Zeit, so seien auch die reinen Verstandesbegriffe bloße Gedankenformen und als solche Bedingungen der Einheit möglicher Erkenntnisgegenstände, die als Mannigfaltiges der Anschauung in Raum und Zeit aufscheinen. Diese Bedingungen erlaubten es jedoch, etwas anzutreffen, zu erfassen und schließlich auch zusammenzufassen, das nicht schon im Verstandesbegriff, wohl aber in der Anschauung vorhanden sei und gleichwohl diesem Begriff entspreche (synthetische Einheit der Apperzeption). Entsprechende Urteile reichten indes nie weiter als bis zu gleichermaßen begrifflich zugerichteten wie anschaulich zugänglichen Gegenständen. Sie gälten folglich ausschließlich für Objekte möglicher Erfahrung. Die apriorischen Anschauungsformen von Raum und Zeit sowie die jeweils angemessenen Kategorien des Verstandes sind demnach für Kant die allgemeinen und notwendigen Bedingungen wissenschaftlicher Erkenntnis.

Beantwortung der Frage: Was ist Aufklärung?

Kant beantwortet in der *Berliner Monatsschrift* die zu Beginn des Aufsatzes (1784/1990) gestellte Frage »Was ist Aufklärung?« wie folgt: »*Aufklärung ist der Ausgang des Menschen aus seiner selbst verschuldeten Unmündigkeit. Unmündigkeit* ist das Unvermögen, sich seines Verstandes ohne Leitung eines anderen zu bedienen. *Selbstverschuldet* ist diese Unmündigkeit, wenn die Ursache derselben nicht am Mangel des Verstandes, sondern der Entschließung und des Mutes liegt, sich seiner ohne Leitung eines andern zu bedienen. Sapere aude! Habe Mut, dich deines eigenen Verstandes zu bedienen! ist also der Wahlspruch der Aufklärung« (ebd., S. 342; Hervorhebungen von Kant).

Kant macht sich aber keine Illusionen. Er sieht, dass es für den einzelnen Menschen schwierig ist, sich aus der beinahe zur Natur gewordenen Unmündigkeit herauszuarbeiten. Voraussetzung hierzu sei es, dass man ihm die Freiheit des Räsonierens lasse. Kant propagiert deshalb die Freiheit des öffentlichen Gebrauchs der Vernunft vor der Leserwelt, der Gelehrtenrepublik, ja der ganzen Weltbürgergesellschaft. Für den Privatgebrauch der Vernunft, worunter der Autor den Gebrauch derselben in Institutionen versteht, räumt er indes ein, dass diese Institutionen, damit sie funktionieren könnten, gewisser Grenzen des Räsonierens bedürften.

Gegen Schluss seiner Aufklärungsschrift gelangt Kant dann auch zu einer pessimistischen Einschätzung der damaligen Möglichkeiten des Menschen, sich aus »seiner selbstverschuldeten Unmündigkeit« zu befreien: »Leben wir jetzt in einem *aufgeklärten* Zeitalter? so ist die Antwort: Nein, aber wohl in einem Zeitalter der *Aufklärung*. Daß die Menschen, wie die Sachen jetzt stehen, im Ganzen genommen schon imstande wären, oder darin auch nur gesetzt werden könnten, in Religionsdingen sich ihres eigenen Verstandes zu bedienen, daran fehlt es noch sehr viel« (ebd., S. 345; Hervorhebungen von Kant).

Methode

Kant behandelt in der *Kritik der reinen Vernunft* das von Galilei und Newton forschungspraktisch vorgeführte Paradigma: Die Welt besteht aus bewegten Dingen im Raum, die sich mit der Zeit verändern. Die Naturforscher richten sich in dieser Welt mit ihren Problemen ein. Sie begreifen, »daß die Vernunft nur das einsieht, was sie selbst nach ihrem Entwurfe hervorbringt, daß sie mit Prinzipien ihrer Urteile nach beständigen Gesetzen vorangehen und die Natur nötigen müsse, auf ihre Fragen zu antworten, nicht aber sich von ihr allein gleichsam am Leitband gängeln lassen müsse; denn sonst hängen zufällige, nach keinem vorher entworfenen Plane gemachte Beobachtungen gar nicht in einem notwendigen Gesetze zusammen, welches doch die Vernunft sucht und bedarf« (ebd., S. 25).

Nach einem so festgelegten Gegenstand stellt sich die Frage nach der »*Möglichkeit* des Gegenstandes selbst« (ebd., S. 783; Hervorhebung von Kant). Es können hier entsprechende Hypothesen formuliert werden, von denen jede als solche zulässig ist, sofern sie nur physisch (Raum und Zeit sowie entsprechende Bewegungen betreffend) und nicht hyperphysisch konzipiert ist. Damit sind die Voraussetzungen eines Experimentes erfüllt, mit dem sich eine Hypothese bestätigen oder widerlegen lässt. Nach Kant müssen sich also die Erkenntnisse nach den Erkenntnisformen des Menschen richten, denn ansonsten wären auch keine notwendigen (d. h. in dem bestimmten Zusammenhang unbedingt erforderlichen) *neuen* Nachrichten über die vorgegebene Erscheinung des Gegenstandes erhältlich.

Daraus ergibt sich die Aufgabe, die Bedingungen der Möglichkeit sogenannter objektiver Erkenntnisse zu finden: Diese liegen in der Struktur des Subjekts der Erkenntnis. Mit Subjekt ist jedoch nicht die biologische oder psychologische Konstitution eines individuellen Subjekts gemeint und Subjekt wird auch nicht primär in einem stammesgeschichtlichen oder sprachlichen Sinne gebraucht. Kants »transzendentales Subjekt« übersteigt vielmehr die unmittelbare Erfahrung.

Es stellt sich nun die Frage, wo ein von der Sinnlichkeit vollständig abgelöster »Verstand« in der modernen Welt tatsächlich – und immer wieder – auf eben diese Sinnlichkeit angewendet wird. Nach der kritischen Rekonstruktion Kants durch Sohn-Rethel (1985) ist dies mit dem Austausch von Waren praktisch durchgängig gegeben: Demnach ist der Äquivalententausch eine Abstraktionsleistung, welche Verstandesmäßiges von der Sinnlichkeit trennt, aber diese Erkenntnisstämme durch die stetig vollzogene Gleichsetzung von Produkten und Austauschmitteln zugleich vereinigt (und mithin auch die am Austausch beteiligten Menschen vergesellschaftet). Im Austausch von Produkten nach dem Äquivalenzprinzip findet nach Meinung des Autors beständig eine Synthesis des Mannigfaltigen statt – scheinbar unaufhaltsam immer weiter ausgreifend.

Von der Gleichung des Austausches ausgehend wird nach Sohn-Rethel auch die Natur ihrer Möglichkeit nach als gleichbleibende Notwendigkeit wahrgenommen. Ein herausgehobener Vorgang kann so die Form einer Hypothese erhalten, die auf die Kausalität einer Funktionsgleichung und ihres Zahlenwertes lautet. Eine vermutete »Not-Wendigkeit« des einen ins andere lässt sich experimentell ausprobieren. Wenn der Versuch gelingt, erscheint nach dem Autor ein Ausschnitt der selbsttätigen Natur – ein quasi natürlicher »Sach-Verhalt«.

Bei einer zutreffenden Prognose müssten Personen dann nicht mehr mit ihrer Sinnlichkeit in die Natur eingreifen (bzw. selbst Hand anlegen, so wie dies noch bei Handwerkern der Fall gewesen sei). Die Natur sei jetzt so organisiert, dass der Mensch »anstatt der Herstellung der Dinge nur noch die Funktion der Bedienung einer Sachapparatur hat, die durch die Art ihrer Beschaffenheit das Vermögen enthält, gegebenes Material in das Produkt zu verwandeln« (ebd., S. 104). Das Skelett für personunabhängige Vorgänge sei der Apparat, und diese Vorgänge erfolgten mit der technisch bewerkstelligten Notwendigkeit der Sachen.

Mit dem Aufkommen der Sozialwissenschaften wurde der Apparat von der Produktion auch auf andere Bereiche übertragen, und zwar zunächst auf die sozialen Verhältnisse in der Arbeitswelt (vgl. u. a. Offe, 1970/1977). Darüber hinaus wurde in allen Bereichen von Interesse nach quasi naturgesetzlichen Verhältnissen gesucht, auch in sozialen und spezifisch menschlichen Lebensbereichen. Aus der Behandlung der Sachen durch Menschen wurde im Zuge dessen die Behandlung der Menschen als Sachen. Unter der Bedingung der Möglichkeit von Äquivalenz können sich auch sogenannte »Sachzwänge« Geltung verschaffen, mithin ihre eigenen Voraussetzungen weiter vorantreiben (Adorno, 1951).

Rezeption

Die *Kritik der reinen Vernunft* wurde nach ihrem Erscheinen im Jahre 1781 von den Zeitgenossen nicht sofort als Revolution der Denkart erkannt. Zu umständlich und weitschweifig war die Gedankenführung, zu schwierig für viele die Lektüre. Doch nach etwa einem Jahr begann die Verbreitung des Werkes. Im Jahre 1785 wurde die *Jenaer Allgemeine Literaturzeitung* gegründet, die bald zum Zentrum des *Kantianismus* in Deutschland wurde. Zu den bekanntesten Rezensenten gehörten Hamann und Herder, welche die von Kant (aber eben nicht nur von Kant) vorausgesetzte Trennung von Sinnlichkeit und Verstand kritisierten und von der Priorität respektive Einheit der Sprache ausgingen.

Die von Kant in seinem Hauptwerk zusammengestellten Kategorien (Kategorientafel) bleiben bis in die Gegenwart hinein heftig umstritten, das Grundprinzip des Werkes, nämlich die Frage, wie *synthetische Urteile a priori* zustande kommen, wurde jedoch trotz anhaltender sprachanalytischer Grundlagenkritik weniger in Frage gestellt und wird auch heute noch weithin akzeptiert. Der *Kritische Rationalismus* teilt die Skepsis Kants gegenüber der Wahrheit *a posteriori* gewonnener Erkenntnisse und begegnet Humes Induktionsproblem mit dem Primat der Falsifikation (Popper, 1934/1966).

Theoretische Nachwirkungen

Kants erkenntnistheoretische Grundsteinlegung blieb seit der Veröffentlichung der *Kritik der reinen Vernunft* trotz aller Gegnerschaft maßgebend für die moderne naturwissenschaftliche Erkenntnis. Auch innerhalb der Psychologie sollte sie einen Platz erlangen, obgleich Kant für die Seele, die keiner Erscheinungswelt angehöre, Wissenschaftlichkeit gerade ausgeschlossen hatte.

Die Psychologen wussten sich jedoch zu behelfen, indem sie den Gegenstand der Psychologie über Jahrzehnte hinweg auf das Verhalten reduzierten (Behaviorismus). Nach der Kognitiven Wende sollten sie sich dann weitgehend auf die Zeitmessung »innerer Prozesse« beschränken (müssen), was dem kantischen Anspruch zwar nur teilweise gerecht wird, aber dem gesellschaftlich bedingten Leistungsdenken weiter Vorschub leistete.

Auch wenn damit in methodologischer Hinsicht die Reduktion auf Reaktionen und Verhalten erhalten blieb, waren die Probleme noch nicht gelöst, da im Bereich des menschlichen Verhaltens das Objekt der Erkenntnis nicht vollständig durch Kausalität bestimmbar ist; anders als in der klassischen Physik fehlen hier immer Bestimmungsstücke, weil den Menschen fast in jeder Situation verschiedene Verhaltensmöglichkeiten offenstehen. Für das besondere Verhalten eines Individuums blieb daher ein Zwischenbereich zwischen Möglichem und Faktischem bestehen, weshalb die psychologische Forschung bei Wahrscheinlichkeitsaussagen Zuflucht suchte.

Allerdings sollten sich die Anschauungsformen Raum und Zeit und die Kategorie Kausalität als a priori zur Erfahrung auch in der modernen Physik als fragwürdig erweisen, was jedoch vor allem den Inhalt dieser Theorien und weniger die tatsächliche Beschreibung der Experimente betraf, die zu ihrer Erstellung und Überprüfung verwendet werden. Ansonsten wäre eine Verständigung über die Messungen auch in der modernen Physik nicht mehr möglich: Die Gegenstände der modernen Physik sind zwar schon lange nicht mehr Gegenstände der Alltagserfahrung, gleichwohl sind sie Bestandteile einer durchaus auch im traditionellen Sinne genau bestimmten Beobachtungssituation, die das Problem der Beliebigkeit nicht kennt und nicht mit den kulturellen und sozialen Voraussetzungen des beobachteten Verhaltens variiert. Demnach behalten die Bestandteile von Beobachtungssituationen, die ausschließlich räumlich und zeitlich bestimmbar sind, ihren hohen Erklärungswert für die physikalische Untersuchung der Phänomene (Heisenberg, 1979).

Praktische Auswirkungen

Mit der Aufklärung wurden die Menschen dazu aufgefordert, ihrem Leben einen Sinn zu geben, unabhängig davon, ob sie auf ein Leben nach ihrem Tod hofften oder nicht. Nicht mehr

Autoritäten, Traditionen sollten die Menschen bestimmen, sondern die Planung der Zukunft aufgrund der Vernunft sowie aufgrund wissenschaftlicher Erkenntnisse.

Kants Schrift *Was ist Aufklärung?* ist eines der wichtigsten Manifeste der deutschen und darüber hinaus der europäischen und amerikanischen Aufklärung und wird auch heute noch diskutiert, und zwar nicht nur in wissenschaftlicher (u. a. in der Debatte über Moderne und Postmoderne), sondern auch in politischer Hinsicht (u. a. in der Auseinandersetzung mit dem Islam). Tatsächlich wollte Kant die Freiheit der Menschen durch allseitige und weltweit gültige Rechtsverhältnisse schützen, doch wenn beispielsweise die Durchsetzung derselben mit illegaler Gewalt geschieht, um bestimmte materielle Ziele zu erreichen, scheint die Proklamation von Rechtsstaatlichkeit mehr als Vorwand oder Mittel zum Zweck denn als effektives Ziel zu dienen.

In mehr psychologischer Hinsicht sei hier ebenfalls ein Beispiel für diese »Dialektik der Aufklärung« angeführt: Im Zuge der Aufklärung wurde die Befreiung sozial benachteiligter, gedemütigter und verwirrter Menschen von ihren Ketten relevant. Die unterdrückten und oftmals in ihrer Ohnmacht auch aggressiven Personen wurden im 19. Jahrhundert in eine objektive Struktur der Belohnung und Bestrafung sowie der Beobachtung des Verhaltens eingefügt. Die dem Ansinnen nach von Schuld befreiten Personen wurden einer strikten Verhaltenskontrolle durch das Personal unterzogen. Demnach erfolgte die gesellschaftliche Geburt des *Behaviorismus* und der *Verhaltenstherapie* in den psychiatrischen Kliniken Jahrzehnte vor der Einführung entsprechender Begriffe. Die der Vernunft »ent-sagenden« Personen wurden als Kranke betrachtet und der Äußerung ihres Willens entledigt, der in den Willen des Arztes verlagert wurde (Foucault, 1961/1973).

Seit einigen Jahrzehnten versuchen Neurologen und Psychiater das Verhalten auch mittels Medikamenten zu kontrollieren. Diese Behandlung wird inzwischen von professionellen Verhaltenstherapeuten meist kognitiver Ausrichtung unterstützt. Die institutionellen und medizinischen Maßnahmen werden psychologisch abgefedert und so wird womöglich auch die Resozialisierung vorbereitet.

Christoph Martin Wieland

Ausgangspunkte

Wieland kannte sich in der griechischen Literatur und Philosophie gut aus und war auch mit der zeitgenössischen Philosophie und Psychologie in Frankreich vertraut. Eine vorübergehende Isolierung vom Literaturbetrieb während seines Aufenthaltes in seiner schwäbischen Heimatstadt Biberach nötigte ihn auf sich selbst zurück und sein daraus resultierendes Bedürfnis nach einer Selbstanalyse legte ihm eine Selbstdarstellung in Romanform nahe. Die ursprünglich autobiographischen Intentionen wurden jedoch im Laufe der Arbeiten generalisiert und die Selbstdarstellung in eine Art Lehrbuch für Adoleszente transformiert, wobei Wieland an die Stelle einer eindeutigen Moralität eine detaillierte Psychologie menschlicher Schwächen und Verführbarkeit setzte. Das Spannungsfeld sich wiederholender Übertreibungen, Prüfungen und Enttäuschungen verlegte der Autor auf wechselnde Schauplätze des antiken Griechenland.

Zeittafel

1733	Christoph Martin Wieland wird in Oberholzheim bei Biberach geboren.
1750–52	Studium der Jurisprudenz in Tübingen.
1752–59	Wieland lebt als Gast im Haus von Johann Jacob Bodmer in Zürich. Hauslehrer in Zürich. Später Übersiedlung nach Bern.
1760	In Biberach wird er zum Senator und kurz darauf zum Kanzleiverwalter gewählt.
1761–66	In dieser produktiven Lebensphase übersetzt Wieland 22 Shakespeare-Dramen.
1769	Er wird zum kurmainzischen Regierungsrat und zum Professor der Philosophie an der Universität Erfurt ernannt.

1772–75	Wieland arbeitet in Weimar als Erzieher des Erbprinzen Carl August am Hof der Herzogin Anna Amalia.
1773	Der Göttinger Hainbund verbrennt bei einer Feier zu Klopstocks Geburtstag Wielands Schriften und sein Bild.
1796	Wieland reist nach Leipzig, Dresden und Zürich.
1797–1803	Er lebt auf dem Landgut Ossmannstedt. Zwei Jahre nach dem Tod seiner Frau muss er das Gut verkaufen und nach Weimar zurückkehren.
1813	Wieland stirbt in Weimar.

Geschichte des Agathon

Der erste große Entwicklungsroman der deutschen Literatur *Geschichte des Agathon* (1766–1767/1979), dessen erster Teil 1766 und dessen zweiter Teil ein Jahr später bei Orell, Gessner und Füssli in Zürich (aufgrund der Schweizer Zensurbehörde offiziell in Frankfurt und Leipzig) erschien, beinhaltet neben der Darstellung der Handlung der Hauptperson Kommentare, die sich direkt an den Leser oder die Leserin richten. So wird beispielsweise auf die Relevanz der Träume hingewiesen und in der entsprechenden Kapitelüberschrift hervorgehoben, dass »Träume nicht allemal Schäume sind« (ebd., S. 203).

Die Hauptperson des Romans, der ebenso schwärmerische wie wohlgestaltete Jüngling Agathon, lebt im Tempel zu Delphi. Er lernt die liebe und gute Psyche kennen und stimmt sich auf sie geistig ein. Der Betrug eines Priesters sowie erotische Nachstellungen einer Oberpriesterin vertreiben ihn aus dem Tempel. Agathon flieht nach Athen. Als junger Politiker gewinnt er schnell die Liebe des Volkes. Schließlich scheitert aber der idealistisch gesinnte junge Mann am Hass des eigennützigen Adels, ohne richtig zu begreifen, was tatsächlich geschehen ist. Als Staatsverbrecher verbannt, fällt er in die Hände von Seeräubern.

In Smyrna kommt er in die Domäne des Sophisten Hippias, der den vielversprechenden jungen Mann von seinen Schwärmereien befreien und für sich gewinnen möchte. Hippias führt Agathon zur schönen Danaë, die in der Rolle der seelenvollen Unschuld den jungen Mann betören soll, doch stattdessen beginnt sie Agathon zu lieben. Zornig enthüllt Hippias Agathon Danaës Vergangenheit. Agathon flieht und wird Politiker am Tyrannenhof des zeitweiligen Platonschülers Dionysius von Syrakus. Dort steigt er bald in die Führung auf. Agathon erfüllt seine Aufgaben und ist sehr erfolgreich. Die neidischen Höflinge schätzen ihn jedoch bald als einen Mann ein, der ihren eigenen Absichten im Wege steht. Sie fürchten, neben diesem seltsamen Mann, der so spricht, wie er denkt, und sich von der schönsten Frau (Clenonissa) nicht verführen lässt, nicht mehr gedeihen zu können. Die Höflinge beginnen Agathon zu hassen und in den Herzen aller zusammen brütet eine Art von Verschwörung gegen ihn, ohne dass es dazu einer geheimen Verabredung bedarf. Je mehr sich die Höflinge dabei ihrer eigenen Bosheit bewusst werden, desto vorsichtiger verhalten sie sich gegenüber Agathon: Sie geben vor, ihn zu achten und loben seine Leistungen, so dass Agathon an ihrer Aufrichtigkeit nicht zweifelt, nichts gegen sie unternimmt und sie auch nicht genauer beobachtet. Da die Höflinge davon überzeugt sind, dass jeder Mensch eine schwache Seite haben muss, geben sie sich alle Mühe, Agathons Schwäche zu finden. Schließlich scheitert Agathon erneut und landet im Gefängnis.

Hippias stellt Agathon daraufhin in Aussicht, sein Nachfolger in Smyrna zu werden, doch Agathon lehnt ab. Stattdessen wird er vom weisen Archytas in dessen kleine Republik Tarent geholt. Dort findet er Danaë und Psyche wieder. Die utopische Gesellschaft, in der Weisheit, Schönheit und das Gute vereinigt sind, ist ein Staatswesen, dem sich Agathon fortan widmen wird.

Rezeption

Die *Geschichte des Agathon* wurde zunächst abgelehnt, wobei Lessing, als eine der wenigen Ausnahmen, Wieland bewunderte und sein Werk in Unterscheidung von den zeitgenössischen Trivialromanen als einzigartigen Roman für den denkenden Kopf bezeichnete und als Bildungsroman einstufte.

Im *Agathon* wird die psychologische Entwicklung eines auf Individualität angelegten jungen Menschen dargestellt. Allerdings wird der Protagonist auch entindividualisiert und entaktualisiert, damit an ihm in aufklärerischer Absicht generelle Gesetze des menschlichen Verhaltens, Denkens, Fühlens und Handelns aufgezeigt werden können. Die Welt der Sinne wird bejaht und zusammen mit mäßigender Vernunft und Anmut des Geistes zur Lebenskunst erhoben. Mittels raffinierter sprachlicher Um- und Überschichtungen lässt Wieland dabei das Psychische in das Sinnliche übergehen und umgekehrt. Eine Vereinigung von Sinnlichkeit und Vernunft im Sinne der kommenden Klassik scheint der Autor zwar anzustreben und schließlich auch thematisch zu vollziehen, aber gleichzeitig ironisiert er diesen Traum. So gesehen hat Wieland nicht nur den ersten Bildungsroman, sondern schon vor der Krise der Aufklärung den ersten Desillusionierungsroman geschrieben (Martini, 1979).

Methode

Bis heute wenig erkannt wurde, dass Wielands teilweise sehr feinfühlige Analysen zwischenmenschlicher Verhaltensweisen und innerpsychischer Verarbeitungen nicht nur allgemeinpsychologische und sozialpsychologische Erkenntnisse vorwegnehmen, sondern auch solche, die man durchaus als psychoanalytische bezeichnen könnte.

Theoretische Nachwirkungen

Es stellt sich die Frage, ob Wielands Erkenntnisse entsprechend nachgewirkt und spätere Autoren zumindest unterschwellig auch beeinflusst haben. Immerhin werden von ihm neben Verführung und Manipulation sowie deren allmählicher Bewusstwerdung auch Sachverhalte und Vorgänge eingehend und verständig dargestellt, die heute als Verleugnung, Abwehr, Verdrängung, Widerstand, Verschiebung, Sublimierung, Übertragung und Gegenübertragung begriffen werden.

Wieland will sich und seinen Lesern und Leserinnen nichts vormachen. So lässt er sich durch wohlgefällige Entsagung, Wohltätigkeit oder Geistestätigkeit keineswegs blenden, sondern betrachtet die von ihm selbst bis zuletzt immer wieder hochgehaltene Tugendhaftigkeit auch in ihrem Ursprung, nämlich in ihrer Sinnlichkeit: »Laßt uns also gestehen, Callias, daß alle Vergnügen, die uns die Natur anbeut, sinnlich sind; und daß die hochfliegendste, abgezogenste und geistigste Einbildungskraft uns keine andre verschaffen kann, als solche, die wir auf eine weit vollkommnere Art aus dem rosenbekränzten Becher, und von den Lippen der schönen Cyane saugen könnten« (Wieland, 1766–67/1979, S. 82).

Wenngleich die Sinnlichkeit im *Agathon* auch in ihren sublimen Ausgestaltungen aufgesucht wird, kommt ihr nach dem Autor doch nicht durchgängige Präsenz zu, was u. a. auch am Beispiel der Träume erkennbar wird: Träume hätten so viel Beziehung auf vergangene und gegenwärtige Umstände, dass die Menschen in ihnen etwas Geheimnisvolles und Vorbedeutendes suchten, »welches unter dem tiefen Schlummer der Sinne bessere Freiheit hat, sich zu entwickeln« (ebd., S. 203).

Praktische Auswirkungen

Zunächst soll an dieser Stelle geklärt werden, warum der untadelige Agathon mehrmals scheitert und Opfer der Dominanzverhältnisse wird, zuletzt am Hofe des Dionysius. Im dritten Kapitel des zehnten Buches wird dieser Frage nachgegangen: Wieland (ebd., S. 14ff.) lässt den Philosophen Aristippus, den einzigen treuen Freund Agathons am Hof, auftreten, der Agathon über mögliche Gründe seines Scheiterns aufklärt: Agathon vertraue den Menschen sofort, statt langsam und kontinuierlich das Vertrauen des Prinzen und jenes anderer wichtiger Personen am Hof zu gewinnen. Am Anfang seines Aufenthaltes am Hofe habe er zwar noch die Klugheit besessen, von seinen vielen Vorzügen nur jene zu zeigen, die am Hof notwendig seien, doch er habe es nicht gewollt und wohl auch nicht gekonnt, einen Teil seiner Talente und seiner Rechtschaffenheit abzulegen und sich die besondere Klugheit des höfischen Verhaltens zuzulegen, was viel Neid geweckt habe. Eine weitgehende Anpassung hätte für Agathon Geringschätzung gegenüber anderen Menschen sowie gegenüber sich selbst bedeutet. Andererseits hätte eine solche Anpassung auch mehr Nachsicht gegenüber den Fehlern anderer Menschen bedeutet, wodurch Agathon an Geselligkeit und Mäßigung in der Argumentation gewonnen hätte – Tugenden, welche nichts Blendendes hätten, dafür umso mehr Wärme gäben. Agathon hätte sich also die Menschen mehr nach deren Weise verbindlich machen müssen und sich mehr nach den konkreten Umständen richten sollen.

Natürlich leben wir heute nicht mehr in einer höfischen Gesellschaft und das gesellschaftliche Leben wird weitgehend anders reguliert als zur Zeit von Agathon oder auch noch im 18. Jahrhundert zur Zeit von Wieland, der dessen Leben auch beschrieb, um das gesellschaftliche Leben an deutschen Höfen zu demaskieren. Freiherr von Knigge (1788/1991) sollte zwanzig Jahre nach Erscheinen des *Agathon* die höfische Verhaltenslehre in die bürgerliche Lehre über den Umgang mit Menschen transformieren und sich dabei an der Gleichheit und dem Austausch von Äquivalenten orientieren.

Doch auch heute noch gibt es »Höfe« aller Art, nicht zuletzt im Berufsleben kleinerer Organisationen und psychosozialer Einrichtungen, in denen Wielands Erkenntnisse zu beachten sich lohnen könnte. So muss man sich in der Schweiz, einem Land, in dem der Kündigungsschutz so unzureichend ist, dass jeder problemlos verabschiedet werden kann, je nach Fall ganz ohne Begründung oder mit der juristisch nicht widerlegbaren Behauptung, das Vertrauen sei gestört, vor der Willkür von Vorgesetzten sowie vor willfährigen Mitarbeitern in Acht nehmen, denn in vielen Fällen spielen neben Konkurrenz- und Karrieredenken, Machtstreben und Machtbehauptung auch Missgunst und Neid eine Rolle, wenngleich dies meistens wenig bewusst ist (Näheres zu Neid und Eifersucht in Kast, 1996/2006).

In Wielands Werk findet sich außerdem eine Kritik an der Physiognomik, die damals wieder an Bedeutung gewann und die sich nach Erscheinen von Lavaters *Physiognomischen Fragmenten* (1775/1984) schnell zu einer Modewissenschaft mit gesellschaftlichen Auswirkungen entwickelte. Ein Anliegen Wielands war es dabei, darüber aufzuklären, dass die Menschen eben häufig gerade nicht so erscheinen, wie sie sind.

Karl Philipp Moritz

Ausgangspunkte

Die pietistische Erziehung sowie das Gedankengut der Aufklärung gaben Moritz den Anstoß zu seinem Schaffen.

Zeittafel

1756	Karl Philipp Moritz wird in Hameln als Sohn eines aktiven Pietisten und in militärischen Diensten stehenden Oboisten geboren.
1768–70	Moritz macht eine Lehre in einer Hutmacherei bei Braunschweig.
1771–77	Er besucht das Gymnasium in Hannover, das er schließlich heimlich verlässt. Nach einem vergeblichen Versuch, Schauspieler zu werden, immatrikuliert er sich als Theologiestudent in Wittenberg.
1778–81	Moritz nimmt eine Stelle als Waisenhausinformator in Potsdam an. Bald darauf wird er Lehrer am Gymnasium zum Grauen Kloster in Berlin und dann Konrektor. In der Stadt des alternden Friedrich II. kommt er mit der Aufklärung in Kontakt und beginnt zu schreiben.
1783–93	Moritz gibt die erste Psychologische Fachzeitschrift in deutscher Sprache heraus: das *Magazin zur Erfahrungsseelenkunde.* Die Leser werden zur Mitarbeit aufgefordert und können Selbstbeobachtungen sowie Beobachtungen über andere Personen veröffentlichen. Im Vordergrund stehen also »Facta« und nicht Morallehren oder Theorien.

1786	Bei einem Italienaufenthalt begegnet Moritz Goethe und besucht ihn zwei Jahre später in Weimar.
1789	Moritz wird Professor der Altertumskunde an der Akademie der Künste in Berlin.
1792	Er heiratet Christiane Friederike Matzdorff und trennt sich im gleichen Jahr wieder von ihr.
1793	Moritz heiratet Christiane erneut und stirbt im gleichen Jahr in Berlin an einer Lungenentzündung.

Anton Reiser. Ein psychologischer Roman

Bei dem in Berlin in vier Teilen veröffentlichten psychologischen Roman *Anton Reiser* (1785–90/2001) von Moritz handelt es sich um ein Werk mit stark autobiographischen Zügen. Der vom Autor kommentierte Roman zeigt, wie das soziale Milieu die Entwicklung eines jungen Menschen behindert. Anton Reiser leidet unter der strengen pietistischen Erziehung sowie unter der Zwietracht seiner Eltern. Mit feinem psychologischen Gespür und soziologischem Verständnis zeigt Moritz auf, welch quälenden Umständen ein hochsensibler junger Mensch aus der unteren Gesellschaftsschicht bei seinem Streben nach Selbstverwirklichung ausgesetzt ist. Als Beispiele seien hier lediglich die Kleidung aus grauem Bediententuch, das Ausgeschlossensein vom Fackelzug, der Spott der Mitschüler, die verständnislosen Ermahnungen durch bessergestellte Personen und die Benachteiligung gegenüber Mitschülern aus reichen Familien angeführt.

In bisher unbekannter Detailschärfe wird beschrieben, wie das soziale Milieu einen jungen Menschen immer wieder verletzt, verklemmt und in seiner Entwicklung behindert. Unter diesen Voraussetzungen kann der schüchterne und kontaktschwache Anton Reiser kein bleibendes Selbstvertrauen gewinnen. Er zieht sich immer wieder auf sich selbst zurück, quält sich und baut sich eine Traum- und Phantasiewelt auf. Dabei beobachtet Reiser seine seelischen Regungen genau und strebt nach Kompensation. Der Mangel an Selbstsicherheit nötigt ihn, sich überall hervorzutun und sich auszuzeichnen, um die sonst fehlende mitmenschliche Aufmerksamkeit auf sich zu ziehen. Sein ausgeprägtes Geltungsbedürfnis führt u. a. zu einer Lesesucht und zur Abfassung von Gedichten. Auf Gefühle von Überlegenheit folgen indes immer wieder Minderwertigkeitsgefühle: Er rafft sich auf, feiert kleine Erfolge und scheitert von neuem. Widersprüche von außen machen sich als innere bemerkbar.

Schließlich versucht Reiser, Schauspieler zu werden. In der Einleitung zum vierten Teil schreibt Moritz: »Aus den vorigen Teilen dieser Geschichte erhellet deutlich: daß Reisers unwiderstehliche Leidenschaft für das Theater eigentlich ein Resultat seines Lebens und seines Schicksals war, wodurch er von Kindheit auf, aus der wirklichen Welt verdrängt wurde, und da ihm diese einmal auf das bitterste verleidet war, mehr in Phantasien als in der Wirklichkeit lebte – das Theater als die eigentliche Phantasienwelt sollte ihm also ein Zufluchtsort gegen alle diese Widerwärtigkeiten und Bedrückungen sein. Hier allein glaubte er freier zu atmen, und sich gleichsam in seinem Elemente zu befinden« (ebd., S. 382). Das Theater soll Reiser also zum Ersatz für verfehltes Leben verhelfen. Nach seinem vergeblichen Versuch, sich einer Theatertruppe anzuschließen, endet der Roman.

Methode

Anton Reiser ist eine *Selbstanalyse* mit der Bilanz eines zerrütteten Gemüts, wobei Moritz wie ein Ethnologe seine Umgebung und sich selbst beobachtet. Als Dokument ist dieser psychologische Roman höchst wertvoll: »Der *Anton Reiser* des Karl Philipp Moritz ist eines der interessantesten menschlichen Dokumente aus dem 18. Jahrhundert – Autobiographie und Roman, kulturgeschichtliches Zeugnis und psychologische Studie, persönliches Bekenntnis und lehrhafter Traktat zugleich, in seiner geistes- und sozialgeschichtlichen Bedeutung vergleichbar nur den Rousseauschen *Confessions*« (Martens, 2001, S. 545; Hervorhebungen von Martens).

Rezeption

Im 19. Jahrhundert fand die Seelenkunde durch Selbsterfahrung im Sinne von Moritz zwischen naturwissenschaftlichen und geisteswissenschaftlichen Ansätzen der Psychologie keinen Platz. In der Literatur wurde sein Andenken mehr bewahrt. Die empirisch ausgerichtete und auf die praktischen Veränderungen der Voraussetzungen von Kindern abzielende Psychologie des 20. Jahrhunderts sollte jedoch in Moritz einen Vorläufer erkennen (Lück & Miller, 1993).

Theoretische Nachwirkungen

Der Roman *Anton Reiser* ist vor allem literarisch von Bedeutung, wobei es sich eigentlich nicht um einen Bildungsroman, sondern eher um eine Art Anti-Bildungsroman handelt, der modern anmutet: Der Auftrag der Aufklärung, die Menschen zu belehren, wird zwar versucht auszuführen, doch gelingt dies allenfalls indirekt. Bei allem didaktischen Engagement sieht der Autor keine Lösung für Anton Reiser. *Anton Reiser* ist demnach eine Art Antithese zum Zweckoptimismus vorwiegend durch die Vernunft geprägter Aufklärung und später jener Entwicklungspsychologen, welche die Entwicklung des Menschen ausschließlich psychologisch betrachten und von den sozialen Verhältnissen der Sozialisierung abstrahieren.

Praktische Auswirkungen

Mangel an Geborgenheit, Wärme und Liebe in der Kindheit führt zu krankhaften Entwicklungen, ein Sachverhalt, der im Rahmen der Bindungstheorie von John Bowlby inzwischen eingehend untersucht wurde (Holmes, 1993/2002). Moritz nahm außerdem Vieles anschaulich vorweg, was später der Individualpsychologe Alfred Adler eingehend behandelte (vgl. Bruder-Bezzel, 1991).

Adolph Freyherr von Knigge

Ausgangspunkte

Knigge orientierte sich zunächst an den traditionellen, bis in die Antike zurückreichenden Anstandslehren sowie an der Ethik des frühen Aufklärers Wolff. Mindestens genauso relevant waren aber seine eigenen Beobachtungen und Erfahrungen in einem Leben voller Unglück.

Zeittafel

1752	Adolph Freyherr von Knigge wird auf dem Gut Bredenbeck bei Hannover geboren.
1767–72	Er studiert Jurisprudenz.
1770	Er wird vom Landgrafen Friedrich von Kassel zum Hofjunker ernannt. Allzu offenherzig und leichtgläubig fällt er einer Kabale zum Opfer.
1773	Freyherr von Knigge heiratet die Hofdame Henriette von Baumbach.
1777	Er wird auf Goethes Vorschlag hin Weimarer Kammerherr in Hanau.
1780	Knigge wird (zunächst sehr aktives) Mitglied der Illuminaten, der »Erleuchteten«, die den Plan haben, die Durchsetzung der Vernunft nicht länger dem Zufall zu überlassen.
1783–87	Während seiner Heidelberger Jahre schreibt Knigge aufklärerische Romane im Anschluss an Wielands *Agathon*. Hinzu kommen Predigten. Knigge muss seinen Lebensunterhalt bestreiten. Geldsorgen führen ihn nach Hannover zurück.
1787	Knigge gelingt es, Wohnrecht auf dem väterlichen Gut in Leveste zu erhalten und damit die Existenz seiner Familie zu sichern.
1788	Das Buch *Über den Umgang mit Menschen* erscheint in der Schmidt'schen Buchhandlung der Stadt Hannover.
1791	Knigge wird Oberhauptmann in Bremen. Obwohl er ein Amt bekleidet, das einem heutigen Regierungspräsidenten gleichkommt, deckt das ehemalige Mitglied des mittlerweile verbotenen Illuminatenordens weiterhin Missstände der herrschenden Dominanzverhältnisse auf.

1792 Die *Wiener Zeitschrift* klagt Knigge als Jakobiner an. Er wird zur Zielscheibe von Vergeltungsmaßnahmen. Knigge wird als Staatsfeind und Landesverräter angeklagt.

1796 Knigge stirbt in Bremen.

Über den Umgang mit Menschen

Knigges Hauptwerk *Über den Umgang mit Menschen* (1788/1991) ist eine Art Lebensbilanz eines Freiherrn, der in die bürgerliche Gesellschaft einsteigen musste und es nicht ganz geschafft hat: Mit dem aufkommenden Bürgertum begegneten sich die aus feudalen Banden freigesetzten Menschen (u. a. ehemalige Landarbeiter) andernorts als Fremde wieder und sahen sich dazu gezwungen, selbständig zu leben und für den eigenen Lebensunterhalt zu sorgen.

Wenn nun nicht mehr eingebundene Menschen mit anderen Menschen zusammenkamen, ergab sich für sie ein Geltungs- und Werteproblem. Gegen die zeitgenössischen Vorgehensweisen der Stürmer und Dränger und ihre Genie-Vorstellungen weist Knigge anhand zahlreicher Beispiele aus dem Alltagsleben nach, dass man sich in der neuen Gesellschaft nur Geltung verschaffen kann, indem man andere Menschen zur Geltung bringt. Die Individuen könnten als Einzelkämpfer nicht bestehen, sondern müssten nunmehr von einer immer wieder neu formierten, geteilten Interessenlage ausgehen. Hierbei seien fremde Interessen ebenso zu beachten wie die eigenen – und zwar auch und vor allem zum eigenen Vorteil: Beachtung anderer Personen, Rücksicht, Empathie, Respekt und Wertschätzung seien notwendige Lebensbedingungen, wobei die sich treffenden Personen dann erfolgreich seien, wenn sie ungefähr gleich viel nähmen wie sie gäben, denn nach dem Autor flieht man einen allzu engagierten Wohltäter, »wie man einen Gläubiger flieht, den man nie bezahlen kann« (ebd., S. 34).

Nach Knigge sollten nicht nur die Personen als solche, sondern möglichst auch die Gleichgewichte zwischen Personen beachtet werden: »Die wenigsten Menschen vertragen ein

Übergewicht von andern. Lieber verzeihen sie uns eine zweideutige Handlung (...) als eine Tat, durch welche wir sie verdunkeln« (ebd., S. 34). Aus diesem Grund sollten die einzelnen Beiträge nicht nur in qualitativer Hinsicht auf fremde und eigene Interessen hin abgestimmt werden, sondern auch in qualitativer Hinsicht müsse darauf geachtet werden, dass sich nie eine allzu große Differenz ergebe. Menschen, die immer nur empfangen und nie geben wollten, seien dabei ebenso störend wie jene, die ein solches Übergewicht des Gebens zeigten, dass andere verstummten.

Dem Umgang mit anderen Menschen entspricht nach Knigge auch der Umgang mit sich selbst: Jede Person besteht aus einem respektierenden bzw. sorgenden Teil und aus einem Selbst, auf das sich diese Fürsorge bezieht: »Hüte Dich also, Deinen treuesten Freund, Dich selbst, so zu vernachlässigen, daß dieser treue Freund Dir den Rücken kehre, wenn Du seiner am nötigsten bedarfst« (ebd., S. 81). Die Sorge für sich selbst ist umgekehrt wiederum die Voraussetzung für einen befriedigenden gesellschaftlichen Umgang.

Das Umgangsbuch Knigges ist ein Standardbuch für das Verhalten im Alltag sowie für persönliche Belange. Das Leben in oft gefährlichen, ja feindlichen sozialen Verhältnissen wird in einem bisher nicht gekannten Ausmaß aufgerollt und in praktisch all seinen Bereichen facettenreich und detailgenau behandelt.

Methode

Knigge kann im Buch *Über den Umgang mit Menschen* aus einem sehr großen persönlichen Erfahrungsschatz schöpfen, der dazu verwendet wird, Fragen wie die folgenden zu beantworten: Wie können Gesprächspartner ihren Wert realisieren? Was sind die Gesprächspartner wert? Welche Probleme ergeben sich, wenn jemand mehr wert ist als sein Ruf? Wie verhält man sich, wenn eine Person »unserer nicht wert« ist? (ebd., S. 72).

Die Wertgleichheit wird zum eigentlichen Maßstab bei der Analyse der jeweiligen sozialen Mikroverhältnisse. Da sie im Vergleich mit dem Warentausch im Umgang mit Menschen selten unmittelbar realisiert wird, führt Knigges Orientierung an ihr zur durchgehenden Problematisierung des Alltagslebens. Wenn allerdings die Austauschpartner selbst sich primär an dieser Äquivalenz statt am Gegenüber orientieren, müssen sie ebenfalls mit massiven Problemen rechnen, was umgekehrt nicht bedeutet, dass Äquivalenz völlig zu missachten ist: »Suchen wir (…) verständige Menschen, deren Hauptgrundsätze und Gefühle mit den unsrigen übereinstimmen, kleine unmerkliche Verschiedenheiten abgerechnet« (ebd., S. 405).

Rezeption

Knigge erfuhr fast gegensätzliche Interpretationen: Die einen Interpreten betrachteten ihn als Machiavellisten, während andere in ihm einen Vorboten des Humanitätsdenkens sahen. Beide Positionen halten einer kritischen Prüfung indes nicht stand. Schon eher trifft für Knigge ein am Wohl und Erfolg des entwurzelten Menschen orientiertes, zwar durchaus noch aufklärerisches, aber zugleich schon zweckrationales Denken zu. So finden sich in Knigges Umgangsbuch auch schon beinahe pragmatische Aussagen, die sich auf die Wirkung des Guten oder des Wahren beziehen.

Der heruntergekommene Freiherr, politisch im deutschen Sprachraum über längere Zeit einer der wenigen Befürworter der Französischen Revolution, war als Autor des Umgangsbuches sicherlich kein revolutionärer Denker, aber zweifellos ein fortschrittlicher Vordenker und Vorgänger einer nicht künstlich restringierten Erfahrungslehre, der in erstaunlich ergiebiger und unvergleichlich weitreichender Weise die neuen bürgerlichen Verkehrsformen auf den Begriff brachte. So nimmt er in gewissem Sinne bereits die drei im 20. Jahrhundert formulierten Grundhaltungen des personzentrierten Ansatzes (Wertschätzung, Kongruenz und Empathie) vorweg, wobei »Wert-schätzung« nicht wie dann bei Rogers (1961/

2006) ausschließlich in der übertragenen psychologischen Bedeutung erscheint, sondern auch noch in ihrer ursprünglichen, materiell ausweisbaren, ökonomischen Bedeutung.

Kaum untersucht wurde bisher die Frage, ob und inwieweit das Umgangsbuch die Entwicklung der modernen Sozialpsychologie beeinflusst hat. Wenn überhaupt, so geschah dies wahrscheinlich eher indirekt und unmerklich über das allgemeine Bewusstsein in der Bevölkerung als ausdrücklich über die Begriffsbestimmungen einzelner Forscher: Knigge verfügte über ein zumindest implizites Verständnis von den zwischenmenschlichen Beziehungen bzw. Wechselbeziehungen, womit er in gewisser Weise schon das Konzept der Interaktion der modernen Sozialpsychologie vorwegnahm.

Knigge thematisierte in einem alltagssprachlichen Sinne schon die geteilte Interessenlage (im doppelten Sinne des Wortes) der Austauschpartner. Hiervon wird bei einer experimentellen Zurichtung der Austauschsituation und einer entsprechend instrumentellen Abrichtung der Versuchspersonen notgedrungen abstrahiert. Aufschlussreicher hierfür sind die materiell ausgerichteten und mathematisch ausformulierten mikroökonomischen Austauschtheorien außerhalb der Sozialpsychologie, deren Empirie nicht experimentell reduziert wird (vgl. u. a. Becker, 1982).

Theoretische Nachwirkungen

Das Umgangsbuch, das im Volk wohl bekannteste Buch der Aufklärung, erfuhr zahlreiche Neuauflagen und Veränderungen. Nach dem Tod Knigges kamen die Veränderungen und Verkürzungen allerdings nicht selten Verfälschungen gleich, etwa wenn das Äquivalenzprinzip »Ebenso strenge gegen Dich, wie gegen andere zu sein« in »Strenger gegen Dich als gegen Andere zu sein« verwandelt wurde (Galliker & Klein, 1992, S. 56). Die auf den ersten Blick oft unscheinbaren Veränderungen erfolgten kaum zufällig: Mit der Industrialisierung Deutschlands im 19. Jahrhundert wuchs die Zahl der Fabrikarbeiter schnell an, während die Zahl der Geschäftspartner auf dem freien Markt stagnierte. Das Umgangsbuch wurde daher von Herausgebern und Interpreten immer mehr auf ein Anpassungsinstrument reduziert, das sich im Betrieb und auch auf dem Arbeitsmarkt als nützlich erweisen sollte. Im 20. Jahrhundert erschienen stark gekürzte Fassungen, die sich vor allem an Adoleszente richteten und zur Förderung und Vollendung ihrer Sozialisierung beitragen sollten.

Praktische Auswirkungen

Nach Göttert (1991, S. 468) ist das Umgangsbuch der »erste umfassende Ratgeber der Moderne«. Tatsächlich sollte »Der Knigge« auch in Form von (teilweise illustrierten) Benimm-Dich-Büchern erscheinen, die jedoch mit dem kommunikativen Austausch freier Partner im ursprünglichen Werk nur noch wenig zu tun haben.

Humanitäre Wissenschaftslehre

Im deutschen Sprachraum kam es mit dem Sturm und Drang der Dichter bei einigen Dichtern und Denkern etwas zeitverschoben auch zu einer Erneuerung der Philosophie. Zwischen Aufklärung und Gegenaufklärung, Vernunftgläubigkeit und Empfindsamkeit oszillierend formierte sich ein neuartiges Weltbild, ja eine neu verstandene Wissenschaft, in der Denken und Empfinden gleichrangig sein sollten. Insbesondere bei der sich innerhalb der Philosophie herausbildenden Psychologie handelte es sich um eine Welt- und Naturanschauung, die sich mehr als früher an der Humanitas orientierte und dabei durchaus auch einen Bildungsauftrag für breitere Kreise der Bevölkerung zu verwirklichen suchte. Wesentlich für diese Humanitäre Wissenschaftslehre war die Anschauung der spezifischen Natur des Menschen, um dadurch auch dessen »geistige Natur« erfassen zu können. Diese geistige Ortung des Menschen in der sich öffnenden und durchlässiger werdenden Gesellschaft bezog sich sowohl auf die Geschichte der Menschheit als auch auf den Körper des Menschen und dessen individuellen Ausdruck bei einer bestimmten Persönlichkeit. Menschenkenntnis, sei sie nun auf die Menschengattung an sich oder auf den einzelnen Menschen bezogen, gewann immer mehr an Bedeutung.

Johann Gottfried Herder

Ausgangspunkte

Herder hörte in seiner Königsberger Zeit die Vorlesungen Kants. Er bewunderte dessen »sokratisches Lehrverfahren«, doch entsprach Kants Auffassung bald nicht mehr seiner eigenen. Herder orientierte sich an seinem väterlichen Freund Hamann, bei dem er auch den Zugang zur englischen Sprache fand und Shakespeare kennen lernte. Er war ferner begeistert von Homer, Luther und Klopstock. Neben vielen anderen Philosophen studierte er Hume und Rousseau. Mit Letzterem setzte er sich besonders kritisch auseinander, denn in dessen Geschichtsauffassung sah er die Gefahr einer Entfremdung von der Gegenwart sowie von den Anforderungen der Zukunft.

Zeittafel

1744	Johann Gottfried Herder wird in Mohrungen (Ostpreußen) als drittes Kind von Johann Gottfried Herder, einem Küster und Mädchenschullehrer, und dessen Ehefrau Anna Elisabeth geboren.
1762	Er beginnt mit dem Theologiestudium an der Universität Königsberg. Er besucht Vorlesungen bei Kant und freundet sich mit Hamann an.
1764	Herder wird an die Domschule in Riga berufen.
1769	Nach einem Streit mit Christian Klotz reist er nach Nantes und Paris.
1770	Herder reist nach Amsterdam, Hamburg und Straßburg. Er begegnet Lessing, Claudius und dem jungen Goethe, der ihm bei einer Augenoperation beisteht.
1771	Herder schreibt einen Brief an Lavater, in dem er darauf hinweist, dass die Betrachtung des Menschen nicht bei der Schädel- und Gesichtsform stehen bleiben dürfe (Schreiben vom 25.2.).
1775	Herders Berufung zum Theologieprofessor nach Göttingen scheitert.
1776	Er wird auf Anregung Wielands und durch Vermittlung Goethes zum herzoglich-sächsischen Generalsuperintendenten und Oberpfarrer an der Stadtkirche nach Weimar berufen.
1783	Herder reist nach Halberstadt und Hamburg und trifft Gleim, Klopstock und Claudius.
1788	Er reist mit dem Domherrn Dalberg nach Italien.
1799	Herders *Metakritik zur Kritik der reinen Vernunft* erscheint. Es kommt zu einer Auseinandersetzung zwischen Herder und Kant.
1803	Herder stirbt in Weimar und wird in der Stadtkirche begraben.

Abhandlung über den Ursprung der Sprache

In seiner *Abhandlung über den Ursprung der Sprache* (1772/1966) wendet sich Herder sowohl gegen die orthodoxe These von einer göttlichen Unterweisung als auch gegen die These des Britischen Empirismus, die von einem Gesellschaftsvertrag ausgeht. Zudem wendet er sich gegen die sensualistische Theorie Condillacs. Nach Herder schufen sich die Menschen ihre Sprache selbst und dieses Schaffen setzen sie beständig fort.

Der Autor setzt die Sprache mit den besonderen Voraussetzungen der Menschen in Beziehung: Bei den Tieren gebe es zwar schon eine unmittelbare Natursprache oder besser: Es gebe Naturtöne der Empfindung (z. B. Gesang, Geschrei), doch verfügten Tiere noch über keine Sprache im eigentlichen Sinne. In der menschlichen Sprache kämen Reste der tierischen Naturtöne gelegentlich zum Vorschein (z. B. Geschrei bei einem Ausbruch von Verzweiflung oder auch bei der Nachahmung der Nachtigall).

Nach Herder ist bezüglich der Entwicklung der menschlichen Sprache entscheidend, dass die Menschen nicht länger in feste Wirk- und Reaktionsmechanismen eingebunden sind. Negativ ausgedrückt: die mangelhafte natürliche Ausstattung der Menschen, positiv ausgedrückt: ihre Freiräume ermöglichen Besinnung und damit auch Sprache: »Nicht mehr eine unfehlbare Maschine in den Händen der Natur, wird er sich selbst Zweck und Ziel der Bearbeitung« (ebd., S. 26).

Durch diese Besinnung sei es Menschen möglich, aus der Überfülle der Sinnesereignisse ein besonders eindrückliches Merkmal auszusondern. Beispielsweise werde der Schall des Blökens als Kennzeichen des Schafs wahrgenommen und fortan werde das Schaf am Blöken erkannt. Es sei also das vom Menschen gefasste Zeichen, ein externes Merkmal, das sich letztlich als sein eigenes Merkwort erweise. Somit sei das Tönende ebenso Ausdruck eines anderen Lebewesens wie der menschlichen Seele. Das Verstehen des Tieres und das eigene

Verstehen gehen nach Herder Hand in Hand, denn aus den Interjektionen fremder Wesen würden Interjektionen menschlicher Empfindungen: Nachahmung durch Besinnung der sich regenden Natur im menschlichen Freiraum.

Doch wie werden Wahrnehmungen, die nicht via Gehör in die Seele dringen, in Schall verwandelt? Nach Herder sind alle Sinne miteinander verwoben und allen Sinnen liege Gefühl zugrunde. Das Gehör sei gewissermaßen der Vermittler der Sinne und am engsten mit dem Gefühl verbunden. Die vielen über die verschiedenen Sinnesorgane aufeinander einstürzenden Ereignisse der Außenwelt würden über das Gehör linearisiert: Was etwa der Gesichtssinn ausdifferenziere, werde fühlbar und was gefühlt werde, werde auch tönbar, auf dass das entsprechende Merkwort sich als Mitteilungswort für die Mitmenschen herausstelle. Je ursprünglicher dabei die Sprachen seien, desto merklicher sei die Analogie der Sinne und desto stärker die Metaphern in den Wurzeln der Worte – als Ausdruck des Drangs zu sprechen bei noch weitgehend fehlenden Merkmalen im Sehbereich.

Wie der erste Zustand der Besinnung würden alle Zustände der Besonnenheit im Menschen schließlich sprachmäßig: Die Kette von Gedanken werde zu einer Kette von Worten. Mit der Heraushebung einzelner Merkmale durch Weglassung von allem anderen sowie mit der äußeren Organisation der Menschen über die Arbeit würden allmählich auch einzelne Wortarten und schließlich die Methode ihres Gebrauchs, die Grammatik, herausgebildet. Allgemeine Begriffe ergäben sich durch Witz, Phantasie, Gleichnis sowie durch Abstraktionen: »Der ganze Bau der morgenländischen Sprachen zeuget, daß alle ihre Abstrakta voraus Sinnlichkeiten gewesen: Der *Geist* war ›Wind‹, ›Hauch‹, ›Nachtsturm‹! *Heilig* hieß ›abgesondert‹, ›einsam‹; die *Seele* hieß ›der Othem‹; der *Zorn* ›das Schnauben‹ der Nase usw.« (ebd., S. 70; Hervorhebungen von Herder).

Plastik

An den Anfang der in Riga veröffentlichten Schrift *Plastik* (1778) stellte Herder ein Diderots *Blindenbrief* (1749) entnommenes Beispiel eines Blindgeborenen: Der Blinde stelle sich den Sinn des Gesichts wie ein Organ vor, auf das die Luft ungefähr den Eindruck macht, wie ihm ein Stab auf die fühlende Hand. Den Spiegel stelle er sich wie eine Maschine vor, welche die Körper im Relief aus sich heraus wirft: »Sein feines richtiges Gefühl ersetzte ihm, in seiner Meinung, das Gesicht völlig. Er unterschied bei der Härte und Glätte eines Körpers nicht minder fein als beim Ton einer Stimme oder wir Sehenden bei Farben. Er beneidete uns also auch unser Gesicht (…) nicht; war's ihm (…) um eine Vermehrung seiner Sinne zu thun, so wünschte er sich etwa längere Arme, um in den Mond gewisser und sichrer zu fühlen, als wir hinein sähen« (Herder, 1778, S. 275).

Nach Herder zeigt das Gefühl also nur Körper und das Gesicht nur Gestalten. Alles, was Form sei, könne nur durch das tastende Gefühl erkannt werden, während durch das Gesicht nur Lichtfläche, nur ein Nebeneinander ohne Tiefe, sichtbar werde. Der Blinde könne mit seinem beständig geübten Gefühl und der Methode, sich seine Begriffe langsam und sicher zu ertasten, über Form und lebendige Gegenwart der Dinge feiner urteilen als andere Menschen. Ohne tastende Hand, so Herder, bliebe folglich alles nur Erscheinung; der Mensch bliebe zeitlebens in Platons Höhle und könnte nichts begreifen; nur durch das räumliche, körperhafte Vorgehen gelange er zum Begriff.

Bei Kindern sei beobachtbar, wie sie die Sachen begreifen lernten: »Kommt in die Spielkammer des Kindes, und sehet, wie der kleine Erfahrungsmensch fasset, greift, nimmt, wägt, tastet, mißt mit Händen und Füßen, um sich überall die schweren, ersten und notwendigsten Begriffe von Körpern, Gestalten, Größe, Raum, Entfernung u.dgl. treu und sicher zu verschaffen. Worte und Lehren können sie ihm nicht geben; aber Erfahrung, Versuch, Proben. In wenigen Augenblicken lernt er da mehr und alles lebendiger, wahrer, stärker, als ihm in zehntausend Jahren Angaffen und Worterklären beibringen würden. Hier, indem er Gesicht und Gefühl unaufhörlich verbindet, eins durchs andere untersucht, erweitert, hebt, stärket – formt er sein *Urteil.* Durch Fehlgriffe und Fehlschlüsse kommt er zur Wahrheit, und je *solider* er hier dachte und denken lernte, desto bessere Grundlage legt er vielleicht auf die komplexesten Urteile seines Lebens. Wahrlich das erste Museum der mathematisch-physischen Lehrart« (ebd., S. 279; Hervorhebungen von Herder).

Begriffsbildung

Herders Verständnis der Begriffsbildung in *Plastik* (S. 277–285) lässt sich zusammenfassend wie folgt darstellen:

- *Begreifen:* Der Mensch kann Körper und mithin deren Eigenschaften begreifen, weil er nebst seiner Vernunft auch umfassende, tastende Hände hat. Von der Undurchdringlichkeit, Härte, Weichheit, Glätte, Gestalt usw. der Gegenstände erlangt er primär durch den Tastsinn einen »Be-griff«.
- *Körperhafte Anschaulichkeit:* Durch tastendes Gefühl und Gewohnheit lernt das Kind auch das Bild von Körpern und Gegenständen richtig sehen.
- *Urteilsbildung:* Indem das Kind Gefühl und Gesicht unaufhörlich miteinander verbindet, formt es sein Urteil.
- *Schnelles Sehen:* Dem Menschen gelingt im Verlaufe seiner Entwicklung auch dasjenige mit einem Blick zu erfassen, was er sich anfangs langsam ertasten musste.
- *Verlust des Gefühls:* Schnelles Sehen geht schließlich dem Begriff des langsamen Tastens voran. Menschen sehen schließlich so viel und so schnell, dass sie nichts mehr oder nur mehr wenig dabei fühlen.

Mehr zur Bestätigung als zur Infragestellung seines Ansatzes weist Herder (1778) sodann auf das missglückte Ergreifen eines im Wasser gebrochenen Stabes hin: Das Strahlenbild sei zwar ein wahres Bild auf wirklicher Fläche, doch wonach gegriffen werde, sei nicht wahr: »Weil unser Gesicht und Gefühl, als Schwestern, zusammen erzogen wurden, und von Jugend auf eine der andern die Arbeit tragen half oder sie gar allein übernahm; so geschahe es auch hier, und Schwester verfehlte die Schwester. Sie hatten sich sonst auf der Erde versucht; nun ist der Fall im Wasser, einem andern Element der Strahlenbrechung, wo sie sich nicht gegen einander geübt hatten. Ein Wassermann würd's besser getroffen haben« (ebd., S. 281).

Methode

In der *Abhandlung über den Ursprung der Sprache* ist Herders Vorgehen historisch sowie geographisch auf die Sitten, Bräuche und Kulturgüter einzelner Völker bezogen und am Rande auch schon in einem gewissen Sinne entwicklungspsychologisch: Es werden Beispiele gesammelt, miteinander verglichen, zeitlich geordnet und auch logisch aufeinander bezogen. Es handelt sich dabei um den Versuch einer Anordnung, die rückwärts gerichtet bis zu einem Anfang gelangt und von dort aus den Weg zur Gegenwart reproduziert.

Rezeption

Gott wird bei Herder der Entstehung der Sprache vor- oder übergeordnet und muss hierfür nicht mehr besonders eingreifen. Ausgerechnet bei einem Prediger verstanden viele Zeitgenossen dies nicht (z. B. auch sein Freund Hamann). Von orthodoxen Kreisen wurde Herder gar als Agnostiker und Atheist bezeichnet. So scheiterte auch die von Freunden betriebene Berufung zum Theologieprofessor nach Göttingen, nachdem Herder ein mündliches Rechtgläubigkeitsexamen als Zumutung zurückgewiesen und seinen Widersachern stattdessen ein schriftliches Kolloquium angeboten hatte.

Theoretische Nachwirkungen

Für Herder war die Vernunft des Menschen nicht eine von außen kommende Zugabe einer neuen, isolierten Kraft, sondern die ganze Einrichtung aller menschlichen Kräfte, die ganze Haushaltung seiner sinnlichen und erkennenden Natur; eine Denkkraft, die mit der Organisation des Körpers verbunden ist und den eigenen Charakter des Menschen ausmacht. Damit wird der herkömmliche Dualismus von Geist und Leib überwunden. Herder reduziert jedoch das Denken nicht auf das Sinnliche und Körperliche; auch die zeitgenössische lineare Fortschrittstheorie der Aufklärung wird in Frage gestellt. In Übereinstimmung mit Hamann begreift Herder die Poesie nicht als Errungenschaft der Zivilisation, sondern vielmehr als Muttersprache der Völker. Diese Auffassung war für Goethe richtungsweisend.

Herders historische Analyse ist auch hinsichtlich der modernen Sprachphilosophie relevant: Die Entstehung der Nationalsprachen wird aus den jeweils verschiedenen geographischen und sozialen Gegebenheiten eines Volkes abgeleitet. Jede einzelne Sprache wird dabei als Teil eines progressiven Ganzen, als besondere Spielart einer allgemeinen Sprachentwicklung verstanden. Herder nimmt damit einzelne Aspekte der Völkerpsychologie des 19. Jahrhunderts vorweg. Er besaß bereits die Vorstellung einer »Volksseele«, ein Ausdruck, den Wundt gegenüber dem mehr vom Einzelorganismus abgehobenen Begriff des »Volksgeistes« von Lazarus und Steinthal favorisieren sollte.

Ansonsten wurde die Bedeutung Herders für die Psychologie lange verkannt: Probst (1925) behandelt in seiner Dissertation die Psychologie Herders, doch werden wesentliche Aspekte derselben nicht oder zu wenig beachtet. Die Psychologen der Kulturhistorischen Schule konnten Gedankengänge Herders zur menschlichen Arbeit und Sprache sowie zur Weitergabe und Übernahme des Wissens unter Verwendung eines beim Autor noch fehlenden Gesellschaftsbegriffs weiterführen.

Herder wurde außerdem als Vorgänger Darwins bezeichnet. Man möchte anführen: sicherlich zu unrecht, denn allzu groß ist die Bresche, die er zwischen Tierreich und Menschenreich schlägt. Für die heutige Biologie und Psychologie könnte aber bei einer stärkeren Mitberücksichtigung der Übergänge auch Herders Entgegensetzung relevant sein, wird aus ihr doch deutlich, dass der Mensch eben gerade nicht vollständig (genetisch) festgelegt ist. Das Wagnis des konstitutionell unfertigen, immerdar bedürftigen Menschen birgt unerschöpfliche Gestaltungsmöglichkeiten. Nach Herder (1778) kann das fehlende Gesicht durch Gefühl, der Mangel an Lichtfarben durch tiefgeprägte Gestalten ersetzt werden. Es handelt sich hier um einen ersten Hinweis darauf, dass *plastisch* Geschaffenes immer nur vorübergehend beendet wird und so weiterhin modellierbar bleibt, eine Vorstellung, die sich in der modernen Biologie als wissenschaftlich fruchtbar erweist.

Praktische Auswirkungen

Herder (1772/1966) weist u. a. auf die Bedeutung der ersten Eindrücke für das spätere Gefühlsleben hin: »Der Säugling, der die ersten Worte stammlet, stammlet die Gefühle seiner Eltern wieder und schwört mit jedem frühen Stammlen, nach dem sich seine Zunge und Seele bildet, diese Gefühle zu verewigen, so wahr er sie Vater- und Muttersprache nennet. Lebenslang werden diese ersten Eindrücke seiner Kindheit, diese Bilder aus der Seele und dem Herzen seiner Eltern in ihm leben und würken; mit dem Wort wird das ganze Gefühl wiederkommen, was damals frühe seine Seele überströmte, mit der Idee des Worts alle Nebenideen, die ihm damals bei diesem neuen Morgenausblick in das Reich der Schöpfung vorlagen – sie werden wiederkommen und mächtiger würken als die reine, klare Hauptidee selbst« (ebd., S. 98f.).

Zum Traum schreibt Herder: »Im Traume, im Gedankentraume, denkt der Mensch nicht so ordentlich und deutlich als wachend, deswegen aber denkt er noch immer als Mensch – als Mensch in einem Mittelzustande, nie als ein völliges Tier.

Bei einem Gesunden müssen seine Träume so gut eine Regel der Verbindung haben als seine wachenden Gedanken; nur daß es nicht dieselbe Regel sein oder diese so einförmig würken kann« (ebd., S. 85). Solche und ähnliche Überlegungen Herders sind auch hinsichtlich der mehr als hundert Jahre später entwickelten *Psychoanalyse* relevant.

Johann Wolfgang von Goethe

Ausgangspunkte

Goethe orientierte sich stark an Herder. Dieser begeisterte ihn für Shakespeare und wies ihn auf die Ossianischen Dichtungen hin. Über Herder wurde er auch in die nicht rationalistische Gedankenwelt Hamanns eingeführt. Hinsichtlich seiner *Farbenlehre* und seiner anderen naturkundlichen Studien war für Goethe der empirische Ansatz Bacons wegleitend.

Zeittafel

1749	Johann Wolfgang Goethe wird im Haus »Zu den drei Linden« am Großen Hirschengraben in Frankfurt am Main geboren.
1765	Auf Veranlassung seines Vaters studiert er in Leipzig Rechtswissenschaften und nicht wie von ihm gewünscht in Göttingen Altertumswissenschaften.
1770–01	Nach schwerer Erkrankung beginnt er in Straßburg zu studieren. Er trifft dort auch den fünf Jahre älteren Herder und steht ihm bei seiner Augenoperation bei. Eigenen Problemen begegnet er mit einer Art auf sich selbst bezogener verhaltenstherapeutischer Übung (z. B. steigt er in die Spitze des Münsterturms, um Schwindelgefühle zu überwinden).
1773–75	Nach der Lahn- und Rheinreise mit Lavater und Basedow erstellt er eigene Beiträge zu Lavaters *Physiognomischen Fragmenten*, will dann aber nicht, dass sein Name veröffentlicht wird.
1776	Goethe nimmt eine Einladung des zehn Jahre jüngeren Erbprinzen Carl August von Sachsen-Weimar-Eisenach an und reist nach Weimar. Er tritt in den weimarischen Staatsdienst ein.

1779	Goethe wird Kriegskommissar. Kurz darauf wird er Wegebauverwalter und übernimmt die Wasserbaukommission. In Kooperation mit Wieland ermöglicht er Herder einen Ruf zum weimarischen Generalsuperintendenten.
1786–88	Auf seiner Italienreise beschäftigt sich Goethe mit geologischen und mineralogischen Beobachtungen, mit der Entwicklung der Pflanzengestalt aus der Metamorphose des Blattes sowie mit Zuchtversuchen. In Italien lernt er u. a. auch Karl Philipp Moritz kennen.
1792	Goethe studiert die Schriften Newtons. Briefwechsel über Probleme der Farberscheinungen mit Lichtenberg, Jacoby und Dalberg.
1793	Er setzt sich in mehreren Abhandlungen kritisch mit Newton auseinander und entwirft eine eigene Farbenlehre.
1832	Goethe stirbt in Weimar.

Die Farbenlehre

Goethes naturwissenschaftliches Hauptwerk *Die Farbenlehre* erschien 1810 zweibändig in Tübingen. Leicht zugänglich sind Goethes fünfbändige Ausgabe der *Farbenlehre* (1810/1997) sowie der Auszug *Entwurf einer Farbenlehre* in Goethes *Schriften zur Naturwissenschaft* (1810/1999). Der Autor fragt sich, was der Mannigfaltigkeit der Farbenwahrnehmung zugrunde liegt und stellt fest, dass es ohne Licht keine Farbenwahrnehmung gibt. Licht sei die Grundlage jeder Wahrnehmung von Farbe; Farben seien Modifikationen des Lichts. Das Modifizierende liege in der lichtlosen Materie (Finsternis).

Wie geht Goethe vor? Er untersucht die Farben, insofern sie dem Auge angehören und auf einer Wirkung und Gegenwirkung desselben basieren (unaufhaltsam flüchtige *physiologische Farben*). Er untersucht die Farben aber auch, indem er sie an farblosen Mitteln oder durch deren Beihilfe wahrnimmt (vorübergehende und allenfalls verweilende *physische Farben*). Und schließlich untersucht er die Farben, indem er sie als den Gegenständen angehörig in Betracht zieht und damit auch außerhalb des Menschen und unabhängig von ihm bestehen lässt (dauernde *chemische Farben*).

Durch diese Strukturierung seines Gegenstandsbereichs hindurch verfolgt Goethe die »Farben-wahr-nehmung« – von ihrer Erregung bis zum Wahrnehmungsorgan und von diesem zurück zum Wahrnehmungsgegenstand – in ihrem fortwährenden Übergang. Gegenüber Newtons Entdeckung der Spektralfarben durch die experimentelle Zerlegung des weißen Lichts entwickelt Goethe eine umfassendere Theorie der (natürlichen) Unteilbarkeit des Lichts, der Polarität von Licht und Finsternis sowie der Entstehung der Farben aus der Interaktion dieser beiden Prinzipien (nämlich aus dem trüben Bereich zwischen schwarz und weiß).

Methode

Die zurückhaltende und sanfte Forschungsweise Goethes hält sich treu an die Phänomene. Zunächst wird eine Sammlung derselben möglichst naturgemäß erstellt. Es folgt eine Sichtung der Phänomene. Sodann werden sie mit Versuchen untersucht und geprüft, bis schließlich Urphänomene herausgelöst werden können.

Wahrnehmungsversuche

Als Beispiel sei Goethes erster Versuch, der zu Beginn des ersten Kapitels der *Farbenlehre* (S. 65) erscheint, mit seinen Ergebnissen dargestellt. Der Autor beschreibt zwei verschiedene Zustände der Retina, je nachdem, ob Licht oder Finsternis auf sie wirken:

- *Abspannung:* Wenn wir die Augen innerhalb eines ganz finsteren Raums offen halten, ist das Organ sich selbst überlassen. Es fehlt ihm jene reizende, befriedigende Berührung, durch die es mit der äußeren Welt verbunden und zum Ganzen wird.
- *Überspannung:* Wenden wir nun die Augen gegen eine stark beleuchtete weiße Fläche, so wird das Organ geblendet und für eine Zeit lang unfähig, mäßig beleuchtete Gegenstände zu unterscheiden.

- *Andauern der Zustände:* Gehen wir schnell aus einem dieser Zustände in den andern über, so ist der Unterschied bedeutend, aber wir können bemerken, dass die Zustände eine Zeit lang andauern.
- *Wiederherstellung der Empfänglichkeit:* Nach und nach stellen sich die Augen zur Empfänglichkeit wieder her, starke früher als schwache. Erstere schon in einer Minute, wenn Letztere sieben bis acht Minuten brauchen.

Goethe (1810/1997) beachtet die Bedingungen seiner Wahrnehmungsversuche, differenziert und variiert sie. Er probiert verschiedene Bedingungen aus, stellt die Auswirkungen fest und wiederholt den Versuch unter gleichen Voraussetzungen. Ist ein Versuch beendet, wird untersucht, was unmittelbar an ihn grenzt und auf ihn folgt. Weitere vergleichbare Versuche werden vorbereitet. Je mehr die Versuche vermannigfaltigt werden, desto mehr Sachverhalte werden ausprobiert und desto klarer werden auch die einzelnen Sachverhalte.

Die bis in ihre Details untersuchten Phänomene werden aber auch immer in ihrem Gesamtzusammenhang gesehen und in eine Ordnungsstruktur gebracht, die horizontale sowie vertikale Dimensionen aufweist. Im vorliegenden Fall wird der Forschungsgegenstand in vertikaler Hinsicht in drei Hauptrubriken unterteilt (physiologische, physische und chemische Farben).

Goethes Methode ist genetisch-morphologisch im Unterschied zur kausal-mechanistischen Methode der Physiker seiner Zeit. Er weigert sich, Sinnesorgane und natürliche Sprache als Vermittlungsinstanzen zwischen dem Menschen und seiner Umgebung zugunsten künstlicher Instrumente und Apparaturen aufzugeben. Auch ein zu den Sachverhalten parallel geschaltetes System wie die Mathematik hebt seinem Dafürhalten nach das Denken nur von den Gegenständen ab.

Das Urphänomen

Goethes Urphänomen wurde oft missverstanden und auch belächelt. Im Folgenden soll verständlicher werden, was Goethe (1810/1997 und 1810/1999) mit diesem Begriff meinte, indem er im Kontext seiner Forschungsmethode betrachtet wird:

- *Versuche:* Bei einem Phänomen, das den Naturwissenschaftler unmittelbar beeindruckt und ihm eine Handhabe bietet, stellt derselbe seinen ersten Versuch an. Glückt dieser Versuch, weiß der Forscher gleichwohl, dass jeder Versuch nur ein isolierter Teil der Erkenntnis sein kann.
- *Vermannigfaltigung der Versuche:* Der Forschungsgegenstand ist nach allen Seiten hin zu untersuchen. Der Forscher muss also jeden einzelnen Versuch vermannigfaltigen, bis eine Gestaltenfolge erkennbar wird.
- *Wahrnehmung von Zusammenhängen:* Der Gegenstandsbereich besteht aus diversen Phänomenen, die sich aufeinander beziehen. Die einzelnen Phänomene sind demnach mannigfaltig bedingt.
- *Notwendige und zufällige Bedingungen:* Einige Bedingungen sind notwendig, um überhaupt ein Phänomen für den Forscher entstehen zu lassen, andere sind es jedoch nicht.
- *Feststellung von Urphänomenen:* Nach der Registrierung und Beschreibung der Phänomene und der Beziehungen derselben untereinander besteht die Aufgabe des Forschers darin, so weit in die phänomenale Welt vorzudringen, dass er Phänomene auffindet, die ausschließlich von notwendigen (und nicht von zufälligen) Bedingungen abhängig sind. Diese Phänomene werden als Urphänomene bezeichnet.
- *Feststellung von Modifikationen:* Die Urphänomene sind nun auch jenen Bedingungen auszusetzen, die in einem entfernteren Bezug zu ihnen stehen. Festzustellen ist, wie dieselben das ursprüngliche Phänomen modifizieren. Phänomene, die durch notwendige sowie nicht notwendige Bedingungen konstituiert sind, werden abgeleitete Phänomene genannt.

Nach Goethe (1810/1997) unterscheidet sich die Wissenschaft von der von ihr dargestellten Natur nur dadurch, dass in der Wissenschaft der Zusammenhang der Erscheinungen verständlich gemacht wird. Dies geschehe durch die *Isolierung von Urphänomenen*, die für sämtliche zum Gegenstandsbereich gehörenden Phänomene konstitutiv seien, jedoch auch als besondere in Erscheinung träten. Das heißt: Urphänomene sind nicht einfach Konstruktionen oder Konstrukte. Wohl sind sie Abstraktionen, Ergebnisse von Weglassungen aller zufälligen Bedingungen, doch nehmen sie nie einen übersinnlichen, mathematischen Charakter an. Sie sind als solche auch *im* untersuchten Gegenstandsbereich als Phänomene auffindbar. Allerdings sind sie aufgrund der bisherigen Forschungserfahrung dort jetzt »offensichtlich« und/oder mit anderen Sinnesorganen als dem Auge »direkt zugänglich« (eine Wahrnehmung, die vor der Feststellung von Urphänomenen *so* noch nicht möglich war, da dieselben noch in der Mannigfaltigkeit der Erscheinungen verschwanden).

Dieser Forschungsvorgang beruht auf der Überzeugung Goethes, dass alles, was ist, sich hier oder dort, früher oder später, auch zeigen müsse. Nach dem Autor ist jeder Gegenstand der Betrachtung – auch das offengelegte Urphänomen – in Bezug auf andere Phänomene sowie dadurch wiederum im Verhältnis zu sich selbst zu betrachten. Die äußeren, sichtbaren, greifbaren Einheiten des Gegenstandes könnten folglich (kontextuell betrachtet) hinsichtlich (komplexerer) innerer Zusammenhänge aufschlussreich sein. Dieser »Auf-schluss« innerer Zusammenhänge aufgrund äußerer Andeutungen ermöglicht weitergehende Forschung sowie Probe und Bereinigung bisher gefundener Gesetzmäßigkeiten.

Demnach beschränkt sich Naturwissenschaft im Sinne Goethes darauf, anfänglich noch verhüllte Bezüge der Erscheinungswelt offenzulegen. Der Autor der *Farbenlehre* und anderer naturwissenschaftlicher Studien versucht nicht, der Natur etwas hinzuzufügen, denn das würde dieselbe nicht so belassen, wie sie ist.

Kritik an Newton

Goethes komplexe *Farbenlehre*, mit welcher der wahrnehmende Mensch in seiner Umwelt begriffen wird, beinhaltet auch den Fall, den Newton isolierte und experimentell verwertete. Goethe stellt seine Farbenlehre und Newtons Brechungs- oder Refraktionstheorie in drei Schritten einander gegenüber:

- *Im ersten Schritt* beschreibt Goethe, wie Newton experimentell vorgeht und das Licht behandelt: »Newton behauptet, in dem weißen farblosen Lichte überall, aber besonders im Sonnenlicht, seien mehrere verschiedene Lichter wirklich enthalten, deren Zusammensetzung das weiße Licht hervorbringe. Damit nun diese bunten Lichter zum Vorschein kommen sollen, setzt er dem weißen Licht gar mancherlei Bedingungen entgegen: vorzüglich brechende Mittel, welche das Licht von seiner Bahn ablenken; aber diese nicht in einfacher Vorrichtung. Er gibt den brechenden Mitteln allerlei Formen, den Raum, in dem er operiert, richtet er auf mannigfaltige Weise ein; er beschränkt das Licht durch kleine Öffnungen, durch winzige Spalten, und nachdem er es auf hunderterlei Art in die Enge gebracht, behauptet er, alle diese Bedingungen hätten keinen anderen Einfluß, als die Eigenschaften, die Fertigkeiten des Lichts rege zu machen, so daß sein Inneres aufgeschlossen und sein Inhalt offenbart werde« (1810/1999, S. 191f.).

- *Im zweiten Schritt* stellt Goethe der Brechungstheorie Newtons eine minimale Skizze seiner eigenen Lehre gegenüber: »Die Lehre dagegen, die wir mit Überzeugung aufstellen, beginnt zwar auch mit dem farblosen Lichte, sie bedient sich auch äußerer Bedingungen, um farbige Erscheinungen hervorzubringen; sie gesteht aber diesen Bedingungen Wert und Würde zu. Sie maßt sich nicht an, Farben aus dem Licht zu entwickeln, sie sucht vielmehr durch unzählige Fälle darzutun, daß die Farbe zugleich von dem Lichte und von dem, was sich entgegenstellt, hervorgebracht werde« (ebd., S. 192).

- *Im dritten Schritt* versucht Goethe dann den besonderen Fall der Lichtrefraktion aus der Perspektive seiner eigenen Theorie zu verstehen: »Um bei dem Refraktionsfalle zu verweilen, auf welchem sich die Newtonsche Theorie doch eigentlich gründet, so ist es keineswegs die Brechung allein, welche die Farbenerscheinung hervorbringt; vielmehr bleibt eine zweite Bedingung unerläßlich, daß nämlich die Brechung auf ein Bild wirke und ein solches von der Stelle wegrücke. Ein Bild entsteht nur durch Grenzen; und diese Grenzen übersieht Newton ganz, ja er leugnet ihren Einfluß. Wir aber schreiben dem Bilde sowohl als seiner Umgebung, der Fläche sowohl als der Grenze, der Tätigkeit sowohl als der Schranke vollkommen gleichen Einfluß zu« (ebd., S. 192).

Rezeption

Goethe betrachtete *Die Farbenlehre* als Höhepunkt seiner Naturstudien und zuweilen seines Schaffens überhaupt, doch die Naturwissenschaft erkannte nur seine Beschreibung der Komplementärfarben und die psychologischen Farbwirkungen an.

Theoretische Nachwirkungen

Goethe hält an der gegenstandsbezogenen Betrachtungsweise, ja an der Bindung der Gegenstände ans menschliche Auge bewusst fest, um die Phänomene in ihrer lebensweltlich erscheinenden Totalität zu bewahren. *Die Farbenlehre* ist als Kritik einer auf technischen Zugriff angelegten Wissenschaftlichkeit weiterhin bedeutsam: Die mathematische Formel ist darauf aus, die Erscheinungen berechenbar, die Goethe'sche, sie möglichst vollständig sichtbar zu machen. Ein Instrument, das primär Berechenbarkeit herstellt und gewährleistet, zerstört aber nicht selten gerade diese Bedingungen der Sichtbarmachung. Goethe vertrat einen Naturbegriff, den man nicht einfach in den Bereich der Dichtung verweisen kann. In anderen naturwissenschaftlichen Arbeiten deutet er außerdem, fast hundert Jahre vor Darwin, eine biologische Entwicklungslehre an.

Praktische Auswirkungen

An den Phänomenen der Färberei interessierte Personen waren von der Farbenlehre Goethes angetan, denn für ihre praktischen Belange war die Newton'sche Theorie absolut unzulänglich.

An dieser Stelle sei auch daran erinnert, dass die *Anthroposophie* auf Goethe, den Dichter und Naturforscher, ausgerichtet ist. Insbesondere seiner Farbenlehre wird in dieser nach wie vor auch pädagogisch einflussreichen Bewegung große Bedeutung beigemessen.

Die wissenschaftliche Sprache nach dem Vorbild der klassischen Physik filtriert alles Sinnliche jenseits der Anschauungsformen von Raum und Zeit sowie der entsprechenden (meistens visuell gegebenen Daten) aus und folgt unabhängig vom Menschen der Logik ihres eigenen Systems von Gesetzen, was gerade im Bereich der Humanwissenschaften und der Psychologie, in der es eigentlich um Personen und deren Sinnlichkeit, Emotionen und Denken geht, besonders fragwürdig erscheint.

Goethe und seine Nachfolger wendeten sich dagegen, die Beobachtungsmittel zu denaturieren und die Bezeichnungsmittel zu dehumanisieren. Sie versuchten, Erkennen und Leben wieder zusammenzubringen. Für diese Aufgabe eine Lösung zu finden, scheint allerdings immer schwieriger zu werden. Die in der Tradition Newtons operierende Naturwissenschaft ist heute weit fortgeschritten. Beherrschung der Natur erzwingt geradezu eine Denaturierung des Menschen sowie eine Dehumanisierung seiner natürlichen Umgebung. Zu den von Goethe noch nicht erkannten gesellschaftlichen Voraussetzungen dieser Dehumanisierung liegen auch einige neuere Untersuchungen vor (vgl. u. a. auch Sohn-Rethel, 1990).

Johann Caspar Lavater

Ausgangspunkte

Lavaters Schaffen war Ausdruck seines christlichen Glaubens. Wegleitend für seine Physiognomie waren die Werke von Della Porta und Bonnet.

Zeittafel

1741 Johann Caspar Lavater erblickt das Licht der Welt in Zürich.

1769 Nach einem Studium der evangelischen Theologie wird er Diakon.

1772 Von dem an der Hauptkirche St. Peter in Zürich tätigen Pfarrer erscheint eine erste physiognomische Schrift anonym im *Hannoverschen Magazin*. Zunächst wird angenommen, dass Lichtenberg der Autor dieser Schrift sei.

1774 Lavater lernt Goethe kennen. Zusammen mit Basedorf unternehmen sie eine Lahn- und Rheinreise. Lavater bittet Goethe um Beteiligung an seinem Physiognomie-Projekt.

1775 Lavater wird Pfarrer. Die *Physiognomischen Fragmente* erscheinen in Leipzig und Winterthur. Als Helfer werden u. a. Herder, Gessner, Lenz und Füssli angeführt. Goethe wird auf dessen Wunsch hin nicht genannt. Die mitgedruckten Subskriptionslisten weisen auf eine Verbreitung in groß- und bildungsbürgerlichen sowie in adligen und fürstlichen Kreisen hin.

1777 Kaiser Josef II., der die neue Wissenschaft für die frühzeitige Entdeckung von Verbrechern nützlich findet, reist in die Schweiz, um mit Lavater über die Einrichtung von Lehrstühlen für Physiognomik zu reden.

1799 Verhaftung und Deportation nach Basel, da er den Gewalttaten des französischen Direktoriums und den harten Maßnahmen der Kantonsregierung in Zürich entgegengetreten ist.

1801 Lavater stirbt infolge einer bei der Eroberung Zürichs durch Masséna erlittenen Schussverletzung in Zürich.

Physiognomische Fragmente

Die ursprünglich vierbändige Luxusausgabe des Hauptwerkes von Lavater *Physiognomische Fragmente zur Beförderung der Menschenkenntnis und Menschenliebe* (1775/1984) enthält 101 Abbildungen. Der Autor versteht unter *Physiognomik* die Fertigkeit, durch das Äußerliche eines Menschen sein Inneres zu erkennen. Das Ziel dieser Wissenschaft ist es also, »das, was nicht unmittelbar in die Sinne fällt, vermittelst irgend eines natürlichen Ausdrucks wahrzunehmen« (ebd., S. 21).

Lavater weist im ersten Kapitel darauf hin, »daß sich keine Menschenseele vor meinem Blicke zu fürchten hat, weil ich bey allen Menschen auf das Gute sehe, und an allen Menschen Gutes finde« (ebd., S. 21). Bei der Betrachtung des Menschen werden Proportion, Umriss, Harmonie der Gliedmaßen, Gestalt berücksichtigt und zwar »nach einem gewissen Ideal von Ebenmaß, Schönheit, Vollkommenheit« (ebd., S. 22). Lavater geht davon aus, dass Inneres (Seele) und Äußeres (Leib) sich entsprechen und folgerichtig zieht der Autor mit Vorliebe Schlüsse mit Hilfe von Analogien. Diese Analogieschlüsse erscheinen allerdings nicht selten als Kurzschlüsse (z. B. spitzes Kinn – scharfer Verstand).

Lavater weist mehrmals auf sogenannte moralisch verkommene Menschen hin, wobei manchmal nicht klar wird, ob es sich dabei um sozial benachteiligte Menschen handelt (z. B. Analogieschlüsse aufgrund bescheidener Bekleidung oder einer nicht gepflegten äußeren Erscheinung). Menschen und Menschengruppen, mit denen der Autor offensichtlich nicht vertraut ist, werden von ihm durchgängig negativer bewertet als andere.

Lavater setzt indes nicht einfach Aussehen und moralischen Zustand gleich, sondern berücksichtigt auch Leidenschaften. Zumindest in theoretischer Hinsicht zieht er zudem in Betracht, ob sich fragwürdige Verhaltensweisen oft wiederholen oder nicht: »Ein jeder vielmals wiederholter Zug, eine jede oftmalige Lage, Veränderung des Gesichts, macht endlich einen bleibenden Eindruck auf den weichen Theilen des Angesichts. Je stärker der Zug, und je öfter er wiederholet wird, desto stärkern, tiefern, unvertilgbaren Eindruck (...) macht er. Ein tausendmal wiederholter angenehmer Zug drückt sich ein, und giebt einen bleibenden schönen Zug des Angesichts. Ein tausendmal wiederholter häßlicher Zug drückt sich ein, und giebt einen bleibenden häßlichen Zug des Angesichts. Viele solche schöne Eindrücke auf die Physiognomie eines Menschen geben zusammen (...) ein schönes; viel solcher häßlicher, ein häßliches Angesicht« (ebd., S. 52). Nach dieser Aussage Lavaters ist also das Aussehen nicht (nur) naturgegeben, sondern hängt (auch) von der Lebensführung des einzelnen Menschen ab. Neben Tugend und Laster werden dabei noch andere, auch nähere und unmittelbare Ursachen der Verschönerung und Entstellung eingestanden, doch hierzu werden offenbar äußere Wohlfahrt oder soziale Benachteiligung nicht gezählt, erscheint doch schon einige Zeilen weiter unten folgender Satz: »Tugend befördert die äußere Wohlfahrt des Menschen, und Laster zerstört sie« (ebd., S. 54).

Für Lavater ist es eine Erfahrungstatsache, dass Moralität und Immoralität viele mittelbare Folgen auf die Gesichtsbildung insbesondere des jungen Menschen haben, weshalb eine zweckvolle, nicht nur dem Geschmack dienende, sondern auch das Herz betreffende Verschönerung nur durch Verbesserung der Lebensführung möglich sei – eine Argumentation, die zutreffend sein mag, weil sie faktisch kaum etwas in Frage stellt.

Methode

Lavater weist in den *Fragmenten* darauf hin, dass die Physiognomik das Studium von Körperbewegungen erfordere. Seine Technik beschränkte sich jedoch den damaligen Möglichkeiten entsprechend auf die Herstellung von Abbildungen (Zeichnungen, Stiche und Schattenbilder). Die Entwicklung weiterführender Methoden hat Lavater durch eigene Initiativen und Erfindungen zwar unterstützt, doch fanden sie keine Verwendung in seinem Hauptwerk. Die in der Mehrzahl der

Fälle angeführten Silhouetten ermöglichen lediglich die Feststellung von Schädelumrissen, anhand derer der Autor seine Einblicke und Erkenntnisse sowie Ableitungsregeln und Deutungsverfahren demonstriert. Es handelt sich somit um ein zirkuläres Verfahren. Videogeräte zur Verdeutlichung von Bewegungen wurden erst im 20. Jahrhundert erfunden. Sie liefern das Material für die aktuellen Mikroanalysen von minimalen Bewegungen und von für die Beurteilung entscheidenden, von Lavater ebenfalls noch nicht berücksichtigbaren Interaktionen im zwischenmenschlichen Umgang (vgl. Frey, 1999).

Rezeption

Lavaters *Fragmente* wurden zunächst mehrheitlich enthusiastisch aufgenommen und in verschiedene Sprachen übersetzt. Gekürzte Ausgaben führten zu einer Verbreitung in ganz Europa. Die Physiognomik wurde zur Modewissenschaft: Viele Menschen glaubten sich dazu berufen, ihre Mitmenschen zu »physiognomisieren«, und es wurden an vielen Orten auch physiognomische Zirkel gegründet. Ein möglicher Grund hierfür ist die konkrete Fassung der damals neuen Kategorie der Individualität. Auch Herder reagierte zunächst positiv auf Lavaters Arbeit (Brief vom 20.2.1775); später wandte er sich indes von dessen Unterfangen ab. Lichtenberg kritisierte ebenfalls das Vorgehen Lavaters und besonders jenes bestimmter Nachfolger, räumte aber ein, dass die wirkenden Leidenschaften merkliche Spuren hinterlassen könnten. »Es ist aber auch dieses bei dem größten Theil des menschlichen Geschlechts (…) unsicher und schwankend« (Lichtenberg, 1778/1844, S. 67).

Die Physiognomik als Lehre von der Erschließung von Persönlichkeitseigenschaften durch die Deutung des (unbewegten) menschlichen Gesichts spielte jedoch trotz des angezweifelten wissenschaftlichen Charakters noch lange Zeit eine wichtige Rolle in der sich entwickelnden Psychologie. Im 19. Jahrhundert wurde sie unter Berücksichtigung der Phylogenese von Emotionen zu einer naturwissenschaftlichen Ausdruckspsychologie umgestaltet und erfuhr ihren Höhepunkt in der entwicklungsgeschichtlich ausformulierten Ausdruckslehre von Darwin. Von den einzelnen Teilbereichen der Physiognomik hat sich bis ins 20. Jahrhundert hinein vor allem die nach einer Beziehung zwischen Körperbau und Persönlichkeit suchende Konstitutions- und Charakterforschung erhalten (u. a. Kretschmer). Nach einem kurzen Aufblühen nach dem Zweiten Weltkrieg verschwand die Ausdruckslehre und Charakterkunde allerdings wieder aus den Lehrplänen der Universitäten.

Theoretische Nachwirkungen

Das Ansinnen Lavaters, die Körperbewegungen zu untersuchen, beeinflusste über Lichtenberg bis in die Gegenwart hinein sozialpsychologische Untersuchungen der sogenannten Körpersprache. Dass gestisches Verhalten in erster Linie inneres Erleben ausdrückt bzw. auf dieses zurückschließen lässt, ist jedoch ein Forschungsansatz, der fragwürdig ist. Nonverbales Verhalten ist nicht ohne Weiteres Ausdruck persönlicher Eigenschaften und auch nicht momentaner Befindlichkeiten.

Was nonverbales Verhalten *bedeutet*, ist diesem selbst selten anzumerken (Ausnahmen sind etwa das Kopfnicken oder das Kopfschütteln). Es kann allenfalls im semiotischen Feld von Personen interpretiert werden, die sich in unmittelbarer Interaktion miteinander befinden. Deshalb wird in neueren Ansätzen von der sozialen Interaktion ausgegangen und das nonverbale Verhalten im Kontext des verbalen Verhaltens über die gegenseitige Einstimmung und Verständigung der Beteiligten interpretiert.

Ferner könnten die von Lavater theoretisch angeführten, aber noch nicht untersuchten Ausformungen von Gesichtszügen im Sinne bleibender Eindrücke aufgrund wiederholter Verhaltensweisen für die Forschung bedeutsam sein, insbesondere wenn sie in Zukunft auch kontextuell sowie neuropsychologisch untersucht würden.

Praktische Auswirkungen

Nach Lavater ist der Umgang mit Menschen das erste, was uns in der Welt begegnet und Probleme bereitet, weshalb Menschenkenntnis für jeden Menschen bis zu einem gewissen Grad unentbehrlich sei. Menschenkenntnis ist für Lavater – seinem Selbstverständnis nach – auch »Menschenliebe«. Der Autor sieht dabei nicht, dass sie zumindest in der Form, in der sie von ihm durch unreflektierte externe Bedingungen und Einkleidungen hindurch eigentlich auf Kategorien von Menschen (u. a. Landstreicher, Schwarze) bezogen wird, soziale Diskriminierung und Rassismus bedeuten kann.

Die Physiognomik spielt bei den heutigen berufstätigen Psychologen und Psychologinnen innerhalb und außerhalb staatlicher Institutionen kaum mehr eine Rolle, zumindest nicht in expliziter oder systematischer Hinsicht. Dass Therapeuten sowie Klienten physiognomischen Deutungen oder Projektionen unterliegen, wird jedoch kaum bestritten und fast durchwegs sozialpsychologisch erklärt. Die Physiognomik kann – nicht verwendet, aber kritisch gewendet – zumindest verdeutlichen, wie sich viele Menschen im Berufsleben und im Alltag Psychologie vorstellen und wie viele Menschen mehr oder weniger bewusst Psychologie tagtäglich auch betreiben.

Auch wenn die Physiognomik in der modernen Psychologie keine Rolle mehr spielt, lebt sie in popularisierter Form in Ratgebern und Lebenshilfebüchern bis zum heutigen Tag dennoch weiter.

Georg Christoph Lichtenberg

Ausgangspunkte

Wieland und dessen Ausdruck von Empfindungen hatten bereits den jungen Lichtenberg beeindruckt und nachhaltig beeinflusst. Nachdem Lichtenberg sich mit Veröffentlichungen im physikalischen Bereich einen Namen gemacht hatte, begann der von Arbeitsunlust, Krankheit und Lebensüberdruss geplagte Naturwissenschaftler sich selbst und andere Menschen genauer zu beobachten. Der kleine und verwachsene Mann stand stundenlang am Fenster, beobachtete, analysierte und »sudelte« in Heften, die von ihm eigentlich nicht für die Öffentlichkeit bestimmt waren.

Zeittafel

1742	Georg Christoph Lichtenberg wird in Ober-Ramstadt bei Darmstadt geboren. Der Sohn eines Pfarrers besucht die Schule in Darmstadt.
1763–71	Lichtenberg studiert Mathematik und Naturwissenschaften an der Universität Göttingen. Er erhält die erste Professur für Experimentalphysik in Deutschland.
1770–75	Er beschäftigt sich in England mit physiognomischen Beobachtungen.
1772–73	Lichtenberg reist nach Hannover, Osnabrück und Stade, um sich mit der Berechnung der Längen- und Breitengrade dieser Orte zu befassen.
1774–75	Er reist erneut nach England, lernt dort bedeutende Schauspieler kennen und ist Gast von König Georg III.
1777	Lichtenberg veröffentlicht einen Bericht über die von ihm entdeckten Pulverfiguren, die eine elektrische Aufladung auf einem Isolator sichtbar machen.
1778	Er übernimmt die Redaktion des beim Verlagsbuchhändler Johann Christian Dieterich erscheinenden *Göttinger Taschenkalenders.* Dort veröffentlicht er die meisten seiner naturwissenschaftlichen, philosophischen und satirischen Arbeiten.
1780	Lichtenberg gibt mit Georg Forster zusammen das *Göttingsche Magazin der Wissenschaften und Literatur* heraus.
1799	Lichtenberg stirbt in Göttingen.

Über Physiognomik

Lichtenbergs zunächst im *Göttinger Taschenbuchkalender* publizierte Streitschrift *Über Physiognomik* erschien noch im gleichen Jahr als erweiterter Sonderdruck mit dem Titel *Über Physiognomik wider die Physiognomen. Zu Beförderung der Menschenliebe und Menschenkenntniß* (1778/1844). Die Streitschrift richtet sich dabei nach den Worten Lichtenbergs nicht in erster Linie gegen Lavater, sondern gegen das Treiben zahlreicher Nachahmer und Nachbeter, die nicht die Menschenliebe beförderten, sondern mit ihren kurzgriffigen Deutungen mehr zur allgemeinen Lieblosigkeit und Verleumdung sowie zu Härten aller Art beitragen würden.

Nach Lichtenberg gibt es einen unermesslichen Sprung vom Leib zum Innern der Seele; selbst wenn nicht nur die Oberfläche des Leibes, sondern auch – bei mehr Bekanntheit – dessen innere Beschaffenheit berücksichtigt werden könnte. Drei seiner Kritikpunkte die Methodik der Physiognomen betreffend werden vom Autor wie folgt zusammengefasst: »Sie irren sich, wenn sie aus Schattenrissen oder Portraiten von Personen urtheilen, die sie gar nicht kennen, so entsetzlich, daß, wenn man die Treffer mit den Fehlern verglichen sähe, das Glückspiel gleich in die Augen fallen würde. Sie machen es aber wie die Lottospieler, publicieren Blättchen voll glücklicher Nummern, und behalten die Quartanten, die man mit unglücklichen anführen könnte, für sich. Auch die getroffenen sind es oft nur in Orakelwörtern, mit Spielraum für den Sinn; und oft sieht der Physiognome Forschungsgeist in den Augenknochen, oder poetisches Genie in den Lippen des Mannes, weil er sie in dessen Schriften, aus Mangel an Kenntnissen und Geschmack oder durch Journale verführt, zu finden glaubt« (ebd., S. 60).

Nach Lichtenberg hinterlassen die Gaben des Geistes keine Zeichen in den festen Teilen des Kopfes: »Dieses zu beweisen, muß man den ausgesuchten Silhouetten von denkenden Köpfen auch ausgesuchte von nicht denkenden und Narren beifügen, und nicht Gelehrten von sorgfältiger Erziehung einen Dorfnarren gegenüberstellen« (ebd., S. 66f.). Der Autor kritisiert ferner den Mangel an Respekt vor den Feinheiten und Nuancen psychologischer Phänomene durch allzu eilfertige physiognomische Diagnostik und stellt das exakte Studium der Bewegung in Aussicht (u.a. Beobachtung der Mimik): Die Gebärdensprache werde im sozialen Kontext gelernt und durch diesen Bedeutungsrahmen auch häufig verständlich. Es handele sich dabei um eine unwillkürliche Sprache, die als solche vielleicht auch etwas über die sich gebärdende Person aussage, die Frage sei nur, was.

Ähnliches führt Lichtenberg für die Wortsprache an. Mit ihr meinen viele Menschen, das von ihnen bei anderen Menschen Durchschaute und deren Seele charakterisieren zu können. Nach Lichtenberg sagen solche Urteile aber mehr über die Beurteiler als über die Beurteilten aus. Der Autor führt hierzu folgendes Beispiel an: »Sage mir, was hat Octavia für ein Gesicht, fragt beim Shakespeare die eifersüchtige Cleopatra den Courier, ist's länglich oder rund? Bis zum Fehler rund, ist die Antwort. Das sind gemeiniglich Närrinnen, die so aussehen, sagt Cleopatra. Wer sieht hier nicht, daß dieses ein tiefer Blick ins Herz der Cleopatra ist, der uns über die innere Beschaffenheit des Kopfs der Octavia völlig beim Alten läßt?« (ebd., S. 48).

Lichtenberg findet eine Erklärung physiognomischer Phänomene in den Ideenassoziationen. So erwecke ein Gesicht oder eine Stimme Bilder, oft auch seltsam zusammengesetzte Bilder, die mit der Vergangenheit des Wahrnehmenden zu tun hätten: »Es ist hierbei eine angenehme Beschäftigung, die dem Psychologen wichtig werden kann, jene Ideen wieder zu dissociieren« (ebd., 53). Lichtenberg schlägt folgerichtig vor, die Physiognomen näher zu betrachten und meint zu erkennen, dass es »gemeiniglich Personen (sind), deren lebhafte Einbildungskraft ihnen beim Anblick der meisten Gesichter, die verwandten Züge anderer und mit ihnen ganze Lebensläufe und Privatgeschichten vorstellt, und die dieses bei jeder Gelegenheit der Gesellschaft darlegen« (ebd., S. 61). Um nicht selbst in den Verdacht der Projizierens nach Art der Physiognomen zu kommen, fügt der Autor hinzu: »Oft sind sie unschuldiger, und sehen den Leuten nur das an, was sie schon von ihnen wissen. Die Prüfung der Bemerkung ist in den meisten Fällen so flüchtig, wie die Bemerkung selbst« (ebd., S. 61). Möglicherweise ergebe sich jedoch aus dieser Not eine Tugend, wenn nämlich der verborgene Weg freigelegt und begehbar gemacht werde und statt der Oberfläche des Kopfes dessen tatsächliche Veräußerlichungen näher betrachtet und miteinander verglichen würden: »Nützlicher wäre ein anderer Weg, den Charakter der Menschen zu erforschen, und der sich vielleicht wissenschaftlich behandeln ließe: nämlich aus bekannten Handlungen eines Menschen, und die zu verbergen er keine Ursache zu haben glaubt, andere nicht eingestandene zu finden« (ebd., S. 68).

Aphorismen

Die in den Jahren 1765–99 entstandenen »Sudelbücher« wurden posthum veröffentlicht, u. a. von Albert Leitzmann in der kritischen Edition Georg Christoph Lichtenberg: *Aphorismen*, veröffentlicht in fünf Bänden in Berlin (1902–08). Die uns vorliegende Ausgabe der *Aphorismen* (1902–08/1984) enthält eine Auswahl der in dieser Edition vereinigten Aufzeichnungen Lichtenbergs.

In einigen Aphorismen beschäftigt sich der Autor mit Träumen. Nach ihm führen Träume oft in Begebenheiten – darunter auch Unbequemlichkeiten – hinein, in die der Träumer wachend nicht leicht verwickelt worden wäre oder die er möglicherweise als klein in der Ferne verachtet hätte. Der Traum sei Erinnerung und Zusammensetzung der im Kopf liegenden Begriffe. Im Traum werde nachgedacht, ein Vorgang, der in Gesprächsform angeschaut werde, wobei es der Träumer selbst sei, der sich belehre und widerlege: »Können wir (uns) also wundern, wenn die frühen Völker das, was sie bei der Schlange denken, (wie Eva) ausdrücken durch: *die Schlange sprach zu mir.* Der Herr sprach zu mir. Mein Geist sprach zu mir. Da wir eigentlich nicht genau wissen, wo wir denken, so können wir den Gedanken hinversetzen, wo wir wollen« (ebd., S. 38; Hervorhebung von Lichtenberg). Die nicht durch Vernunft gedeutete Empfindung verstärke sich und wirke sich im Traum beispielsweise wie folgt aus: »Daß es mir alle Nacht von meiner Mutter träumt, und daß ich meine Mutter in allem finde, ist ein Zeichen, wie stark jene Brüche des Gehirns sein müssen, sobald das regierende Principium den Szepter niederlegt« (ebd., S. 39).

Nach Lichtenberg vermenschlicht sich das Leben durch den Traum: »Es gehört mit unter die Vorzüge des Menschen, daß er träumt *und es weiß*. Man hat schwerlich noch den rechten Gebrauch davon gemacht. Der Traum ist ein Leben, das mit unserem übrigen zusammengesetzt, das wird, was wir menschliches Leben nennen« (ebd., S. 39; Hervorhebung von Lichtenberg).

Methode

Lichtenberg beobachtet meistens ohne fremde Hilfsmittel, denkt nach, macht *Gedankenexperimente* und spielt mit Worten (z. B. »Vom Wahrsagen läßt sich's wohl leben in der Welt, aber nicht vom Wahrheit sagen.«). Er denkt in Aphorismen und hat blitzartige Einfälle. Dabei ist er von der Unergründlichkeit der Welt überzeugt. Er interessiert sich besonders für minimale Veränderungen in unscheinbaren Phänomenen. Lichtenberg bleibt oft nahe bei den einzelnen Erscheinungen des Lebens; aber nur so nahe, wie es der Gegenstand erfordert, denn man könne sich einem bestimmten Gegenstand auch allzu sehr nähern, so dass man ihn wieder aus den Augen verliere.

Rezeption

Auf Lichtenbergs Aufsatz *Über Physiognomik* reagierten viele physiognomisierende Menschen mit Entsetzen. Auch mächtige Zeitgenossen ärgerten sich über die unverblümte Stellungnahme. Karl Bühler sollte jedoch Lichtenbergs Beiträge zur Ausdruckspsychologie als relevanter einschätzen als jene Lavaters. Lichtenbergs Beitrag zur Traumdeutung wurde lange Zeit nicht rezipiert und erst gegen Ende des 19. Jahrhunderts von Freud aufmerksam gelesen und verstanden.

Theoretische Nachwirkungen

Der Mathematiker und Physiker Lichtenberg beeinflusste die hundert Jahre später entstehende *Psychoanalyse* wohl so stark wie kaum ein anderer Autor (Gay, 1989). Die wesentlichen Gedanken zur Traumdeutung formulierte in der Neuzeit zuerst Lichtenberg. Dieser Mann mit der scharfen Denkkraft beeinflusste auch andere Bereiche der modernen Psychologie, beispielsweise in der Sozialpsychologie Untersuchungen zur nonverbalen Kommunikation (vgl. Frey, 1999).

Praktische Auswirkungen

Lichtenbergs Ausführungen zu den Träumen sind auch in praktischer Hinsicht von Bedeutung: »Es ließe sich ein philosophisches Traumbuch schreiben. Man hat, wie es gemeiniglich geht, seine Altklugheit und Eifer die *Traumdeutungen* empfinden lassen, die eigentlich bloß gegen die *Traumbücher* hätte gewendet werden sollen. Ich weiß aus unleugbarer Erfahrung, daß Träume zu Selbsterkenntnis führen« (Lichtenberg, 1902–08/1984, S. 38; Hervorhebungen von Lichtenberg).

Ferner ist auch die von der Physiognomik schon von Lavater unterschiedene und auch von ihm schon positiv eingeschätzte Medizinische Physiognomik, die *Pathognomik*, als Einflussbereich Lichtenbergs zu nennen. Für den kranken Menschen ist sie notwendig und mit den körperlichen Veränderungen, die mit ihr einhergehen, auch leichter anwendbar. Pathognomik beinhaltet die Semiotik der Affekte bzw. die Kenntnis der natürlichen Zeichen der Gemütsbewegungen, nach allen ihren Abstufungen und Mischungen verstanden. Der Semiotiker ist gegenüber dem Physiognomen im Vorteil, da er Veränderungen wahrnehmen und bald feststellen kann, ob ihn seine Zeichendeutung getäuscht hat oder nicht.

Geisteswissenschaftliche Psychologie

Im 19. Jahrhundert bildete sich die geisteswissenschaftlich orientierte Psychologie heraus. Sie kann als eine Art Fortsetzung des humanitären Verständnisses vom Menschen betrachtet werden, doch lösten sich hier die geistigen von den mehr natürlichen Aspekten des humanitären Ansatzes; Letztere verselbständigten sich in einer naturwissenschaftlichen Psychologie. Die geisteswissenschaftliche Psychologie ist indes keineswegs so homogen, wie es vielleicht auf den ersten Blick den Anschein hat und von einigen Historikern auch unterstellt wird, denn zu ihr gehören formale Zugänge zum Menschen und seiner Welt ebenso wie verstehende Auffassungen von Personen. Und auch was die Auffassungen des »sozialen Umfeldes« anbelangt, ergeben sich erhebliche Unterschiede, die sich von individualistischen Ansätzen bis hin zu Ansätzen erstrecken, die primär von sozialen Verhältnissen, ja von noch umfassenderen Formationen ausgehen. So beschäftigte sich etwa die Völkerpsychologie auch mit Formationen, die als gesellschaftliche bezeichnet werden könnten, auch wenn sie keinen Gesellschaftsbegriff aufweist, sondern sich primär dem damals aufkommenden Nationalgedanken entsprechend auf die Formationen des Volkes bezieht; dies auch dann, wenn dasselbe als solches gar nicht besonders angesprochen ist, sondern eigentlich übergreifende gesellschaftliche Verhältnisse gemeint sind.

Johann Friedrich Herbart

Ausgangspunkte

Herbart, ein in weiten Bereichen rational denkender Vorfahre der Völkerpsychologie, orientierte sich ursprünglich an dem von der Romantik geprägten Carus und an dessen Verständnis vom Unbewussten sowie an seinem Lehrer Johann Gottlieb Fichte, dessen System auf dem Begriff des Ich gründet. Herbart fragte auch nach der Herkunft des Ich und gelangte schließlich zu einer mehr gesellschaftlichen Perspektive.

Zeittafel

1776	Johann Friedrich Herbart wird als Sohn eines Justizrates und einer Arzttochter in Oldenburg geboren.
1794	Herbart beginnt sein Studium mit Jura und Philosophie in Jena. Wechsel zur Philosophie, insbesondere zu Fichte.
1797	Nach Distanzierungen von Fichtes Philosophie und der Beschäftigung mit griechischen Klassikern bricht Herbart sein Studium ohne Abschluss ab und geht als Hauslehrer zur Familie des Altvogts von Steiger nach Interlaken.
1799	In der Schweiz lernt er Pestalozzi kennen, der ihn zum Überdenken seiner Lehrtätigkeit und seiner pädagogischen Ideen veranlasst.
1802	Beginn seiner akademischen Laufbahn an der Universität Göttingen.
1805	Er wird in Göttingen zum außerordentlichen Professor ernannt.
1806	Herbart liest zum ersten Mal über Psychologie.
1809	Er wird Kants Nachfolger in Königsberg. Mitwirkung an der Reform des Schulwesens in Preußen.
1824–25	In Königsberg erscheint die *Psychologie als Wissenschaft.*
1833	Herbart wird nach Göttingen berufen.
1837	Er distanziert sich als Dekan der Philosophischen Fakultät von den Protestaktionen der »Göttinger Sieben«.
1838	Herbart bezeichnet den Verfassungskonflikt, die Entlassung und den Landesverweis der Kollegen als »Göttingische Katastrophe«.
1841	Herbart erliegt in Göttingen einem Schlaganfall.

Psychologie als Wissenschaft

In den 1824 und 1825 in Königsberg erschienenen zwei Bänden *Psychologie als Wissenschaft, neu gegründet auf Erfahrung, Metaphysik und Mathematik* versucht Herbart die Mathematik auf Vorgänge der inneren Erfahrung anzuwenden und die Psychologie als strenge Wissenschaft zu begründen.

Nach Herbart sind der inneren Erfahrung primär Vorstellungen gegeben. Als einheitlicher Träger dieser Vorstellungen fungiere (hier bleibt er hinter Hume zurück) die Seele als immaterielle Substanz. Herbart weist in diesem Kontext darauf hin, dass nicht beliebig viele Vorstellungen gleichzeitig ins Bewusstsein treten könnten. Deshalb werden zusätzlich die Möglichkeiten der gegenseitigen Verbindung von Vorstellungen und zu deren Hemmung angenommen: Durch die Hemmung werde eine Vorstellung von einer anderen unter die Schwelle des Bewusstseins gedrängt. Dieselbe könne aber als gleichsam freischwebende wiederum auftauchen.

Herbart entwirft eine Art Statik und Mechanik des Geistes für das Gleichgewicht und die Bewegung von Vorstellungen. Gleichgewicht und Bewegung würden u. a. durch die Hemmungssumme bestimmt. Der Autor versteht darunter das zu verteilende Gesamtquantum hemmender Energie. Mit dem sogenannten Hemmungsverhältnis wird dann die spezielle Verteilung dieser Energie ausgedrückt, wobei beide Größen sich von der Stärke der einzelnen Vorstellungen und vom Grad des zwischen ihnen bestehenden Gegensatzes her bestimmen. Herbart legt hierfür verschiedene Proportionalitäten fest: Je größer der Grad des Gegensatzes zwischen den Vorstellungen sei, desto größer sei die hemmende Wirkung der Vorstellungen untereinander (direkte Proportionalität); je stärker jedoch die Vorstellungen überhaupt seien, desto geringer werde auch die Hemmung durch andere Vorstellungen (indirekte Proportionalität). Aus diesem Verhältnis der Vorstellungen ergeben sich nach Herbart auch Begehren und Fühlen: Reines Vorstellen erfolge, wenn eine Vorstellung ungehemmt im Bewusstsein sei; werde sie aber, zwischen anderen Vorstellungen verschmolzen, in ein bestimmtes Gleichgewicht gebracht, ergebe sich ein Gefühl. Wenn eine Vorstellung indes gegen Hindernisse emporsteige, werde Begehren erzeugt. Für Herbart sind also die Vorstellungen entscheidend, nicht Empfindungen, weshalb sein Ansatz auch als intellektualistisch bezeichnet wurde.

Im zweiten Band seiner Psychologie gelangt der Autor dann u. a. zu einem mehr gesellschaftlichen Verständnis des Menschen: »Der Mensch ist nichts außer der Gesellschaft. Den völlig Einzelnen kennen wir gar nicht; wir wissen nur soviel mit Bestimmtheit, daß die Humanität ihm fehlen würde (...). Wir werden daher den einzelnen Menschen nicht bloß vollständiger auffassen, wenn wir ihn als einen Teil des Menschengeschlechts ins Auge nehmen, sondern wir werden ihn auch leichter erkennen, wenn wir zuerst sein vergrößertes Bild im Staate beschauen« (Herbart, 1825, S. 20).

Methode

Herbart versucht die Psychologie in eine exakte Wissenschaft zu verwandeln. Kennzeichnend für sein Vorgehen ist dabei die Anwendung mathematischer Methoden auf Erfahrungen und Selbsterfahrungen. Durch seine Selbstbeobachtungen kam Herbart auf das von ihm selbst als »flüssiges Wesen« bezeichnete Psychische. Hierbei konnte er – wie auch im Titel seines Werkes angezeigt – noch nicht auf Metaphysik verzichten, denn sein Forschungsgegenstand hat einen immateriellen Charakter; seine Mechanik bleibt folglich eine des Geistes. Herbart dachte zwar bereits an eine experimentelle Prüfung, doch stellte er deren Zuverlässigkeit von vornherein in Frage (Foppa, 1965).

Rezeption

Herbart hat sieben Jahrzehnte lang die deutsche Psychologie weitgehend bestimmt. Wissenschaftler, die das Seelische mit mathematischen Modellen zu erfassen versuchen, berufen sich noch heute auf ihn. Für sie ist Herbart der erste moderne wissenschaftliche Psychologe überhaupt: Nach Herbart ging die Psychologie nicht mehr von verschiedenen, getrennten seelischen Vermögen aus, sondern das Auffinden funktionaler Zusammenhänge ist wegleitend geworden.

Theoretische Nachwirkungen

Herbarts Vorgehen basiert auf Erfahrung und Metaphysik. Wegweisend ist dabei die Anwendung mathematischer Methoden. Damit leistete Herbart einen Beitrag zur endgültigen Überwindung der Vermögenspsychologie, er beeinflusste die naturwissenschaftlichen Psychologen (u. a. Fechner) und unverkennbar ist auch sein Einfluss auf Freud. Herbart stellte außerdem zu einem frühen Zeitpunkt fest, dass der Mensch außerhalb der Gesellschaft nichts bedeutet. Die von ihm angenommene Strukturähnlichkeit zwischen Individuum und Gesellschaft sah jedoch keine Repräsentation der externen Welt in den Vorstellungen vor und konzeptualisierte auch keine Wechselwirkungen oder gar Übergänge zwischen Makro- und Mikrowelt. Die ersten Völkerpsychologen Lazarus und Steinthal orientierten sich zunächst am zweiten Band der *Psychologie als Wissenschaft*, benutzten aber bei der Entwicklung ihrer Ideen noch andere Quellen.

Praktische Auswirkungen

Herbart fundierte mit der *Psychologie als Wissenschaft* eine eigene Pädagogik, die großen Einfluss auf das Bildungswesen hatte.

Moritz Lazarus

Ausgangspunkte

Lazarus orientierte sich an dem zunächst formalistisch denkenden, dann aber auch gesellschaftlichen Bezügen nicht abgeneigten Herbart, an Herder sowie an Humboldt, der im Jahre 1836 erstmals den Ausdruck »Völkerpsychologie« verwendete.

Zeittafel

1824 Moritz Lazarus wird in Filehne (Posen) geboren.

1848 Lazarus studiert beim Sprachwissenschaftler Heyse, einem ausgewiesenen Hegelkenner, Heyse ermuntert Lazarus, mit Steinthal Kontakt aufzunehmen. Die Begegnung der beiden Studierenden führt zu einer engen Freundschaft und zu einer lebenslangen Arbeitsgemeinschaft.

1851 Lazarus veröffentlicht einen Artikel, in dem er wesentliche Punkte des neun Jahre später veröffentlichten völkerpsychologischen Programms vorwegnimmt.

1852 Er erhält einen Brief von Steinthal (6.4.), in dem ihm die Herausgabe einer *Zeitschrift für psychische Ethnologie* vorgeschlagen wird.

1860 Lazarus wird Professor honorarius der philosophischen Fakultät der Universität Bern, und zwar insbesondere für Psychologie und Völkerpsychologie. Es handelt sich um die erste ausdrücklich psychologische Universitätsstelle überhaupt. Das von Lazarus und Steinthal gemeinsam verfasste erste Programm der Völkerpsychologie erscheint in der von den Autoren ins Leben gerufenen *Zeitschrift für Völkerpsychologie und Sprachwissenschaft*.

1862 Lazarus veröffentlicht die *Synthetischen Gedanken zur Völkerpsychologie*. Wundts *Beiträge zur Theorie der Sinneswahrnehmung* erscheinen. In diesem Werk macht Letzterer erste Anmerkungen zur Völkerpsychologie von Lazarus und Steinthal.

1863 Wundts *Vorlesungen über die Menschen- und Thierseele* erscheint. Der Autor bezieht sich hier ausdrücklich auf die *Synthese* und schreibt von den »objektiven Tatsachen«, die gleichsam an die Stelle des Experimentes träten.

1873 Lazarus wird Professor in Berlin. Er hält Vorlesungen über Völkerpsychologie, Psychologie des Staatswesens, Erkenntnistheorie und Pädagogik.

1886 Das Lazarus-Steinthal'sche Programm der Völkerpsychologie wird von Wundt in den *Philosophischen Studien* heftig kritisiert.

1887 Steinthal veröffentlicht die Abhandlung über den *Begriff der Völkerpsychologie*, in dem er die Kritik Wundts am Lazarus-Steinthal'schen Programm zurückweist. Wundt geht auf diese Replik nicht mehr ein.

1903 Lazarus stirbt in Meran.

Über den Begriff und die Möglichkeit einer Völkerpsychologie

Der im *Deutschen Museum* erschienene Artikel *Über den Begriff und die Möglichkeit einer Völkerpsychologie* (1851) von Lazarus enthält bereits grundlegende Gedanken zur *Völkerpsychologie*, die ins spätere Programm aufgenommen wurden, aber auch solche, die in demselben nicht berücksichtigt wurden. Lazarus leitet seinen Vorschlag einer Völkerpsychologie mit dem Hinweis ein, dass diese Wissenschaft noch nicht existiere und deshalb die folgenden Bemerkungen dazu beitragen sollten, das Vorurteil von deren Unmöglichkeit zu beseitigen. Nach einer kurzen Einführung des Begriffs »Volksgeist«, worunter Lazarus in einer ersten Definition das allen Menschen eines Volkes Gemeinsame der inneren Tätigkeit versteht, stellt der Autor die Aufgabe der neuen Wissenschaft wie folgt vor: »Es gilt natürlich; das *Wesen* des Volksgeistes und sein Thun *psychologisch* zu erkennen; die *Gesetze* zu entdecken, nach denen die innere geistige oder ideale Thätigkeit eines Volkes – in Leben, Kunst und Wissenschaft – vor sich geht, sich ausbreitet, erweitert, erhöht, verklärt, vertieft, abstumpft und die *Gründe*, Ursachen und Veranlassungen sowohl der Entstehung als (auch) der Entwicklung und letztlich des Unterganges der Eigenthümlichkeiten eines Volkes zu enthüllen« (ebd., S. 112f.; Hervorhebungen von Lazarus).

Nach Lazarus ergibt sich eine Wechselwirkung zwischen den objektiven Gedanken des Volksgeistes und den einzelnen Menschen, die als solche mehr oder weniger stark sein könne. Im Folgenden wird indes vorerst nur auf die Wirkung Volksgeist-Individuum hingewiesen: »Jedes Individuum eines jeden Volkes ist von seinem Volksgeiste jedenfalls so weit abhängig, daß der Kreis seiner Vorstellungen sich anfangs notwendigerweise innerhalb des größeren allgemeinen Vorstellungskreises (…) befindet. So weit die Beschränkung. Die Freiheit beginnt mit der subjektiven Thätigkeit der *Aneignung des im Volksgeiste Gegebenen*, und kraft der Freiheit unterscheiden sich die Individuen zunächst (…) durch das Maß und den Umfang dieser Aneignung« (ebd., S. 121; Hervorhebung von Lazarus).

Einleitende Gedanken über Völkerpsychologie

Lazarus und Steinthal stellten an den Anfang der neu gegründeten *Zeitschrift für Völkerpsychologie und Sprachwissenschaft* (1860) das von ihnen formulierte völkerpsychologische Programm mit dem Titel *Einleitende Gedanken über Völkerpsychologie als Einladung zu einer Zeitschrift für Völkerpsychologie und Sprachwissenschaft*.

Ausgehend vom Begriff der *Völkerpsychologie*, der sich auf das natürliche und allseitige Band der menschlichen Gemeinschaft richtet, wird die menschliche Geschichte vom organischen Kreislauf der Natur abgehoben: »Der Geist (...) lebt in einer zusammenhängenden Reihe von Schöpfungen, deren jede die frühere voraussetzt, aber, gegen sie gehalten, etwas Neues bietet; er zeigt einen Fortschritt« (ebd., S. 15). Das vorantreibende Moment der menschlichen Entwicklung wird im Gebrauch von Werkzeugen gesehen: Von erfindenden Vorstellungen realisiert, wirke der Werkzeuggebrauch und dessen Produkt wieder auf den Geist und dessen Tätigkeit zurück.

Ähnliches wird für die Sprache angenommen: »Die Sprache ist nur ein Geschöpf des Volksgeistes, in welchem er zuerst individuell offenbar wird; aber sie ist von mächtiger Rückwirkung auf den Geist, welche um so bedeutsamer wird, als sich für die Bildung der Sprache auch etwas äußerliche Einflüsse neben den rein innerlichen geltend machen. Überdies ist sie der vollkommenste Ausdruck des Volksgeistes, da sie ihn nicht nur nach allen Richtungen, in denen er wirkt, darstellt, sondern auch eine durch alle Geschlechter gehende Arbeit ist, welche jeden neuen Zuwachs an innerem Gehalt in sich aufnimmt« (ebd., S. 40).

In systematischer Hinsicht gehen Lazarus und Steinthal davon aus, dass in der bisherigen Psychologie die Grundlage der Völkerpsychologie zu finden ist; zugleich stellen sie dieselbe als Psychologie der menschlichen Gemeinschaft neben oder auch über die individuelle Psychologie. Die Gesetze der Geschichte der Menschen müssten jedoch noch expliziert, rational begründet und damit begriffen werden.

In den *Einleitenden Gedanken über Völkerpsychologie* wird nun ohne weitere Begründung folgendes Programm vorgestellt: In einem ersten Teilgebiet der neuen Wissenschaft sollten die Entwicklungsgesetze des *Volksgeistes* erkannt werden, während im zweiten Teil seine besonderen Entwicklungsformen in den einzelnen Gemeinschaften zu behandeln seien: »Demnach könnten wir den ersten Theil *völkergeschichtliche (...) Psychologie* nennen, den zweiten aber *psychische Ethnologie*, während für das Ganze der Name Völkerpsychologie gelten mag« (ebd., S. 27; Hervorhebungen von Lazarus und Steinthal). Der Gegenstand der Völkerpsychologie wird also auf eine damals bereits bestehende Disziplin ausgedehnt.

Synthetische Gedanken zur Völkerpsychologie

Lazarus behandelt in dem 1862 in der *Zeitschrift für Völkerpsychologie und Sprachwissenschaft* erschienenen Artikel *Einige synthetische Gedanken zur Völkerpsychologie und Sprachwissenschaft* den »objektiven Geist«, der im Programm von 1860 zwar veranschaulicht, aber als solcher noch nicht expliziert wird, sowie die in seinem Vorschlag von 1851 erstmals genannte »Aneignung«.

Nach Lazarus entwickelt sich aus dem Zusammenleben der Menschen und ihren subjektiven Tätigkeiten ein *objektiver Gehalt*, der als solcher zum Inhalt, zum Organ und zur Norm ihrer weiteren subjektiven Tätigkeiten wird: Einerseits konstituiere sich mit den subjektiven Tätigkeiten der Menschen ein objektiver Gehalt, der sich in Anschauungen, Überzeugungen, Denkformen, Gefühlsweisen usw. manifestiere, die sich dann in der Gesellschaft verbreiten und wiederum auf andere Menschen zurückwirken würden, obgleich der Mensch wiederum seine Existenz doch nur in allen subjektiven Tätigkeiten eben dieser Menschen finde; andererseits manifestiere sich der objektive Geist aber auch in »Verkörperungen des Gedankens: Kunstwerken, Dokumenten, Schriften, Bauten aller Art, zum Verbrauch bestimmten Erzeugnissen der Industrie«, welche im eigentlichen Sinne »den *objektivier-*

ten, in ein Objekt gelegten Geist (enthalten)« (ebd., S. 54; Hervorhebung von Lazarus). Nach dem Autor erleichtert diese Objektivation subjektiver Tätigkeit dann die weitere Tätigkeit, insbesondere wenn sie sich als Ausprägung eines Instrumentes herausstellt: »Der völlig bestimmte Maßstab für den Werth eines jeden Werkzeuges liegt (...) offenbar in dem Maße, *als der objective Gedanke*, der in ihm ausgeprägt und wirksam ist, *die subjektive Arbeit des Handhabenden verringert, ersetzt und sichert*« (ebd., S. 50; Hervorhebungen von Lazarus).

Nach Lazarus objektivieren sich die subjektiven Tätigkeiten aber nicht nur in idealen Objekten und, unter Anknüpfung an materielle Verhältnisse, in realen Gegenständen oder Werkzeugen, sondern dieselben bestimmen ihrerseits wiederum die subjektiven Tätigkeiten: Einem Menschen, der zu einem bestimmten Zeitpunkt in das Leben einer Gemeinschaft hineinwachse, sei nicht bloß eine natürliche Welt vorgegeben, sondern darüber hinaus eine Welt der Kultur, in welcher sich die tradierte menschliche Erfahrung manifestiere. Das Individuum könne nun eigene Gedanken an jenen ausrichten, die in einem kulturellen Gegenstand verkörpert seien. Angesichts eines Kunstwerkes schildert Lazarus diesen Bezug wie folgt: »Ich habe den Gedanken desselben (...) nicht erzeugt, sondern nur für mich wiedererzeugt; nicht gebildet, sondern nur nachgebildet; an der Hand der vom objektiven Gedanken ausgehenden und mich treffenden Erregung habe ich mir denselben subjektiv – nicht geschaffen, sondern – angeeignet« (ebd., S. 57). Lazarus führt hier also unmittelbar nach der Darstellung der Objektivation der subjektiven Tätigkeit die Aneignung an. Offenbar handelt es sich dabei für ihn um komplementäre Aspekte ein und desselben Prozesses, doch wird noch kein entsprechend integrierendes Konzept erstellt.

Methode

Lazarus leistete keinen nennenswerten Beitrag zur Methodik, was mit ein Grund dafür sein mag, dass das völkerpsychologische Programm schließlich scheitern sollte. Wundt hatte vorgeschlagen, in der Völkerpsychologie – gleichsam gleichwertig zum Experiment der auf das Individuum zentrierten Allgemeinen Psychologie – die im kulturellen Bereich allenthalben gegebene Exteriorität der Psyche als »objektive Tatsachen« zu beobachten und diese Tatsachen miteinander zu vergleichen. Diesen Vorschlag vermochte Lazarus jedoch nicht zu verwirklichen. Wundt selbst konnte diesen Vorschlag, den er in den *Vorlesungen über die Menschen- und Thierseele* allerdings hauptsächlich auf die Ethnologie bezieht, in seiner eigenen Völkerpsychologie ebenfalls nie realisieren (Näheres in Galliker, 1993).

Rezeption

Schon bald nach Erscheinen des völkerpsychologischen Programms von Lazarus und Steinthal im Jahre 1860 veröffentlichten etablierte Historiker und Sprachwissenschaftler ablehnende Kritiken. Selbst der damals den Verfassern noch nahestehende und wohlgesinnte Dilthey beanstandete den Übergriff der neuen Disziplin auf von anerkannten Wissenschaften besetzte Gebiete. Auch Wundt, der sich u. a. mit der *Synthese* auseinandersetzte, war vom Ansatz Lazarus' nicht angetan, zu sehr widersprachen Objektivation und Aneignung seinem psychophysiologischen Verständnis von Psychologie und offenbar letztlich auch von Völkerpsychologie.

Theoretische Nachwirkungen

Der auch in anderen Bereichen vielseitig beschäftigte Lazarus konnte sich mit seinen völkerpsychologischen Vorstellungen nicht durchsetzen, obwohl er in Steinthal nicht nur einen treuen Gefährten gefunden hatte, der ihm die meiste Kleinarbeit bei der Herausgabe der Zeitschrift abnahm, sondern auch einen Wissenschaftler, der sich in Theorie, Methodologie und Methodik (insbesondere Beobachtung) gleichermaßen auskannte und in diesen Gebieten teilweise auch Pionierarbeit leistete.

Von nachhaltiger Wirkung war eher die Auseinandersetzung, welche der Junggrammatiker Paul mit seinen *Principien der Sprachgeschichte* (1880) auslöste. Paul nahm einen stark individualistischen Standpunkt ein und sprach der Völkerpsychologie jede Existenzberechtigung ab. Wie viele andere Wissenschaftler auch bezog er sich so wenig in einem generellen Sinne auf die Voraussetzungen der individuellen Existenz wie auf die Bedingungen der eigenen Wissenschaft und Existenz.

Das völkerpsychologische Verständnis von einer weitgehenden gemeinschaftlichen Formation gerade auch des Individuellen findet sich in gesellschaftlich elaborierter und dialektisch durchdachter Form bei einigen Sozialphilosophen des 19. Jahrhunderts (u. a. in der *Deutschen Ideologie* und in den *Grundrissen* von Marx). Innerhalb der Psychologie wurde die weitere Entwicklung durch die Völkerpsychologie wenig beeinflusst: Die russische Kulturhistorische Schule berücksichtigt zwar die historische Entwicklung und weist einige Elemente der Völkerpsychologie auf (z. B. den Begriff der Aneignung), ist aber vom Ansatz her weder auf Lazarus und Steinthal noch auf Wundt ausgerichtet. Die amerikanische Psychologie hat sich der Themen der Völkerpsychologie kaum angenommen, und in Deutschland gab es nach Wundts Völkerpsychologie und Hellpachs Kultur- und Sozialpsychologie keinen ernstzunehmenden Versuch mehr, eine Psychologie der Gemeinschaft, geschweige denn der menschlichen Gesellschaft bzw. des gesellschaftlichen Menschen zu entwickeln. Eine Ausnahme ist die *Kritische Psychologie*, die in gewisser Weise die Arbeit der Kulturhistorischen Schule fortführte und stellenweise Gedankengänge aufweist, die an jene der Völkerpsychologie erinnern.

Bis heute wird die theoretische Leistung der ersten Völkerpsychologen wenig gewürdigt und auch gegenüber Wundts Leistungen in seinen völkerpsychologischen Werken teilweise nicht ganz unberechtigt als eher gering eingeschätzt (vgl. u. a. Stubbe, 2006). Wundt stellt das Individuum in seiner zehnbändigen *Völkerpsychologie* (1900–20/21) in naturwüchsiger Wechselwirkung mit anderen Individuen sowie mit den aus diesen Wechselwirkungen schließlich entspringenden rein geistigen Schöpfungen dar. Er beschränkt seine Darlegungen dabei im Wesentlichen auf die Naturgeschichte und verzichtet auf Konzepte wie Arbeit, Vergegenständlichung oder Aneignung. In forschungspraktischer Hinsicht kann der älter werdende Wundt ebensowenig wie Lazarus und Steinthal auf eigene Feldforschungen hinsichtlich psychologisch aufschlussreicher »objektiver Tatsachen« aus erster Hand zurückgreifen und reduziert seine ursprünglichen Ansprüche daher auf »Lehnstuhlwissenschaft« (Zitterbarth, 2006, S. 108).

Praktische Auswirkungen

Die *Völkerpsychologie* ist zwar nicht ebenso, aber ähnlich wie etwa die *Farbenlehre* Goethes eine gegenstands- oder objektbezogene Psychologie, die Personen nicht getrennt von den ihnen vorgegebenen, bereit- oder hergestellten und ihnen wieder zukommenden Objekten betrachtet. Auf diese Weise wird die Mehrheit der Menschen nicht einfach in die Bedeutungslosigkeit verabschiedet, um sie von dort aus zu instrumentalisieren, reibungslos einzusetzen und auszuwerten, wie es später in der experimentellen Psychologie geschah, die Wundts vielleicht auch aufgrund seines psychophysischen Parallelismus nicht ganz richtig verstandenen »kulturellen Oberbau« schließlich einfach abwarf.

Objektivation und Aneignung lassen sich sicherlich auch kulturell-didaktisch verstehen, wobei mit einer entsprechenden Konzeption zunächst nur ausformuliert würde, was Menschen – ob sie es ausdrücklich wahrhaben wollen oder nicht – ohnehin schon tun oder denken. Die *Zeitschrift für Völkerpsychologie und Sprachwissenschaft* wandte sich an alle Personen, die sich für die sozialhistorischen Errungenschaften und soziokulturellen Erscheinungen der Arbeit, der Sprache, der Religion, der Kunst, der Literatur, der Sitte und des Rechts auch in psychologischer Hinsicht interessierten.

Hajim (Heymann) Steinthal

Ausgangspunkte

Steinthal orientierte sich an Herbart, dem Nachfolger Kants in Königsberg, sowie am hegelianisch geschulten Sprachwissenschaftler Heyse. Jahrelang arbeitete er mit Lazarus zusammen.

Zeittafel

1823	Hajim Steinthal wird in Gröbzig (Anhalt) geboren.
1848	Der an Linguistik und Psychologie interessierte Steinthal begegnet in Berlin Lazarus.
1852	Er schlägt Lazarus die Herausgabe einer *Zeitschrift für psychische Ethnologie* vor.
1860	Steinthal veröffentlicht zusammen mit Lazarus das Programm der Völkerpsychologie in der ersten Nummer der von den Autoren gegründeten *Zeitschrift für Völkerpsychologie und Sprachwissenschaft.*
1862	Wundts *Beiträge zur Theorie der Sinneswahrnehmung* erscheinen, in denen er erste Anmerkungen zur Völkerpsychologie von Lazarus und Steinthal macht.
1863	Steinthal wird Professor für Sprachwissenschaft in Berlin
1886	Wundt veröffentlicht eine Kritik des Lazarus-Steinthal'schen Programms.
1887	Steinthal nimmt Stellung zu Wundts Kritik in einer Replik, auf die Wundt nie antworten wird.
1899	Steinthal stirbt in Berlin.

Einleitung in die Psychologie und Sprachwissenschaft

Steinthals *Einleitung in die Psychologie und Sprachwissenschaft* (1871/81) ist eine in wesentlichen Punkten überarbeitete Neufassung seines bereits im Jahre 1855 veröffentlichten Buches *Grammatik, Logik und Psychologie.* Im ersten Teil des Buches wird die »Psychische Mechanik« in der Tradition Herbarts dargestellt und im zweiten Teil die mehr völkerpsychologisch ausgerichtete Entwicklungsgeschichte des Menschen.

Im dritten Kapitel des zweiten Teils wird das »Hervortreten der Sprache« behandelt: Nach Steinthal setzt die Sprache die bewusste Verbindung der ursprünglichen Reflexlaute (u. a. Interjektionen des Schmerzes) mit der entsprechenden Seelenerregung voraus. Dieser Vorgang erfolge in Gemeinschaft. Die Menschen seien körperlich und seelisch zunächst gleich organisiert: »Dasselbe Objekt ergreift alle in gleicher Weise, und auch der Reflex tritt in gleicher Form ein. Es mag indessen sein, daß nicht alle gleich erregbar sind oder daß sie es für den Augenblick nicht sind. Einer aber ist darunter, der besonders ergriffen wird. Er tönt – und es tönen alle in gleicher Weise, wie mitanklingende Saiten (…). Wie wird hier die Wirkung der Reflexlaute verstärkt! Wie fest muß er sich mit der Gelegenheit, der Wahrnehmung assoziieren! Nicht nur der eigene Laut, sondern derselbe aus dem Munde aller Anwesenden dringt ihm ins Ohr. Und diese verstärkte Wirkung denken wir uns wiederholt« (ebd., S. 371).

Nach Steinthal ist es also zunächst nicht der einzelne Mensch, der Laute ertönen lässt, sondern das Miteinander der Menschen (z. B. bei oder nach der Arbeit). Es arbeiten aber nicht immer die gleichen Menschen miteinander und es sind auch nicht immer die gleichen Menschen, die sich zusammen ausruhen. Steinthal fragt sich dahingehend, ob sich die Gefährten von gestern sehen könnten, ohne dass ihnen das Gestrige sowie das Heutige einfiele: »Nun wird beides miteinander verglichen oder es vergleicht sich selbst. Und dieser Prozeß geht laut vor, nämlich unter Mitwirkung der Reflexe des Leibes, der Sprach-Organe und des ganzen Körpers. Und so erzählt man den andern ungewollt und unabsichtlich, was man heute gesehen und getan hat, erzählt es unter notwendiger Mitwirkung der Erinnerung an das gestern Gesehene und Getane, und so ist *Mitteilung* da und *Verständnis*« (ebd., S. 372; Hervorhebungen von Steinthal).

Nach dem Autor ist das (gegenseitige) Verständnis der geistige Springpunkt der Sprache. Eine individuelle Absicht sei dabei keineswegs von Anfang an vorhanden. Erst durch das Verständnis eines Rufs durch den Hörenden und in der Folge durch den Erfolg des Rufenden werde Sprache erzeugt. Die Apperzeption des Lautes als eines bedeutungsvollen, mithin wieder mitteilbaren, bringe dann allmählich auch die Absicht zur Mitteilung hervor. Die Sprache beruhe somit darauf, dass man einander und sich selbst verstehe. Dieses Doppel-Verständnis der Beteiligten durch das Verständnis des Lautes weise nur zu Beginn der Entwicklung eine gewisse Ähnlichkeit mit der bezeichneten Anschauung auf (Onomatopöie). Der Laut schlägt also nach Steinthal die Brücke zwischen den Beteiligten. Er ist die Wirkung einer Sensation in dem einen und wird sogleich Ursache der gleichen Sensation im andern.

Im vierten Kapitel des zweiten Teils des Werkes wird die Entwicklung der Sprache bei Kindern behandelt: Nach Steinthal stellt ein Laut oder ein Doppellaut zunächst eine Gesamtanschauung oder Verschmelzungsmasse dar. Beispielsweise bedeute *baba* zunächst nicht einfach *schlafen*, sondern den gesamten Zustand des Schlafes – die Person, die Wiege, das Kissen und Weiteres inbegriffen. Später würden dann zwei Wörter zusammengestellt, um die in einer Anschauung begriffenen Personen oder Dinge besonders auszudrücken: »So rief meine Kleine, als sie von der Mutter auf dem Arme gehalten ward, der Wärterin, welche hereintrat, zu: *Mama baba*, d. h. sie wolle bei Mama Baba-machen« (ebd. S. 401; Hervorhebung von Steinthal), wobei unter *baba* eben viel mehr verstanden worden sei als nur *schlafen*.

Zur kindlichen Wahrnehmung äußert sich Steinthal wie folgt: Wenn ein Kind eine Person kenne, die sich in seiner Nähe befinde, so erkenne es dieselbe zunächst doch nicht wieder, wenn es sie etwa durch das Fenster im Hofe oder auf der Straße erblicke. Dieselbe Person im Zimmer und auf dem Hofe werde nämlich vom Kind zunächst als zwei Personen in völliger Indifferenz zueinander wahrgenommen. Erst später träten die scheinbar verschiedenen Personen für das Kind so zueinander in Spannung, dass es auch in Affekt gerate. Doch wisse das Kind dann immer noch nicht, wie dieselbe Person an beiden Orten sein könne, kenne es doch den Vorgang des Gehens noch nicht. Erst wenn das Kind schon einige Male hinaus- und hereingetragen worden sei, begreife es, wie die Person bald im Zimmer und bald draußen sein könne. Das Kind begreife dann das Gemeinsame (A) des zunächst nur je einzeln Wahrgenommenen: »Durch solche Reihenfolge dreier Bilder: der drin befindlichen (O), hinaus gehenden (R) und draußen befindlichen (N) Person, die ohne subjektive Unterbrechung erfasst werden, löst sich die Spannung der Bilder und aus N > O wird die ruhige Folge N + O, welche sich nun, da sie tatsächlich AN + AO sind, miteinander verflechten« (ebd., S. 409). Sobald das Kind an einer bekannten Person (P) eintretende Verschiedenheiten irgendwelcher Art (z. B. bezüglich Stärke der Stimme und Bewegung) bemerke, wandle sich die Verschmelzungsmasse in ein Geflecht von Vorstellungen (P = AL + AM + AN + AO…).

Über den Begriff Völkerpsychologie

Steinthal reagiert in der *Zeitschrift für Völkerpsychologie* mit dem Artikel *Über den Begriff der Völkerpsychologie* (1887) auf den ablehnenden Artikel Wundts *Über Wege und Ziele der Völkerpsychologie* (1886). Nachdem sich der junge Wundt noch positiv zum Programm der Völkerpsychologie geäußert hatte und mit den »objektiven Thatsachen, die hier gleichsam an die Stelle des Experimentes treten« (Wundt, 1863, S. IV) auch einen gewichtigen methodologischen Gesichtspunkt ins Blickfeld gerückt hatte, wandte sich der nun mehr als zwanzig Jahre ältere Wundt energisch gegen die beiden Pioniere der Völkerpsychologie – mit Argumenten, welche u. a. die Position der Völkerpsychologie innerhalb der etablierten Wissenschaften, die Ausdehnung der neuen Wissenschaft auf die Geschichte des Menschen sowie den Gegenstand und den fehlenden physiologischen Bezug dieser Wissenschaft betreffen, ohne allerdings überhaupt auf den bedeutendsten Beitrag zur Völkerpsychologie, die Synthese von Lazarus (1862), einzugehen.

Im Zentrum von Steinthals Replik steht die Systematik des völkerpsychologischen Programms. Am meisten zeigt sich der Autor von Wundts Vorwurf betroffen, die Völkerpsychologie reduziere die anderen Wissenschaften auf »Handlangerdienste« für eigene Belange. Im Weiteren reagiert Steinthal auf den damals nicht nur von Wundt erhobenen Vorwurf, dass der Umfang der völkerpsychologischen Aufgaben zu weit gesteckt worden sei. Er weist darauf hin, dass es Lazarus und ihm nicht in erster Linie darum gegangen sei, eine Disziplin zu umgrenzen, sondern vielmehr einen Komplex von Aufgaben zu charakterisieren, »gleichviel innerhalb welcher Disciplinen dieselben liegen« (Steinthal, 1887, S. 246). Auch wenn die Völkerpsychologie gegenüber der Geschichte, welcher sie eine psychologische Zutat vermittle, keine andere Position als die eines Hilfsmittels annehmen könne, so sei sie doch an und für sich als eine selbständige Wissenschaft zu betrachten. Deren Gegenstand sei aber nicht willkürlich auf Sprache, Mythos und Sitte zu reduzieren, denn für diese von Wundt favorisierten Gebiete gelte nichts anderes als für die »Geschichte überhaupt« (ebd., S. 247).

Steinthal wirft Wundt vor, den universellen Charakter menschlicher Geschichte zu verkennen, wenn er in derselben nur singuläre Ereignisse sehe, die keine Formulierung allgemeiner Gesetzmäßigkeiten zuließen: »Wer nicht aus der Völkerpsychologie den Begriff des ›objektiven Geistes‹ gewonnen hat, versteht nichts von Geschichte, weder von ihrem Objecte, noch der Weise ihres Fortganges« (ebd., S. 255).

Nach Steinthal besteht die Realität bei jedem Forschungsgegenstand (und nicht nur bei Wundts »allgemeinen Naturvorgängen«) aus einzelnen Dingen und Vorgängen und die sprachliche und wissenschaftliche Wiedergabe derselben aus allgemeinen Ausdrücken. Die menschliche Geschichte werde durchaus auch in einem allgemeinen Sinne begreifbar, wenn ein Verständnis von Tradierung – und als deren Grundlage: von Objektivation – entwickelt werde. Der Autor wirft allerdings dem Altmeister nicht direkt vor, dass er in seiner Kritik Vergegenständlichung und Aneignung nicht berücksichtigt hat. Er verweist nur kurz auf die Synthese von Lazarus (1862) und verzichtet auf eine eigene, womöglich präzisere Fassung dieses zentralen Begriffspaars. So wie Wundt in seiner Argumentation die theoretische Bedeutung objektiver Gedanken nicht berücksichtigt hat, bemerkt Steinthal die methodische Bedeutung von Wundts (1863) Würdigung objektiver Tatsachen nicht.

Methode

Steinthal leistete als (Völker-)Psychologe wie Lazarus keinen bedeutenden Beitrag zur Methodik, was mit ein Grund dafür sein mag, dass sich die Völkerpsychologie nicht durchsetzen sollte. Er leistete aber einen wichtigen methodischen Beitrag hinsichtlich der Psycholinguistik und der Entwicklungspsychologie: Steinthal war der erste Wissenschaftler, der die Entstehung der Sprache beim Kind genau beobachtete. Er notierte die ersten Laute, die ersten Einwort- und Zweiwortsätze, stellte deren Bedeutung fest, verfolgte die Übergänge und formalisierte die komplexer werdenden Strukturen und Prozesse der Sprache gerade auch in individueller Hinsicht. Dabei setzte er die synthetische Einheit der Apperzeption nicht wie Kant voraus, sondern klärte ab, wo sie in der Entwicklung konstituiert wird.

Rezeption

Steinthal verstand es, innerhalb der Sprachwissenschaft den Herrschaftsanspruch der Logik zu beseitigen und diesen an die Psychologie zu übertragen. Er ist damit der Wegbereiter der psychologischen Betrachtung der Sprache. Steinthal konnte jedoch die eher globalen völkerpsychologischen Vorstellungen von Lazarus nicht konkretisieren und wissenschaftlich umsetzen. Bei seiner Replik auf Wundts Kritik nahm er die Gelegenheit nicht wahr, den rationalen Kern des Programms zu explizieren. So bezog sich Wundt später nur noch am Rande auf Lazarus und Steinthal und realisierte die eigenen Vorstellungen einer eher naturwissenschaftlich orientierten Völkerpsychologie (vgl. Wundt, 1900–20/21).

Theoretische Nachwirkungen

Die *Völkerpsychologie* von Lazarus und Steinthal sowie von Wundt spielte in der Folge nur noch eine geringe Rolle in der Psychologie: Ausgehend von der Völkerpsychologie behandelte Hellpach in Heidelberg und Karlsruhe u. a. kulturpsychologische und sozialpsychologische Probleme. In der Sowjetunion bildete sich mit teilweise ähnlichen Fragestellungen, aber ohne Bezugnahme auf Lazarus und Steinthal und mit einem anderen theoretischen Vorverständnis, die Kulturhistorische Schule aus. In der Schweiz wurde die Kultur als externe Seele aus einer semiotisch-ökologischen Perspektive betrachtet (Lang, 1992). In Frankreich wurde der Begriff des kollektiven Gedächtnisses geprägt (vgl. Halbwachs, 1925/1986): Die Lernfähigkeit des Menschen und sein historisches Gedächtnis haben sich im Laufe der Jahrhunderte durch kollektives Lernen bzw. die Übermittlung von Kultur erweitert; das Wissen wurde durch mündliche Überlieferung und schriftliche Aufzeichnungen von einer Generation auf die nächste übertragen. Auf das Individuum bezogen handelt es sich dabei um eine Aneignung bzw. Objektivation, die sich nicht auf die neurologische Basis des Gedächtnisses reduzieren lässt.

Praktische Auswirkungen

Steinthal wies schon hundert Jahre vor Piaget auf die enge Verknüpfung von Sprache und Handlung im Entwicklungsgang des Kindes hin, wenn auch mit einem anderen theoretischen Ansatz als der Schweizer Psychologe. Steinthal erkannte außerdem das Identitätsdenken in der zwischenmenschlichen Formation und in der kindlichen Entwicklung und erweist sich damit in einem gewissen Sinne als Vorläufer der Kulturhistorischen Schule. In pädagogischer Hinsicht bedeutet dies vereinfacht ausgedrückt, dass das möglichst sozial gestaltete Miteinander von Kindern und Erwachsenen entwicklungspsychologisch relevant ist.

Wilhelm Dilthey

Ausgangspunkte

Der junge Dilthey wurde in einem hegelianischen Sinne geschichtsphilosophisch geschult, doch die von Moritz Lazarus in Gemeinschaft mit Heymann Steinthal begründete Völkerpsychologie war für ihn über längere Zeit mindestens ebenso herausfordernd und anregend für die eigenen schöpferischen Kräfte. Hinsichtlich seiner verstehenden Psychologie schloss er unmittelbar an Wundt an, insoweit dieser u. a. auch als Geisteswissenschaftler aufgefasst werden kann. Außerdem setzte sich Dilthey mit Kant und Herbart auseinander und las viel in den Werken von Augustinus, Machiavelli, Montaigne und Goethe.

Zeittafel

1833	Wilhelm Dilthey wird als Sohn eines Pfarrers und Hofpredigers in Biebrich am Rhein, einer damals noch selbständigen Stadt, die heute zu Wiesbaden gehört, geboren.
1852	Dilthey beginnt auf Wunsch seines Vaters das Studium der Theologie an der Universität Heidelberg. Kuno Fischer weckt sein Interesse an der Geschichte der Philosophie.
1854	Dilthey setzt sein Theologiestudium in Berlin fort. Er gehört zum Kreis des Aristotelikers und Hegelgegners Friedrich Adolf Trendelenberg. Er hört Vorlesungen beim Historiker Leopold von Ranke.
1855–56	Dilthey legt in Wiesbaden das theologische Examen ab. Das philologische Examen besteht er in Berlin. Da er sich nicht entschließen kann, eine theologische Laufbahn einzuschlagen, übernimmt er eine Hilfslehrerstelle am Königlich Französischen Gymnasium in Berlin.
1858–60	Er widmet sich ausschließlich der wissenschaftlichen Arbeit, gibt Schleiermachers Briefwechsel heraus und verfasst anlässlich einer von der Schleiermacher-Stiftung gestellten Preisaufgabe eine Abhandlung zur Hermeneutik Schleiermachers.
1864–69	Er promoviert bei Trendelenberg in Berlin mit einer philosophischen Arbeit über Schleiermachers Ethik.

	Nach kurzer Tätigkeit als Privatdozent erhält Dilthey einen Ruf auf ein philosophisches Ordinariat in Basel. Von dort wechselt er nach Kiel.
1871	Dilthey lernt in Breslau den Privatgelehrten Paul Graf York von Wartenburg kennen. Es entwickelt sich eine intensive Freundschaft. Der Graf wird sein wichtigster Anreger und Kritiker.
1882	Professor in Berlin.
1894	Dilthey hält zwei Akademie-Vorträge, aus denen sein programmatischer Entwurf einer deskriptiven Psychologie hervorgeht.
1896	Der junge Berliner Psychologe Hermann Ebbinghaus greift Diltheys Programmschrift an.
1908	Dilthey zieht sich in seinem 75. Lebensjahr von der akademischen Lehre zurück.
1911	Dilthey stirbt während eines Tirol-Urlaubs in Seis am Schlern an den Folgen einer Ruhr-Erkrankung.

Ideen über eine beschreibende und zergliedernde Psychologie

Die Aufgabe, die sich Dilthey in der programmatischen Abhandlung *Ideen über eine beschreibende und zergliedernde Psychologie* (1894/1990) stellt, ist die Unterscheidung einer geisteswissenschaftlich orientierten, beschreibenden und zergliedernden Psychologie von der damals aufkommenden naturwissenschaftlich orientierten, erklärenden Psychologie. Die beschreibende und zergliedernde Psychologie wird von Dilthey auch verstehende Psychologie genannt, die vom Nacherleben seelischer Zusammenhänge ausgehe und diese in ihrer Strukturgesetzlichkeit erfasse.

In der *erklärenden Psychologie* werde ein kausaler Rahmen konstruiert und in demselben würden, ausgehend von einzelnen Elementen, strukturbildende Hypothesen erstellt und miteinander kombiniert: »Das Verfahren der erklärenden Psychologie ist aus einer unberechtigten Erweiterung der naturwissenschaftlichen Begriffe über das Gebiet des Seelenlebens und der Geschichte entstanden. Das Naturerkennen wurde eine Wissenschaft, als es im Gebiet der Bewegungsvorgänge Gleichungen zwischen Ursachen und Effekten herstellte. Dieser Zusammenhang der Natur nach Kausalgleichungen ist durch die in der äußeren Wahrnehmung repräsentierte objektive Ordnung der Natur unserem lebendigen Denken aufgedrungen worden« (ebd., S. 195).

Da aber Personen Zusammenhänge der Gesellschaft *in* ihr und *hierdurch* in ihnen selbst erführen, könnten sie dieselben erlebnismäßig und gedanklich nachvollziehen und damit auch verstehen. Beim Verstehen anderer Menschen handelt es sich nach dem Autor um Vorgänge, mit denen aus dem eigenen Erfahrungshaushalt heraus »so gut wie möglich« auf die Erlebnisse anderer Menschen geschlossen wird (auch dieses Verstehen müsste letztlich über die externe menschliche Organisation erfolgen, ist doch der Schluss auf Fremdpsychisches nach Wittgenstein erkenntnistheoretisch unzulässig).

Nach Dilthey schließt die geisteswissenschaftliche Erfahrung und Erkenntnis an die vorwissenschaftliche Erfahrung an. Verstehende Psychologie verbindet daher die einzelnen psychischen Prozesse mit der Totalität des Seelenlebens. Mit dem Konzept des Verstehens versucht Dilthey den bestehenden Dualismus von Kausalerklärung und Darstellung des anschaulich erfahrbaren Partikularen zu überwinden: Die Geisteswissenschaften untersuchten Tatsachen, die als gesellschaftliche Realität von innen erschienen und mithin in einem lebendigen Zusammenhang ständen. Wenn Menschen in diesem Lebenszusammenhang »zur Besinnung« kämen (ein Begriff, der bei Herder zentral ist), werde ihnen dieses »(Innen-) Leben« (oder vielleicht klarer: innerweltliche Leben) auch wissenschaftlich zugänglich. Die Objektivationen legten sich demnach quasi von selbst aus, während die der Kausalität verpflichtete Wissenschaft das geistige Leben zu unterwerfen versuche.

Die Struktur des Seelenlebens

Die von Dilthey im siebten Kapitel der Abhandlung *Ideen über eine beschreibende und zergliedernde Psychologie* (S. 200–213) angeführten allgemeinen Eigenschaften der Struktur des Seelenlebens können zusammenfassend wie folgt dargestellt werden:

- *Äußere Welt:* Die Systeme der Kultur: Wirtschaft, Recht, Religion, Kunst und Wissenschaft, gehören zur äußeren Welt. Diese äußere Welt ist organisiert in Verbänden der Familie, der Gemeinden, der Kirche, des Staates.
- *Innere Welt:* Aus diesen Organisationen geht (inhaltlich sowie methodisch) auch der lebendige Zusammenhang der Menschen und damit auch der Menschenseelen in dieser Welt hervor.
- *Wechselwirkung:* Der sogenannte innere psychische Zusammenhang ist bedingt durch die Lage der Lebenseinheit innerhalb der äußeren Welt (bzw. eines besonderen Milieus). Innere und äußere Welt interagieren.
- *Einheit:* Der psychische Lebensprozess ist ursprünglich und überall, von seinen elementarsten bis zu seinen höchsten Formen, eine Einheit (und nicht eine Komposition, nicht ein Ergebnis zusammenwirkender Empfindungsatome). Auf der höchsten Stufe handelt es sich um die Einheit der Person sowie um die Einheit des Bewusstseins.

Methode

Dilthey versteht den Menschen nicht als Abstraktum, sondern als ein der Gesellschaft und seiner persönlichen Welt innewohnendes Individuum. Methodisch gesehen hat dies nichts mit der in der Psychologie später (wieder) aktuell werdenden Introspektion zu tun (näher sollte Diltheys Verständnis Husserls Lebenswelt kommen). Personen begründen sich nach Dilthey in ihren Lebensverhältnissen selbst und immer wieder anders: Sie setzten sich mit ihren konkreten Voraussetzungen und mit sich selbst auseinander und brächten sich so immer wieder in ein neues Verhältnis. Dilthey verwendet deshalb bewusst heterogene Kategorien, die je nachdem auch beweglich und neuen Lebensverhältnissen angleichbar sind. Die Mannigfaltigkeit der Anschauung wird dabei nicht länger von einem übergeordneten Punkt aus durch allgemeingültige Kategorien des Verstandes gebildet: Erst indem sich eine Person (z. B. ein Wissenschaftler) von ewig gleichen Gesichtspunkten und notwendigen Zusammenhängen verabschiedet, kann sie diesem Verständnis näherkommen. Statt Formalismen zu verwenden, begreift die Person so das Gegebene in seinen Unterschieden und Veränderungen und handhabt dementsprechend Begriffe flexibel (vgl. Riedel, 1907/1984).

Vorgehen der beschreibenden und zergliedernden Psychologie

Die in Diltheys Abhandlung *Ideen über eine beschreibende und zergliedernde Psychologie* (insbesondere S. 144, S. 152 und S. 198ff.) präsentierte Methode einer verstehenden Psychologie kann wie folgt zusammengefasst werden:

- *Beschreiben:* Die externe menschliche Organisation sowie deren umfassender Zusammenhang, so wie er über das Erleben zugänglich ist, wird betrachtet und beschrieben.
- *Zergliedern:* Das Erleben wird dessen eigenen Abschnitten folgend analysiert. Die einzelnen Glieder werden dabei voneinander getrennt, auch wenn sie in Wirklichkeit verbunden bleiben.
- *Anschmiegen an den Gegenstand:* Die Analyse schmiegt sich an das Erleben an und bedient sich jener Hilfsmittel, die von demselben nahegelegt werden (Beobachten, Vergleichen, Klassifizieren und so eingebettet gegebenenfalls auch experimentelle Untersuchungen).

- *Gegenseitige Kompensation der Hilfsmittel:* Die Mängel einzelner Hilfsmittel werden gegeneinander kompensiert. Die Beobachtung unserer selbst wird durch Auffassungen anderer Personen sowie durch das Studium anomaler Erscheinungen ergänzt. Eine weitere Ergänzung ist die Analyse psychischer Tatsachen (Kulturgüter und andere menschliche Produkte).

Dilthey gehört zu den Mitbegründern der *Hermeneutik*. Er führte diese Methode als Alternative zu den erklärenden Verfahren in die Geisteswissenschaften ein. Die Hermeneutik dient der Auslegung von Objektivationen (u. a. von Kunstwerken), die vor allem aus der genauen Beschreibung des Gegenstandes besteht. Die an einem beschränkten Material erarbeiteten Fakten werden intersubjektiv überprüft. Von dieser Deskription sind die weiteren Schritte der Analyse (u. a. Interpretation) zu unterscheiden: Durch die Kombination von Strukturanalyse und vergleichenden Verfahren wird das Singuläre objektiviert. Damit wird der Dualismus von Kausalerklärung und Beschreibung des unmittelbar erfahrbaren Partikularen überwunden. Ein Beispiel hierfür ist die biographische Aufarbeitung des Lebens einer Person (vgl. Lessing, 2001).

Rezeption

Die *Ideen über eine beschreibende und zergliedernde Psychologie* waren von Anfang an umstritten. Ebbinghaus reagierte auf Diltheys psychologische Programmschrift besonders heftig. In der *Zeitschrift für Psychologie und Physiologie* veröffentlichte er einen Artikel *Über erklärende und beschreibende Psychologie* (1896), in dem er die Kritik Diltheys an der »naturalistischen Psychologie«, welche die »geistigen Tatsachen« einem mechanistischen Naturzusammenhang unterordne, zurückweist (Näheres zur Ebbinghaus-Dilthey-Kontroverse in Rodi, 1987).

Theoretische Nachwirkungen

Dilthey dachte in seiner Konzeption der Geisteswissenschaften der Psychologie eine grundlegende Rolle zu, doch dieselbe entwickelte sich in den folgenden Jahren mehr in einem naturwissenschaftlichen Sinne. Sein Projekt einer beschreibenden Psychologie blieb dennoch nicht wirkungslos. So legten angesehene Vertreter verschiedener Fachbereiche Konzeptionen verstehender Wissenschaft vor (z. B. Jaspers für die Psychopathologie).

Praktische Auswirkungen

Dilthey verdeutlichte, dass mit einer naturwissenschaftlich orientierten Psychologie hinsichtlich realer Lebensprobleme von Personen noch nichts gewonnen ist. Die verstehende Psychologie gehörte neben der vorwiegend naturwissenschaftlich orientierten Forschung an den Universitäten bis weit in die 1950er Jahre hinein zur Ausbildung der Psychologen. In der inzwischen notwendig gewordenen Zusatzausbildung hinsichtlich Therapie- und Beratungspraxis bleibt sie, vermittelt über neuere Konzepte, auch weiterhin relevant.

Naturwissenschaftliche Entwicklungstheorie

Mit der Erfindung der Dampfkraft und der Konstruktion immer leistungsfähigerer Dampfmaschinen im 19. Jahrhundert nahm die Industrialisierung ihren Anfang. Der Welthandel wurde ausgeweitet und systematisiert. Er gestattete nun umfangreiche Warenlieferungen auch in Gebiete, die nicht am Meer lagen. Überall wurden neue, zum Teil verwertbare Naturprodukte zugänglich und in der Landwirtschaft erfolgten erste Rationalisierungsmaßnahmen durch eine bewusstere Gestaltung der Zuchtpraxis. Geologen und Biologen unternahmen große Expeditionen in die von den Europäern beherrschten Kolonien. Schon vor Wallace und Darwin begann man, Lebewesen nach sich entsprechenden bzw. homologen Organen zu vergleichen, wobei Organismen entdeckt wurden, die sich nicht in das bisherige Klassifikationssystem einordnen ließen. Doch vorerst wurde das überkommene Paradigma (Konstanz der Arten) von den meisten Naturforschern hartnäckig aufrechterhalten. Naturwissenschaftler, die ernst genommen werden wollten, konnten sich keine grundsätzliche Neuorientierung erlauben; zu groß war die Gefahr, mit der Kirche und ihrem Dogma der biblischen Schöpfungsgeschichte in Konflikt zu geraten.

Alfred Russel Wallace

Ausgangspunkte

Als Wallace das walisische Land für die vordringende Eisenbahn vermaß, sammelte er alle möglichen Lebewesen. Schließlich gab er seine Arbeit als Landvermesser auf und arbeitete nur noch als Naturhistoriker, der seine Funde an Museen und Sammler verkaufte. Wallace reiste nach Südamerika und ließ sich von der dortigen großen Artenvielfalt beeindrucken.

Zeittafel

1823	Alfred Russel Wallace wird in Usk (Monmouth) geboren.
1838–44	Wallace ist als Landvermesser und Zivilingenieur tätig.
1844–58	Er wird Lehrer an der Collegiat-Schule zu Lancaster. Er unternimmt mit dem Zoologen Bates und später alleine Südamerika-Reisen, von denen er über 125.000 naturwissenschaftliche Gegenstände nach England mitbringt.
1855	Wallace veröffentlicht den Artikel *Über das Gesetz, welches das Entstehen neuer Arten reguliert hat.* Diese erste Arbeit zur Entwicklungstheorie löst in der Öffentlichkeit kein großes Echo aus. Wallace sendet den Aufsatz an Darwin. Lyell macht Darwin auf Wallace aufmerksam.
1858	Von der Molukkeninsel Ternate sendet Wallace Darwin einen zweiten Aufsatz zur Entwicklungstheorie zu. In der Linnéan Society werden seine Ausführungen sowie Auszüge aus Darwins noch unveröffentlichtem Werk über die Entstehung der Arten vorgelesen (20.7.).
1897	Wallace prägt in einer Exposition über die Selektionstheorie den Begriff Darwinismus.
1913	Wallace stirbt in Broadstone (Dorset).

Über das Gesetz, welches das Entstehen neuer Arten reguliert hat

Wallace veröffentlichte den Artikel *Über das Gesetz, welches das Entstehen neuer Arten reguliert hat* (1855/1870) in der Fachzeitschrift *Annals of Natural History.* Wie der Titel ausdrückt, gibt der Artikel Wallaces Überzeugung wieder, dass die verschiedenen Spezies nicht unwandelbar sind. Der Autor nimmt Bezug auf seine praktischen Forschungstätigkeiten und analysiert Verhältnisse zwischen dem Vorkommen verschiedener Arten und deren Varietäten an verschiedenen Orten. Daraus leitet er den feststellbaren und für ihn gesetzmäßigen Sachverhalt ab, »*daß eine jede Art sowohl dem Raume als auch der Zeit nach zugleich mit einer vorherexistierenden nahe verwandten Art in die Erscheinung getreten ist*« (ebd., S. 37; Hervorhebung von Wallace). Der Autor ist davon überzeugt, dass ein entsprechendes Prinzip eine ungeheure Menge von unabhängigen und bis dahin nicht erklärten Tatsachen verbinden und verständlich machen kann.

Über die Tendenz der Varietäten unbegrenzt vom Originaltypus abzuweichen

Seinen theoretischen Ansatz formulierte Wallace in dem in der Linnéan Society vorgetragenen Aufsatz *Über die Tendenz der Varietäten unbegrenzt von dem Originaltypus abzuweichen* (1859/1870). Der Autor gelangt in diesem Aufsatz ins unmittelbare Vorfeld von Darwins *Selektionstheorie* und verwendet erstmals die bekannte Formel »Kampf ums Dasein«. Mehr als die Hälfte der Arbeit ist dabei der *Domestikation* gewidmet, worunter die Zähmung und Züchtung von Haustieren und Kulturpflanzen aus Wildtieren und Wildpflanzen verstanden wird. Dank der Domestikation könnten auch jene Tiere und Pflanzen überleben, welche Eigenschaften haben, die ihnen im natürlichen Zustand zum Verhängnis würden: »Dann haben bei den domesticirten Thieren alle Abweichungen eine gleichmäßige Chance zur Fortdauer; und jene, welche ein wildes Thier schließlich unfähig machen würden, mit seinen Genossen zu wetteifern und sein Leben zu erhalten, sind kein Nachtheil irgend welcher Art in dem Zustande der Domestication« (ebd., S. 52).

Methode

Wallace betreibt seine Studien in erster Linie draußen in der Natur. Er unternimmt große Schiffsreisen, beobachtet die Natur genau, vergleicht sie an verschiedenen Orten und stellt kleine Unterschiede fest.

Rezeption

Die ersten Veröffentlichungen von Wallace erregten kein Aufsehen. Immerhin las Lyell, der damals führende Geologe, die Arbeit und leitete sie an Darwin weiter.

Theoretische Nachwirkungen

Wallace erreichte mit der Darstellung der Domestikation einen wichtigen Ausgangspunkt für das Verständnis der Entstehung der Arten, doch stellte die Domestikation für ihn eher noch ein Problem als einen Beitrag zur Erklärung der Entwicklung dar. Er nahm zwar schon »die Varietäten, welche im Zustand der Domestication gebildet werden« zur Kenntnis, doch erkannte er noch nicht das Prinzip der Zuchtwahl in der menschlichen Zuchtpraxis (vgl. ebd., S. 39). Die Formel »Kampf ums Dasein« ist bei Wallace noch eher metaphorischer Art und sein theoretischer Ansatz kann noch nicht als Selektionstheorie bezeichnet werden, doch kommt er dieser schon recht nahe. Obwohl Wallace über reichhaltige Beobachtungen verfügte, wichtige Phänomene und Unterschiede genau beschreiben konnte und die Entwicklung stellenweise ebenso sachgemäß wie Darwin darzustellen vermochte, blieb es dennoch Letzterem vorbehalten, die Selektionstheorie auszuformulieren und detailgenau zu belegen.

Praktische Auswirkungen

Die Formel »Kampf ums Dasein« wurde mit dem späteren *Sozialdarwinismus* fälschlicherweise auf den Menschen übertragen. Der Sozialdarwinismus trug damit zur Abwertung sozial Benachteiligter respektive zur Legitimierung sozial Privilegierter bei. Er ist daher eine Ideologie, die sich für sozial benachteiligte Menschen stark diskriminierend und schließlich gesellschaftlich verheerend auswirkte und ist auch heute noch keineswegs überwunden. Seit einigen Jahren wird er in den Medien wieder verbreitet, wenn auch oft in subtilerer Form als früher. Auch von einigen auf kurzfristigen Erfolg ausgerichteten Wissenschaftlern wird Vorstellungen sozialdarwinistischer Art wieder vermehrt Vorschub geleistet.

Charles Darwin

Ausgangspunkte

Darwin weist in seinem Hauptwerk *Die Entstehung der Arten* (1859/2005) darauf hin, welche Naturforscher neben Lamarck, für den der Gebrauch bzw. der Nichtgebrauch der Organe besonders relevant war, bereits an eine naturgesetzliche Entwicklung gedacht haben, wenngleich meist noch in einer naturwissenschaftlich fragwürdigen Form. So wird auch Goethe genannt, der zunächst ähnlich wie Lamarck dachte, schließlich aber eher die Frage favorisierte, *wie* das Rind die Hörner bekommen habe, als die Frage, *wozu*. In erkenntnistheoretischer und wissenschaftlicher Hinsicht waren für Darwin bei der Entwicklung der *Selektionstheorie* vor allem die Werke des Philosophen Bacon und des Bevölkerungstheoretikers Malthus relevant. Eine mindestens ebenso wichtige Inspirationsquelle war seine Weltreise an Bord der Beagle. Bei den Landbesuchen machte Darwin hier differenzierte Beobachtungen und einige bedeutsame Entdeckungen. So entdeckte er bei einer Ausgrabung in Alta Punta zum Beispiel die fossilen Knochen eines Gürteltieres, und bei einem Ritt zum Rio Uruguay und dessen Nebenfluss Rio Negro erkannte er auf einem Landgut Pflanzen, die in England nur an Hecken und auf Wiesen wuchsen und welche die englischen Gärtner mühsam aus ihren Anlagen fernzuhalten versuchten. Auf den Galapagosinseln stellte Darwin fest, dass viele Pflanzen auf sämtlichen Inseln heimisch waren, jede Insel aber eine Reihe von Pflanzen aufwies, die auf keiner anderen wuchsen.

Zeittafel

1809	Charles Darwin wird als Sohn von Dr. Waring Darwin in Shrewsbury geboren.
1831–36	Darwin beginnt auf seiner Weltreise mit der Beagle an der herrschenden Lehrmeinung über die Entstehung der Arten zu zweifeln.
1841	Er siedelt von London nach Down über. Dort beginnt er systematisch mit Pflanzen zu arbeiten.

1842–54 Darwin skizziert die Selektionstheorie und ordnet sein umfangreiches Material zu dieser Theorie.
1855 Wallace veröffentlicht in den *Annals of Natural History* den Artikel *Über das Gesetz, welches das Entstehen neuer Arten reguliert hat.*
1856 Darwin beginnt mit der Niederschrift seines Werkes *Die Entstehung der Arten.*
1858 Von den Molukkeninsel Ternate sendet ihm Wallace die Arbeit *Über die Tendenz der Varietäten unbegrenzt von dem Originaltypus abzuweichen* zu. Auf Veranlassung von Darwins Freunden wird in der Linnéan Society diese Arbeit zusammen mit Auszügen aus dem noch unveröffentlichten Werk Darwins vorgetragen.
1859 Darwin stellt die *Die Entstehung der Arten* fertig und veröffentlicht das Werk in London.
1871 *Die Abstammung des Menschen und die geschlechtliche Zuchtwahl* erscheint in London.
1872 *Der Ausdruck der Gemüthsbewegungen bei dem Menschen und bei den Thieren* erscheint in London und kurz darauf in Stuttgart.
1882 Darwin stirbt in Down (Kent).

Die Entstehung der Arten

In Darwins Hauptwerk *Die Entstehung der Arten* (*On the Origin of Species by Means of Natural Selection*, 1859/2005) wird die neuzeitliche Theorie der *Evolution* der Organismen ausformuliert. Diese Theorie ist das Ergebnis von Darwins naturhistorischen Studien nach seiner Weltreise. Der Autor widerlegt anhand von vielen empirischen Befunden sowie durch biologische Versuche die Annahme der Konstanz der Arten. Begründungen für eine Evolution entnimmt Darwin den damals allerdings erst spärlich erforschten Gebieten der Paläontologie, Biogeographie, Morphologie und Embryologie. Die Vererbung wird vom Autor vorausgesetzt. Er versucht nicht, sie zu erklären.

Als wichtigsten Mechanismus zur Ausprägung und Erhaltung von Abänderungen betrachtet Darwin die natürliche Auslese. Dieselbe erfolge in erster Linie durch den Existenzkampf der Organismen bei übermäßiger Vermehrung einer Population und durch unterschiedliche Anpassung an die

Umwelt über lange Zeiträume hinweg. Darwin lässt in seinem Hauptwerk (sowie in weiteren Werken) keinen Zweifel darüber aufkommen, dass er seinen Einblick in die *natürliche Selektion* dem Verständnis der künstlichen Auslese verdankt.

Gleich zu Beginn des ersten Abschnitts *Ursachen der Veränderlichkeit* des ersten Kapitels *Abänderung im Zustand der Domestikation* vergleicht Darwin die Individuen einer Varietät oder Untervarietät der alten Kulturpflanzen bzw. der Haustiere und hält fest, dass solche Individuen gewöhnlich mehr voneinander abweichen als die einer Art oder Varietät im Naturzustand. Bei den Abänderungen im Zustand der Domestikation hätten nämlich die Menschen die Hände im Spiel: »Es ist kein Fall bekannt, daß ein variabler Organismus unter den Händen der Menschen zu variieren aufgehört hätte. Unsere ältesten Kulturpflanzen, z. B. Weizen, bringen neue Varietäten hervor, und unsere ältesten Haustiere sind noch immer einer schnellen Abänderung und Veredelung fähig« (ebd., S. 32).

Nach Darwin sind es die Menschen, welche Pflanzen aus ihrer ursprünglichen Umwelt entfernen, ihre natürlichen Merkmale gemäß ihren eigenen Interessen verändern und sie dadurch domestizieren: »Der Schlüssel zu allen diesem ist das Vermögen des Menschen, immer wieder Individuen zur Zuchtwahl auszuwählen, kurz: sein *akkumulatives Wahlvermögen*. Die Natur schafft allmählich Veränderungen, und der Mensch gibt ihnen die für ihn nützliche Richtung« (ebd., S. 59; Hervorhebung von Darwin). Auf diese Weise wird nach dem Autor seit Menschengedenken vorgegangen, wobei die Auswahl im Laufe der Zeit etwas bewusster und systematischer erfolgt sei. Diese Kunst der Auswahl bzw. die künstliche Selektion beruht, insbesondere bei kleinen Tier- oder Pflanzenbeständen, auf der sorgfältigen Beachtung auch kleinster Veränderungen der Lebewesen.

Zu Beginn des zweiten Kapitels fragt sich Darwin, ob Veränderlichkeit bei Lebewesen auch im natürlichen Zustand vorliegt, und tatsächlich stellt er fest, dass Veränderlichkeit auch durch Klimawechsel oder natürliche Landverschiebungen bewirkt werden kann. Darwin erklärt diese natürliche

Erzeugung durch individuelle Unterschiede, indem er seine Einsicht in die menschliche Selektionstätigkeit auf die Natur überträgt: Die vererbten individuellen Unterschiede seien für Menschen relevant, wählten sie doch jene Individuen aus, die ihnen nützlich erschienen. Auch bei der natürlichen Zuchtwahl lieferten die individuellen Differenzen das Material zur Anhäufung von Merkmalen, so wie die Menschen in ihren Zuchtprodukten die individuellen Unterschiede in bestimmter Richtung anhäuften.

Darwins Untersuchung setzt sich aus einer Vielzahl von Beobachtungen, Versuchen und theoretischen Aufarbeitungen zusammen. Sie dienen insgesamt der Übertragung der künstlichen auf die natürliche Selektion. Der von Darwin vorsichtig formulierte Schlusssatz des Artenwerkes lautet dann wie folgt: »Es ist wahrlich etwas Erhabenes um die Auffassung, daß der Schöpfer den Keim alles Lebens, das uns umgibt, nur wenigen oder gar nur einer einzigen Form eingehaucht hat und daß, während sich unsere Erde nach den Gesetzen der Schwerkraft im Kreise bewegt, aus einem so schlichten Anfang eine unendliche Zahl der schönsten und wunderbarsten Formen entstand und noch weiter entsteht« (ebd., S. 678).

Die Selektionstheorie

Die in Darwins Hauptwerk *Die Entstehung der Arten* formulierte Selektionstheorie, welche die Vererbung voraussetzt, aber noch nicht ausführt, lautet vereinfacht wie folgt:

- *Spontane Variationen* (Mutationen) bewirken, dass der Bestand des Erbgutes sich verändert.
- *Bleibende Veränderungen* werden sich bei Umgestaltungen der natürlichen Umgebung ergeben (Klimawechsel, Landverschiebungen usw.).
- *Anpassung* an neue Umweltanforderungen erfolgt je nach Zusammensetzung des Erbgutes. Bessere Anpassung verschafft mehr Schutz, Nachwuchs und Nahrung.

- *Natürliche Selektion* der besser angepassten Tiere und Pflanzen, während weniger gut angepasste Organismen nicht überleben bzw. sich nicht vermehren.
- *Wechselbeziehungen* führen dazu, dass Veränderungen angepasster körperlicher Merkmale weitere körperliche Veränderungen nach sich ziehen.
- *Akkumulative Selektion* bei einer großen Population über große Zeiträume hinweg bewirkt nachhaltige Veränderungen bis hin zu Veränderungen der Arten.

Der Ausdruck der Gemütsbewegungen bei dem Menschen und bei den Tieren

Darwins psychologisches Werk *Der Ausdruck der Gemüthsbewegungen bei dem Menschen und bei den Thieren* (*The Expression of the Emotions in Man and Animals*, 1872/74) erschien nach der englischsprachigen Veröffentlichung in London noch im gleichen Jahr auch in deutscher Sprache und zwei Jahre später in zweiter Auflage bei der Schweizerbart'schen Verlagsbuchhandlung in Stuttgart. Verschiedene Emotionen (u. a. Furcht, Freude, Trauer, Stolz, Scham) sind das Thema dieses Buches.

Nach Darwin basieren Gefühle auf einer Erkenntnis (z. B. Voraussicht einer Gefahr bei Furcht), wobei die Emotion auf unterschiedliche Arten zum Ausdruck gebracht werde: in der Haltung, in der Mimik, in der Gestik, in der Stimme, in Veränderungen der Haut. Diese Ausdrucksbewegungen hätten ursprünglich der natürlichen Mitteilung (z. B. Unterwerfung) gedient; im Humanbereich würden sie von Generation zu Generation weitergegeben.

Auf dem Hintergrund der 1859 veröffentlichten *Selektionstheorie* sowie der 1871 erschienenen *Abstammungslehre* überprüft Darwin die Hypothese, dass der Ausdruck von Emotionen bei Tieren und Menschen, bei Kindern und Erwachsenen, ja bei Menschen verschiedener Kulturen, im Wesentlichen übereinstimmt oder nicht. Sein Vorgehen besteht allerdings nicht einfach in der Belegung und nötigenfalls Widerlegung einer globalen Annahme gleichsam in einem

Zuge, sondern er steckt den Geltungsbereich seines Vorverständnisses sukzessive ab und gelangt so zu wichtigen Modifikationen seiner Grundannahme.

Im Folgenden soll nur kurz und punktuell auf Darwins Behandlung der Errötungsthematik eingegangen werden, um sein Vorgehen vorzustellen: Erröten basiere zu einem großen Teil auf der Emotion der Scham. Tiere erröteten im Unterschied zum Menschen nicht, Kinder erst ab einem bestimmten Alter und nach dem Höhepunkt in der Pubertät nehme das Erröten bei Jugendlichen und jungen Erwachsenen wieder ab, doch verschwinde eine gelegentliche Anfälligkeit auch im Erwachsenenalter selten vollständig. Häufig werde das Erröten begleitet von bestimmten Verhaltensweisen oder Reaktionen (z.B. Abwenden des Gesichts, Niederschlagen der Augen). Die erhöhte Aufmerksamkeit und geistige Anspannung zu Beginn des Prozesses führten bei sensiblen Personen über den angeregten capillaren Kreislauf zu Denkblockaden, Verwirrung und mangelnder Konzentration. Meistens erröteten Kinder, Frauen und Männer dann, wenn sie wegen ihres Aussehens oder ihres Verhaltens kritisiert oder gelobt würden oder wenn sie annähmen, dass sie von anderen Personen stillschweigend beurteilt werden. Der Grund für das Erröten sei bei fast allen häufig betroffenen Personen die erhöhte Selbstaufmerksamkeit bei generell geringer Selbstwerteinschätzung.

Methode

Darwin arbeitete – insbesondere auch im Hinblick auf sein Hauptwerk *Die Entstehung der Arten* – nach Bacon'schen Grundsätzen (u. a. Beobachtungen im natürlichen Umfeld, Stoffsammlung, erste Vergleiche, Kontakte mit praktisch und theoretisch Interessierten, Induktion bei gleichzeitiger Ausschaltung von Vorurteilen und anderen Erkenntnisbehinderungen, Bildung von Hypothesen, Experimente unter möglichst natürlichen Bedingungen, gezieltes Suchen nach vorausgesagten neuen Tatsachen). Der Naturforscher sammelt dabei möglichst vorurteilslos und vorerst auch ohne irgendeine Theorie in großem Maßstab Tatsachen. Vieles lernt er durch die Praxis kennen (u. a. Unterhaltung mit geschickten Tierzüchtern und Gärtnern, Versand von Fragebogen auch in die Übersee-Gebiete, um Informationen über möglichst viele Gegenstandsbereiche zu erhalten). Kennzeichnend für die Methode im Artenwerk ist die Übertragung der künstlichen Selektion, d. h. eines Vorganges, der dem Menschen wohl bekannt ist, in die *natürliche Selektion*, d. h. in einen Prozess, der auch unabhängig vom Menschen stattfindet. Die Theorie führt dann wieder zur Praxis zurück und ermöglicht u. a. eine Verbesserung der künstlichen Selektion. Dieser Kreislauf kann auch als *Praxis-Theorie-Praxis-Paradigma* bezeichnet werden (Galliker, 1982).

Rezeption

Die Publikation der *Selektionstheorie*, die Darwin zunächst nicht gewagt hatte und jahrelang hinausschob, war für viele Menschen eine Provokation, für viele aber auch eine wissenschaftliche Sensation. Man muss sich das einmal vorstellen: Die Welt wurde nicht von Gott in sechs Tagen geschaffen, so wie es in der Bibel steht, sondern ein Privatgelehrter behauptet, wenngleich noch sehr vorsichtig und ohne Schlussfolgerungen zu ziehen, aber doch für die meisten Leser deutlich genug, eines Tages einfach Folgendes: Hinter der Erschaffung der Welt steckt als treibende Kraft keine bewusste, intelligente oder göttliche Absicht, sondern ein blind vor sich gehender Prozess der natürlichen Auslese. Dieser Vorgang erfolgt mechanisch, auf der Basis von genetischen Variationen und allein durch »Versuch und Irrtum«, ein Ausdruck, den der Wissenschaftstheoretiker Popper (1979) im Zusammenhang mit der Selektionstheorie gebrauchen wird.

Nach Darwin bleibt letztlich alles dem Zufall überlassen. Seine Wissenschaft steht damit im direkten Widerspruch zu den Lehren der meisten Religionen. Als das Artenwerk erschien, war die Auflage von 1250 Exemplaren noch am gleichen Tag verkauft. Es wurde zum meistgelesenen naturwissenschaftlichen Werk des 19. Jahrhunderts. Die *Selektionstheorie* setzte sich schließlich gegen den von Darwin erwarteten Widerstand der Kirche durch und bildet auch heute noch eine wichtige Grundlage der Biologie.

Weit weniger erfolgreich war Darwins Ausdruckslehre. So widersprachen mehr sozial ausgerichtete Wissenschaftler und Wissenschaftlerinnen dem ausdruckspsychologischen Ansatz, indem sie davon ausgingen, dass die Funktion der Gebärden in der Herstellung und Sicherung der Sozialität der jeweiligen Gattungen bestehe (vgl. Mead, 1980). Dennoch sind einzelne Konzepte von Darwins Untersuchung (wie z. B. die Selbstaufmerksamkeit) nach wie vor von Bedeutung (Duval & Wicklund, 1972) und haben sich in neueren Untersuchungen auch bewährt (Boida & Zick, 1995).

Wissenschaftliche Nachwirkungen

Die *Evolutionstheorie* Darwins war im Bereich der Biologie und der Zoologie die bedeutendste Theorie des 19. Jahrhunderts und entfaltete eine nachhaltige Wirkung in den Natur- wie in den Geisteswissenschaften. Auch die amerikanischen Pragmatisten (insbesondere James und Dewey) orientierten sich an Darwin. Hingegen setzte sich die europäische Psychologie, die sich im 19. Jahrhundert allmählich als eigenständige Disziplin formierte, relativ selten direkt mit der Evolutionstheorie auseinander. Die deutschen Psychologen waren zu sehr geisteswissenschaftlich orientiert oder sie versprachen sich von einem fest umrissenen, stationären Zustand des Menschen und einer an dessen Physiologie sowie allgemein an der Physik ausgerichteten experimentellen Methodik einen größeren Fortschritt ihrer Wissenschaft.

Aus Darwins Darlegung, dass Verhaltensgewohnheiten für das Überleben der Art genauso relevant seien wie die anatomische Ausrüstung, wissenschaftliche Konsequenzen zu ziehen und Tiere in ihrer natürlichen Umgebung zu untersuchen, blieb der *vergleichenden Verhaltensforschung*, der Ethologie, als neuer Abteilung der Zoologie, überlassen: Die frühen Verhaltensforscher entdeckten festgelegte Verhaltensmuster, die angesichts auslösender Reize realisiert wurden. Diese Verhaltensmuster sind komplexer konstituiert als Reflexe und spielen fast immer eine wichtige Rolle im sozialen Leben der Tiere sowie beim Überleben der Art (z. B. die Drohgebärde, die ein Vogel gegen einen anderen in sein Territorium eindringenden Vogel ausübt und die diesen Eindringling gewöhnlich vertreibt).

Unklarheit bestand bei den Verhaltensforschern lange Zeit darüber, ob Verhaltensmuster und Auslösemechanismen gleichermaßen angeboren sind oder ob nur die Verhaltensmuster angeboren sind und die Auslösemechanismen durch frühe Erfahrung bestimmt werden. Konrad Lorenz ging dieser Frage nach, indem er verschiedene Arten von Jungvögeln aufzog und sie über eine festgelegte Zeit so abschirmte, dass sie keine anderen Vögel oder Menschen sehen konnten: Wurde diesen Vögeln während einer kritischen Zeitdauer kein Modell gezeigt, so folgten sie niemandem; zeigte man ihnen aber ein Modell, so folgten sie diesem, egal ob es sich dabei um einen Holzvogel oder um einen Menschen handelte. Wenn das Jungtier dem Modell über eine Zeit von etwa zehn Minuten ausgesetzt war, so genügte dies dem Jungvogel, um sich den Auslösereiz einzuprägen. Dieser kurze Prozess wird Prägung und der Auslösereiz, den sich der Jungvogel einprägt, Schlüsselreiz genannt. Das auf ein Muttertier oder auf einen Menschen geprägte Jungtier wird das Muttertier oder auch den Menschen sein Leben lang nicht vergessen und sie oder ihn immer als Mitglied der eigenen Art wahrnehmen. Die Prägung ist irreversibel, sofern sie während einer kurzen kritischen Phase erfolgt ist (vgl. Lorenz, 1978).

Diese zunächst dezidiert vorgetragenen Forschungsergebnisse mussten später jedoch eingeschränkt werden. In der Tat erfolgt die Prägung besonders bei Jungtieren, die sich vom Ort der Geburt wegbewegen. Dennoch wird nach wie vor angenommen, dass es auch beim Menschen im ersten Lebensjahr zu bestimmten Prägungsvorgängen kommen kann. Diese

Annahmen beziehen sich auf die Mutter-Kind-Bindung und betreffen die Bindungsfähigkeit (vgl. Schwartz, 1988). Im Zusammenhang mit der Mutter-Kind-Beziehung wurde allerdings das ursprüngliche, ethologische Verständnis von der Prägung noch weitergehend kritisiert. So zeigte Spitz (1988), dass bei der Prägung von Entenküken eine ausschließliche Stimulation durch den Lockruf der Entenmutter auf Dauer nicht genügt, um die Folgereaktion der Küken auszulösen. Erst als ins Modell der Entenmutter zusätzlich ein Mechanismus eingebaut wurde, der auf den Pieplaut der Küken *antworten* konnte, gelang es, diese so weit zu stimulieren, dass sie dem Entenmuttermodell zuverlässig und dauerhaft nachfolgten. Beim Menschen finden sich Ansätze der gegenseitigen Verständigung von Mutter und Kind schon in der Stillsituation: Die Einfühlung der Mutter in das Verhalten des Kindes sowie das entsprechende Eingehen des Kindes auf die Mutter konnten anhand mikrokinetischer Videoanalysen nachgewiesen werden. So bewegt sich der Säugling schon kurze Zeit nach der Geburt in einem präzisen Synchronismus zur Artikulationsstruktur der Mutter (Condon & Sander, 1974).

Praktische Auswirkungen

Im Unterschied zu einem Schöpfer im eigentlichen Sinne schafft die Evolution nichts, was vollständig neu wäre, sondern bedient sich des bereits Bestehenden, indem sie es so verwandelt, dass es eine neue Funktion erhält. Die *Selektionstheorie* und die aus ihr folgende Vereinigung des infrahumanen und des humanen Bereichs war für viele Menschen zunächst nicht ein neues, vielversprechendes Verständnis von wissenschaftlicher Modellbildung und alltäglicher Praxis, sondern eine Zumutung für den gläubigen Menschen ähnlich wie die Vereinigung von Erde und Himmel durch Galilei. Es war für die Menschheit eine Kränkung, nicht mehr so ausgeprägt die abgehobene Krönung der Schöpfung darzustellen und sich in einer Entwicklungslinie mit den Tieren zu sehen. Affirmativ betrachtet hat die Selektionstheorie jedoch nicht zu unterschätzende aufklärerische Implikationen und kann zur ökologischen Besonnenheit und Bescheidenheit der Menschen beitragen. In ihrer vulgärtheoretischen und sozialdarwinistischen Ausgestaltung wirkt sie sich allerdings sehr negativ aus, insbesondere was das soziale Klima anbelangt. Hierbei ist indes zu bedenken, dass Darwin selbst die Selektionstheorie nicht auf die Gesellschaft übertragen hat, sondern dass er umgekehrt Einsicht nahm in einen besonderen gesellschaftlichen Sektor, nämlich in die menschliche Zuchtpraxis, um von dort aus zu fragen, ob es auch entsprechende natürliche Sachverhalte gebe, die ohne menschliche Beihilfe und Handarbeit vor sich gingen (Galliker, 1982).

Francis Galton

Ausgangspunkte

Galton war ein Vetter Darwins. Er war davon überzeugt, dass alle menschlichen Eigenschaften einschließlich der Intelligenz angeboren sind. Da Kinder aber als Unwissende geboren würden, müssten sie alles, was sie lernen, über die Sinnesorgane aufnehmen, was für Galton bedeutete, dass jene, die über die empfindsamsten Sinnesorgane verfügen, auch am meisten lernen und wissen.

Zeittafel

1822	Francis Galton wird in Birmingham geboren.
1838–44	Studium der Medizin.
1845–51	Galton unternimmt zahlreiche Forschungsreisen, u. a. nach Südwest- und Nordafrika.
1882–84	Galton eröffnet in der Londoner Innenstadt ein Büro, in dem gegen eine kleine Gebühr Fähigkeiten geprüft werden können. Galton verwendet für seine Methode den Begriff Test. Auf der Londoner Weltausstellung eröffnet er einen Stand, an dem sich ca. 9000 Besucher auf ihre Sehschärfe, ihr Gehör, ihr Atemvolumen und ihren Kopfumfang hin testen lassen.

1901 Galton prägt in einem Vortrag den Begriff Eugenik. Mit diesem Konzept will er die geistige und körperliche Gesundheit der Bevölkerung über Generationen hinweg verbessern.

1911 Galton ist Privatgelehrter in London. Als er dort stirbt, hinterlässt er der Universität die Mittel für die Einrichtung eines Lehrstuhls für Eugenik, der mit Karl Pearson besetzt wird.

Untersuchungen über die menschlichen Fähigkeiten

Galtons *Untersuchungen über die menschlichen Fähigkeiten* (*Inquiries into human faculty and its development*, 1883) hat von allen seinen Werken die Psychologie in Theorie und Praxis am stärksten beeinflusst, vor allem was die Herausbildung der Statistik und des psychologischen Tests anbelangt. Galton beschäftigt sich hier vor allem mit der Erhebung individueller Unterschiede. In Nachfolge Darwins betrachtet er individuelle Variation als das Ergebnis der Evolution. Die Gesellschaft bedürfe dieser individuellen Vielfalt; wären alle Menschen gleich, bliebe der Gesellschaft der Fortschritt versagt. Nach Galton basiert der emotionale und intellektuelle Reichtum einer Gesellschaft auf der mannigfaltigen Vielzahl von Begabungen ihrer einzelnen Mitglieder. Seine Analyse gründet auf dokumentarischen Daten. So versuchte er etwa aus der Altersstatistik von Personengruppen (Stände/Berufe) abzuleiten, wie relevant die Lebensbedingungen für die durchschnittliche Lebensdauer sind.

Methode

Für das zuerst in London im Jahre 1869 erschienene Werk *Hereditary genius* durchforschte Galton die Biographien berühmter Personen, um zu beweisen, dass auch ihre Verwandten besondere Fähigkeiten besitzen. Mit seinen Beschreibungen herausragender Familien glaubte er zudem zeigen zu können, dass sich einzelne Fähigkeiten auch unabhängig voneinander – auch unabhängig vom Aussehen – vererben können. Den Einfluss des Geldes und der Beziehungen berücksichtigte er in seiner Untersuchung allerdings nicht.

Galton suchte auch nach Tests, mit denen die Intelligenz gemessen werden konnte. In den *Untersuchungen über die menschlichen Fähigkeiten* besteht sein Vorgehen darin, aus physischen Merkmalen auf psychische zu schließen (z. B. von der Größe des Kopfes auf die Intelligenz). Dabei handelt es sich zweifellos um ein fragwürdiges Forschungsparadigma, das sich so nicht durchsetzen konnte. Hingegen leistete er im Bereich der für die heutige Psychologie so wichtigen statistischen Methodik tatsächlich Pionierarbeit (u. a. erste Formulierung des später von Pearson verbesserten Korrelationskoeffizienten).

Rezeption

Galton war eine Persönlichkeit des viktorianischen Zeitalters und seine quasi wissenschaftlich legitimierte Diskriminierung von Frauen und Menschen anderer Kulturen sowie unterer Schichten passte zur Ideologie der englischen Oberschicht, der er selbst angehörte. Dennoch nahmen einige Rezensenten Anstoß an seinen verbalen Diskriminierungen (u. a. bezüglich der intellektuellen Fähigkeiten von Frauen) und auch die fast religiöse Bedeutung, die Galton der Rassenverbesserung beimaß, wurde stark kritisiert (vgl. Draaisma, 2000, S. 70).

Theoretische Nachwirkungen

Galton wollte die Grundlagen für die Erforschung der Erbgesetze der menschlichen Begabung schaffen und begründete die Zwillingsforschung. Er wandte die Statistik auf die Persönlichkeitsforschung an und entwickelte sie nach seinen Erfordernissen weiter. Seine Untersuchungen erbrachten zwar nicht die erhofften Ergebnisse, doch regten sie Psychologen in England und in den USA zu weiteren Versuchen an (z. B. Catell an der Universität von Pennsylvania). Es war nun kein weiter Weg mehr zur *Psychodiagnostik* mit standardisierten Intelligenz- und Persönlichkeitstests. Der Durchbruch erfolgte in Binets psychologischem Labor an der Sorbonne. Binet gelangte indessen in Absetzung von Galton zu der Überzeugung, dass Intelligenztests sich nicht mit Sinneswahrnehmungen beschäftigen sollten, sondern mit psychischen Funktionen: Die früheren Tests hätten versagt, weil sie die Intelligenz nicht auf der richtigen Ebene untersucht und die einzelnen intellektuellen Funktionen (u. a. verbales Verständnis, Vorstellungsvermögen) nicht berücksichtigt hätten. – Später stellte sich heraus, dass Tests schichtabhängig sind. Auch der für den interkulturellen Vergleich erforderliche kulturungebundene Test existiert nicht (z. B. sind selbst sogenannte sprachfreie Tests nicht gänzlich sprachfrei).

Praktische Auswirkungen

Neben seinen großen Verdiensten trug Galton viel zur Entstehung des *Sozialdarwinismus* und des *Rassismus* bei. Beispielsweise war er überzeugt davon, dass Schwarze weniger intelligent seien als Weiße. Die Sozialdarwinisten sprachen sich für ein sorgfältig kontrolliertes Bevölkerungswachstum aus und hofften, dass nur die »Geeignetsten« ermutigt würden, sich fortzupflanzen. Es wurde eine Gesellschaft für *Eugenik* gegründet, in der Galton einer der führenden Köpfe war. Diese Gesellschaft führte »ideale Partner« zusammen und wollte gelegentlich sogar »weniger ideale Partner« sterilisieren. Die Umsetzung der Eugenik wurde das Ziel vieler Wissenschaftler, Politiker sowie von Vereinen und Organisationen. Im Faschismus führte die Eugenik zu verbrecherischen Maßnahmen wie Zwangssterilisation und Tötung von Behinderten.

Naturwissenschaftliche Psychologie

Die im 19. Jahrhundert in Deutschland aufkommende naturwissenschaftliche Psychologie orientierte sich primär an der Physiologie: Die psychischen Phänomene wurden im Zusammenhang mit der Natur des Menschen verstanden. Die Vertreter dieser ursprünglich noch ausschließlich physiologisch ausgerichteten »Psychologie« suchten nach körperlichen Anhaltspunkten, die mit Empfindungen und anderen elementaren psychischen Erscheinungen in Verbindung zu bringen waren. Die Entwicklung der Psychologie erfolgte dann von der Physiologie zu einer Psychologie als Teilgebiet der Physiologie und von da aus zur Psychophysik; schließlich kam es durch den psychophysischen Parallelismus zur Verselbständigung der Psychologie, insbesondere mit der Berücksichtigung höherer Prozesse als den unmittelbar – auch physiologisch – zugänglichen. Gleichzeitig wandten sich die psychologisch interessierten Wissenschaftler vom Idealismus und dessen zuweilen dialektischen Ausformulierungen ab und dem seit dem Altertum ebenfalls tradierten Materialismus zu, der – immer mehr von gesellschaftlichen Ausformungen abstrahierend – schließlich rein naturwissenschaftlich verstanden wurde. Sie vertraten nun meist eine einfache Widerspiegelungstheorie, die letztlich auf einem mechanistischen Weltverständnis basierte, das sich insbesondere bei ihrer Zuwendung zum Experiment auch methodisch auswirkte.

Hermann von Helmholtz

Ausgangspunkte

Helmholtz orientierte sich vor allem an den Engländern Hume und Newton. Mit Kant und Goethe setzte er sich kritisch auseinander. Während seines Medizinstudiums in Berlin orientierte er sich vor allem an Johannes Müller. Vieles, was sein früh verstorbener Lehrer nur vorentworfen oder angedeutet hatte, wurde von Helmholtz realisiert und exakt untersucht.

Zeittafel

1821	Hermann von Helmholtz wird in Potsdam geboren.
1838–42	Helmholtz studiert Medizin an der Pépinière in Berlin. Er verpflichtet sich mit Ernst Brücke, Emil Du Bois-Reymond und Carl Ludwig eidlich auf ein Bekenntnis zum Materialismus. Zusammen mit seinem Lehrer Müller kann er zeigen, dass auf den Sehnerv wirkende Wärme, Kälte, elektrischer Strom, chemische Stoffe, Reibung, Druck, Erschütterungen immer Empfindungen des Lichtes und der Farbe hervorrufen (sogenanntes Gesetz von der spezifischen Sinnesenergie).
1850	Helmholtz erfindet den Augenspiegel. In diesem Jahr misst er auch als erster Forscher die Fortpflanzungsgeschwindigkeit der Nervenerregung.
1853	Er kritisiert in einem vielbeachteten Vortrag Goethes *Farbenlehre*. Goethe habe die elementaren Grundsätze und experimentellen Ergebnisse der Optik nicht verstanden. Er sei zwar ein hervorragender Beobachter gewesen, doch habe er nicht mechanisch-abstrakt denken können.
1855	In Königsberg hält Helmholtz die sogenannte Kant-Denkmal-Rede. Er kritisiert Kants Auffassung (oder vielmehr seine Interpretation dieser Auffassung) von der räumlichen Wahrnehmung. Der Raum sei eben nicht a priori im Verstand verankert, sondern sei das Ergebnis eines Lernprozesses.
1855–70	Nach einem Ruf nach Bonn entdeckt er, dass die Axione der Nervenzellen Elektrizität erzeugen, die dazu dient, Nachrichten über die gesamte Körperlänge auszudehnen.
1871–87	Professur für Physik an der Berliner Universität. Mitarbeit bei der Festlegung international gültiger Maßeinheiten.
1894	Hermann von Helmholtz stirbt in Charlottenburg.

Physiologische Optik

Das dreibändige *Handbuch der physiologischen Optik* (1856–67/1909–11) von Helmholtz ist ein grundlegendes Werk der Physiologie und enthält auch eine Basis für die entstehende *Physiologische Psychologie.* Das Sehen wird in diesem Werk vor allem in seinen physikalischen, physiologischen und anatomischen Grundlagen dargestellt: Es existiere eine Wirkkette Reiz-Sinneserregung-Wahrnehmung. Das Auge sei als komplexes Sinnesorgan aufgebaut (u. a. Augenmuskeln, Linse, Iris, Netzhaut) und in der Netzhaut befänden sich lichtempfindliche Stäbchen und farbsensible Zapfen. Beim Sehen würden die peripheren Erregungen zur Sehrinde des Großhirns geleitet und von dort wiederum zurück an die Peripherie. Das Verhalten des optischen Systems beinhalte u. a. Bewegungen der Augenmuskeln und der Iris sowie Akkomodationen der Linse. Während die *physikalische Optik* den Weg des Lichts behandelt, bezieht sich die *physiologische Optik* auf die Empfindungen des Sehnervenapparates: Für das Farbensehen werden drei farbempfindliche Komponenten angenommen (für langwelliges Licht: rot; für Licht mittlerer Wellenlänge: grün; für kurzwelliges Licht: violett). Aus der Mischung dieser drei Komponenten entstehe das Spektrum der 150 unterscheidbaren Farbtöne.

Das Verständnis der Gesichtsempfindungen, das bei Helmholtz zum Ausdruck kommt, hat psychologischen Charakter. Dieser Teil seines Werkes handelt von den Vorstellungen, die sich wahrnehmende Personen aufgrund der Gesichtsempfindungen über die Objekte der Außenwelt bilden: Obwohl die Sinnesempfindung von dem erregten Nervenapparat des entsprechenden Sinnesorgans abhängig sei, stelle sie auch die Wirkung eines äußeren Objektes dar. So entspreche die empfundene Qualität einem Zeichen oder Symbol der objektiven Reizbeschaffenheit. Andererseits würden Symbole unter Beeinflussung durch frühere Vorstellungen bzw. durch Erinnerungen an wahrgenommene Gegenstände festgelegt. Ein Großteil dieser Vorgänge erfolge unbewusst.

Methode

Helmholtz war ein erfindungsreicher Experimentator. Er konstruierte für seine Experimente eine Vielzahl von Instrumenten und Apparaten, darunter das Iphthalmoskop (Augenspiegel), das Telestereoskop (Vorform des Scherenfernrohrs), einen Farbmischapparat und zur Messung des Gesichtsfeldes das Perimeter.

Nach Helmholtz gewinnt man mit Experimenten gültigere Aussagen als mit Beobachtungen und bloßen Messungen. Das geht u. a. aus der folgenden, teilweise wohl auch gegen Goethe gerichteten Aussage hervor: »Durch verhältnismäßig wenige, gut angestellte Versuche bin ich imstande, die ursächlichen Bedingungen eines Ereignisses mit größerer Sicherheit festzustellen, als durch millionenfache Beobachtung, bei welcher ich die Bedingungen nicht habe beliebig verändern können« (Helmholtz, 1867/1911, S. 451). Helmholtz weist bereits darauf hin, dass in jede Beobachtung, und sei sie noch so exakt, die Persönlichkeit des Beobachters (u. a. seine Vorurteile, Erwartungen, früheren Erfahrungen) mit eingeht. Nicht zuletzt deshalb bevorzugte er das Experiment, ohne jedoch zu bemerken, dass diese Einschränkung auch für das Experimentieren gelten könnte, insbesondere bei einer Einbeziehung von Versuchspersonen, wie das ja schon bei Experimenten im physiologischen und später auch im psychologischen Forschungsbereich der Fall sein sollte.

Andererseits kritisierte Helmholtz auch die auf Kant zurückweisende Auffassung einer a priori vorgegebenen Form des Experimentierens und des Messens. Beispielsweise tritt er in dem im Jahre 1887 verfassten Aufsatz *Zählen und Messen, erkenntnistheoretisch betrachtet* der Ansicht entgegen, die Axiome der Arithmetik müssten als a priori gegeben verstanden werden. Stattdessen führt er diese Axiome auf die menschlichen Regeln des Zählens zurück, die nach ihm durch Erfahrung und Anpassung an die natürlichen Tatsachen zustande gekommen sind. Zur physikalischen Größe und ihrer Messung stellt Helmholtz fest, dass eine als physisches Verhältnis hingestellte Größe auf empirischen Kenntnissen basiere, die über das physische Verhalten gewisser Seiten dieses Verhältnisses beim Zusammentreffen und Zusammenwirken mit anderen Verhältnissen informierten (vgl. Rechenberg, 1996). Deshalb konnte dem Autor u. a. auch eine empiristische Erkenntnistheorie unterstellt werden (Markl, 1996).

Rezeption

Helmholtz' *Optik* verbreitete sich schnell und wurde ein epochemachendes Werk. Die Messung der Reaktionszeit war u. a. bedeutsam für die Weber-Fechner'sche *Psychophysik*; sie war aber auch richtungsweisend für die klassische experimentelle Psychologie an sich, in der die Reaktionszeit zu den ganz wenigen Messgrößen gehört, die überhaupt das Niveau einer Verhältnisskala aufweisen.

Wissenschaftliche Nachwirkungen

Das Werk von Helmholtz hatte auf die Entwicklung der modernen Naturwissenschaften insgesamt eine nachhaltige Wirkung. So zeigte sich etwa der das *Handbuch der physiologischen Optik* konsultierende Präsident der Max-Planck-Gesellschaft Markl noch hundert Jahre nach dem Tod des Autors beeindruckt von der Fülle »heute noch als bleibend richtig anzusehender Ergebnisse und (der) Gedankenschärfe, mit der sie begründet wurden« (Markl, 1996, S. 38).

Helmholtz' Forschungsgebiet erstreckte sich von der Mathematik und der Physik über die Physiologie und die Medizin bis hin zur Philosophie und Psychologie. Wie seinem Lehrer Müller war auch ihm die Psychologie jedoch nicht ein unmittelbares Ziel seiner umfangreichen Forschungsarbeiten. So gedachte er ihr bei seinen Arbeiten zur Sinneswahrnehmung nur als Hilfswissenschaft der Physiologie. Doch gerade mit seiner Abgrenzung eines psychologischen vom physiologischen Bereich sollte die wissenschaftliche Psychologie unmittelbaren Anschluss an die erfolgreichen Naturwissenschaften finden.

Die menschlich gestaltete und tradierte Außenwelt ausschließend, gelangten die *Nachfolger* von Helmholtz zu einem mechanistisch-naturalistischen Menschenbild, das sich später inwendig auch biochemischen Prozessen öffnete. Die Menschen werden hierdurch mit der Zeit möglicherweise alles oder wenigstens das Wichtigste erkennen, was sich betreffend ihrem wissenschaftlich zerlegten und bemessenen Organismus überhaupt wissen, stückchenweise herrichten, minimal manipulieren und global verwerten lässt. Eine andere Frage ist, ob sie von ihren Problemen mit der Außenwelt mit der Zeit ebenfalls das Wichtigste erfahren werden. Ist der von Helmholtz und seinen Nachfolgern aufgezeigte Weg also auch der richtige für eine Wissenschaft wie die Psychologie, die sich als Humanwissenschaft gerade auch den unmittelbaren Sinneseindrücken und den für die Menschen bedeutungsvollen Wahrnehmungen widmen könnte?

Praktische Auswirkungen

Das *Handbuch der physiologischen Optik* von Helmholtz bietet Erklärungen, die u. a. auch für das alltägliche Sehen und für Abweichungen von normalen Wahrnehmungen relevant sind. So wird etwa Farbenblindheit mit dem Ausfall einer farbempfindlichen Komponente erklärt (z. B. werde die Grün-Komponente dominant, wenn die Rot-Komponente ausfalle). Helmholtz fand mit seinen Messungen der Leitungsgeschwindigkeit der Nerven zudem heraus, dass Reaktionen nicht »blitzschnell« erfolgen, wie dies sein Lehrer Müller noch angenommen hatte, sondern durchaus eine gewisse Zeit benötigen (Geschwindigkeit: ca. 30–50 m/sec.). Nicht nur in der psychologischen Grundlagenforschung, sondern auch in der Angewandten Psychologie (u. a. Verkehrspsychologie) kommt der Reaktionszeit des Menschen unter verschiedenen Voraussetzungen heute große Bedeutung zu.

Ernst Heinrich Weber

Ausgangspunkte

Weber studierte zunächst Medizin und wechselte dann zur Physik und Physiologie. Er interessierte sich schon früh für die Funktionsweise der verschiedenen Sinnesorgane. Die Ausgangsfrage seiner wegweisenden Forschungsarbeiten gründet allerdings in der romantischen Philosophie: Wie ist die Beziehung Natur – Geist wissenschaftlich zugänglich?

Zeittafel

1795	Ernst Weber wird als Sohn des bekannten Theologen Dr. Michael Weber in Wittenberg geboren. Er ist der älteste von drei Brüdern, die alle bekannte Wissenschaftler werden.
1817	Habilitation in Leipzig.
1818	Weber wird außerordentlicher Professor der Vergleichenden Anatomie.
1821	Er wird ordentlicher Professur für menschliche Anatomie. Eines seiner Spezialgebiete ist die mikroskopische Anatomie.
1829	Weber beginnt mit den sogenannten Stechzirkelversuchen, die hinsichtlich der Entwicklung der naturwissenschaftlichen Psychologie von besonderem Interesse sein werden.
1834	Veröffentlichung von *Vorschlägen zur Vervollkommnung der wissenschaftlichen Anstalten bei der Universität Leipzig.*
1840	Weber wird Professor für Physiologie. Ihn interessieren besonders die Empfindungen (u. a. Härte, Kälte, Schmerz). Weber vermutet, dass die Wahrnehmung die Wirklichkeit nicht genau widerspiegelt, und zwar schon deshalb nicht, weil Empfindungen nicht immer gleich beachtet würden.
1851	*Die Lehre vom Tastsinne und Gemeingefühle* erscheint.
um 1860	Zusammenarbeit mit Fechner im Bereich Psychophysik.
1866	Niederlegung der Professur für Physiologie.
1871	Niederlegung der Professur für Anatomie.
1878	Weber stirbt in Leipzig.

Die Lehre vom Tastsinn

Webers *Lehre vom Tatsinne und vom Gemeingefühle* erschien erst 1851 in deutscher Sprache. Es handelt sich dabei um eine erweiterte Fassung seiner ursprünglich lateinisch geschriebenen Dissertation (1834), wobei mit »Gemeingefühlen« (bzw. Kraft oder Muskelsinn) gemeint ist, dass die Muskeln den Menschen Dinge wie Schwere, Widerstände und Lage bewusst machen können. Weber befasst sich in diesem Werk mit Reizschwellen. Erstmals wird hier die sogenannte *Unterschiedsschwelle* Gegenstand der Forschung. Es handelt sich dabei um die exakte Feststellung der kleinsten, gerade noch merklichen Unterschiede zwischen zwei Lichtquellen, zwei Tönungen, zwei Krümmungen oder zwei Berührungsreizen.

Zum Gegenstandsbereich der Weber'schen Arbeit gehört auch die Untersuchung der Tastempfindlichkeit der Hautoberfläche. Er stellt sich die Frage, wie weit zwei Nadelspitzen, mit denen die Haut einer Versuchsperson berührt wird, voneinander entfernt sein müssen, damit die Versuchsperson zwei Berührungen empfindet. Zur Beantwortung dieser Frage werden also zwei Berührungsreize gleichzeitig vorgegeben, mit denen neben der eigentlichen Unterschiedsschwelle auch die sogenannte *Zwei-Punkte-Schwelle* untersucht werden kann. Bei der Vorgabe der Berührungsreize verwendete Weber einen Stechzirkel. Ab einer bestimmten Nähe erfolgt nur eine einzige Empfindung, obwohl de facto zwei Einstiche erfolgen. Offensichtlich besteht keine Punkt-zu-Punkt-Widerspiegelung der äußeren Realität.

Weber führte die *Stechzirkelversuche* mit diversen Personen durch (mit Frauen, Männern, Kindern): Frauen und Kinder haben im Unterschied zu Männern eine geringere Zwei-Punkte-Schwelle. Sie empfinden also noch bei sehr kleinen Abständen zwei Reize, während Männer bei gleichen Abständen nur noch einen einzigen Reiz registrieren. Mit seinen Stechzirkelversuchen konnte Weber auch aufzeigen, dass der Abstand zwischen zwei Berührungsreizen an verschiedenen Stellen der Körperoberfläche verschieden groß sein muss, damit zwei Einstiche auch als zwei getrennte Reize wahrgenommen werden. Verschiedene Körperbereiche weisen folglich unterschiedliche Tastempfindlichkeiten auf, wobei die Lippen und die Fingerspitzen erwartungsgemäß am empfindlichsten sind, während sich der Rücken als relativ unempfindlich erwies.

Methode

Weber entwickelte eine Methode zur Messung von eben noch merklichen Differenzen. Die erste Ausgestaltung erfuhr sie mit den Stechzirkelversuchen: Den Versuchsteilnehmern werden dafür die Augen verbunden. Die beiden Spitzen des Zirkels werden dann unterschiedlich weit geöffnet und mit den beiden Enden wird beispielsweise der Handrücken berührt, um festzustellen, ob die Versuchsperson zwei Berührungspunkte oder nur einen spürt.

Rezeption

Die *Lehre vom Tastsinne und vom Gemeingefühle* war von Anfang an eine viel beachtete Untersuchung. Wundt erwies Weber eine besondere Ehre, als er ihn »Vater der experimentellen Psychologie« nannte.

Wissenschaftliche Nachwirkungen

Aus Webers Untersuchungen entwickelte Fechner die von ihm *Weber'sches Gesetz* genannte Formel, die ausdrückt, dass das Verhältnis zwischen eben merklicher Reizverstärkung und vorher vorhandener Reizstärke konstant bleibt. Weber beeinflusste die Physiologie in einem starken Ausmaß und war zugleich der Pionier der *Psychophysik*, insbesondere, indem er die Grundlage für deren Methodik legte. Die *Unterschiedsschwelle* wurde zum wichtigsten Begriff der frühen Psychophysik.

Praktische Auswirkungen

Die Haut ist das größte Organ des Menschen. Weber wies auf die Bedeutung der Tastempfindlichkeit sowie differenzierter Wahrnehmungen hin. Sein »Gemeingefühl« nennt man heute *Kinästhesie*, worunter die Kompetenz, Bewegungen der Körperteile mehr oder weniger bewusst zu kontrollieren und zu steuern, verstanden wird.

Gustav Fechner

Ausgangspunkte

Fechner war von Herbart beeinflusst. Sein empirischer Ausgangspunkt war Webers Dissertation. Gleich Weber stellte er sich die Frage, wie sich die Beziehung Physis–Psyche streng wissenschaftlich untersuchen lasse.

Zeittafel

1801	Gustav Fechner wird in Groß-Särchen bei Muskau (Lausitz) als Sohn eines Pfarrers geboren.
1807–22	Er studiert Medizin an der Universität Leipzig. Unter dem Pseudonym »Dr. Mises« veröffentlicht er Satiren über die Praktiken der damaligen Medizin.
1822–24	Fechner praktiziert kurze Zeit als Arzt und studiert Physik und Mathematik.
1824–34	Er beginnt mit Physikvorlesungen an der Universität Leipzig und wird Professor der Physik.
1840–43	Aufgrund von chronischer Überarbeitung erleidet Fechner einen Nervenzusammenbruch. Wegen akuter Lichtallergie lebt er zeitweise völlig isoliert in einem verdunkelten Zimmer mit abgedichteten Fenstern und schwarz gestrichenen Wänden. In Leipzig gilt der stadtbekannte Forscher als blind und geisteskrank. Er unterzieht sich von ihm selbst festgelegten Verhaltensübungen, um die verselbständigten Gedanken wieder zu beherrschen.
1844–49	Nach seiner Genesung entschließt sich Fechner zu einer selbstbestimmten Lebensform und übernimmt keine Professur für Physik mehr. Er schreibt philosophi-

	sche Abhandlungen und denkt über die Verbindung zwischen Physis und Psyche nach.
1850	Fechner erweitert die Versuchsgrundlagen von Weber und führt fast 150.000 Versuche mit Gewichtsempfindungen durch. Webers Versuche werden auf alle Sinnesgebiete ausgedehnt.
1877–87	Briefwechsel mit Wundt. Fechner zeigt reges Interesse an den experimentellen Untersuchungen im Leipziger Institut. In verschiedenen Arbeiten nimmt er Stellung zur Kritik an seinen psychophysischen Arbeiten.
1887	Fechner stirbt in Leipzig.

Elemente der Psychophysik

In seinem zweibändigen Hauptwerk *Elemente der Psychophysik* (1860/1889) entwirft Fechner erstmals eine mathematisch-experimentell fundierte Lehre von den Abhängigkeitsbeziehungen zwischen Physis und Psyche und prägt den Begriff *Psychophysik.* Darunter versteht er »eine exakte Lehre von den functionellen Abhängigkeitsbeziehungen zwischen Körper und Seele, allgemein zwischen körperlicher und geistiger, physischer und psychischer Welt« (ebd., Teil 1, S. 8). Die Psychophysik gliedert sich in zwei Teile: in einen äußeren Teil, der die Beziehungen des Psychischen zur physischen Außenwelt, und in einen inneren, welcher das Verhältnis der Psyche zur physischen Innenwelt untersucht, wobei Fechners naturwissenschaftlicher Forschung vorerst nur die äußere Psychophysik zugänglich war.

Fechner unterscheidet (wie vor ihm bereits Weber) eine untere und eine obere Reizschwelle sowie eine Unterschiedsschwelle: Die untere Reizschwelle (auch Merklichkeitsschwelle genannt) werde erreicht, wenn ein Reiz gerade noch empfunden werde; sie ist also die Grenze zu objektiv gegebenen, aber noch nicht empfundenen Reizen. Die *unterschwelligen Reize* werden von Fechner auch negative Empfindungen genannt. Die *obere Reizschwelle* werde dagegen dann erreicht, wenn die Reizintensität so groß werde, dass die Sinnesorgane des Menschen sie (in ihrer Zunahme) nicht mehr registrierten und damit ein Maximum erreicht sei. Die *Unter-*

schiedsschwelle bezeichnet schließlich die Stelle auf einer Reizskala, an der zwei Reize als identisch empfunden werden. Fechner befasst sich außerdem mit den *absoluten Schwellenwerten* bzw. dem Nullpunkt seiner Skalen und weist auf Empfindungen hin, die unter diesem Nullpunkt lägen und dennoch eine gewisse Wirksamkeit zeigen könnten.

Nach dem von Fechner mathematisch ausformulierten und später von ihm so genannten *Weber'schen Gesetz* verhalten sich die Intensitäten der Empfindungen proportional zu den Logarithmen der Reizstärken. Aus dieser Formel geht hervor, dass im höheren Bereich der Reizskala größere Reizzunahmen erforderlich sind als in den unteren Bereichen, um eine identische Verstärkung der Empfindung zu bewirken.

Das Weber'sche Gesetz

Nach Fechner (1860/89, Teil 2, S. 13) lässt sich das Weber'sche Gesetz (1887 von Fechner so bezeichnet) wie folgt beschreiben: Die Größe der Empfindung ist proportional zum Logarithmus des fundamentalen Reizwertes. Das heißt: Die Größe der Empfindung steht nicht etwa im Verhältnis zur absoluten Größe des Reizes, sondern im Verhältnis zum Logarithmus der Größe des Reizes. Voraussetzung dafür ist, dass dieser Reiz auf seinen Schwellenwert bezogen wird.

Die mathematische Formel für das Maß der Empfindung lautet also:

$$E = K \cdot \log R$$

E = Empfindungsintensität
R = Reizgröße
K = Konstante (konstanter Schwellenwert)

Der als Weber-Fechner'sche Konstante bezeichnete, gleich bleibende Schwellenwert ist dabei der Ausdruck für die Konstanz des eben noch merklichen Unterschiedes:

$$K = \Delta I / I$$

K = Konstante (konstanter Schwellenwert)
I = Intensität des Standardreizes
Δ I = zusätzliche Intensität (damit ein zweiter Reiz die Schwelle überschreitet und damit als unterschiedlicher Reiz erkannt wird)

Das konstante Verhältnis K bezieht sich auf Experimente in einem bestimmten Sinnesbereich. In verschiedenen Sinnesbereichen ist K also unterschiedlich groß. Das konstante Verhältnis beträgt nach Fechner:

- bei Gewichten (zweier Körper) 1/50
- bei Helligkeiten (zweier Lichtquellen) 1/60
- bei Temperaturen (zweier Wasserproben) 1/30
- beim Geschmack (zweier Salzlösungen) 1/30
- beim Druck (auf die Haut) 1/10

Als Beispiel seien hier die Messungen der eben merklichen Differenzen von Temperaturen in Abhängigkeit von einer Ausgangstemperatur aus Fechner (1860/1889, Teil 1, S. 202f.) angeführt, wobei angenommen wurde, dass der noch bemerkbare Temperaturunterschied umso größer sein muss, desto höher die Temperatur selbst ist. Der kleinste Unterschied, der wahrgenommen wurde, stand zum Ausgangswert in einem festen Verhältnis: Die Berechnung ergab ein konstantes Verhältnis von 0.036 : 1. Das heißt: Die Temperatur muss pro Grad der Anfangstemperatur jeweils um rund 4 % anwachsen, damit die Differenz bemerkt wird.

Im zweiten Teil seines Werkes weist Fechner im Zusammenhang mit den Empfindungen, die unter dem Nullpunkt liegen und dennoch eine gewisse Wirksamkeit zeigen können, u. a. auch auf den Unterschied von wachem Leben und Traumleben hin. So genüge weder die einfache Herabdrückung des bewussten Seelenlebens unter die Hauptschwelle noch die Abziehung der Aufmerksamkeit von den Einflüssen der Außenwelt, um die Eigenschaften des Traumlebens gegenüber dem Wachleben zu verstehen. Außerdem liege die

Vermutung nahe, dass auch der Schauplatz der Träume ein anderer sei als jener der Vorstellungen einer wachen Person. Andernfalls könne der Traum bloß eine auf einem niedrigen Grade der Intensität sich haltende Fortsetzung des wachen Vorstellungslebens sein und würde dessen Inhalt und Form teilen.

Methode

Fechner (1860/89) bezieht sich in seiner Untersuchung nur auf die Abhängigkeiten zwischen Physis und Psyche und klammert die Frage nach dem ontologischen Status dieses Verhältnisses methodisch aus. Für eine mathematische Erfassung psychischer Vorgänge mussten diese einer Messung zugänglich sein. Weil aber nur das Physische gemessen werden kann, konnte das Maß des Psychischen erst in Abhängigkeit davon gewonnen werden.

Eine Formel glaubte Fechner in dem von ihm ausformulierten *Weber'schen Gesetz* gefunden zu haben, wobei er drei Methoden zur Überprüfung einer Empfindungsdifferenz unterscheidet: die *Methode des eben merklichen Unterschieds* (durch sie wird die Größe des Reizunterschiedes bestimmt); die *Methode der richtigen und falschen Fälle* (bei minimalen Differenzen erfolgen gleiche bzw. ungleiche Reize und die Versuchspersonen bezeichnen Abweichungen und deren Richtungen) und schließlich die *Anpassungsmethode* (die Gleichheit der Reize wird von den Versuchspersonen hergestellt, indem beispielsweise die Lichtstärke einer Vergleichsglühbirne so lange verändert wird, bis sie der Lichtstärke der Standardbirne entspricht).

Rezeption

Die Rezeption von Fechners Werk *Elemente der Psychophysik* war widersprüchlich: Die unterschiedlichen Methoden zur Untersuchung der Empfindungen formierten sich zu einem umfangreichen Forschungsprogramm, dem großer Respekt entgegengebracht wurde und welcher der Psychologie schon ansatzweise einen naturwissenschaftlichen Status verlieh, obgleich sich Fechner nicht als Psychologe verstand; andererseits wurde Fechner schon bald in Frage gestellt, heftig kritisiert und angegriffen.

Kritik an der klassischen Psychophysik

Nach Pongratz (1967/84, S. 98) wurden u. a. folgende Kritikpunkte angeführt:

- *Messbarkeit:* Die Vorannahme, dass sich Empfindungen (wenngleich auch nur indirekt) messen lassen wie etwa die Länge eines Stabes, wird als fragwürdig bezeichnet.
- *Geltungsbereich:* Die Beziehung zwischen Physis und Psyche kann mit dem Weber'schen Gesetz nicht generell ausgedrückt werden, denn das Gesetz gilt nur im mittleren Bereich des Reizkontinuums und vornehmlich im Bereich der Empfindungen.
- *Störvariablen:* Beispielsweise sind die Schwellenwerte keine absoluten Größen, sondern verändern sich von Person zu Person. Sie hängen auch von der Tagesform einer Person ab, ja sie sind von der momentanen Motivation, Aufmerksamkeit, Ermüdung usw. abhängig.

Wissenschaftliche Nachwirkungen

Fechner entwirft in den *Elementen der Psychophysik* die Lehre von der Abhängigkeit zwischen Körper und Seele auf der Basis mathematischer Methoden; die Mathematik wird wiederum auf der Basis empirischer Forschung angewandt. Seine Psychometrie basiert dabei nicht wie jene Herbarts auf apriorischen Spekulationen. Die Geschichte der Psychologie befand sich vielmehr genau bei Fechner (nicht bei Wundt) auf der Schwelle zu einer Psychologie in einem noch heute geltenden experimentellen Sinne. Fechner ist also der Pionier der *experimentellen Psychologie*, wenn nicht gar ihr Begründer.

Fechner bekannte sich zum *Monismus*: Körper und Geist sind eins; das Eine wird allerdings von zwei Standpunkten aus betrachtet. So handelt es sich bei Fechners Standpunkt allenfalls um eine besondere Form von Monismus, denn die *Elemente der Psychophysik* förderten letztlich mehr den von Fechner gerade nicht beabsichtigten *Dualismus* (Physis/Psyche). Unter *Psyche* wird dabei die subjektive (von Fechner nicht näher untersuchte) Innenwelt, in der das bewusste Erleben erfolge, verstanden, wobei das bewusste Erleben die physikalischen Reize widerspiegle. Fechner hat somit auch zur weiteren Entwicklung der *Widerspiegelungstheorie* beigetragen. Dasselbe gilt auch für die psychoanalytische Theoriebildung. Auch Freud sollte sich in seinem Hauptwerk *Die Traumdeutung* (1900/72) mehrmals auf Fechner beziehen.

Praktische Auswirkungen

Fechner wies, freilich in Grenzen, nach, dass die Abbildung der Realität durch die Sinnesorgane nicht eins zu eins erfolgt. Generalisiert heißt dies, dass Personen selbst bei einfachsten Reizen die Wirklichkeit nicht genau so wahrnehmen, wie diese sich ihnen darbietet. Je komplexer aber die Reizgestalt wird, in der sich die Wirklichkeit den Personen präsentiert, desto stärker weichen die Sinnesempfindungen von ihr ab, und zwar nun nicht mehr nur quantitativ, sondern auch qualitativ. Fechners Forschungsarbeit ist darüber hinaus hinsichtlich der Feststellung von Schmerzempfindlichkeit relevant. Hierbei kommt der Bestimmung der unteren und oberen Reizschwellen besondere Bedeutung zu.

Wilhelm Wundt

Ausgangspunkte

Wundt ließ sich stark von der Lektüre Schopenhauers beeinflussen. Seiner philosophischen Grundeinstellung nach blieb er sein ganzes Leben lang voluntaristischer Idealist, was sich sicherlich in seiner Weltanschauung und politischen Haltung, aber auch in seinen philosophischen und teilweise bis in seine wissenschaftlichen Werke hinein auswirkte. Schon während seiner Ausbildung entwickelte er sich jedoch hauptsächlich zu einem Naturwissenschaftler und später zu einem naturwissenschaftlich orientierten Psychologen, wobei hier Weber und Fechner sowie zwischenzeitlich auch Helmholtz wegweisend waren.

Zeittafel

1832	Wilhelm Wundt wird in Neckarau (heute Stadtteil von Mannheim) als Sohn eines Pastors geboren.
1851–56	Wundt studiert Medizin, zunächst in Tübingen, dann in Heidelberg. Dissertation über das Verhalten der Nerven.
1857	Er habilitiert sich im Fach Physiologie und führt viele Lehrveranstaltungen durch. Aufgrund der Überforderung erleidet er einen Blutsturz.
1858	Mit der Berufung von Helmholtz nach Heidelberg wird Wundt Assistent am Institut für Physiologie. Schon bald Aufgabe der Stelle, um sich eigenen Forschungsarbeiten zu widmen.
1860	Das Lazarus-Steinthal'sche Programm der Völkerpsychologie erscheint.
1862	Wundts *Beiträge zur Theorie der Sinneswahrnehmung* werden veröffentlicht. In der Vorrede dieser im Übrigen naturwissenschaftlich geprägten Arbeit weist er erstmals auf Lazarus und Steinthal sowie auf deren Zeitschrift hin.
1863	Wundt veröffentlicht die *Vorlesungen über die Menschen- und Thierseele* (u. a. mit einem völkerpsychologischen Ansatz)
1864	Wundt wird zum außerordentlichen Professor für Anthropologie und medizinische Psychologie an der Me-

dizinischen Fakultät der Universität Heidelberg ernannt.

1864–68 Er wird als Vertreter der Stadt Heidelberg zum Abgeordneten des Badischen Landtages in dessen zweite Kammer gewählt und setzt sich für die Interessen des liberalen Bürgertums ein.

1874 Berufung auf den Lehrstuhl für Induktive Philosophie in Zürich.

1875 Wundt wird an die Universität Leipzig berufen.

1879 Unter Wundts Leitung wird das erste psychologische Labor an der Universität Leipzig gegründet. Nach einer privatwirtschaftlichen Anfangsphase werden ihm mit dem wachsenden Zustrom von Schülern von der Leipziger Bürgerschaft und der sächsischen Regierung öffentliche Mittel für das Institut für experimentelle Psychologie zur Verfügung gestellt.

1886 In der von Wundt begründeten Zeitschrift *Philosophische Studien* erscheint der Artikel *Über Wege und Ziele der Völkerpsychologie*, in dem Wundt die ersten Völkerpsychologen angreift.

1887 Auf Steinthals Replik in der *Zeitschrift für Völkerpsychologie und Sprachwissenschaft* antwortet Wundt nicht.

1892 In der 7. Auflage der *Vorlesungen über die Menschen- und Thierseele* erscheint sein eigener völkerpsychologischer Ansatz nicht mehr.

1888 Wundts Schüler Külpe übernimmt zeitweilig die Psychologie-Vorlesungen Wundts, während Letzterer vor allem über Philosophie unterrichtet.

1893 Külpe veröffentlicht die Wundt gewidmete Monographie *Grundrisse der Psychologie*, die – dem damaligen Materialismus der Naturwissenschaftler entsprechend – vorwiegend positivistisch geprägt ist und den Vorschlag beinhaltet, die Psychologie von der Philosophie zu trennen, was Wundt missfällt, aber seinen Nachfolgern mehrheitlich zusagen sollte.

1896 Wundt veröffentlicht unter dem gleichen Titel wie Külpe *Grundrisse der Psychologie* ein neues Lehrbuch und kritisiert Külpes Arbeit in den *Philosophischen Studien*.

1900 Der erste Band der insgesamt zehnbändigen *Völkerpsychologie* erscheint.

1908–10 Wundt-Bühler-Kontroverse über die Methode der experimentellen Selbstbeobachtung der Würzburger Schule.

1913 Lehrstuhlstreit: Während einige Psychologen philosophische Fragen gerne den Philosophen überlassen würden, wenn sie dafür nur auch eine Laborausstattung bekämen, wendet sich Wundt gegen die Trennung der Psychologie von der Philosophie. Er betrachtet eine philosophische Grundlegung der Psychologie nach wie vor als wichtig, sieht er doch in der Psychologie zwar nicht eine Geisteswissenschaft, aber doch eine Wissenschaft, die zwischen Geisteswissenschaft und der eigentlichen Naturwissenschaft (u. a. Physiologie) zu vermitteln vermag.

1915 Krueger veröffentlicht die Arbeit *Über Entwicklungspsychologie, ihre Sachlichkeit und geschichtliche Entwicklung*, in der er vorschlägt, den Namen »Völkerpsychologie« für die neue Wissenschaft durch »Entwicklungspsychologie« zu ersetzen, wovon Wundt nicht angetan ist.

1916 Wundt bezweifelt zwar in seiner Antwort *Völkerpsychologie und Entwicklungspsychologie* nicht, dass die grundlegenden Probleme der Völkerpsychologie Entwicklungsprobleme seien, doch weist er die von Krüger vorgeschlagene Bezeichnung, die sich auch auf die Psychologie des Kindes sowie die Tierpsychologie beziehen könne, als zu weit gefasst zurück, was für Krueger eine »schmerzliche Enttäuschung« ist (Brief Kruegers an Wundt vom 26.10.).

1920 Wundt stirbt in Großbothen bei Leipzig.

Vorlesungen über die Menschen- und Tierseele

Wundts *Vorlesungen über die Menschen- und Tierseele* (1863/1892) stellen eine erste Zusammenfassung seiner Forschungen über die Bedingungen und Erscheinungen psychischen Lebens dar. Der Autor begründet in diesem Werk die naturwissenschaftliche Ausrichtung der Psychologie. Für die Entwicklung der Psychologie relevant ist dieses Werk nach wie vor, weil es den sogenannten *psychophysischen Parallelismus* aus der Perspektive des Psychologen betrachtet. Dieser Parallelismus ist eine Antwort auf das alte Leib-Seele-Problem. Nach Wundt stehen der psychische und der physische Bereich in strenger Entsprechung zueinander.

Wundt (an-)erkennt allerdings schon in den *Vorlesungen* das Prinzip der schöpferischen Resultanten bzw. der *schöpferischen*

Synthese, unter der er den von ihm angenommenen Sachverhalt versteht, dass die psychischen Elemente zwar primär durch ihre kausalen Wechsel- und Folgewirkungen Verbindungen erzeugen würden, die aus ihren Komponenten psychologisch erklärt werden könnten, aber gleichwohl zu qualitativen Eigenschaften führten, die in ihren Elementen *nicht* enthalten seien. An diese neuen Eigenschaften würden auch eigentümliche Wertbestimmungen geknüpft, die in den Elementen nicht vorgebildet seien.

Wundt formuliert in den *Vorlesungen* (1863; 1. Auflage) auch seine grundlegenden Vorstellungen zu einem völkerpsychologischen Ansatz und bezieht sich hierbei u. a. auf den im Vorjahr erschienenen Synthese-Artikel von Lazarus sowie auf das Lazarus-Steinthal'sche Programm der Völkerpsychologie aus dem Jahre 1860. Später führt Wundt (1892; 7. Auflage) diesen völkerpsychologischen Ansatz aus seinem Jugendwerk nicht mehr an.

Grundzüge der physiologischen Psychologie

In seinem naturwissenschaftlich-psychologischen Hauptwerk *Grundzüge der physiologischen Psychologie* (1874/1908) geht Wundt von der Annahme aus, dass physische und psychische Vorgänge parallel geschaltet sind und auch stets einander entsprechend verlaufen (*psychophysischer Parallelismus*). Für Wundt erfordert dies nun nicht mehr einen beständigen Bezug zum physiologischen Bereich. Im Gegenteil: Es müsse *nicht* beständig auf das physiologische Substrat zurückgehen. Somit lehnt Wundt den *physiologischen Reduktionismus* ab.

Wundts Konzept des Parallelismus legt den Weg frei, Psychisches mit Psychischem zu erklären. Nach dem Autor herrscht im psychischen Bereich, dem Zuständigkeitsbereich der Psychologen, das *Prinzip der psychischen Kausalität*, mit dem behauptet wird, dass Psychisches aus Psychischem entsteht. Psychische Zustände seien also nichts anderes als Wirkungen psychischer Ursachen. Wundt erkennt hier eine selbständige psychische Kausalität an und schafft damit ein Paradigma, das den Psychologen die weitere Verselbständigung ihrer Wissenschaft nach Gegenstand und Methode ermöglichte und sie von der Aufgabe befreite, zu den psychischen Phänomenen beständig die physiologischen Entsprechungen zu suchen.

Psychophysischer Parallelismus

Der Psychophysische Parallelismus wurde von Wundt in den *Vorlesungen über die Menschen- und Thierseele* und in den *Grundzügen der physiologischen Psychologie* formuliert. Zusammenfassend kann dazu festgehalten werden:

- *Parallelität:* Psychische und physische (bzw. körperliche) Vorgänge gehen parallel nebeneinander her.
- *Keine Wechselwirkung:* Die Parallelschaltung erfolgt ohne *gegenseitiges* Kausalverhältnis, d. h. Wechselwirkungen zwischen psychischen und körperlichen Bereichen werden nicht angenommen.

Daraus folgt:

- *Psychische Kausalität:* Psychisches, das aus Psychischem entsteht, kann kausal erfasst werden und ermöglicht somit ausschließlich psychologische Erklärungen.
- *Psychologie:* Die Psychologie wird nach Gegenstandsbereich sowie Methode eine selbständige Wissenschaft.

Wundt versteht den psychophysischen Parallelismus heuristisch und keineswegs metaphysisch-substantiell. Das Paradigma soll die Möglichkeit eröffnen, spezifisch psychologische Probleme zu lösen. Er sieht die psychische Kausalität dabei in einem offenen Sinne: Sie sei von der *geschlossenen* Naturgesetzlichkeit, aber nicht von der Naturgesetzlichkeit überhaupt, gelöst und damit spezifisch für den Menschen. Die psychische Kausalität sei zwar paradigmatisch betrachtet *nicht* ohne Beziehungen zum physischen Bereich (negiert werden nur »Wechselwirkungen«); aber dennoch von demselben unterschieden, ja sie hebe sich von ihm ab, ohne indes je in Widerspruch zu ihm zu gelangen. Das heißt: Wundt versteht die psychische Kausalität im Grunde genommen als *offene Naturgesetzlichkeit*, mithin die Psychologie als quasi-naturwissenschaftliche Disziplin »neben« oder »über« den eigentlichen Naturwissenschaften.

In den *ersten Abschnitten* der *Grundzüge der physiologischen Psychologie* untersucht Wundt, nach einer generellen Behandlung der körperlichen Grundlagen des Seelenlebens, die Elemente desselben, die primär in den Sinnesempfindungen angesiedelt werden. Doch nicht nur die Empfindungen seien Elemente des Psychischen, sondern auch einfache Emotionen (Erregung – Beruhigung, Spannung – Entspannung, Lust – Unlust), wobei die Sonderung und Kategorisierung dieser zwei Arten ausschließlich durch die begriffliche Abstraktion erfolge.

Im *dritten Abschnitt* behandelt Wundt die Bildung der Sinnesvorstellungen über Raum und Zeit hinweg auf experimenteller Basis. Aus den Elementen formten sich durch Assoziation oder durch willentlich geleitete Aufmerksamkeit (Apperzeption) psychische Gebilde, die *mehr* seien als bloße Aggregate. Der Autor legt in diesem Kontext u. a. dar, wie sich aus Empfindungen Vorstellungen bilden.

Im *vierten Abschnitt* werden Gemütsbewegungen und Willenshandlungen betrachtet: Wundt führt dabei das Wollen als gleichberechtigtes psychisches Phänomen neben Vorstellen und Fühlen ein und begründet damit den *Psychologischen Voluntarismus.*

Im *fünften Abschnitt* geht es um den Verlauf und die Verbindungen psychischer Vorgänge. Wundt setzt sich in diesem Kontext mit den Ansätzen der Assoziationstheoretiker auseinander: Seinem Voluntarismus folgend, erachtet er Akte, insbesondere willentliche, als mindestens so relevant wie bloße Assoziationen. Wundts sogenannte *Elementenpsychologie* kennt auch Bildungen, die zwar *mehr* sind als ihre Elemente, aber aus deren Kombination hervorgehen, ja er erkennt schließlich in der willensmäßigen Aktivität das Grundmerkmal des Psychischen (Aktualitätstheorie). Somit ist Wundts Psychologie keineswegs auf Elementenpsychologie reduzierbar.

Wundts Psychologie hat dennoch letztlich einen naturwissenschaftlichen oder vielmehr quasi-naturwissenschaftlichen Charakter (bzw. in seinen völkerpsychologischen Arbeiten dann einen naturgeschichtlichen), weil er mit der von ihm vorgenommenen Parallelschaltung eines psychischen Bereichs mit einem physischen – mindestens in systematischer Hinsicht – nur auf die *Natur des Individuums* (bzw. auf das »physiologische Substrat«) bezogene psychische Ereignisse annimmt (bzw. eine auch die gesellschaftliche Praxis einbeziehende Widerspiegelungstheorie zeitlebens nicht formuliert oder auch nur anstrebt zu formulieren) *und* folgerichtig die Psychologie von elementaren zu höheren Ereignissen hin sukzessive aufbaut oder zumindest so aufzubauen versucht. Wundts Unterscheidung zwischen experimenteller Methodik und Beobachtungsmethodik erfolgt dann auch *nicht* gemäß dieser Parallelschaltung, sondern nach anderen Kriterien. Wundt bezieht die experimentelle Methodik auf die elementaren Ereignisse, die er der physiologischen Psychologie, mithin schon dem psychologischen Bereich, zurechnet.

Methode

Wundts *experimentelles Vorgehen* ist vergleichbar mit jenem der Physiologie in der zweiten Hälfte des 19. Jahrhunderts. Er erwartete von diesen Experimenten ausschließlich Ergebnisse über elementare psychische Vorgänge. Für komplexere oder höhere psychische Prozesse und deren »Geisteserzeugnisse« sah Wundt das Experiment *nicht* vor; eine Abgrenzung, die er zeitlebens verteidigen sollte, denn nach ihm können diese Vorgänge von den Psychologen nur betrachtet werden, sofern sie von Menschen erfahrbar sind sowie in Bezug auf die Entstehung dieser Erfahrungen. Hingegen könnten mit (quasi-) naturwissenschaftlichen Experimenten die Objekte der Erfahrung nur in ihrer wirklichen, objektiven Beschaffenheit untersucht werden; nicht zuletzt auch deshalb, da aufgrund des sogenannten Prinzips der Heterogonie der Zwecke (s. u.) das Neugeschaffene (Beispiel: schöpferische Synthese) im Allgemeinen nicht vorausbestimmt werden könne (Janich, 2006).

Daneben betrachtet Wundt aber noch eine zweite Methode als für die Psychologie relevant. Es handelt sich um die *Beobachtung*, bei welcher die experimentelle Einwirkung auf den Gegenstand wegfalle, wobei reine Beobachtung vor allem einem einzelnen Gegenstand angemessen sei, der als solcher relativ konstant sei. Demnach ist die Beobachtungsmethode im Unterschied zum Experiment nach Vorgabe der Physiologie auch bei höheren psychischen Erzeugnissen anwendbar, sofern dieselben genügend Beharrungsvermögen und Unabhängigkeit vom Beobachter besitzen. Das ist beispielsweise auch bei den von Wundt letztlich naturgesetzlich erklärten Geisteserzeugnissen wie der Sprache der Fall, einem der bevorzugten Gegenstände der Völkerpsychologie, der sich schon der junge Wundt widmete und der sich der alte Wundt nach einer längeren, vorwiegend experimentell ausgerichteten Forschungsphase wieder vermehrt zuwandte. Nach Wundt erlauben die Beobachtungsgegenstände, die objektiven Tatsachen oder sogenannten Geisteserzeugnisse, Rückschlüsse auf entsprechende psychische Prozesse. Den genauen Ausweis dieser *Rückschlussmethode* blieb der Autor allerdings schuldig, weshalb er auch keinen eigentlichen methodischen Beitrag zur *Völkerpsychologie* zu leisten vermochte und dieselbe in psychologischen Fachkreisen schließlich bis heute wenig Anerkennung fand.

Nach Wundt haben beide Methoden, das Experiment und die Beobachtung, ihre Berechtigung und ihren eigenen Zuständigkeitsbereich. Der Autor beharrt dabei innerhalb von seiner Psychologie meistens auf einer Art Dualität der Standpunkte. Er legt dieselbe zweigliedrig an, aber nur in methodischer, keineswegs in gegenständlicher oder gar substanzieller Hinsicht. Eine Unterscheidung zwischen einem individuum-

und einem soziozentrierten Gegenstand würde den doch recht systematischen und stringenten Aufbau seiner Theorie verkennen (s. u.). Wundt stellte die junge Wissenschaft also »auf ein doppeltes *methodisches* Fundament« und dachte bezüglich Experiment und Beobachtung an Methoden, die einander ergänzen – nicht an ein »Entweder-Oder«, sondern an ein »Sowohl-als-auch« (Pongratz, 1967/84, S. 103; Hervorhebung von den Autoren).

In seiner umfangreichen *Völkerpsychologie* (1900–20/21) kann sich Wundt allerdings selten auf eigene Beobachtungen beziehen. Es handelt sich vielmehr meistens um *Sekundäranalysen* zeitgenössischer anthropologischer und ethnologischer Beobachtungen. Wundts Methodik der Forschung beschränkt sich in diesem Werk auf Vergleichen und Interpretieren, auf Subsumtion und Analogiebildung. In der weitgehend naturgeschichtlich konzipierten Darstellung ist zudem der individualpsychologische Hintergrund nicht zu verkennen. So verwendet der Autor bei der Analyse von Dokumenten nicht zuletzt auch Ergebnisse aus der experimentellen Psychologie.

Rezeption

Wundt wurde nicht zuletzt dank seines weltweit ersten psychologischen Labors in Leipzig in Fachkreisen international bekannt. Er beschäftigte in der ersten Leipziger Schule, wie sie später auch genannt wurde, viele junge Wissenschaftler aus dem In- und Ausland. Zu seinen bekanntesten Schülern gehörten Münsterberg, Külpe, Meumann, Marbe, Lipps und Krueger. Von den angelsächsischen, überwiegend amerikanischen Schülern seien hier Catell, Hall und Titchener genannt. Viele junge Wissenschaftler kamen auch nur kurz besuchsweise im Leipziger Labor vorbei, wie beispielsweise der junge Pawlow. Auf diese Weise wurde Wundts naturwissenschaftliches Wissenschaftsverständnis als vorwiegend »experimentelles« in verschiedenen Kontinenten bekannt, während seine völkerpsychologischen Beiträge als vermeintlich »geisteswissenschaftliche« dem »Zeitgeist« entsprechend bis heute weniger aufgenommen wurden bzw. einer teilweisen oder vollständigen Ignorierung, Verleugnung oder gar Umfunktionierung zum Opfer fielen (vgl. Jüttemann, 2006).

Angefangen mit der Veröffentlichung der *Grundzüge der physiologischen Psychologie* wurde Wundt immer ausgeprägter als »Begründer der experimentellen Psychologie« betrachtet. Diese Bezeichnung hat aber nicht so sehr mit seiner zeitweise ausschließlichen Beschäftigung mit experimenteller Psychologie zu tun, wie vielfach angenommen wurde, und vielleicht noch weniger mit dem immensen Umfang seines schriftlichen Werkes, das trotz konsequenter Linienführung manchmal auch widersprüchlich zu sein scheint. Da die Zeichen der Zeit die naturwissenschaftliche Denkrichtung begünstigten, übersahen Wundts Nachfolger mehr oder weniger geflissentlich, dass ihr geistiger Vater – schon von seiner idealistischen Philosophie her, aber auch in methodischer Hinsicht – eben nicht nur naturwissenschaftlich, sondern sicherlich auch geisteswissenschaftlich *inspiriert* war. Selbst Dilthey sollte bei der Begründung seiner verstehenden Psychologie an diese Seite Wundts anschließen können. Wundts größte Leistung im Hinblick auf die immense Rezeption war jedoch die Organisation, Konsolidierung und Systematisierung der Psychologie sowie die Ausbildung einer Generation von Wissenschaftlern, die sich – einmal rein wissenschaftslogisch betrachtet – dank seines psychophysischen Parallelismus schließlich ausschließlich als Psychologen verstehen und auch entsprechend wirken konnten.

Wundt leistete einen großen und wahrscheinlich auch den entscheidenden Beitrag dazu, dass die Psychologie ihren Status einer Hilfswissenschaft für die Physiologie endgültig überwinden konnte und eine selbständige Wissenschaft wurde. Künftig kümmerten sich auch die naturwissenschaftlich zentrierten Psychologen meistens nur noch der Form halber oder im Einzelnen überhaupt nicht mehr um die neurobiologischen Grundlagen ihrer psychologischen Forschungsergebnisse. Angesichts der modernen Biologie und insbesondere angesichts der Fortschritte der Neurologie stellt sich allerdings vielen naturwissenschaftlich orientierten Psychologen neuerdings die Frage, ob nicht wieder eine differenzierte Zuwendung zur Basis der Psychologie erforderlich wäre.

Wissenschaftliche Nachwirkungen

Der von vielen Historikern der Psychologie einseitig als experimenteller Psychologe bezeichnete Wundt hinterließ *auch* ein umfangreiches Werk, das nicht – oder jedenfalls nicht direkt und auch nicht seiner Intention nach – experimentell oder gar ausschließlich experimentell ausgerichtet ist. Gleichwohl handelt es sich letztlich um ein naturwissenschaftliches bzw. in weiten Teilen mindestens um ein »naturgeschichtlich« ausgerichtetes *psychologisches* Werk, und dies nicht nur – wie es später bei Bartlett der Fall sein sollte – in forschungspraktischer Hinsicht oder die »Zweckmäßigkeit« betreffend; ein Ausdruck, den Wundt selbst verwendete, etwa gegen Krueger, als dieser die »Völkerpsychologie« in »Entwicklungspsychologie« umbenennen wollte (Meischner-Metge, 2006, S. 86).

In theoretischer Hinsicht wird Wundts naturgesetzliche Weiterführung seiner grundlegenden Konzepte schon bei der Entwicklung seines Konzeptes der schöpferischen Synthese in den *Vorlesungen* sichtbar. Der Autor entwickelte dieses Konzept aus der »Elementenpsychologie«, auf die seine Psychologie zuweilen reduziert wurde, und zwar schon von Forschern jener Schulen, die direkt auf seine Leipziger Schule folgten. Dieselbe Form der konzeptuellen Weiterentwicklung findet sich auch bei seiner Aktualitätstheorie und sie scheint, zusammen mit der Behandlung der Willenshandlungen, hinsichtlich seines *Prinzips der Heterogonie der Zwecke* generell zutreffend zu sein; ein Prinzip, das dem Erhaltungsprinzip keineswegs widerspricht, sondern es ergänzt, und das besagt, dass »Nebenfolgen von zweckgerichteten Handlungen (…) zu Hauptzwecken neuer Handlungen werden, bis die früheren Zwecke nicht mehr handlungsleitend sind« (Janich, 2006, S. 89).

Wundts Ansatz ist ein folgenreicher aktualgenetischer Ansatz, der bei ihm – im Unterschied zu den Denk- und Willenspsychologen der Würzburger Schule und zu den Ganzheitspsychologen der Zweiten Leipziger Schule, die ihm diesbezüglich nachfolgen sollten – in einem naturwissenschaftlichen Sinne fundiert ist. Wundt selbst sollte aber in seiner monumentalen *Völkerpsychologie* aufgrund des *Emergenzprinzips* sowie mit seinem Verständnis von einer kontinuierlichen Entwicklung durchaus auch über die Naturgeschichte hinausweisen können (z. B. auf entstehende soziale Institutionen, deren Träger allmählich die Motive ändern, von denen sie ausgegangen sind). So dehnte er seinen Ansatz über das Individuum hinaus stellenweise auch auf die soziale Gemeinschaft aus, auch wenn dieser in der spezifisch menschlichen Geschichte nicht mehr vollumfänglich, sondern allenfalls noch als Moment der Entwicklung von Bedeutung ist. Es handelt sich dennoch auch in diesem Werk – zumindest wissenschaftslogisch gesehen – um einen naturgeschichtlichen Ansatz, weil mit ihm die externe Welt ausschließlich als Einwirkung oder Widerständigkeit begriffen wird. So war Wundt zwar an historischen Veränderungen durchaus interessiert (er sah dieselben oft v. a. als Leistungen hervorragender Individuen an), er grenzte aber den Gegenstandsbereich der Völkerpsychologie – angefangen bei der Auseinandersetzung mit Lazarus und Steinthal – jeweils streng von dem der Geschichtswissenschaft ab (vgl. u. a. Zitterbarth, 2006).

Hinsichtlich der Sprache, die er zwar als ein kollektives Phänomen bezeichnet, aber vor allem als jedem einzelnen Menschen und seiner Natur zugehörig erachtet, gelangt Wundt von psychischen Elementen (Empfindungen von Schall, Wärme, Licht usw.) über psychische Gebilde (Vorstellungen, Affekte usw.) und Zusammenhänge psychischer Gebilde (Aufmerksamkeit, Verschmelzungen usw.) zu bloßen Wechselwirkungen (z. B. zwischen Kind und Umgebung). Wundt versteht Sprache als im Prinzip biologisch und in diesem Sinne materiell fundierte Privatsprache – und nicht umgekehrt als primär öffentliche Sprache –, die daher über soziale Regelungen und zwischenmenschliche Bezüge von Anfang an »bedeutungsvoll« und als solche auch artefaktisch tradierbar – kurz: historisch und nicht nur naturhistorisch – verstanden wird. Geisteserzeugnisse in Wundts Sinne werden von ihm dabei ohne Konzepte wie (mitunter auch materielle) Objektivierung, (überindividuelle) Tradierung und (individuelle) Aneignung erklärt. Erst Wygotski, Leontjew und Lurija versuchten das kollektive Phänomen der Sprache wesentlich kulturhistorisch zu erklären.

Praktische Auswirkungen

Aus den in Wundts Labor hergestellten Instrumenten ging teilweise auch das Instrumentarium für die *Angewandte Psychologie* hervor, obgleich Wundt selbst diesem Programm mit seinem Widerstand gegen eine Trennung der Psychologie von der Philosophie sowie mit seiner Eingrenzung des experimentellen Bereichs kritisch bis ablehnend gegenüberstand. So war etwa der in Danzig geborene Münsterberg, der bei Wundt Psychologie studierte und zusätzlich in Medizin promovierte, nicht nur ein tatkräftiger Förderer der Experimentellen Psychologie, sondern zugleich auch der Angewandten Psychologie. Münsterberg, der später von William James als Dozent an die Harvard University gerufen wurde, machte auch den von Wilhelm Stern geprägten Begriff *Psychotechnik* populär. Für ihn wurde die Psychotechnik zum Wissensgebiet von der Anwendung der Psychologie im Dienste der »Kulturaufgaben«. Schon bald verstand er darunter den gesamten psychologischen Bereich, soweit er auf unmittelbare Anwendung bezogen war. Psychologische Erkenntnisse und Verfahren wurden denn auch im Laufe der Zeit auf das »gesamte zivilisatorische Leben« angewendet, wobei die Berücksichtigung technischer Prüfmittel besonders für Wirtschaft und Industrie relevant wurde. Immerhin wollte und konnte die Psychologie damit auch teilweise ihren praktischen Nutzen unter Beweis stellen. So entwickelte Münsterberg, angeregt durch Industrie, Verbände und Verwaltungen, im Jahre 1910 z. B. die ersten Berufseignungstests für Straßenbahnfahrer. Bald folgten weitere Anwendungen (Lück & Miller, 1993).

Hermann Ebbinghaus

Ausgangspunkte

Ebbinghaus war beeinflusst von Helmholtz, Weber und Fechner. Besonders beeindruckt war er von Fechners streng empirischer Methodik, doch kritisierte er an ihm, dass er sich auf einfache Sinnesempfindungen beschränkte und den komplexeren Formen des menschlichen Seelenlebens keinen Zugang eröffnete. Wichtig war auch ein mehr praktischer Ausgangspunkt: Bei seiner Tätigkeit als Sprachlehrer gewann Ebbinghaus, der über ein ausgezeichnetes Gedächtnis verfügte, unmittelbaren Einblick in die Lernschwierigkeiten und Gedächtnisprobleme seiner Schüler.

Zeittafel

1850	Hermann Ebbinghaus wird in Barmen (Wuppertal) als Sohn eines Unternehmers geboren.
1874–79	Er bereist Deutschland, England und Frankreich, besucht zahlreiche Universitäten und lernt mehrere Sprachen.
1880–85	Ebbinghaus wird Dozent an der Universität Berlin. Er führt sehr viele Gedächtnisexperimente mit sinnlosen Silben durch. Meistens handelt es sich um Selbstversuche.
1886	Ebbinghaus richtet das erste Berliner Labor für experimentelle Psychologie ein (das zweite psychologische Labor überhaupt nach Wundts Labor in Leipzig).
1890	Zusammen mit seinem Kollegen Arthur König gründet er die *Zeitschrift für Psychologie und Physiologie der Sinnesorgane.*
1894	Professor in Breslau.
1896	Mit einem Artikel *Über erklärende und beschreibende Psychologie* wendet er sich gegen die geisteswissenschaftli-

che Psychologie Diltheys und verteidigt die *experimentelle Psychologie.*

1905 Professor in Halle.

1909 Ebbinghaus stirbt in Halle.

Über das Gedächtnis

Ebbinghaus zeigt in seiner Habilitationsschrift *Über das Gedächtnis* (1885/1966) auf, dass das *Assoziationsprinzip* in der Gedächtnis- und Lernpsychologie eine wichtige Rolle spielt. Zu Beginn der Schrift weist er darauf hin, dass sich die experimentelle Psychologie bisher auf das Gebiet der Sinnesempfindung und die Zeitmessung beschränkt habe. Ebbinghaus strebt ihre Erweiterung an, indem er das bisher aus der experimentellen Psychologie ausgeschlossene menschliche Gedächtnis mit einbezieht. Er arbeitet dazu erstmals mit sinnlosen Silben, um Störvariablen auszuschließen. Der Gedächtnisforscher bezieht sich in dieser Schrift vorwiegend auf seine Selbstversuche: In zwei Jahren hat er mehr als 1000 Listen mit jeweils 12 bis 16 sinnlosen Silben auswendig gelernt und seine Gedächtnisleistung überprüft. Er hat dabei u. a. die notwendigen Wiederholungen bis zur fehlerfreien Wiedergabe gezählt. Seine Forschungsergebnisse veranschaulicht er mit Lern- und Vergessenskurven. Mit der Lernkurve wird die Zunahme des Behaltens in Abhängigkeit von der Übung aufgezeigt und mit der Vergessenskurve die Abnahme des Behaltens entsprechend der Zeitdauer, die seit dem Lernen verstrichen ist.

Methode

Nach Ebbinghaus ist im Hinblick auf eine systematische Untersuchung des Gedächtnisses das Auswendiglernen von Gedichten nicht geeignet. Für die Prüfung der Lernleistungen bevorzugt er daher neutrale, von Erlebnissen nicht vorbelastete Lernelemente: die sogenannten sinnlosen Silben. Ebbinghaus erstellt daraus Silbenreihen, die jeweils zwölf oder mehr Silben beinhalten und aus einem Konsonanten, einem Vokal und einem weiteren Konsonanten (z. B. jös, häm, mök, nit) bestehen. Laut Ebbinghaus haben so konstruierte Silben keine Bedeutung, so dass vom Lernmaterial her gesehen auch keine Störvariable auftrete.

Ebbinghaus arbeitet vorwiegend im Selbstversuch sowie seltener auch im Fremdversuch: Die Versuchsperson lernt zunächst eine Silbenreihe auswendig, wobei das Kriterium für die Auswendigkeit die fehlerfreie Wiedergabe ist. Sodann beschäftigt sich die Versuchsperson in einer Pause (variiert nach Anzahl, aber auch nach Dauer in Minuten, Tagen) mit anderen Dingen. Die Wiedergabe der gelernten Silben nach der Pause ist in der Regel nicht fehlerfrei. Nun wird registriert, wie lange die Versuchsperson braucht oder wie viele Reproduktionen notwendig sind, bis die Reproduktion wieder fehlerfrei ist. Diese Methode wird *Ersparnismethode* genannt.

Rezeption

Die Experimentalpsychologen feierten die Konstruktion sinnloser Silben zunächst mehrheitlich als Beitrag zu einer Methode streng konzipierter Gedächtnisforschung. Die Arbeiten von Ebbinghaus haben bis in die Gegenwart hinein immer wieder zu weiteren Untersuchungen angeregt, doch wurde Ebbinghaus mit der Zeit immer stärker kritisiert, zunächst vor allem von Gestalttheoretikern und Ganzheitspsychologen, die Gegenpositionen zu den Assoziationstheoretikern einnahmen.

Gerade die sinnlosen Silben, eingeführt um Erfahrungswerte und andere Störvariablen auszuschließen bzw. als identische zu kontrollieren, ermöglichten jedoch nicht näher identifizierbare Störungen und führten zu einem Kontrollverlust. Die sinnlosen Silben sind in Wirklichkeit nur mehr oder weniger sinnfrei, denkt doch die Versuchsperson zu den meisten der präsentierten Silben unwillkürlich auch Bedeutungen eines anderen Wortes, beispielsweise eines entsprechenden Dialektwortes, hinzu (z. B. nit = nicht) oder erkennt sie als Abkürzungen oder Wortteile längerer Wörter. Oder die Versuchsperson ersinnt Wortverbindungen, die ihr als Gedächtnisstützen dienen bzw. verändert die Silben, beispielsweise indem sie einzelne Buchstaben weglässt, um die Silben dann durch die Zugabe eines anderen Buchstaben zu einem bekannten Wort zu ergänzen. (z. B. nit – not). Dieser in den Selbst- sowie Fremdversuchen von Ebbinghaus nicht kontrollierbare Assoziations- und/oder Konstruktionsvorgang ist aber möglicherweise gerade das entscheidende Agens beim Lernen von Vokabeln.

Des Weiteren wurde moniert, dass die von Ebbinghaus meistens durchgeführten *Selbstversuche* methodisch durchaus fragwürdig seien: Sein Versuchsverhalten unterliege von Versuch zu Versuch schon kurzfristig und mehr noch längerfristig Übungseffekten und zwischen verschiedenen Selbstversuchen komme es zu nicht kontrollierbaren Interaktionen. Zudem beeinflusse die Produktion der Silben deren Reproduktion und auch die Verbindung neuer Lerninhalte mit alten werde nicht berücksichtigt. Ferner wurde die künstliche Lernsituation, die Reduktion auf Wiederholungen von Silben, die ungenaue Zeitmessung und vieles Weitere kritisiert.

Wissenschaftliche Nachwirkungen

Ebbinghaus hat die experimentelle Psychologie einerseits auch auf höhere psychische Prozesse wie das Gedächtnis bezogen, andererseits hat er sie aber gerade in diesem seinem Spezialgebiet auch auf die Untersuchung sinnloser Silben reduziert, was zu einer nachhaltigen Einschränkung und künstlichen Verkürzung der Gedächtnisforschung führte: Die von ihm ins Leben gerufene moderne experimentelle Gedächtnisforschung wurde zunächst von Müller und seinen Mitarbeitern in Göttingen aufgegriffen, verbessert und weitergeführt. Zahlreiche Experimentalpsychologen glaubten daraufhin trotz anhaltender Kritik »in Hunderten von Experimenten« durch Veränderung der Versuchsbedingungen »Gedächtnis pur« studieren zu können (Schwartz, 1988, S. 111).

Bis weit in den Behaviorismus des 20. Jahrhunderts hinein untersuchten Psychologen das Gedächtnis und das verbale Lernen anhand von diversen Veränderungen in der Vorgabe. Als Material wurden oft weiterhin sinnlose Silben benutzt, manchmal wurden auch einzelne Worte oder Zahlen verwendet. Besonders in den USA wurden diverse Forschungsprogramme in den Gebieten *Verbal Learning* und auch *Verbal Behavior* durchgeführt und entsprechende Fachzeitschriften gegründet.

Im Unterschied zur mechanischen und statischen Auffassung von Ebbinghaus sollte Freud im Rahmen seines breiten Verständnisses von Erfahrung das Gedächtnis als dynamisch organisiert auffassen. Bartlett sollte schließlich in Gedächtnisexperimente wieder sinnvolles Material einführen und somit gerade den Sinn als den wesentlichen Kitt des Gedächtnisses wieder für die Gedächtnisforschung zugänglich machen.

Praktische Auswirkungen

Unter Verwendung der gedächtnis- und lernpsychologischen Arbeiten von Ebbinghaus werden Wirkungen der Werbung (v.a. der Anzeigenwiederholung) auf die Erinnerungsleistung überprüft, denn nach Ebbinghaus hängt der Lernerfolg von der Anzahl der Übungen ab (bzw. von der Anzahl der Wiederholungen). Wie Münsterberg fand auch Ebbinghaus viel Interesse bei Lehrenden, denn er hat aufgezeigt, dass das Gelernte zunächst schnell und dann fortschreitend immer langsamer vergessen wird. Entsprechend werden in Büchern sogenannte Lernkästen beschrieben, zur Herstellung empfohlen und von Produzenten auch angeboten, in denen das Lernmaterial, abgestimmt auf die bereits erfolgten Wiederholungen und den Übungserfolg, umgruppierbar ist.

Russische Reflexologie

Der von Descartes im Jahre 1632 erstmals beschriebene Schutzreflex war in Russland das Modell für die Entwicklung einer sogenannten objektiven Psychologie ab den 60er Jahren des 19. Jahrhunderts bis hinein in die Anfänge des 20. Jahrhunderts. Die russischen Reflexologen versuchten das gesamte Verhalten als Reflextätigkeit zu verstehen. Bei der Reflexologie handelt es sich um einen monistischen Ansatz materialistisch-naturwissenschaftlicher Prägung.

Iwan Michajlowitsch Sechenov

Ausgangspunkte

Sechenov steht in der Tradition der »Psychologie ohne Seele« eines La Mettrie und eines Lange. In Deutschland und Frankreich begegnete er den wichtigsten Physiologen seiner Zeit (u. a. Johannes Müller, Hermann von Helmholtz, Claude Bernard).

Zeittafel

1829	Iwan Michailowitsch Sechenov wird in Tyoply Stan in der Nähe von Simbirsk (Russland) geboren.
1856–62	Sechenov reist nach Deutschland, Österreich und Frankreich. In Berlin lernt er Johannes Müller kennen, in Heidelberg Hermann von Helmholtz. In Paris trifft er Claude Bernard, dem die Medizin grundlegende Erkenntnisse über das vegetative Nervensystem und den Stoffwechsel verdankt.
1870	In der Arbeit *Wer hat die Probleme der Psychologie zu untersuchen?* bekräftigt Sechenov den Standpunkt, dass die Psychologie der Physiologie zugehörig ist, und zwar durch die Untersuchung des Reflexgeschehens.
1905	Sechenov stirbt in Moskau.

Die Reflexe des Gehirns

Sechenovs *Reflexe des Gehirns* (1863/65) erschienen bereits zwei Jahre nach ihrer Veröffentlichung in russischer Sprache auch auf Englisch (*Reflexes of the brain*). Der Autor versucht darin, die Isolierung des Psychischen vom Physischen zu überwinden und zu einem *Monismus* auf naturwissenschaftlicher Basis zu gelangen: Das Bewusstsein sei Mittelglied einer reflektorischen Tätigkeit, die den äußeren Impuls mit der motorischen Reaktion verbinde. Nach Sechenov sind Reflexe Antwortbewegungen auf Reize. Gedanken seien ebenfalls bloße Reflexe des zwischen Reiz und Reaktion vermittelnden Gehirns, deren motorische Bestandteile gegebenenfalls unterdrückt werden könnten. In diesem Fall folgten auf die Gedanken nicht (direkt) Handlungen. Willkürliche Reflexe, wie sie etwa bei Ballspielen gefordert seien, beständen aus einfachen Reflexketten, die im Laufe des Lebens konstituiert würden. Nach Sechenov kann man alle psychologischen Phänomene als reflexive Reaktionen auf Umwelt-Reize betrachten. Der Gegenstand der Psychologie besteht nach ihm also ausschließlich aus den verschiedenartigen Reflexen.

Methode

Sechenov war der Meinung, dass der Versuch, den menschlichen Verstand introspektiv zu untersuchen, nicht nur unwissenschaftlich, sondern auch bloße Zeitverschwendung sei. Seine eigenen wissenschaftlichen Beiträge waren mehr theoretischer als empirischer Natur. Zur Überprüfung seiner Hypothese, dass Gedanken Gehirnreflexe seien, deren motorische Bestandteile unterdrückt werden, soll er jedoch folgendes Experiment durchgeführt haben: Einem Frosch wurde Salz ans obere Ende der freigelegten Wirbelsäule getupft, um die spinalen Reflexe zu unterdrücken. Nach Sechenov beweist dies, dass das Gehirn eine hemmende Wirkung auf Nervenreflexe ausüben kann (Schwartz, 1988).

Rezeption

Reflexe des Gehirns sollte im zaristischen Russland auf den Index gesetzt werden, weil das Regime dieses Buch als materialistisch und moralisch gefährlich einschätzte, doch wurde das eingeleitete Gerichtsverfahren schließlich wieder eingestellt. Trotz dieser und anderer Angriffe wurde Sechenovs Buch von der russischen Wissenschaft schließlich als Basis für die Entwicklung einer objektiven Wissenschaft im Bereich menschlicher Phänomene begrüßt: Bechterew bezog sich bei der Entwicklung seiner *Objektiven Psychologie* (1913/1997) direkt auf dieses Buch, und auch der junge Pawlow sollte es mit Begeisterung lesen.

Sechenov überwindet den Leib-Seele-Dualismus in einem naturwissenschaftlichen Sinne. Sein Monismus zeigte weitreichende Nachwirkungen: Insbesondere seine Untersuchung zentralnervöser Bahnungen und Hemmungen übte auf die gesamte russische Physiologie und Psychologie einen starken Einfluss aus. Pawlow übernahm von Sechenov den Ansatz des reflexhaften Verhaltens der Lebewesen sowie dessen Haltung gegenüber der Psychologie, die als *Physiologischer Reduktionismus* bezeichnet wird.

Wissenschaftliche Nachwirkungen

Die zentrale Hemmung ist laut Sechenov bei der Umschaltung im Gehirn innerhalb des Reflexbogens insbesondere hinsichtlich der Ausgestaltung höherer Prozesse relevant, was die Annahme nahelegt, dass zentrale Prozesse in der Hirnrinde stattfinden, die relativ selbständig wirksam, aber dennoch nicht von der äußeren Kontrolle isoliert sind. Es würde sich also ein Moment der Selbstregulation ergeben, das bei der auch längerfristigen Abstimmung der Tätigkeiten auf die realen Voraussetzungen menschlicher Handlungen von entscheidender Bedeutung wäre.

Demnach findet sich schon bei Sechenov die Grundidee des später von Anochin und im Weiteren von Holst und Mittelstaedt ausgearbeiteten Prinzips der Reafferenz: Das

Reafferenzprinzip ist das vierte Glied innerhalb des Reflexbogens. Es bewirkt die reafferente Rückmeldung der Peripherie in die Zentrale des Nervensystems. Dieser Ansatz einer Einheit zentraler und peripherer Prozesse schließt idealistische sowie mechanistisch-materialistische Ansätze aus, die von zeitgenössischen Denkern und Naturwissenschaftlern in England und Deutschland vertreten wurden.

Praktische Auswirkungen

Sechenovs Ansatz ist nicht nur von weltanschaulicher Bedeutung, sondern auch von praktischer Relevanz. Die peripheren Rezeptionen sind für die bewusste Wiedergabe und Modellierung der Wirklichkeit genauso wichtig wie die zentralen Prozesse.

Wladimir Michajlowitsch Bechterew

Ausgangspunkte

Bechterew war Schüler von Sechenov an der Militärakademie in St. Petersburg. Nach seiner Promotion ging er in den Westen und studierte u. a. bei Wundt in Leipzig, bei Du Bois-Reymond, dem Nachfolger von Johannes Müller, in Berlin, und bei Charcot in Paris.

Zeittafel

1857	Wladimir Michailowitsch Bechterew wird im Dorf Sorali bei Kirow geboren.
1881	Bechterew schließt in St. Petersburg das Medizin-Studium mit dem Doktor-Examen ab.
1893	Bechterew wird Professor in St. Petersburg.
1895	Er gründet das Institut für Psychoneurologie.
1904	Gründung des *Bulletins der Psychologie, Kriminalanthropologie und Hypnotismus.*
1907	Bechterew erstellt die erste systematische Darstellung der Prinzipien des Behaviorismus.
1908	Bechterew wird Direktor des Institutes für Psychoneurologie.

1923 Erster Allunions-Kongress für Psychoneurologie. Bechterew gehört zu den Hauptrednern.
1926 In der in diesem Jahr von Bechterew veröffentlichen Arbeit *Kollektive Reflexologie* wird auch das soziale Verhalten durch Reflexe und deren Koppelung erklärt.
1927 Bechterew stirbt in Moskau an einer Vergiftung. Dem Vernehmen nach wurde er auf Geheiß Stalins ermordet. Zuvor hatte er dem Diktator eine schwere Paranoia diagnostiziert.

Objektive Psychologie

Bechterew lehrt in seiner *Objektiven Psychologie* (1913/1997) eine streng mechanistische und physiologistische Psychologie auf der Basis von Sechenov und insbesondere von dessen Verständnis der reflektorischen Tätigkeit des Gehirns. Die Reflexologie bezeichnet er als objektive Psychologie: Psychologie bleibe immer *Psychoreflexologie* und damit wesentlich Reflexologie. Sämtliche Erscheinungsformen des Psychischen werden als Reflexe oder Reflexverbindungen verstanden. Bewusste Erlebnisse gelten als Nebenerscheinungen der Nerventätigkeit; zugleich seien sie Folgen der externen Realität. Seine Beobachtung, dass Hunde ihr Bein bei einem Summton automatisch heben, falls der Summton vorher mehrmals mit einem elektrischen Schlag an diesem Bein gekoppelt wurde, identifizierte er als Assoziationsreflex. Bechterew reduzierte das Forschungsgebiet auf motorische Prozesse und Denken und Vorstellen auf Bewegungen der Sprechmuskulatur.

Methode

Bechterew nahm einen streng objektiven Standpunkt ein. Er bezog ausschließlich die externe Seite menschlicher Verhaltensweisen in die wissenschaftliche Analyse ein und entwickelte die Methode der exakten Beobachtung. Experimentell hervorgerufene sowie spontane Verhaltensweisen wurden dabei genau protokolliert. Seine Art des Protokollierens wurde später von der Kinderpsychologin Charlotte Bühler übernommen. Weitere Elemente von Bechterews Methode fanden Eingang in den Behaviorismus.

Rezeption

Bechterew stand im Schatten von Pawlow. Von der sowjetischen Führung wurde sein konsequent materialistischer Ansatz nur über relativ kurze Zeit gegenüber dem von Pawlow favorisiert. Nach Bechterews mutmaßlicher Ermordung wurde sein Sohn zum Tode verurteilt und dessen Familie in ein Lager eingewiesen (Rayfield, 2004).

Wissenschaftliche Nachwirkungen

Bechterew ist der Begründer der objektiven Psychologie: der Reflexologie im engeren Sinne. Die Materie wird bei ihm auf eine Funktion der Energie reduziert. Eine spezifisch psychische Realität, etwa als psychische Tätigkeit, wird nicht angenommen. Im Unterschied zu Sechenov existierte also für Bechterew *keine* Widerspiegelungsfunktion. Als sich 1929 das politische Klima in der Sowjetunion veränderte, wurde Bechterews mechanistische Reflexologie angegriffen, weil sie das Psychische auf das Physische reduziere und damit keinen Platz für die Widerspiegelung der Realität vorsehe. Auch Wygotski kritisierte seinen Versuch, das menschliche Verhalten ohne das Psychische zu erforschen. Später sollte jedoch auch der amerikanische Psychologe Watson nur das externe Verhalten des Menschen berücksichtigen.

Praktische Auswirkungen

Bechterew war der Meinung, dass seinem wissenschaftlichen Verständnis einer objektiven Psychologie auch psychologische Probleme des Alltagslebens zugänglich seien. Die Gründung des *Bulletins der Psychologie, Kriminalanthropologie und Hypnotismus* fiel in das gleiche Jahr, in dem er die erste Fassung der *Objektiven Psychologie* veröffentlichte. Bechterew ist heute v. a. aufgrund des nach ihm benannten *Morbus Bechterew* bekannt. So hat er die »Bechterew'sche Krankheit« zwar nicht als erster beschrieben, jedoch eine im deutschen Sprachraum besonders beachtete Beschreibung geliefert.

Iwan Petrowitsch Pawlow

Ausgangspunkte

Der junge Pawlow arbeitete u. a. bei Heidenhain in Breslau und bei Mendelejew in Heidelberg. Bei seinen Forschungsarbeiten orientierte er sich an Sechenov. Unmittelbarer Ausgangspunkt für das klassische Konditionierungsexperiment war eine Beobachtung im physiologischen Laboratorium, in dem er zunächst die Ausscheidungen der Verdauungsdrüsen untersuchte: Er beobachtete einen jungen Hund, der Milch trank und an Fleisch noch nicht interessiert war. Als der Hund das erste Mal ein Stück Fleisch zu sich nahm, sonderte er Speichel ab. Nach dieser Erfahrung geiferte der Hund bereits bei der Wahrnehmung des Fleisches.

Zeittafel

1849	Iwan Petrowitsch Pawlow wird in Rjassan (Mittelrussland) als Sohn eines Priesters geboren.
1870	Nach dem Besuch des örtlichen Theologieseminars geht er an die Universität von St. Petersburg. Er studiert zunächst Theologie, dann Physik und Physiologie.
1884–1902	Pawlow arbeitet über die Nerventätigkeit des Verdauungssystems im Petersburger Veterinärinstitut. Er muss die Kosten für die Versuchstiere von seinem Essen absparen. Da er kein Geld für eine Wohnungsmiete hat, schläft er im Labor.
1903	Pawlow nimmt am 14. Internationalen Mediziner-Kongress teil und berichtet über experimentelle Psychologie und Psychopathologie bei Tieren.
1904	Er erhält den Nobelpreis für Physiologie oder Medizin aufgrund seiner Arbeiten über den Blutkreislauf und das Verdauungssystem. Anlässlich der Preisverleihung spricht Pawlow erstmals öffentlich über bedingte und unbedingte Reflexe.

1906	Beginn der jahrelangen Arbeiten über die Funktion der höheren Nerventätigkeit.
1916	Veröffentlichung der Untersuchung *Physiologie und Psychologie beim Studium der höheren Nerventätigkeit der Tiere.*
1936	Pawlow stirbt in Leningrad (heute St. Petersburg).

Über die psychische Sekretion der Speicheldrüse

Pawlow veröffentlichte im gleichen Jahr, in dem Bechterews *Objektive Psychologie* erschien, einen Artikel *Über die psychische Sekretion der Speicheldrüse* (1904/1953). Nachdem er schon ein Jahr zuvor auf dem 14. Internationalen Mediziner-Kongress über experimentelle Arbeiten mit Tieren berichtet hatte, stellte Pawlow hier seine Lehre vom bedingten Reflex dar: Unter Reflex wird die durch das Zentralnervensystem vermittelte gesetzmäßige Antwortreaktion eines Organismus auf eine Reizung seiner reizaufnehmenden Organe (Rezeptoren) verstanden; bei den Rezeptoren wird zwischen äußeren (Exterorezeptoren) und inneren Rezeptoren (Interorezeptoren) unterschieden. Der *unbedingte Reflex* sei eine angeborene, unwillkürliche Antwortreaktion des Organismus bei Einwirkung eines unbedingten Reizes (z. B. Speichelfluss eines hungrigen Tieres bei einer Berührung mit Nahrung). Dagegen sei der *bedingte* Reflex eine zeitweilige Verbindung eines ursprünglich neutralen und eines unbedingten Reizes durch häufiges gemeinsames Auftreten (z. B. wird der Speichelfluss schon mit einem Glockensignal ausgelöst, wenn dieses vorher mehrmals kurz vor der Nahrung präsentiert wurde). Unter »Bedingen« wird also die Umschaltung eines Reflexes auf einen neuen Auslöser verstanden.

Reflexbogen

Der *Reflexbegriff* wurde inhaltlich von Descartes (1649/1996) vorbereitet. Später vom tschechischen Physiologen Prochaska im Jahre 1784 erstmals exakt formuliert (Kruta, 1980), wurde er auch in deutschsprachigen Ländern untersucht und weiterentwickelt. So fassten ihn Müller und andere Wissenschaftler mechanistisch auf und untersuchten ihn experimentell. Der Ort der Reflextätigkeit wurde dabei auf die unteren Abschnitte des Zentralnervensystems, des Rückenmarks und des Subkortexes festgelegt.

Pawlow fasste den Reflex nach Vorarbeiten von Sechenov und anderen Wissenschaftlern als komplexe Wechselwirkung zwischen Organismus und Umwelt auf und formulierte auf morphologischer Grundlage den Reflexbogen, der aus drei Teilen besteht:

- *Afferenter Teil:* Rezeptor und spezifische afferente Nervenbahnen bis zur Großhirnrinde
- *Zentraler Teil:* Schaltungs- und Schließungsmechanismen der Großhirnrinde
- *Efferenter Teil:* efferente Nervenbahnen vom Zentrum zum Effektor einschließlich des humoralen Regulationssystems

Nach weiteren Forschungsarbeiten, insbesondere von Anochin (1959), wurde die sogenannte Reafferenz als vierter Abschnitt des Reflexbogens betrachtet und dem Modell hinzugefügt:

- *Reafferenter Teil:* Nervenbahn der Rückmeldung des Effektors an den zentralen Teil

Die Ausführung wird also reafferent ins Zentrum zurückgemeldet. Hierdurch wird der Reflexbogen geschlossen und zugleich weitergeführt, was besonders für die Ausbildung von Tätigkeiten relevant ist.

Methode

Von einigen Historikern wird das Jahr 1905 für den Beginn von Pawlows Experimenten mit Welpen angegeben, obgleich Pawlow schon 1903 auf dem 14. Internationalen Medizinischen Kongress in Madrid über entsprechende oder vielleicht auch nur ähnliche oder vorbereitende Experimente berichtete. Jedenfalls wies er bereits 1904 in seiner Schrift *Über die psychische Sekretion der Speicheldrüse* sowie in seiner Rede anlässlich der Verleihung des Nobelpreises auf den Unterschied zwischen unbedingten und bedingten Reflexen hin: Ein unbedingter Reflex ist beispielsweise der unwillkürliche Lidschlag bei starkem Staub. Ein bedingter Reflex tritt dann auf, wenn der gleiche Reflex auch durch einen neutralen Reiz ausgelöst wird.

Konditionierungsmethode

Pawlows Arbeit über die Sekretion der Speicheldrüse (1904/1953) basiert auf seinen experimentellen Untersuchungen von Welpen. Das klassische Konditionierungsexperiment lässt sich zusammenfassend wie folgt darstellen:

- *Operativer Eingriff:* Der Speichelfluss der Speicheldrüsen wird durch einen Ausführungsvorgang nach außen geleitet und das Sekret wird in einem Messglas aufgefangen. Damit ist der Speichelfluss beobachtbar und messbar.
- *Bedingen:* Ein neutrales Signal wird mit der Fütterung des jungen Hundes verbunden. Beispielsweise ertönt unmittelbar vor der Fütterung ein Glockenton. Mehrmalige Wiederholung der Glockenton-Fütterung-Sequenz.
- *Ergebnis*: Der Speichelfluss stellt sich schon beim Glockenton ein.
- *Schluss:* Der Speichelreflex stellt sich auf das Signal hin ein, auch wenn keine Fütterung folgt.

Ein neutraler Reiz ruft die gleiche Reaktion hervor, die vorher als unbedingte Reaktion (UCR) durch den unkonditionierten Stimulus (UCS) ausgelöst worden ist. Der neutrale Reiz kann damit als bedingter Reiz bzw. als konditionierter Stimulus (CS) bezeichnet werden und die entsprechende Reaktion als bedingte Reaktion bzw. als konditionierte Reaktion (CR).

Der Vorgang kann demnach abgekürzt wie folgt formuliert werden:

$$UCS \rightarrow UCR$$
$$CS \rightarrow CR$$

UCS: unkonditionierter Stimulus; auch unbedingter Reiz (z. B. Fleisch)
CS: konditionierter Stimulus; ein neutraler Reiz (z. B. Töne, Licht)
UCR: unkonditionierte Reaktion; auch unbedingte Reaktion (z. B. Speichelfluss)
CR: konditionierte Reaktion; auch bedingte Reaktion (z. B. Speichelfluss)

In Pawlows weiteren Werken (1953–56), die hier nicht im Einzelnen angeführt werden können, wird auf eine Reihe von Konzepten sowie auf weitere Zusammenhänge und Gesetzmäßigkeiten hingewiesen. Hierzu einige Hinweise:

Konzepte

- *Löschung:* Wenn der unkonditionierte Stimulus (UCS) allzu lange nicht mehr auftaucht, verliert der konditionierte Stimulus (UC) seine Wirkung.
- *Rekonditionierung:* Ein einmal gelöschter Vorgang benötigt bei einem zweiten Versuch weniger Paarungen von CS und UCS/UCR.
- *Generalisierung:* Das Tier zeigt die gelernte Reaktion (CR) nicht nur nach dem ursprünglichen CS (z. B. Glocke), sondern auch bei ähnlichen Reizen (z. B. Summer).
- *Diskriminierung:* Das Tier lernt, dass nicht jeder Reiz einer Reizkategorie verlässlich mit dem UCS verbunden ist (z. B. Glocke – Futter; Summer – kein Futter). Es differenziert allmählich einen Reiz, der Futter ankündigt, von einem oder mehreren ähnlichen Reizen, bei denen dies nicht der Fall ist.

Rezeption

Nach zehnjähriger Arbeit mit der experimentellen Konditionierung präsentiert sich Pawlow in dem kurzen Aufsatz *Der*

Zielreflex (1916/1953) als überzeugter Materialist der Sowjetunion. Er erklärt den Reflex zur Einheit des Verhaltens und versteht das Leben insgesamt als »Lebensreflex«. Dieser gliedere sich in sehr viele Teilreflexe, die in angeborene oder arteigene und erworbene oder individuelle unterschieden werden. Dieser Aufsatz mag dazu beigetragen haben, dass Pawlow ab den 1920er Jahren von Partei und Staat unterstützt wurde. Sein internationales Ansehen und die für bestimmte Gruppierungen innerhalb der Gesellschaft vielversprechende Verwendbarkeit seiner Experimente und Erkenntnisse waren sicherlich weitere Gründe für diese Unterstützung. Wissenschaftlich entscheidend für seinen Erfolg dürfte jedoch seine *Lehre vom zweiten Signalsystem* gewesen sein. Sie geht davon aus, dass die Sprache die Eigenschaft hat, alle natürlichen Signale zu ersetzen, indem ihre Elemente, die Wörter, einerseits wie alle anderen bedingten Reize wirken, andererseits vom konkreten Reiz abstrahieren und ihn somit idealisieren. Im Jahre 1950, sechs Jahre vor der Tauwetter-Periode, kam es in der Akademie der Wissenschaften zur sogenannten Pawlow-Diskussion mit dem Resultat, dass der *Pawlowismus* zur offiziellen Doktrin für die Verhaltenswissenschaften in der Sowjetunion erklärt wurde.

Wissenschaftliche Nachwirkungen

Nach Pawlow wurden die Bedingungen des klassischen Konditionierungsexperimentes in mannigfaltiger Weise variiert und der Geltungsbereich der Ergebnisse markiert. Nicht nur wurden im Zusammenhang mit dem zweiten Signalsystem weiterhin bedingte Reflexe höherer Ordnung ausgearbeitet, sondern auch viele weitere Experimente durchgeführt, die zur Erweiterung des Geltungsbereichs der offiziellen Lehre beitragen sollten. Ein Beispiel dafür ist die sogenannte Pseudokonditionierung: Unbedingter und bedingter Reiz werden isoliert voneinander dargeboten, so dass zwischen den beiden Reizen keine ersichtliche Beziehung besteht. Dennoch ist ein Lernerfolg möglich, da die beiden Reize die einzigen Veränderungen in der experimentell stark eingeschränkten und im Übrigen starren experimentellen Situation darstellen (Foppa, 1965). Ein weiteres Beispiel ist der experimentelle Nachweis einer rückwirkenden Konditionierung. Ein Effekt – allerdings ein nicht sehr stabiler – kann danach auch dann erzielt werden, wenn der bedingte Reiz dem unbedingten folgt (Razran, 1956).

Der bedingte Reflex Pawlows konnte inzwischen auch auf mikrobiologischer Ebene nachgewiesen werden. Für die Untersuchungen zur Signalübertragung im Nervensystem wurden Eric Kandel, Arvid Carlsson und Paul Greengard im Jahre 2000 mit dem Nobelpreis für Physiologie oder Medizin ausgezeichnet (Kandel, 2006).

Praktische Auswirkungen

Nach Pawlow gilt es die Neigung aufzugeben, die eigene Sicht der Dinge auf das Tier zu übertragen, um bei demselben eine Art (Fremd-)Introspektion zu betreiben. Stattdessen sei die gesamte Aufmerksamkeit darauf zu richten, das Verhältnis zwischen externen Phänomenen und der Reaktion des Organismus zu untersuchen. Dieser Ansatz wurde auch verwendet, um Verhaltensstörungen zu erklären. So trainierte Pawlow Tiere dahingehend, zwischen verschiedenen Signalen zu unterscheiden (Diskriminierung): Auf einen bestimmten Ton hin erfolgte die Fütterung, auf einen anderen hin – einen höheren oder tieferen – erfolgte die Fütterung nicht. Der zweite Ton wurde nun allmählich dem ersten Ton angenähert, bis das Versuchstier die beiden Bedeutungen nicht mehr unterscheiden konnte. Das Ergebnis des Versuches: schwere Verhaltensstörungen (sogenannte Erregungen oder Depressionen), welche Pawlow als »experimentelle Neurosen« bezeichnete. Im amerikanischen Behaviorismus sollte man mit einem ähnlichen Ansatz ebenfalls »Neurosen« zu erzeugen versuchen, um über deren Entstehung und Wiederrückgängigmachung mehr Klarheit zu gewinnen.

Amerikanischer Pragmatismus

Der Pragmatismus ist eine in den USA im ausgehenden 19. Jahrhundert ausgebildete philosophische, insbesondere erkenntnistheoretische Richtung, die auch in psychologischer Hinsicht relevant ist. Der Pragmatismus versteht sich als Theorie des Handelns sowie als Wissenschaftstheorie, als Methodologie und als Methode. Der Begriff stammt vom griechischen Wort *pragma*, das *Handlung* bedeutet. Pragmatismus ist also primär die Lehre vom Handeln. In psychologischer Hinsicht ist er jedoch weit über das Handeln hinaus relevant (u. a. bezüglich Bewusstsein, Bedeutung, Emotion, Gedächtnis).

Charles Peirce

Ausgangspunkte

Peirce orientierte sich vor allem an Kant und Whateley. Nach seinen eigenen Angaben studierte er über drei Jahre hinweg täglich zwei Stunden die *Kritik der reinen Vernunft*.

Zeittafel

1839	Charles Peirce wird als zweites Kind des Mathematik- und Astronomieprofessors Benjamin Peirce in Cambridge (Massachusetts) geboren.
1859–62	Peirce wird Mitarbeiter und später Abteilungsleiter der Coast und Geodetic Survey, der Vermessungs- und Küstenschutzbehörde der Vereinigten Staaten. Beginn der lebenslangen Freundschaft mit William James.
1865	Peirce hält Vorlesungen über Logik an der Harvard University.
1877–78	Er veröffentlicht die *Gründungsurkunden des Pragmatismus.*
1879	Peirce wird zum Lecturer für Logik an der Johns-Hopkins-Universität in Baltimore ernannt. Tod des Vaters, der ihn beruflich gefördert und finanziell unterstützt hatte.

1884 Peirce wird von der Johns-Hopkins-Universität entlassen.

1887 Er kauft ein allein stehendes Haus in der Wildnis der Wälder bei Milford (Pennsylvania).

1907 Peirce wird von zwei Studierenden bewusstlos vor Hunger aufgefunden. James organisiert mit Freunden einen Hilfsfonds für ihn.

1914 Peirce stirbt nach einer fünfjährigen Krebserkrankung in seinem Haus bei Milford.

Gesammelte Aufzeichnungen

Die ersten sechs Bände der *Gesammelten Aufzeichnungen* (*Collected Papers*, 1931–58) von Peirce erschienen zwanzig Jahre und die restlichen zwei Bände erst mehr als vierzig Jahre nach seinem Tod. Die *Aufzeichnungen* enthalten zu Peirces Lebzeiten weitgehend unbekannte Aufsätze und Skizzen, jedoch auch die bekannten Frühschriften über den Pragmatismus.

In den ersten zwei Bänden finden sich Peirces Untersuchungen zur *Semiotik*. Die Semiotik ist die Lehre von den Zeichen, die *Zeichenlehre*. Wenn Personen sich austauschen, verwenden sie Zeichen, mit denen sie ihre Beiträge interpretieren. Die an diesem sprachlichen Austausch beteiligten Personen sind nach Peirce gerade auch als miteinander sprechende »Mitmenschen« voneinander unabhängige Personen mit einer jeweils eigenen Wirklichkeit. Deshalb seien Zeichen notwendig, um die gegenseitige Verständigung der Gesprächspartner zu gewährleisten. Aber nicht nur Sprechen und Denken vollziehen sich laut Peirce in Zeichen: Jeder Gedanke sei ein Zeichen und Personen seien folgerichtig nur mit Gedanken vertraut, die zeichenvermittelt seien.

Nach Peirce ist es also die Aufgabe des Zeichens, die Realität im Hinblick auf die gesprächsweise ausgewählten Objekte zugänglich und zugleich hinsichtlich der Eigenschaften dieser Objekte interpretierbar zu machen. Mit dem Bezug des Zeichens auf ein Objekt gelangt ein Interpretand in einen Bezug zu diesem Objekt, indem er den Bezug des Zeichens zum Objekt interpretiert. Die hinzukommende dritte Dimension ist demnach die Interpretation, die von der Gemeinschaft der Interpretanden ausgeübt wird.

Triadische Zeichentheorie

Peirce (1931–58, Band 5, Absatz 267) begreift ein Zeichen als dreistellige Relation (bzw. triadische Struktur): Er unterscheidet zwischen Zeichenkörper, Objekt und Interpretand. Zum Funktionieren eines Zeichens gehören:

- *Zeichenkörper:* Das Zeichen selbst in seiner besonderen Gestalt (Symbol, Ikon, Indiz).
- *Referent:* Das Zeichen steht in Beziehung zu einem Referenten respektive zum bezeichneten Objekt. Der Referent ist das Objekt aber nur so, wie das Zeichen es repräsentiert.
- *Interpretand:* Das Zeichen steht in Beziehung zu seinem Interpretanden respektive zu dem vom Zeichen in einem Interpretanden Erzeugten (Gefühl, Handlung, weiteres Zeichen). Das ein Objekt referierende Zeichen wird also als solches von jemandem verstanden und gewinnt so für jemanden Bedeutung.

Ein Zeichen ist irgendein Zeichenkörper, der in Relation zu irgendeinem Objekt oder Referenten steht, wobei diese Relation darin besteht, dass sie dieses Objekt so bestimmt, dass es im Interpretanden des Zeichens etwas hervorruft, durch das er in eben diese oder zumindest in eine ähnliche Relation zu diesem Objekt gelangt.

Peirce war Realist (zumindest in seiner Zeichentheorie). Doch nach ihm interpretieren die mit Zeichen beschäftigten Menschen (primär Kommunikationspartner) die Objekte gedanklich oder sprachlich nur *durch* Zeichen oder Anzeichen, so dass die Realität dieser Objekte (mithin auch das Denken) eben *nur* in Zeichen gegeben ist und gegebenenfalls auch erfasst werden kann. Die Zeichen stehen lediglich in der Hinsicht für Objekte, in der dieselben gedacht bzw. interpretiert werden. Für Peirce gibt es also für Personen keine Realität, die nicht durch Zeichen repräsentiert wird. Und weiter: Die Zeichen existierten nicht ohne Verbindung mit anderen Zeichen, denn eine Interpretation verlange immer eine Beziehung zu mindestens einem anderen Zeichen. Eine Interpretation zieht demnach weitere Interpretationen nach sich. Bei Aussagen oder Äußerungen beziehen sich die erfahrbaren Zeichen aufeinander. Demnach setzt gelingende Kommunikation voraus, dass die Objekte der Kommunikation gleich sind oder sich aneinander anschließen.

Nach Peirce sind hinsichtlich gleichbleibender Objekte sogenannte *identitätsstiftende Maßnahmen* notwendig. Wenn beispielsweise in einem Gespräch von einem Herrn Biedermann die Rede ist, den eine Gesprächsteilnehmerin als authentisch und eine andere als autistisch bezeichnet, so ist eine Identitätsstiftung notwendig. Die Gesprächspartner/innen fragen sich also, ob sie den gleichen oder nicht den gleichen Gesprächsgegenstand (bzw. die gleiche oder nicht die gleiche Person) meinen. Um darauf eine bejahende oder verneinende Antwort geben zu können, werden von den Gesprächpartnerinnen Fragen nach Ort, Zeit, usw. gestellt (Beispiel: Ist der Herr Biedermann, der in seinem Betrieb für seine Mitarbeiterinnen so gut kocht, der gleiche Biedermann, der mit der dominanten Frau des Betriebes so eng zusammenarbeitet und anderen Mitarbeiterinnen kündigt, ohne vorher ein einziges Wort zu verlieren?). Wenn daraufhin ein Zusammenhang zwischen einzelnen Aspekten ein und dieselbe Person betreffend konstituiert werden kann, ist die (personale) Identität hergestellt. Wenn klargestellt ist, dass es sich um den gleichen Mann handelt, wird nach einem möglichen Übergang zwischen den verschiedenen Erfahrungen gesucht, vielleicht über eine Frage, die eine gemeinsame Dimension der fraglichen Eigenschaften beinhaltet (Beispiel: Inwiefern ist Biedermann authentisch, inwiefern ist Biedermann autistisch?). Diese gemeinsame Dimension könnte im vorliegenden Fall etwa Selbstzentriertheit sein (im Sinne von Übereinstimmung mit sich selbst *und* Teilnahme an anderen für sich selbst). Die Identitätsstiftung ist dann erreicht, wenn die Gesprächspartnerinnen zu einer entsprechenden Verständigung gelangen (Beispiel: Herr Biedermann macht immer das, was ihm gerade passt, egal, ob dies jemandem zugutekommt oder jemandem schadet). Auf dieser gemeinsamen Grundlage können nun erst unterschiedliche Überzeugungen ausgetauscht werden (Beispiel: Herr Biedermann ist gerade der richtige Mann für unsere real existierende Demokratie. Oder die Meinung einer anderen Gesprächsteilnehmerin: Bei Biedermann denke ich immer an Max Frisch und da fällt mir unwillkürlich *Biedermann und die Brandstifter* ein).

Methode

Peirce versucht in den *Geburtsurkunden des Pragmatismus* (1877 und 1878/1931–58) den logischen Charakter des amerikanischen Pragmatismus vom bloß instrumentalistischen oder utilitaristischen Ansatz abzuheben. Er bezeichnet deshalb seine Methodik als *Pragmatizismus.* Hierbei handelt es sich auch um eine Vorwegnahme der operationalistischen Begriffsbildung: Peirce macht den Bedeutungsgehalt eines jeden Begriffs an seiner empirischen Verifizierbarkeit sowie an seinen möglichen praktischen Konsequenzen fest. Damit stellt er sich gegen die zeitgenössische Logik, welche die Klarheit des Begriffs abstrakt durch dessen Wesen definierte. Nach Peirce ist dagegen etwas Begriffenes erst dann real, wenn es einer Überprüfung ausgesetzt werden kann und es so zu einer Übereinkunft unter den Wissenschaftlern kommen kann. Peirce fragt wie folgt: Welche Beziehungen haben die von uns unabhängigen Gegenstände zu den Beziehungen zwischen unseren Überzeugungen und Erfahrungen? Die Antwort lautet: Auch wenn wir sonst nichts wissen über die Seite des Gegenstandes, können wir etwas über die durchgehende Identität des Gegenstandes wissen. Diese Identität setze indes einen zeitlich differenzierten, gegliederten Ablauf von mindestens zwei Erfahrungen voraus.

Relationslogisches Zusammenhangsprinzip

Nach Peirce (1931–58) kann ein Gegenstand unseres Denkens ausgemacht werden, wenn wie folgt vorgegangen wird:

- *Logische Eigenschaften:* Struktur und Gegenstände von Erkenntnisprozessen sind von ihren logischen Eigenschaften her verständlich zu machen.
- *Relationale Eigenschaften:* Die logischen Eigenschaften lassen sich durch ihre relationalen Eigenschaften darstellen. Beispiel: (A → B)
- *Anwendungsoperationen:* Auf Relationen werden ausschließlich Relationen angewendet.
  Beispiel: (A → B) & (B → C)
- *Relative Multiplikation:* Das grundlegende Modell dieser Anwendungsoperationen ist die relative Multiplikation.
  Beispiel: [(A → B) & (B → C)] → [A → C]
- *Transitivität:* Es ergibt sich ein relationslogischer Übergang von A zu C. Beispiel: A gibt B ein Ding. B gibt das Ding an C weiter. Demnach ist das Ding, das einst A gehört hat, identisch mit dem Ding, das jetzt C besitzt. Durch die Transitivität wird der Prozesscharakter von Denken und Erfahrung logisch fassbar.
- *Relatives Produkt:* Das relative Produkt ist das Ergebnis der relativen Multiplikation. In Logiklehrbüchern wird dieses Produkt auch Peirces Produkt genannt.
- *Erfüllungsinstanzen:* Durch das Produkt zweier Erfahrungen (Begriffe, Aussagen) werden Objekte als Erfüllungsinstanzen identifizierbar.
- *Klärung über praktische Wirkungen:* Wenn transitive Identität zwischen Erfahrungen, Termini oder Aussagen

konstituierbar ist und Erfüllungsinstanzen identifizierbar sind, kann deren Objekt durch Annahmen über praktische Wirkungen identifiziert werden.

Das heißt: Erst wenn sich in den erfahrenen und/oder erfassten Gegenständen etwas durchgängig Gemeinsames zeigt, kann eine Hypothese bezüglich dieser Gegenstände einem künftigen Handeln unterzogen werden und dadurch auch eine Überprüfung gewährleisten. Der Pragmatismus fordert also dazu auf, durch die Transitivität die objektiven Verbindungen zwischen Erkennen und Handeln zu finden. Peirce beschreibt demnach eine Methode, die gegenüber einer unabhängigen Wirklichkeit offen ist (Pape, 2004).

Rezeption

Peirces Pragmatismus geht zum einen eine enge Verbindung mit der Logik ein und zum anderen zeichnet er sich durch eine Systematisierung der gesamten Philosophie aus, deren Fundament die Mathematik und die Semiotik bilden. Demgegenüber zieht der übliche Pragmatismus nicht in Betracht, dass identitätsstiftende Interpretationsbeziehungen für die Bestimmung des pragmatischen Gehalts eines Begriffs oder einer Aussage entscheidend sind.

James und Dewey haben Peirce rezipiert, aber weitgehend ohne dessen logische, mathematische und semiotische Ausstattung. Bei einem größeren Publikum fanden Peirces Schriften der mittleren und späteren Jahre erst nach deren Veröffentlichung lange nach seinem Tod stärkere Resonanz.

Wissenschaftliche Nachwirkungen

Peirces *Semiotik* hat unter dem Stichwort *Pragmatik* in der Sprachphilosophie und in der Linguistik allgemeine Verbreitung gefunden. Auch in der modernen Kulturpsychologie findet sie Verwendung. Mit Peirces triadischer Zeichentheorie wurde zudem sowohl die Unzulänglichkeit des *Cartesianischen Rationalismus* als auch des *Britischen Empirismus* deutlich.

Mehr noch: Peirce gelang es, Kants *Lehre von der transzendentalen Synthesis der Apperzeption* durch seine Zeichentheorie zu ersetzen (Oehler, 1993).

Die *Geburtsurkunden des Pragmatismus* sind auch relevant für den späteren *Operationismus* (auch *Operationalismus* genannt): Ausgehend von der modernen Physik legt Bridgman (1927) dar, dass Begriffe nicht Aussagen über einen Gegenstand sind, sondern die Tätigkeiten (Operationen) feststellen, die Forscher bei ihrer Arbeit ausführen. Jede empirische (und insbesondere experimentelle) Arbeit der modernen Psychologie steht und fällt mit der Qualität der vorgenommenen Operationalisierungen (Galliker, 1989).

Praktische Auswirkungen

Nach Peirce sind die kontingenten Identitäten eines Gegenstandes ausfindig zu machen, um praktische Unterschiede in der Bedeutung zuzulassen und dennoch ein identisches Objekt zu bewahren. Eine Methodologie des Interpretierens hat folglich von den Zeichenverwendern zu fordern, dass sie die Identität der Objekte erhalten, wenn auch nicht in einem gleichmachenden Sinne. Psychoanalytiker beziehen sich manchmal auf Peirces strenge und dennoch bewegliche Zeichenlehre.

William James

Ausgangspunkte

Der zwanzigjährige William James begegnete dem drei Jahre älteren Charles Peirce an der Harvard Universität. In Deutschland lernte er Fechner und Wundt kennen. In erster Linie orientierte er sich jedoch an Charles Darwins *Entstehung der Arten*, wobei er sich gegen den naturwissenschaftlichen *Determinismus* vulgärdarwinistischer Ausprägung richtete. Desgleichen wandte er sich gegen den philosophischen Monismus idealistisch-hegelianischer Ausrichtung. Renovier, der die Willensfreiheit als den unbedingten, grundlosen Beginn von Kausalketten eingeführt hatte, befreite ihn schließlich aus dem Dilemma, in dem er steckte: zwischen dem naturwissenschaftlich nahegelegten Determinismus und der geisteswissenschaftlich nahegelegten Willensfreiheit, was für ihn eine für die Freisetzung seiner Schaffenskraft entscheidende persönliche Erleichterung war. In seinem Hauptwerk *The Principles of Psychology* (1890/1950) nimmt James auf viele weitere Autoren Bezug, darunter Aristoteles, Helmholtz, Hume und Locke.

Zeittafel

1842	William James wird im luxuriösesten Hotel der Stadt New York geboren, dem Astor House. Sein Vater, Henry James, ist Theologe und Schriftsteller. Da er ein stattliches Vermögen geerbt hat, kann er sich intensiv um seine Kinder kümmern.
1847–60	Besuch zahlreicher öffentlicher und privater Schulen in New York, Paris, London, Genf und Bonn. Angesichts der häufigen Schulwechsel kann William James keinen Schulabschluss erlangen.
1860	Rückkehr in die USA. James studiert einige Monate lang bei dem Maler Hunt in Newport. Dieses Studium bricht er aber nach kurzer Zeit ab.
1861	Er beginnt mit dem Chemiestudium an der Lawrence Scientific School in Harvard.
1862	Beginn der lebenslangen Freundschaft mit Peirce.
1864	Beginn des Medizinstudiums.
1865–66	James nimmt an einer Amazonas-Expedition in Brasilien teil. Danach erkrankt er: Chronische Rücken- und Augenleiden, Schlafstörungen und Depressionen werden ihn fortan sein Leben lang begleiten.
1867–68	Medizinstudium in Deutschland. James beginnt sich intensiv mit Psychologie zu beschäftigen.
1869	Doktor der Medizin an der Harvard University.
1872	James wird Dozent für Physiologie und Anatomie in Harvard.
1875	Er gibt die ersten Lehrveranstaltungen über experimentelle Psychologie auf amerikanischem Boden und gründet in Harvard das erste amerikanische psychologische Laboratorium.
1876	Assistenzprofessor für Physiologie.

1885	Auf eigenen Wunsch hin Wechsel zur Philosophie. Von seinen Studenten wird James für seinen Humor und seine unkonventionelle Vorlesungsführung geschätzt.
1889	Er nimmt am 1. Internationalen Psychologenkongress in Paris teil. In Harvard wird er zum Professor für Psychologie ernannt.
1898	In einem an der Universität von Kalifornien gehaltenen Vortrag bezeichnet er seine Theorie erstmals als *Pragmatismus.*
1910	James stirbt in seinem Landhaus in Chocorua (New Hampshire).

Was ist eine Emotion?

Der von James in der Zeitschrift *Mind* veröffentlichte Artikel *Was ist eine Emotion?* (*What is an emotion?*, 1884) stellt das herkömmliche Verständnis der Gefühle in Frage. Vor dem Erscheinen dieses Artikels war man davon ausgegangen, dass ein Ereignis (etwa ein Brand) in der Großhirnrinde eine Emotion bewirke (in diesem Fall Furcht) und diese wiederum reflexhafte und autonome körperliche Reaktionen auslöse; das heißt die Emotion hätte dann Signalwirkung für nachfolgende physiologische Vorgänge (u. a. für Schweißdrüsen, Herz und Blutgefäße). James kehrt den Sachverhalt nun um: Dem physiologischen Ausdruck der Emotion folge die kognitive Erfahrung der Emotion: Eine Wahrnehmung sei mit einer Erinnerung an einen körperlichen Zustand verbunden, der erst zur Erzeugung der Emotion beitrage. Um beim Beispiel zu bleiben: Die Furcht werde erst dann erlebt, wenn wir schon vor dem Brand flüchteten oder schon entflohen seien. Primär werde also instinktiv reagiert; erst dann werde die Emotion bewusst erlebt und möglicherweise nach einer Erklärung für die körperlichen Veränderungen gesucht.

James-Lange-Theorie

James vertritt in seinem Artikel *Was ist eine Emotion?* aus dem Jahre 1884 die Auffassung, dass unbewusste physiologische Veränderungen der bewussten Erfahrung von Gefühlen vorangehen. Ein Jahr später veröffentlichte der dänische Psychologe Lange eine Studie *Über Gemüthsbewegungen* (1885), in der er unabhängig von James ebenfalls zu dem Schluss gelangt, dass Signale des Kortex über physiologische Veränderungen bewussten Gefühlen vorangehen. Nach Lange stellen Emotionen also vorwiegend das Ergebnis von die Eingeweide betreffenden, viszeralen Empfindungen dar, die im Kortex in Signale umgeschaltet werden und somit die bewusste Emotion erst auslösen. Die beiden Autoren gelangten schließlich zu einer gemeinsamen Theorie, die – ergänzt durch Beiträge weiterer Autoren – wie folgt zusammengefasst werden kann:

- *Zusammenhang von Emotionen und Körperfunktionen*: Entstehung und Aufrechterhaltung von Gefühlen stehen in einem spezifischen (qualitativen) Zusammenhang mit den Körperfunktionen.
- *Körperliche und emotionale Veränderungen:* Falls sich die somatischen Funktionen verändern (u. a. Steigerung der peripheren Durchblutung, Anstieg der Atem- und Pulsfrequenz, Muskelanspannung), werden sich auch die affektiven Zustände verändern.
- *Propriozeptive Empfindungen:* Emotionen setzen durch den Körper vermittelte Empfindungen der unmittelbaren motorischen Reaktionen voraus.
- *Emotionen als kognitive Reaktionen:* Emotionen sind kognitive Reaktionen auf Informationen über Körperzustände, die größtenteils vom autonomen Nervensystem vermittelt werden.
- *Spezifische Affektmuster:* Demnach lassen sich den Emotionen spezifische physiologische Affektmuster zuordnen.

Beispiele:

- *Angst haben:* Infolge des Pochens des Herzens fühlt eine Person Herzklopfen. Durch das Fühlen des Herzklopfens bekommt sie Angst.

- *Scham empfinden:* Infolge einer Gefäßerweiterung und erhöhter Durchblutung errötet das Gesicht – die Empfindung der Errötung bedeutet Schamgefühl.
- *Traurig sein:* Infolge von Tränen nimmt eine Person das eigene Weinen wahr – wahrgenommenes Weinen wird als Traurigkeit empfunden.

Die *James-Lange-Theorie* bewährte sich indes nicht ausreichend. So spüren beispielsweise auch Menschen Emotionen, bei denen aufgrund eines Rückenmarkleidens die Eingeweide betreffende, viszerale Empfindungen ausgefallen sind. Was die von Lange funktionalisierten Körperfunktionen betrifft, so sprechen einige Untersuchungen eher dafür, dass es sich hier um unspezifische physiologische Begleiterscheinungen emotionalen Verhaltens handelt, während andere Untersuchungen eher für unspezifische, aber quantitative Relationen sprechen.

Die Prinzipien der Psychologie

Das Grundlagenwerk einer neuen Psychologie von James erschien unter dem Titel *Die Prinzipien der Psychologie* (*The Principles of Psychology*). In dem unter dem Einfluss der *Evolutionstheorie* von Darwin stehenden, zweibändigen Werk wird das menschliche Bewusstsein naturwissenschaftlich-funktional betrachtet: Die Bewältigung von Umweltsituationen ermögliche die Art- und Selbsterhaltung und obwohl sämtliche Prozesse des Bewusstseins auf physische Prozesse zurückzuführen seien, stellten diese aufgrund ihrer bedeutenden Funktion auch selbständige Prozesse dar.

Das Bewusstsein wird dabei nicht abstrakt und allgemein betrachtet, sondern als einzigartiger Bewusstseinsstrom (stream of consciousness) einer Person aufgefasst: Dem James'schen *Konzept des Bewusstseinsstromes* zufolge muss die Gesamtheit sämtlicher psychischer Aktivitäten der Personen, von der Sinnesempfindung bis zum Selbstbewusstsein, als jeweils anders strukturiertes, aber gleichwohl einheitliches Kontinuum betrachtet werden. Dieser kontinuierliche Bewusstseinstrom sei auf Objekte ausgerichtet, die auch unabhängig vom Individuum existierten. Im Strom des Bewusstseins sei jedoch jeweils nur ein kleiner Ausschnitt des Ganzen gegenwärtig.

Durch die Einschaltung höherer Vorgänge des Bewusstseins zwischen Reiz und Reaktion würden Reflexe und Gewöhnungsvorgänge zu zweckbewussten Handlungen, die der Selbsterhaltung dienten, wobei die Aufmerksamkeitslenkung nicht deterministisch vorgegeben sei. Die hierzu notwendige Selektion werde vielmehr vom Individuum selbst geleistet. Von dieser willkürlichen Aufmerksamkeit wird eine unwillkürliche Aufmerksamkeit unterschieden, die auf automatischen neuronalen Prozessen beruhe.

Bewusstseinsstrom

James (1890/1950) betrachtet das Bewusstsein wie folgt:

- *Personales Bewusstsein:* Das Bewusstsein ist jeweils unteilbar das Bewusstsein einer einzigen Person. Jeder Bewusstseinszustand tritt als persönliches Bewusstsein auf und ist damit Teil des personalen Bewusstseins.
- *Veränderlichkeit des Bewusstseins:* Das Bewusstsein verändert sich beständig. Gedanken und Empfindungen werden niemals wieder in genau gleicher Weise gedacht bzw. erlebt.
- *Kontinuum des Bewusstseins:* Das Bewusstsein wird nicht in Abschnitten erfahren, sondern bildet für die Person ein Kontinuum. Überraschungen und andere Einschnitte werden in das Bewusstseinskontinuum aufgenommen und dort erst als solche erlebt, wenn sie bereits Teil des Kontinuums geworden sind.
- *Selektive Aufmerksamkeit:* Das Bewusstsein ist selektiv, hebt es doch interessengeleitet bestimmte Eigenschaften der Dinge hervor, während es andere Eigenschaften übersieht.

- *Objektbezogenheit des Bewusstseins:* Das Bewusstsein befasst sich immer mit Objekten, die von ihm verschieden sind und auch unabhängig von ihm existieren.
- *Selbstbewusstsein:* Vom Bewusstsein, das die Person in jedem Moment ist (Ich), unterscheidet sich das Bewusstsein, in dem sich die Person ihrer selbst bewusst ist (Mich).

James wirft in *Die Prinzipien der Psychologie* vielfältige Fragen auf und erwägt erste Antworten, die auch in der heutigen Psychologie noch von Belang sind. An dieser Stelle sei nur kurz auf das Phänomen des Gedächtnisses hingewiesen. So unterscheidet James das Gedächtnis (bewusste Kenntnisnahme der Vergangenheit) von der Gewohnheit (Reflexe und unbewusstes, mechanisches Verhalten): Die Gedächtnisleistungen beim bewussten Lernen (explizites Gedächtnis) würden per willkürlicher Aufmerksamkeit erbracht, während das Lernen nebenbei per unwillkürlicher Aufmerksamkeit erfolge (implizites Gedächtnis).

Die willkürliche Aufmerksamkeit sei beim expliziten Gedächtnis besonders relevant, wenn es um die Verarbeitung von Reizen gehe, die nicht automatisch auffielen. Die besonders beim impliziten Gedächtnis relevante unwillkürliche Aufmerksamkeit beruhe dagegen auf automatischen Prozessen und werde durch Eigenschaften der Außenwelt aktiviert, etwa durch große, helle oder bewegte Dinge. Des Weiteren unterscheidet James zwischen einem primären Gedächtnis, das er als Kurzzeitprozess versteht, und einem sekundären Gedächtnis, das den Abruf des Gelernten auch einige Zeit nach dem primären Lernvorgang ermögliche (Unterscheidung zwischen Kurzzeit- und Langzeitgedächtnis).

Methode

Geist und Körper werden von James *von Anfang an* in einen funktionalen Lebenszusammenhang eingebettet und damit auch *nicht* als getrennte Sphären angesehen. Das Ziel psychologischer Untersuchungen sei es, die Wechselwirkungen zwischen bewussten und physischen Vorgängen sowie zwischen bewussten Vorgängen und Umwelt im Zusammenhang mit der Notwendigkeit der Lebensbewältigung zu erfassen.

Dieses Forschungsparadigma lässt sich nicht auf das individualistische Paradigma des psychophysischen Parallelismus reduzieren. Wundts Parallelismus leitet zwar die Verselbständigung eines spezifisch psychologischen Forschungsgegenstandes ein, doch bedeutet dies von sich aus noch nicht eine Unterscheidung zwischen Individualismus und Gesellschaftlichkeit oder naturwissenschaftlich-experimenteller und geisteswissenschaftlich-hermeneutischer Forschungsmethodik. Bekanntlich bestimmte Wundt die methodische Grenze nicht zwischen physiologischen und psychischen Prozessen, sondern zwischen elementaren psychischen Prozessen (Experiment) und höheren geistigen Prozessen (Beobachtung).

Um das doppelte Verhältnis des Bewusstseins zur Umgebung sowie zum Körper zu untersuchen, werden von James Verfahren wie Beobachtung, Experiment sowie Introspektion berücksichtigt: Für James ist aber die Beobachtung das zentrale wissenschaftliche Verfahren zur Gewinnung neuer Erkenntnisse. Reasoning ist dann die spezifische Fähigkeit, mit Beobachtungseindrücken umzugehen. Die Gültigkeit der Deskription einer Beobachtung hänge dabei von ihrer kritischen Funktion ab, die sie im Anschluss an das Vorwissen erfülle.

Wissenschaftliche Tätigkeit wird daher von James auch als Problemlösen aufgefasst. Das Kriterium für die Wahrheit neuer Annahmen ist für den Autor das erfolgreiche Reagieren auf Problemsituationen. Hierzu gehöre auch eine möglichst gute Übereinstimmung mit den übrigen im Bewusstsein über den Erkenntnisgegenstand vorliegenden Daten. Erkenntnistheoretisch vertritt James einen *radikalen Empirismus*, der sich ausschließlich auf Erfahrbares bezieht.

Radikaler Empirismus

James bestimmt den radikalen Empirismus in den posthum im Jahre 1912 veröffentlichten *Essays on radical empiricism* wie folgt:

- *Erfahrung:* Obgleich die Objekte der Erfahrung unabhängig von derselben bestehen, wird der Subjekt-Objekt-Unterschied in der Einheit der Erfahrung aufgelöst. Die Erfahrung ist keine Substanz, keine Entität (non-entity), sondern ein Geschehen.
- *Wirklichkeit:* Alles, was überhaupt direkt erfahrbar ist, wird vom Forscher als Wirklichkeit angesehen. Kein direkt erfahrbares Element wird von der Forschung ausgeschlossen, kein nicht direkt erfahrbares Element findet Verwendung.
- *Erster Teil der Wirklichkeit:* Es handelt sich hier um den Strom von Sinneseindrücken, denen sich kein Forscher entziehen kann. Die Erfahrung erfolgt entsprechend diesem Strom.
- *Zweiter Teil der Wirklichkeit:* Der Strom der Erfahrung umfasst auch Beziehungen zwischen den Erfahrungen und den erfahrenen Objekten. Diese Beziehungen können räumlicher, zeitlicher oder logischer Natur sein.

Der von James (1912/1975) ausformulierte radikale Empirismus ist Teil des *Pragmatismus* als Methodik. James ist der Auffassung, dass Personen diese Methodik von jeher im Alltag verwendet haben, wenn auch nicht wissentlich. Der Pragmatismus brauche diese Methodik also nur bewusst zu machen. Demnach versteht der Autor Wissenschaft lediglich als besondere Art und Weise menschlichen Handelns und Wissens. Unterschiede in der Begrifflichkeit oder in bestimmten Ansichten produzierten auch Unterschiede auf der Ebene konkreter Tatsachen. Ansonsten lohne sich eine Auseinandersetzung nicht, denn die ganze Bemühung bliebe ein bloß metaphysisches Unterfangen, das ebenso gut eingestellt werden könne.

Von James werden Bedeutungen mit tatsächlich erfolgten oder noch erfolgenden praktischen Konsequenzen gleichgesetzt. Das Prädikat *wahr* stehe hier nicht für die Übereinstimmung zwischen Aussage und Wirklichkeit wie bei der Korrespondenz- oder der Abbildungstheorie; vielmehr bewerte dieses Prädikat die Beziehung zwischen Wissen und Welt. An die Stelle der Übereinstimmung mit der Wirklichkeit tritt damit das Kriterium der besseren Umsetzung in einer bestimmten Versuchssituation oder in einem breiteren Umfeld.

Für James reduziert sich Wahrheit jedoch nicht auf eine Konstruktion oder gar auf eine bloße Erfindung, denn die Handhabung der zur Verfügung stehenden Mittel sei keineswegs willkürlich, sondern sie ziehe so weit wie möglich die Realität in Betracht. Die pragmatische Methodik gelangt nie zu einem endgültigen Abschluss. Es geht immer weiter, je nachdem welche neuen Voraussetzungen in der Auseinandersetzung mit der Wirklichkeit zu berücksichtigen sind.

Rezeption

Die *Principles* begründeten in kürzester Zeit den internationalen Ruhm von James. Als umfassendes Lehrbuch wurden sie über Jahrzehnte unverändert nachgedruckt. Im englischsprachigen Raum galten sie bald als Standardwerk einer humanwissenschaftlich abgestimmten, naturwissenschaftlichen Psychologie. Die wichtigsten Werke von James lagen bald nach der amerikanischen Publikation auch im deutschsprachigen Raum vor, doch wurden sie dort bis heute weniger zur Kenntnis genommen, diskutiert oder gar kritisch weiterentwickelt als in anderen Sprachgebieten.

Wissenschaftliche Nachwirkungen

In der Nachfolge von James und seiner Unterscheidung zwischen primärem und sekundärem Gedächtnis begann man zu untersuchen, auf welche Weise Informationen fest im Langzeitgedächtnis verankert werden; ein Prozess, der heute als

Konsolidierung bezeichnet wird. Doch James betrachtete das psychische Geschehen in seinem (bedeutungsvollen) Lebenszusammenhang. Er reduzierte psychische Prozesse weder auf Verhalten noch auf Kognitionen und auch nicht auf körperliche Prozesse, wenngleich er sie natürlich *auch* (aber eben nicht nur) als naturwissenschaftliche verstanden wissen wollte. Selbst eine vollständige Entdeckung und Erklärung der Hirntätigkeit könne nicht annähernd mit der Kenntnis des Bewusstseins gleichgesetzt werden, müsse doch *alles*, was überhaupt geschehe, auch im Lebenszusammenhang der untersuchten Personen realisiert werden. Die Psychologie von James hat nicht nur den Behaviorismus nachhaltig mitbeeinflusst, sondern darüber hinaus die moderne Neuropsychologie mit ihrem Verständnis gegenstandsbezogener Plastizität (vgl. Kandel, 2006).

Praktische Auswirkungen

Das provokative James-Lang'sche Emotionskonzept, obwohl es insgesamt als fragwürdig gilt, könnte sich nach einer Überarbeitung dennoch als praktisch relevant erweisen. Es wird dabei angenommen, dass ein externer Reiz durch die Aktivierung des betreffenden sensorischen Systems eine Wahrnehmung *sowie* eine somatische Reaktion auslöst: Indem also auf den Körper geachtet werde (z. B. Herzklopfen), würden Emotionen erst bewusst wahrgenommen (z. B. Angst haben). Durch verändertes Verhalten der Umwelt gegenüber würde sich dann aber nicht nur die Wahrnehmung verändern, sondern auch die somatischen und neuronalen Reaktionen und Einschreibungen. Das heißt, das neurophysiologische System würde über das letztlich gegenständliche Verhältnis und Verhalten modifizierbar. Die *Plastizität*, der in der modernen Neurologie so große Bedeutung zukommt, wurde bereits von James erkannt: »Organic matter, especially nervous tissue, seems endowed with a very extraordinary degree of plasticity of this sort; so that we may without hesitation lay down as our first proposition the following: that *the phenomena of habit in li-*

ving beings are due to the plasticity of the organic materials of which their bodies are composed« (James, 1892/1907, S. 135; Hervorhebung von James).

John Dewey

Ausgangspunkte

Dewey studierte Hegel und löste sich allmählich von ihm, ohne jedoch den Versuch, die Spaltung zwischen Subjekt und Objekt, Geist und Natur zu überwinden, je aufzugeben. Der Darwinismus sowie die darauf basierende Psychologie von James beeinflussten seine psychologischen und wissenschaftstheoretischen Arbeiten und führten ihn zum Konzept der Kontinuität, das er als Gegenkonzept zum Dualismus betrachtete.

Zeittafel

1859	John Dewey wird in Burlington (Vermont) geboren.
1874	Dewey schließt die High School ab und geht auf ein College.
1879	Er studiert Naturwissenschaften an der University of Vermont und lernt u. a. Darwins Evolutionstheorie kennen.
1882	Dewey schreibt sich an der Johns Hopkins Universität ein.
1884	Er schließt sein Studium mit einer Dissertation über Kants Psychologie ab. Kurz darauf wird er Dozent an der University of Michigan.
1894–1904	Nach einer Dozentur in Minnesota wird er an die Universität von Chicago berufen. Dort schließt er sich mit einer Gruppe von Eltern zusammen und gründet die Laboratory School, die später allgemein Dewey School genannt wird. Die Schrift *Schule und Gesellschaft* erscheint, die Gespräche enthält, die Dewey führte, um Geldmittel für seine Schule zu beschaffen.
1904–30	Lehrstuhl für Philosophie an der Columbia University in New York. Seine Lehrtätigkeit wird durch Vorlesungen in Japan und China unterbrochen. Er unternimmt in dieser Zeitperiode auch Reisen in die Türkei, nach

Mexiko sowie in die Sowjetunion. Wichtige Veröffentlichungen fallen in diese Periode, u. a. *How We Think* und *Human Nature and Conduct*.

1952 Tod in New York.

Die Elementareinheit des Verhaltens

Dewey geht im Artikel *Die Elementareinheit des Verhaltens* (*The reflex arc concept in psychology*, 1896) davon aus, dass der Reflexbogen, bestehend aus einem sensorischen Teil, einem Umschaltzentrum und einem motorischen Teil, die elementare Einheit ist, aus der sich die komplizierten Geistestätigkeiten und Verhaltensweisen der Menschen aufbauen.

Dewey ist allerdings der Auffassung, dass diese Einheit nicht genügend zusammengehalten wird. Deshalb setzt er an die Stelle des Reflexbogens einen Schaltkreis. Bei diesem Schaltkreis handelt es sich um einen Kreis von Reiz und Reaktion: Nach dem Autor tritt der für eine Reaktion entscheidende Reiz nur im Zusammenhang mit bestimmten Erfahrungen auf. Das heißt: Reaktionen legten auch die in einer bestimmten Situation entscheidenden Reize nahe. Die motorischen Momente des Vorgangs, die Bewegungen, bestimmten insbesondere die Art der Reize: Ein Reiz werde konstituiert, damit eine Reaktion erfolge. Die Lösung des Problems der Koordination bestehe in der Konstitution des Reizes.

Weder Reiz noch Reaktion sind also nach Dewey eigene Realitäten, sondern lediglich Funktionen. Reiz und Reaktion fallen demnach als funktionale Phasen seiner eigenen Vermittlung in den Schaltkreis. Für diesen organischen Schaltkreis, wie er auch genannt wird, sei kennzeichnend, dass er sich stets erweitere. Die Reaktion sei danach nicht nur eine Reaktion auf den Reiz, sondern quasi eine Reaktion in den Reiz sowie in den Reizempfänger hinein. Der Kreis führe somit zu einer ständigen Anreicherung gegenstandsbezogener Erfahrung.

Der organische Schaltkreis

Der *Schaltkreis* von Dewey (1896) kann vereinfacht wie folgt dargestellt werden:

Reize bestimmen	→	zentral vermittelt	→	Reaktionen
Reaktionen bestimmen	→	zentral vermittelt	→	Reize
veränderte Reize bestimmen	→	zentral vermittelt	→	veränderte Reaktionen

usw.

Beispiel:

Dewey illustriert den Schaltkreis an dem von James (1890/1950) stammenden Beispiel des Kindes, das nach einer leuchtenden Kerzenflamme greift:

Frühere Auffassung:

Kerzenlicht (Reiz)	→	Ausstrecken der Hand (Reaktion)
Sich-Verbrennen (Reiz)	→	Zurückziehen der Hand (Reaktion)

Es wird hier also lediglich eine Erfahrung durch eine andere Erfahrung ersetzt.

Deweys Auffassung:

Nach der ersten Erfahrung einer Schmerzempfindung am Objekt wird das rechtzeitige Zurückziehen der Hand wie folgt vermittelt:

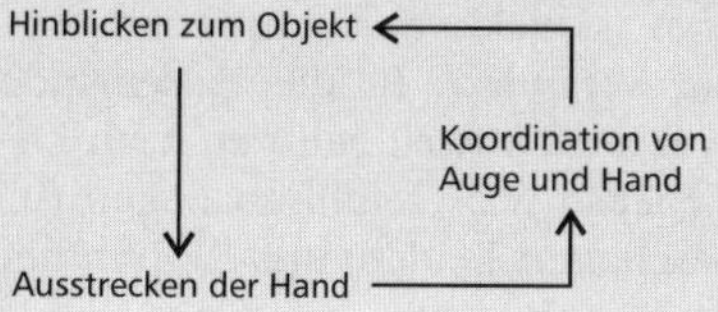

Nach Dewey (1896) stimuliert und kontrolliert das Ausstrecken der Hand (Reaktion) zum Kerzenlicht (Reiz) das Hinblicken (Koordination). Es werde also nicht einfach eine Erfahrung durch die andere Erfahrung ersetzt; vielmehr werde die bisherige Erfahrung (eine einfache Reaktion) erweitert. Diese erweiterte Erfahrung wird auch als vermittelte Erfahrung bezeichnet. Sie sei nicht mehr nur eine Reaktion auf den Reiz, sondern sozusagen eine Reaktion in den Reiz hinein, denn die frühere Reaktion bestimme nun auch den Reiz und verändere ihn *in seiner Bedeutung*, so dass bei einer brennenden Kerze schließlich problemlos nur der Ständer oder der Wachskörper (nicht aber der Docht mit der Flamme) angefasst und ergriffen werden könne.

Methode

Dewey glaubte, dass alle Erkenntnistheoretiker von der Antike bis zur Neuzeit letztlich eine einfache Abbildtheorie der Wirklichkeit vertreten hätten. Er stellte derselben seine pragmatische Auffassung der Realität gegenüber, die darauf beruht, dass er das Gehirn nicht als eigentümliches physisches Substrat des Geistes ansah, sondern es als einen Teil des Körpers einstufte, den er wiederum als Werkzeug der Anpassung an die Umwelt betrachtete.

Die von Dewey in Anlehnung an James oft verwendete Formel »Erkennen macht einen Unterschied in den Dingen« verabschiedet die bloß als passiven Vorgang konzeptualisierte Abbildung und führt zu einem Handeln, das die Sachverhalte respektive deren (subjektive) Voraussetzungen bis zu einem gewissen Grad verändert. In die Auseinandersetzung des Organismus mit der Umwelt gehören nach Dewey Handeln und Denken ebenso wie Gefühlsqualitäten (u. a. Erstaunen, Furcht, Leidenschaften, Leiden) und Empfindungen (Wärme, Kälte, Hunger, Durst).

Dewey verweist in diesem Kontext auch auf Darwins Biologie, welche die Kontinuität der Natur beinhaltet. Diese Kontinuität beziehe sich nicht nur auf den Übergang von niederen zu höheren Organismen, sondern auch auf den Zusammenhang zwischen Motorik, Fühlen, Wahrnehmen und Denken. Deweys Verständnis von Erfahrung beinhaltet auch aktive Momente wie Absichten und Wahrnehmungen mit ihren Rückwirkungen sowie eigentliche Manipulationen. Würde aber demgegenüber die Erfahrung auf Verhalten oder kognitive Erkenntnis reduziert, so könnte dies zwar auf gesellschaftlicher Ebene eine technologisch verstandene Naturbeherrschung ermöglichen, doch hinsichtlich des Menschen wäre eine solche Verarmung der Erfahrung verhängnisvoll. Hieße es nicht, die Aufgabe der Humanwissenschaft zu verkennen, wenn das Objekt ihrer Bemühungen entsprechend reduziert und kontrolliert würde?

An die Stelle des zu instrumentellen Zwecken verwendeten Experiments setzt Dewey die lebendige Erfahrung, wobei es sich hier um eine ganzheitliche Erfahrung handle, in der keine Trennungen zwischen Subjekt und Objekt oder zwischen Akt und Material vorkämen. Diese Erfahrung könne indes in einem gewissen Sinne auch als experimentell bezeichnet werden, und zwar in dem weiteren Sinne eines Versuches, Dinge zu verändern nach Maßgabe des Menschen, der gleichzeitig suche und untersucht werde. In Deweys *Pragmatismus* wird demnach versucht, Erkennen und Handeln auf *eine* Grundstruktur zurückzuführen: Werde eine (gegebenenfalls wissenschaftliche) Vorstellung in die Tat umgesetzt, so würden auch ihr Gehalt und ihre Gültigkeit erkennbar.

Rezeption

Deweys pragmatisches Wissenschaftsverständnis beinhaltet ein Konzept von Erfahrung, das zweifellos breiter ist als das instrumentelle, auf die Beherrschung der Natur abzielende der modernen Naturwissenschaften, doch schließt es dasselbe nicht aus. Dies hat zu unterschiedlichen, teilweise widersprüchlichen Rezeptionen geführt. Dewey aber aus der Warte eines kontemplativen, die Idee der Wahrheit hochhaltenden Denkens des Experimentierens in einem rein instrumentellen

Sinne zu bezichtigen, wie dies beispielsweise Horkheimer getan hat, beinhaltet nicht nur ein Missverständnis seiner Intentionen und seines Schaffens insgesamt, sondern auch eine Verkennung der sozioökonomischen Voraussetzungen des tradierten kontemplativen Wahrheitsbegriffs (Suhr, 2005).

Theoretische Nachwirkungen

Dewey hat einen wichtigen Beitrag zur heute wieder vermehrt diskutierten Aufhebung der für die Psychologie unfruchtbaren Dualismen wie Subjekt und Objekt, Mentales und Physisches, Erkenntnis und Erfahrung, Theorie und Praxis geliefert. Er gehört zu den wenigen Psychologen, die den Objektbezug des Subjekts berücksichtigten und zugleich das Subjekt nicht vollständig zum Objekt machten.

Praktische Auswirkungen

Dewey machte mit dem Schaltkreis darauf aufmerksam, dass Personen nicht nur auf Reize reagieren, sondern über die Reize auch ihre Reaktionen mitbestimmen können. In diesen Kontext könnte u. a. auch die im Alltag so wichtige soziale Wahrnehmung (z. B. von Minderheiten) diskutiert und reflektiert werden.

Würzburger Schule

In den ersten zwei Jahrzehnten des 20. Jahrhunderts entwickelte sich in Deutschland in Absetzung von Wundts Leipziger Schule die sogenannte Würzburger Schule. Die vom Würzburger Professor Külpe ausgehende und von seinen Schülern weitergeführte Schule stellte sich die Aufgabe, auch höhere psychische Prozesse zu analysieren und empirisch zu untersuchen. Die Würzburger Forscher befassten sich hauptsächlich mit Denken, Urteilen, Wollen sowie mit der Aufmerksamkeit. Denken wurde dabei nicht analog dem Lernen sinnloser Silben als mechanischer Assoziationsvorgang betrachtet, sondern schon ansatzweise als Erfassen von Sinnzusammenhängen. Um Inhalte des Denkens und Inhalte anderer psychischer Phänomene zu untersuchen, wurde die Introspektion zu einem experimentellen Verfahren erhoben.

Oswald Külpe

Ausgangspunkte

Külpe war acht Jahre lang Assistent von Wundt, löste sich dann von ihm und orientierte sich mehr am Phänomenologen Husserl und dessen Vorgänger Brentano, für den das Wesentliche der seelischen Vorgänge ihre Gerichtetheit auf ein Objekt war (Intentionalität). Außerdem setzte sich Külpe intensiv mit Kant auseinander.

Zeittafel

1862	Oswald Külpe wird in Kandau (Kurland) geboren.
1887	Promotion bei Wundt in Leipzig.
1888–96	Assistent von Wundt. Külpe erhält von Wundt die Gelegenheit, dessen Psychologie-Vorlesungen zu halten, während sein Lehrer vor allem Philosophie unterrichtet.
1893	Veröffentlichung von Külpes *Grundrisse der Psychologie*, die wahrscheinlich ursprünglich von Wundt vorge-

schlagen wurden, diesem auch gewidmet sind, dem Altmeister aber missfallen, da sie u. a. den positivistisch geprägten Vorschlag beinhalten, die Psychologie von der Philosophie zu trennen.

1894 Külpe wird in Leipzig zum Extraordinarius ernannt. Er erhält noch im gleichen Jahr einen Ruf auf ein Ordinariat an der Universität Würzburg.

1896 Külpe gründet in Würzburg das dortige Institut für Psychologie sowie ein psychologisches Labor. Wundts *Grundrisse der Psychologie* erscheinen in den *Philosophischen Studien*. Es handelt sich um eine Kritik von Külpes *Grundrisse der Psychologie*.

1909 Külpe übernimmt eine Professur in Bonn, wohin ihm Bühler als Assistent folgt.

1912 Professor an der Universität München. Külpe kritisiert in der Arbeit *Die Realisierung* Kants Lehre, dass ein vom Denken unabhängiges Objekt zwar gesetzt, aber an sich nicht erkannt werden könne, und formuliert zur Bestimmung von Realitäten einen ersten Ansatz zu einer allgemeinen Theorie des Denkens.

1913 Professur in München

1915 Külpe stirbt in München.

Vorlesungen über Psychologie

Külpes *Vorlesungen über Psychologie* (1920) erschienen erst nach seinem Tod, herausgegeben von Bühler. An dieser Stelle sei nur auf Külpes neuen Ansatz hingewiesen: In Abhebung von Wundt werden die Elemente des Bewusstseins quasi »von oben her« mehr zu Einheiten zusammengefasst. Bei einer präsentierten Aufgabe bildeten die Aufgabenstellung, die Gedanken, das Ziel und schließlich die hieraus hervorgehende Tendenz in Richtung Lösung solche Einheiten. Nach dem Autor stehen diese Einheiten nacheinander im Fokus der Betrachtungsweise. Alles Übrige werde ihnen ein- und untergeordnet. Die entsprechende Integration sei dann erfüllt, wenn sie der Tendenz zur Lösung der Aufgabe dienlich sei. Bleibe etwas dieser Tendenz fremd, so werde es ausgeschaltet. Külpe nimmt neben dem Bewusstsein auch ein unbewusstes Seelenleben an.

Methode

Die von Külpe begründete, sogenannte *experimentelle Denkpsychologie* beinhaltet eine gezielte Introspektion unter experimentellen Bedingungen. Grundlage hierzu ist die *systematische Selbstbeobachtung* (auch kontrollierte bzw. experimentelle Selbstbeobachtung oder manchmal eben einfach Introspektion genannt). Die Versuchspersonen werden zunächst zur Selbstbeobachtung ausgebildet, wobei der Versuchsleiter nicht nur technischer, sondern auch psychologischer Leiter der Untersuchung ist. Als solcher sorgt er für die Herbeiführung bestimmter psychischer Vorgänge sowie für die möglichst genaue Beobachtung und Beschreibung der dabei hervortretenden Erlebnisse.

Zu Beginn einer experimentellen Selbstbeobachtung wird der Versuchsperson sinnvolles Aufgabenmaterial vorgelegt. Im Anschluss an die gestellten Aufgaben (meistens Denkaufgaben) vermögen routinierte Versuchspersonen (oft Professoren) zu berichten, was sie während des Versuchs erlebt haben. Das Erlebnisprotokoll ist demnach das Ergebnis der experimentellen Selbstbeobachtung. Häufig wurde auch die Zeit zwischen Reiz und Reaktion gemessen. Die Zeitmessung wurde dann allerdings selten psychologisch interpretiert (Lück & Miller, 1993).

Rezeption

Wundt wollte die experimentellen Arbeiten in Würzburg nicht als solche anerkennen. Er glaubte daher über lange Zeit nicht, dass der früher streng naturwissenschaftlich, über seine eigenen Anliegen hinaus positivistisch ausgerichtete Külpe sich mit diesen Arbeiten identifizierte, ja dieselben – wie sich später herausstellte – selbst initiiert hatte. Wundt nahm vielmehr an, dass sein Schüler sie nur aus liberaler Gesinnung dessen eigenen Schülern gegenüber zugelassen hätte.

Wissenschaftliche Nachwirkungen

Külpe nahm wenigstens zeitweise auch Abhängigkeitsbeziehungen zwischen Bewusstseinsprozessen und körperlichen (insbesondere auch neuronalen) Vorgängen an. In Würzburg versuchte er die von Wundt den elementaren, »niederen« psychischen Vorgängen vorbehaltene experimentelle Methodik auf »höhere« psychische Prozesse zu übertragen, wodurch sie sich nach der Evokation der Vorgänge auf eine Art strenge Introspektion reduzierte, was außerhalb von Külpes Schule ablehnend oder zumindest skeptisch aufgenommen wurde. Hingegen fand sein noch in Leipzig formulierter Vorschlag, die Psychologie von der Philosophie abzulösen und als Einzelwissenschaft zu verselbständigen, bei der damaligen Psychologiegeneration, darunter viele Schüler Wundts, großen Anklang.

Zu den bedeutendsten Würzburger Schülern Külpes gehörten Marbe, Ach, Selz und Bühler. Marbe ergänzte die schon bekannten Bewusstseinsvorgänge (wie die anfänglich in Würzburg besonders wichtigen bildhaften Vorstellungen) durch sogenannte Bewusstseinslagen (u. a. Spannungen, Ungewissheiten) und stellte fest, dass bei der Lösung von Aufgaben die Gedanken nicht unbedingt von bildhaften Vorstellungen begleitet sind, sondern vielmehr als »Gedanken schlechthin« auftreten, die einer näheren Charakterisierung schwer zugänglich sind. Dieses Ergebnis stellte außerordentliche Anforderungen an die Methodik. Marbe führte später sogenannte alltagsnahe Versuche durch, die er sich anfänglich zur besseren Untersuchung der Bewusstseinlagen, dann aber mehr zur Verbesserung von Lebenslagen ausdachte. Marbes Bewusstseinslagen forderten jedoch auch die Theoriebildung innerhalb der Würzburger Schule heraus, die bis dahin eher vernachlässigt worden war: Zwar entwarf schon Külpe einen ersten Ansatz zu einer allgemeinen psychologischen Theorie des Denkens, doch erst Selz sollte es gelingen, eine Denktheorie im eigentlichen Sinne der Würzburger Schule zu formulieren, die als solche keine assoziativen Momente mehr aufweisen sollte.

Praktische Auswirkungen

Nach Külpe (1920) hat die Aufgabe selbst eine selektive Funktion hinsichtlich ihrer Ausführung. So würden für die Aufgabe relevante Reize beachtet, während von irrelevanten Reizen abgesehen werde. Diese positiven und negativen Abstraktionen sind für die Psychologie des Lernens von Bedeutung und in didaktischer Hinsicht relevant.

Narziß Kaspar Ach

Ausgangspunkte

Ach war Schüler des Experimentalpsychologen Georg Elias Müller in Göttingen, orientierte sich aber immer stärker an der Denkpsychologie Külpes.

Zeittafel

1871	Narziß Kaspar Ach wird als Sohn eines Arztes in Ermershausen (Unterfranken) geboren.
1890–99	Studium der Medizin und Philosophie. Nachdem er 1895/96 als Schiffsarzt praktiziert hat, geht er an die psychiatrische Klinik in Heidelberg und arbeitet im psychologischen Laboratorium bei Kraepelin. Daraufhin unternimmt er eine Reise nach Nordamerika zur Untersuchung der Seekrankheit. Nach seiner Rückkehr promoviert er bei Külpe in Würzburg zum Doktor der Philosophie.
1902	Ach wird Assistent am Philosophischen Institut in Göttingen und habilitiert sich in Philosophie.
1904	Er lehrt in Marburg.
1905	Das Buch *Über die Willenstätigkeit und das Denken* erscheint in Göttingen.
1906	Ach wird als Titularprofessor an die Universität Berlin berufen. Er verzichtet auf die Venia Legendi und wird Assistent am Psychologischen Institut.
1907	Er wird ordentlicher Professor für Philosophie und Direktor des Philosophischen Seminars in Königsberg.
1910	*Über den Willensakt und das Temperament* erscheint in Leipzig.

1922	Ach wird ordentlicher Professor für Philosophie und Psychologie sowie Direktor des Philosophischen Seminars in Göttingen.
1929–36	Mitglied des Vorstands der Deutschen Gesellschaft für Psychologie. Mitunterzeichner des *Bekenntnisses der Professoren an den deutschen Universitäten und Hochschulen zu Adolf Hitler und dem nationalsozialistischen Staat*. Verbeugung vor Hitler mit seinem Vortrag *Die Determination und ihre Bedeutung für das Führerproblem* auf dem 13. Kongress der DGfP (1933) in Leipzig. Die *Analyse des Willens* erscheint 1935 in Berlin.
1946	Ach stirbt in München.

Über die Willenstätigkeit und das Denken

Ach publizierte sein Buch *Über die Willenstätigkeit und das Denken* (1905) in Göttingen. An dieser Stelle kann nur auf sein Verständnis des Denkprozesses hingewiesen werden: Der Autor nennt die unanschaulichen Denkinhalte »Bewusstheiten«. Mit der Aufgabenstellung werde ein Denken hervorgerufen, das zielgerichtet sei, wobei der Gedankenverlauf durch die Kräfte gesteuert werde, die durch die Denkaufgabe bedingt seien. Mit anderen Worten: Aufgrund der Aufgabe erfolge eine Einstellung auf das Denkziel hin, wodurch eine *determinierende Tendenz* ausgelöst werde. Der Denkprozess laufe nun quasi unter der Regie dieser determinierenden Tendenz ab. Hierbei gelangten indes nicht alle Zwischenstufen ins Bewusstsein. Ach bezeichnet die determinierende Tendenz als im Wesentlichen unbewusst. Er stellt sie neben die assoziativen Tendenzen und weist die ausschließlich auf assoziativen Vorgängen beruhenden Denktheorien zurück.

Methode

Insbesondere aus Achs *Analyse des Willens* (1935) geht deutlich hervor, wie die Selbstbeobachtung einer Versuchsperson im kontrollierten Ablauf eines Experiments eingesetzt wurde. Die Methode der *experimentellen Selbstbeobachtung* besteht darin, durch experimentelle Hilfsmittel Erlebnisse der Versuchspersonen zu veranlassen, die in der dem Versuch unmittelbar folgenden Zeit möglichst vollständig zu beschreiben und zu analysieren sind. Hierbei findet ein beständiger Gedankenaustausch zwischen der beobachtenden Versuchsperson und dem protokollierenden Versuchsleiter statt. Der determinierenden Tendenz wird dabei die Widerständigkeit der Situation entgegengestellt und planmäßig variiert. Damit waren die dynamischen Eigenschaften des Willensaktes quantifizierbar und für die Willensstärke konnte ein Maß gewonnen werden. Ach hat hierzu – teilweise mit Düker zusammen – eine Reihe von Verfahren entwickelt und zur Konstruktion entsprechender Instrumente und Apparaturen wichtige Beiträge geleistet (vgl. u. a. Ach & Düker, 1934).

Rezeption

Ach hat mit der determinierenden Tendenz den wahrscheinlich folgenreichsten Begriff der Würzburger Schule ausgearbeitet: Das Denken werde nicht in erster Linie assoziativ gesteuert, sondern erfolge unter dem Einfluss dieser Tendenz. Dieselbe bewirke auch die Zielgerichtetheit des Denkens. Bühler schloss mit seinen eigenen denkpsychologischen Untersuchungen unmittelbar an Ach an.

Theoretische Nachwirkungen

Für Ach war die determinierende Tendenz hauptsächlich unbewusst. Es stellte sich daraufhin die Frage, was denn unter dieser Eigenschaft zu verstehen sei. Dazu äußert sich Ach wie folgt: Die determinierende Tendenz melde sich als Frage, welche die problemlösende Person nicht loslasse, als Drang und Wille, um zu einer Problemlösung zu gelangen, kurz: als Spannung. Als solche sei sie in einem gewissen Sinne doch auch als bewusst zu betrachten (Pongratz, 1967/1984).

Praktische Auswirkungen

Mit Achs *Analyse des Willens* erreichte die deutsche Willenspsychologie ihren Höhepunkt. Das Interesse des Autors richtet sich in erster Linie auf jene Tendenz, die bei aufkommenden Problemen einer Handlung den Vorrang gibt und diese Handlung auf Zielkurs hält, wenn zur Problemlösung zwei Handlungstendenzen in Frage kommen, die unvereinbar sind und miteinander in Konflikt geraten. Diesem Beitrag Achs kommt nicht nur innerhalb der modernen Konfliktforschung Bedeutung zu, sondern er ist auch bei der Bewältigung von Alltagssituationen relevant, bei denen sich vielen Menschen immer wieder das Problem der Realisierung eigener Bedürfnisse gegenüber der Außenwelt stellt.

Otto Selz

Ausgangspunkte

Selz war Schüler von Theodor Lipps. Später orientierte er sich vor allem an seinem Förderer Külpe.

Zeittafel

1881	Otto Selz wird in München als Sohn eines Mitinhabers einer Privatbank und einer Mutter jüdischer Herkunft geboren.
1899–1907	Selz studiert Rechtswissenschaft an der Universität München.
1908	Er wird als Anwalt zugelassen.
1910	Selz beendet an der Philosophischen Fakultät der Universität München die Dissertation *Die psychologische Erkenntnistheorie und das Transzendenzproblem*.
1910–13	Er verfasst bei Külpe in Bonn eine Habilitationsschrift über eine experimentelle Untersuchung des Denkens. Erste Lehrveranstaltungen.
1915–18	Selz wird zum Kriegsdienst einberufen und nimmt an der Westfront an Stellungskämpfen teil.
1919	Wiederaufnahme der Lehrtätigkeit.
1921	Selz wird zum außerplanmäßigen Professor für Rechtsphilosophie ernannt.
1922	*Zur Psychologie des produktiven Denkens und des Irrtums* wird veröffentlicht.

1923 Er wird ordentlicher Professor für Philosophie, Psychologie und Pädagogik an der Handelshochschule (heute: Universität) Mannheim.

1924 *Die Gesetze der produktiven und reproduktiven Geistestätigkeit* erscheint.

1933 Selz wird gemäß Erlass des Ministers für Erziehung, Unterricht und Volksbildung beurlaubt und als »gefährliche Person« gebrandmarkt. Fortan lebt er zurückgezogen in Mannheim und widmet sich weiterhin der Wissenschaft. Da ihm die Apparate für seine Experimente fehlen, setzt er sich mit theoretischen Problemen auseinander.

1938 Selz wird in Schutzhaft genommen. Er kommt ins Lager Dachau. Nach seiner Entlassung geht er ins niederländische Exil.

1942 Selz wird die deutsche Staatsbürgerschaft aberkannt.

1943 Er wird von der Grünen Polizei verhaftet und nach Westerbork verschleppt. Mit einem Transportzug wird er nach Auschwitz gebracht und dort ermordet.

Die Gesetze der produktiven und reproduktiven Geistestätigkeit

Selz bestimmt in seinem Hauptwerk *Die Gesetze der produktiven und reproduktiven Geistestätigkeit* (1924) die geistigen Operationen, aufgrund derer die Brücke zwischen Aufgabenstellung und Lösungsfindung gebildet werden kann.

Die Problemlösung beginne mit einer schematischen Vorwegnahme der Lösung des Problems. Dieser Vorentwurf einer späteren (Denk-)Handlung werde durch Reizsituation und Aufgabenstellung hervorgerufen. Das Lösungsschema sei dabei ganzheitlich organisiert, aber noch unklar und lückenhaft. Gerade deshalb sei es die antreibende und richtungsweisende Kraft für notwendige Denkvorgänge, denn es determiniere die Aktualisierung solcher Wissensbestände, die dazu beitragen könnten, die Leerstellen des antizipierenden Schemas zu füllen.

Von der reproduktiven Wissensaktualisierung unterscheidet Selz die produktive Mittelabstraktion. Das Schema werde so lange differenziert, bis sich eine Lösung abzeichne. Der unvollständige Komplex der Aufgabe berge also die dynamische Tendenz in sich, den fehlenden Teil zu ergänzen. Diese Komplexergänzung stellt nach Selz die eigentliche Lösungsfindung dar.

Methode

Selz legte in seinen empirischen Arbeiten Versuchspersonen einen festen Fragenkatalog vor, der im Verlaufe des Experiments systematisch variiert wurde. Anhand von diesem Fragenkatalog wurden Denkaktivitäten abgerufen, wie beispielsweise Definitionen und Zuordnungen (Teil/Ganzes, Über-/Nebenordnung usw.).

Rezeption

Der von Selz gelieferte theoretische Ansatz in *Die Gesetze der produktiven und reproduktiven Geistestätigkeit* fand zur Zeit seiner Fertigstellung und Veröffentlichung im deutschsprachigen Raum keine Resonanz. Nach 1945 wurde er in den USA, in der UdSSR, in Frankreich und in den Niederlanden rezipiert.

Wissenschaftliche Nachwirkungen

Selz lieferte mit seinem Werk *Die Gesetze der produktiven und reproduktiven Geistestätigkeit* eine nicht assoziationistische Theorie des schöpferischen Problemlösens und Denkens. Den externen Objekten sowie der Sprache wird – wie bis dahin auch von den anderen Wissenschaftlern der Würzburger Schule – noch keine wesentliche Bedeutung beigemessen, doch nimmt Selz in seiner Arbeit bereits Konzeptionen der Gestaltpsychologen vorweg (z. B. Ergänzung). *Das Konzept des antizipierenden Schemas* ist zudem auch schon in kognitionspsychologischer Hinsicht relevant: Es scheint zwar noch nicht mehr als eine spezifische Vorwegnahme der Aufgabenlösung im Erleben des Probanden zu sein, doch deutet es schon auf Vorformen von Hypothesen hin, wie sie später im kognitionspsychologischen Rahmen des Denkens als innerem Probehandeln während des Hypothesengenerierens entwickelt werden sollten (Groner, 1978).

Praktische Auswirkungen

Im Bereich der Pädagogischen Psychologie stellte sich Selz praxisbezogene Fragen, und sein Institut kooperierte mit den wirtschaftswissenschaftlichen Lehrstühlen der Handelshochschule, dem Schuldienst der Stadt Mannheim sowie mit den nordbadischen Arbeitsämtern.

Karl Bühler

Ausgangspunkte

Bühler orientierte sich in philosophischer Hinsicht an Husserl und in psychologischer Hinsicht an Külpe. In seiner *Sprachtheorie* (1934/1982) bezieht er sich auf Platon und Aristoteles sowie auf eine Reihe weiterer Autoren, u. a. in einem kritischen Sinne auf Herder und Steinthal, doch werden deren wesentliche Beiträge nicht referiert.

Zeittafel

1879	Karl Bühler wird in Meckesheim geboren.
1899–1903	Medizinstudium in Freiburg und Promotion. Bühler wird Assistent und beginnt ein Zweitstudium der Psychologie.
1904	Promotion im Fachbereich Psychologie.
1906	Bühler wird Assistent bei Külpe an der Universität Würzburg.
1907	Habilitation in Würzburg. Der erste Teil seiner dreiteiligen Schrift *Tatsachen und Probleme zu einer Psychologie der Denkvorgänge* wird in der Zeitschrift *Archiv für die gesamte Psychologie* veröffentlicht. Wundts kritischer Artikel *Über Ausfrageexperimente und über die Methoden zur Psychologie des Denkens* erscheint in den *Philosophischen Studien*.
1908	Der zweite und dritte Teil von Bühlers *Psychologie der Denkvorgänge* sowie seine *Antwort* auf die von Wundt erhobenen Einwände werden im *Archiv für die gesamte Psychologie* veröffentlicht. Wundts *Kritische Nachlese zur Ausfragemethode* erscheint ebenfalls in dieser Zeitschrift. Wundt beendet die Auseinandersetzung mit der Aussa-

	ge, dass er Untersuchungen, die auf der Ausfragemethode basieren, in Zukunft nicht mehr lesen werde.
1909	Bühler folgt Külpe nach Bonn und wird dort ebenfalls dessen Assistent.
1913	Er wird außerordentlicher Professor in München.
1914–18	Kriegsdienst als Stabsarzt an der Westfront.
1916	Er heiratet seine vierzehn Jahre jüngere Schülerin Charlotte Malachowski, die spätere Entwicklungspsychologin Charlotte Bühler.
1918–22	Ordentlicher Professor an der TU Dresden für Philosophie und Pädagogik.
1922–38	Professor an der Universität Wien für Psychologie und Leiter des Psychologischen Instituts. Die Gründung des Wiener Psychologischen Instituts erfolgt aufgrund der sozialdemokratischen Bemühungen der Stadt Wien um eine Neuordnung des Schulsystems auf der Grundlage der neuen wissenschaftlichen Erkenntnisse über den Entwicklungsstand des Kindes und Bühler wird zum Leiter des Psychologischen Instituts berufen. Seine Frau Charlotte Bühler folgt ihm und erhält eine Dozentur. Nach dem Einmarsch der deutschen Truppen in Wien wird Bühler für kurze Zeit inhaftiert (23.3.1938). Emigration über Oslo und London in die USA.
1939	Lehrtätigkeit am Scholastica College in Duluth (Minnesota).
1940–45	Professur in Minnesota.
1945–55	Professor der Psychiatrie an der Universität von Southern California, Los Angeles.
1959	Auszeichnung mit der Wilhelm-Wundt-Medaille der Deutschen Gesellschaft für Psychologie.
1963	Bühler stirbt in Los Angeles.

Tatsachen und Probleme zu einer Psychologie der Denkvorgänge

Bühler geht in der im *Archiv für die gesamte Psychologie* erschienenen, dreiteiligen Untersuchung *Tatsachen und Probleme zu einer Psychologie der Denkvorgänge* (1907 und 1908a/b) von Achs determinierenden Tendenzen aus, die auf die Lösung eines Problems abzielen: Laut Bühler sind Gedanken unanschauliche Bewusstseinsinhalte, die durch unbewusste Kräfte gesteuert werden. Die unter der Wirkung der determinierenden Tendenz ablaufenden Denkprozesse würden auch gefühlsmäßig erlebt und so stelle sich nach intensivem Lösungsbemühen unmittelbar vor der Lösungsfindung ein lustbetontes Erlebnis des Verstehens ein. Der Gedanke blitze auf und es komme so zu einem staunenden Erkennen, zu einer Einsicht, die von einigen Versuchspersonen auch als »innerer Ruck« bezeichnet wurde. Dieses typische Erlebnismerkmal des Verstehens nennt Bühler »Aha-Erlebnis«: ein plötzliches und einfallsartiges Erlebnis, durch das Zusammenhänge erkannt werden.

Damit begreift Bühler das Denken als ein Erfassen von Sinnzusammenhängen, das er bisherigen Betrachtungsweisen gegenüberstellt, nach denen das Denken nur als Verknüpfung von Tatsachen ohne eigentlichen Sinnbezug interpretiert wurde.

Antwort auf Wundts Einwände gegen die Methode der Selbstbeobachtung

Bühler bezieht sich in seinem im *Archiv für die gesamte Psychologie* publizierten Artikel *Antwort* (1908c) auf die von W. Wundt (1907) erhobenen Einwände gegen die Methode der Selbstbeobachtung an experimentell erzeugten Erlebnissen. Nach Wundt sind höhere intellektuelle Funktionen nicht experimentell zugänglich. Das methodische Vorgehen der Würzburger bei der Untersuchung dieser Funktionen bezeichnet Wundt als »Ausfrageexperimente«, »Scheinexperimente« und »Jugendsünde der experimentellen Psychologie«.

Bühler weist in seiner Replik im *Archiv für die gesamte Psychologie* (1908c) Wundts Argumente als Irrtümer zurück und weist nach, dass die Untersuchungen der Würzburger sehr wohl als Experimente betrachtet werden können. Denkvorgänge seien keineswegs zu komplex, um experimentell untersucht zu werden.

Wundt und Bühler hatten ganz offensichtlich nicht die gleiche Vorstellung von einem wissenschaftlichen Experiment. In der Würzburger Schule wird die in Frage gestellte

Vorgehensweise korrekterweise als *experimentelle Selbstbeobachtung* bezeichnet. Wundt wiederum war der *Introspektion* zur Untersuchung höherer geistiger Prozesse eigentlich gar nicht abgeneigt, doch grenzte er dieses Verfahren streng von der experimentellen Methodik ab, die er auf den Bereich der elementaren psychischen Prozesse beschränkt wissen wollte. Eher gegen Wundt spricht, dass sich in den Naturwissenschaften nicht nur (oder sogar eher selten) Experimente von der Art finden, wie er und seine Nachfolger sie durchführten, und auch in der Physik werden experimentelle Beobachtungen, wenngleich sachgemäße und natürlich nicht selbstbezogene, durchgeführt.

Wundts Argumente gegen die Experimente der Würzburger Schule

Wundt kritisiert in seinem in den *Philosophischen Studien* veröffentlichten Artikel *Über Ausfrageexperimente und über die Methoden zur Psychologie des Denkens* (1907, S. 301–360) die Experimente der Würzburger Schule u. a. wie folgt:

- *Experimenteller Anspruch:* Es handelt sich weder um vollständige noch um unvollständige Experimente.
- *Bestimmbarkeit:* Der Versuchsleiter kann den Eintritt des zu beobachtenden Sachverhaltes nicht bestimmen.
- *Modifizierbarkeit:* Die Bestandteile der Experimente können nicht im Sinne von unabhängigen Variablen modifiziert und variiert werden.
- *Replizierbarkeit:* Die Experimente der Würzburger Schule können nicht repliziert werden.

Die Krise der Psychologie

Die im Buchtitel genannte *Krise der Psychologie* (1927) wird von Bühler als Übergangsstadium betrachtet. Die Psychologie habe sich innerhalb einer Generation verzweigt und sachliche und methodische Auseinandersetzungen hätten teilweise Verwirrung mit sich gebracht. Die sachlichen Differenzen rührten daher, dass es in der Psychologie von Anfang an verschiedene Vorstellungen von der Struktur der psychischen Prozesse gab, während die methodischen Probleme hauptsächlich daraus resultierten, dass der Forschungsgegenstand tatsächlich von verschiedenen Seiten her angegangen werden könne.

Nach Bühler beinhaltet dieser Gegenstand der Psychologie der Natur der Sache nach drei Aspekte, nämlich den Aspekt der *inneren Erlebnisse*, den Aspekt des *äußeren Verhaltens* und den Aspekt der *von den Menschen erzeugten Produkte*. Diesen drei Seiten des Gegenstandes könne man mit verschiedenen Mitteln und in verschiedenem Grade habhaft werden: Die Erlebnisse könne man beobachten, analysieren, interpretieren und auch mit ihnen experimentieren. Das Verhalten könne man beobachten, zählen, messen und experimentell variieren und die Produkte (Sprache, Werkzeuge, manuelle und geistige Werke) erlaubten es, Schlüsse auf die sie hervorbringenden psychischen Vorgänge und Handlungen zu ziehen.

Bühler betrachtet alle drei Verfahren als legitim, nach ihm ist es sogar notwendig, sich aller drei Zugänge zum psychischen Leben zu bedienen. Wenn dies geschehe, sei die Krise auch überwindbar, am Ende könne sogar »eine einheitliche Wissenschaft« erwartet werden (ebd., S. 64).

Sprachtheorie

Bühlers *Sprachtheorie* (1934) weist mit der auch inhaltlichen Einbeziehung von Sprache in die psychologische Betrachtungsweise über das Paradigma der Würzburger Schule hinaus. Insbesondere wird dabei eine Systematisierung der Sprach- und Ausdrucksformen vorgenommen: Bühler betrachtet den Gegenstand Sprache von folgenden Gesichtspunkten aus: Mitteilung, Zeichennatur, Sprechhandlung, System von Wörtern und Sätzen. Er entwirft das sogenannte Organon-Modell mit den drei Elementen Sender/Empfänger,

Gegenstand und Sachverhalt, zu denen das komplexe Sprachzeichen in Relation stehe, und mit denen die drei hauptsächlichen Sprachfunktionen Ausdruck, Appell und Darstellung korrespondierten.

Organon-Modell der Sprache

Das in Bühlers *Sprachtheorie* (1934, S. 24–33) dargestellte *Werkzeug-* bzw. *Organon-Modell* der Sprache (weitere Bezeichnungen: *Dreifundamentenschema, Funktionsschema*) geht davon aus, dass das Sprachzeichen drei semantische Funktionen hat. Das Modell kann vereinfacht wie folgt wiedergegeben werden:

Symbolfunktion: Das Sprachzeichen ist Symbol kraft seiner Zuordnung zu Gegenständen und Sachverhalten. Es stellt die Gegenstände und Sachverhalte dar (Darstellung).

Symptomfunktion: Das Sprachzeichen ist Symptom (Anzeichen, Indiz) kraft seiner Abhängigkeit vom Sender. Es drückt die Innerlichkeit des Sprechers aus (Ausdruck).

Signalfunktion: Das Sprachzeichen ist Signal kraft seines Appells an den Hörer, dessen äußeres und inneres Verhalten es steuert. Es wendet sich also an den Gesprächspartner (Appell).

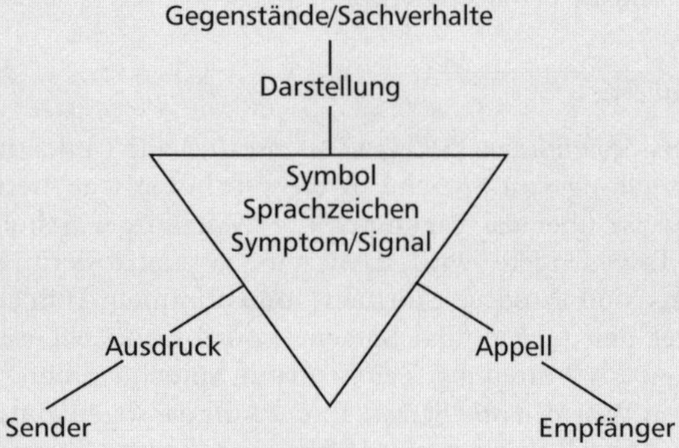

Neben dem Organon-Modell der Sprache gehört auch die Theorie der Deixis zu den bleibenden Leistungen von Bühlers *Sprachtheorie.* Unter Deixis wird der Vorgang des Zeigens und Verweisens mittels Gesten oder sprachlicher Ausdrücke auf Situationselemente verstanden. Das Zeigfeld ist dabei der in jeder Sprechsituation vorgegebene situationelle Person-Zeit-Struktur-Origo (bzw. Ursprung) als Koordinaten-Nullpunkt der subjektiven Orientierung einer Person. Diese Orientierung erfolge auf verschiedenen Ebenen des Zeigens: innerhalb der Wahrnehmungssituation von Sprecher und Hörer mittels Gesten sowie durch Demonstrativ- und Personalpronomina; im Redekontext durch Kontextverweise (auf zuvor in der Rede Behandeltes oder auch durch Vorgreifen) mittels deiktischer Partikel; im Bereich von Erinnerungen und Phantasie durch Deixis im Phantasma (worunter ein Bild, das nicht der gegenwärtigen, unmittelbar zugänglichen Realität entspricht, verstanden wird).

Methode

Bühlers (1907 und 1908a/b) besondere Vorgehensweise kann als *rückwirkend kontrollierte Selbstbeobachtung* bezeichnet werden; in seinen Protokollen finden sich Beschreibungen wie »Da kam mir die Erinnerung an …« oder »Da wurde es mir bewußt, daß …«. Für ein umfassendes Verständnis des psychologischen Gegenstandes seien jedoch Selbst- und Fremdbeobachtungen, Auszählungen, Messungen, Experimente, Analysen, Rückschlüsse und Interpretationen notwendig (Bühler, 1927). Selbstbeobachtung habe dabei nicht prinzipiell einen anderen Stellenwert als die Beobachtung von Verhalten und externen Sachverhalten. Beide Arten der Beobachtung erforderten Interpretationen (Bühler, 1907).

Rezeption

Bühlers *Sprachtheorie* wurde in den ersten Jahren nach ihrem Erscheinen kaum rezipiert. Nach Meinung von Hörmann

(1967/70) haben die politischen Ereignisse das Werk um seine Wirkung gebracht. Heute gilt das Buch als klassischer Grundlagentext der sprachthematisierenden Disziplinen, u. a. der Sprachpsychologie.

Wissenschaftliche Nachwirkungen

In der Kontroverse mit Wundt hat Bühler in inhaltlicher Hinsicht weitgehend recht behalten: Die folgenden Gestalt- und die Ganzheitspsychologen betrachteten psychische Prozesse ganzheitlich bzw. holistisch und die späteren Kognitiven Psychologen untersuchten auch Denkprozesse mit experimentellen Methoden, freilich nicht mit jenen, die von den Vertretern der Würzburger Schule verwendet wurden. Was indes die experimentelle Methodik anbelangt, so hat sich bis heute Wundt durchgesetzt (vgl. Lück, 1991/2002).

Praktische Auswirkungen

Bühlers *Sprachtheorie* hat indirekt einen großen Einfluss auf die Alltagspsychologie ausgeübt. Schulz von Thun (1981) ergänzte das *Dreifundamentenschema* (Ausdruck, Darstellung und Appell) des *Organon-Modells* durch das *Beziehungskonzept* (Watzlawick, Beavin & Jackson, 1967/69) und schuf eine Kommunikationslehre, die große Verbreitung im deutschen Sprachraum fand (vgl. u. a. auch Galliker & Weimer, 2006).

Grazer Schule

Die Grazer Schule (auch Österreicher Schule genannt) bestand aus einer Gruppe von Psychologen, die hauptsächlich in Graz (sowie in einigen anderen Städten Österreichs) arbeiteten. Gegenüber dem traditionellen psychologischen Verständnis einer bloß passiven Abbildung der Reizsituation wurde die Spontaneität des Psychischen hervorgehoben und eine Produktions- und Gegenstandstheorie ausgearbeitet. Die Vertreter der Grazer Schule konzeptualisierten bereits die Gestaltqualitäten und gelten daher als die unmittelbaren Vorläufer der Gestaltpsychologen.

Alexius Meinong

Ausgangspunkte

Alexius Meinong befasste sich zunächst wie sein Lehrer Brentano mit Fragen der deskriptiven Psychologie. Er wandte sich mit Husserl gegen die Psychologisierung von Sachbereichen und konzipierte eine Gegenstandstheorie als philosophische Grundwissenschaft.

Zeittafel

1853	Alexius Meinong, Ritter von Handschuchsheim, wird in Lemberg geboren.
1874	Meinong promoviert an der Universität Wien in Geschichte.
1875	Studium der Philosophie bei Franz Brentano.
1878	Habilitation in Philosophie an der Wiener Universität.
1878	Meinong tritt an der Karl-Franzens-Universität Graz die Nachfolge von Riehl an.
1882	Er wird in Graz auf ein Extraordinariat für Philosophie berufen.
1890	In der *Vierteljahresschrift für wissenschaftliche Philosophie* erscheint der Aufsatz *Über Gestaltqualitäten* von Ehrenfels. Dieser Artikel gibt Meinong und seinem Grazer

	Mitarbeiterstab den Anstoß zur Untersuchung von Aktivitäten, die über die Summe von Elementen hinausgehen.
1891	Meinongs Artikel *Zur Psychologie der Komplexionen und Relationen* wird in der *Zeitschrift für Psychologie* veröffentlicht.
1894	Meinong gründet das erste österreichische psychologische Laboratorium an der Universität Graz.
1897	Gründung des Philosophischen Seminars, das im Zusammenwirken mit dem Psychologischen Laboratorium für die Entstehung der Grazer Schule ausschlaggebend sein sollte.
1904	Anlässlich des zehnjährigen Bestehens des Grazer Laboratoriums erscheint die Programmschrift *Untersuchungen zur Gegenstandstheorie und Psychologie.*
1920	Meinong stirbt in Graz.

Zur Psychologie der Komplexionen und Relationen

Meinong weist in seinem Artikel *Zur Psychologie der Komplexionen und Relationen* in der *Zeitschrift für Psychologie* (1891) darauf hin, dass sich zusammenhängende Gesamtheiten von der Summe der Elemente psychischer Erscheinungen (z. B. Wahrnehmung) unterscheiden, da sie mehr seien als diese Summe und sich aus den Elementen allein daher nicht hinreichend erklären ließen. Diese Gesamtheiten nennt Meinong Komplexionen, welche mit Aktivitäten des Betrachters erklärt werden, die für Meinong die eigentlichen Produktionen darstellen. Durch diese Produktionen entstehe beim Betrachter aus Einzelelementen ein ganzheitlicher Eindruck.

Gegenstandstheorie

In den von Meinong herausgegebenen *Untersuchungen zur Gegenstandstheorie und Psychologie* (1904) findet sich die Programmschrift *Über Gegenstandstheorie*, in der er die gleichnamige Theorie darstellt, die durch das Gedankengut seines Lehrers Brentano geprägt ist.

Meinong geht in seiner Programmschrift davon aus, dass psychische Akte immer auf etwas Bezug nehmen. Somit sei jede Wahrnehmungsgestalt und allgemein jedes Erleben *intentional* in dem Sinne, dass sein Inhalt auf einen Gegenstand gerichtet sei. Den Gegenstand betrachtet Meinong in Bezug auf zwei Aspekte: Einmal betrachtet er den Gegenstand an sich und andererseits betrachtet er den Gegenstand auch in seinem Erfasstwerden durch das Subjekt.

Nach Meinung von Meinong korrespondiert jede Vorstellung mit einem vom psychischen Erleben unabhängigen Gegenstand, wobei er raum-zeitlich existierende Gegenstände (konkrete Objekte) sowie Eigenschaften, Relationen oder mathematische Gegenstände (abstrakte Objekte) unterscheidet. Darüber hinaus könnten auch nicht existierende Gegenstände postuliert werden, seien es nun fiktive, aber logisch mögliche oder in sich widersprüchliche Gegenstände.

In psychologischer Hinsicht relevant ist vor allem Meinongs Unterteilung der Gegenstände in die vier Gegenstandsklassen Objekte, Objektive, Dignitative (das Wahre, Gute und Schöne betreffend) sowie Desiderative (Gegenstände des Sollens und des Zweckes) entsprechend den vier Erlebnis-Hauptklassen Vorstellen, Denken, Fühlen und Begehren.

Methode

Auf der theoretischen Grundlage von Meinong wurden von dessen Schülern und Mitarbeitern zahlreiche experimentelle Untersuchungen durchgeführt (u. a. Witasek, Benussi). Zu ihren wichtigsten Untersuchungsgegenständen gehörten die Phänomene der sogenannten geometrisch-optischen Täuschungen. Aus gleichen Empfindungsverhältnissen resultieren bei diesen Täuschungen verschiedene Gestaltvorstellungen, was auf unterschiedliche Produktionen zwischen Reizdarbietung und Vorstellung des Gegenstandes zurückgeführt wurde.

Rezeption

Während Meinongs fast vierzigjähriger Tätigkeit in Graz wurde sein breites Wissen von vielen Schülern, Kollegen und Freunden rezipiert (u. a. Witasek, Benussi, Heider). Der in Triest geborene Benussi etwa arbeitete mit sogenannten Kippfiguren und suchte zunächst nach experimentellen Bestätigungen für die Grazer Produktionstheorie (Benussi, 1914).

Wissenschaftliche Nachwirkungen

Meinong übte einen wesentlichen Einfluss auf die Entstehung der Gestaltpsychologie aus, zuweilen wird er sogar als ihr Begründer oder Mitbegründer betrachtet (vgl. Lück, 1991/2002). Die Gestaltpsychologen distanzierten sich aber auch von der Grazer Schule, insbesondere was deren Produktionstheorie anbelangt (Koffka, 1915).

Zwischen Benussi und Koffka kam es zu einer Auseinandersetzung über die Grundlegung der Wahrnehmungspsychologie. Zu den wichtigsten Fragen gehörte jene nach der Ableitbarkeit der Gestalt. Benussi verteidigte die Theorie der Grazer Schule vehement, aber nur vorübergehend. Er ging später nach Italien zurück und begründete mit anderen Psychologen zusammen die Schule von Padua, in der an die Stelle produzierter Vorstellungen die Vorstellung einer außersinnlichen Provenienz gesetzt wurde.

Praktische Auswirkungen

Meinong hat die Bedeutung der Gegenständlichkeit für Theorie und Praxis der Psychologie hervorgehoben und gerade dadurch einer Psychologisierung von Sachbereichen entgegengewirkt.

Christian von Ehrenfels

Ausgangspunkte

Ehrenfels orientierte sich an seinem Lehrer Meinong und auch an Mach, der die Wissenschaft auf Empfindungskomplexe beschränkte und dieselben denkökonomisch mit dem geringst möglichen Aufwand funktionaler Zusammenhänge erklärte. Der musikalisch begabte Ehrenfels – er schrieb umfangreiche Libretti – wurde von Mach dazu angeregt, sich dem Hören von Melodien auch wissenschaftlich zuzuwenden.

Zeittafel

1859	Christian von Ehrenfels wird in Rodaun bei Wien geboren.
1882	Ehrenfels geht nach Bayreuth zur Uraufführung des *Parsifal*, wo er den von ihm bewunderten Richard Wagner persönlich kennenlernt.
1885	Nach dem Studium der Landwirtschaft an der Hochschule für Bodenkultur in Wien beginnt er das Universitätsstudium in Wien bei Franz Brentano und Alexius Meinong. Er folgt Meinong nach Graz, um bei ihm mit dem Thema *Größenrelationen und Zahlen* zu promovieren.
1888	Habilitation in Philosophie in Wien mit der Schrift *Über Fühlen und Wollen*. Neben seinen philosophischen Arbeiten hofft Ehrenfels auf eine Komponistenlaufbahn.
1890	Der Artikel *Über »Gestaltqualitäten«* wird veröffentlicht.
1891	Erstes philosophisches Kolleg von Ehrenfels an der Wiener Universität.
1896–1929	Professur für Philosophie an der deutschen Universität Prag. Ehrenfels bleibt dort Meinong wissenschaftlich sowie freundschaftlich eng verbunden Vor allem seine gestaltpsychologischen Schriften sind für Meinong und seine Schule bedeutsam.
1932	Ehrenfels stirbt in Lichtenau.

Über Gestaltqualitäten

Ehrenfels entwickelt in seinem Aufsatz *Über »Gestaltqualitäten«* (1890) am Beispiel des Hörens einer Melodie das Konzept der Gestaltqualität. Eine Melodie besteht aus einer Folge einzelner Töne. Die sukzessiv wahrgenommenen Töne, so Ehrenfels, bilden dabei in ihrer Summe einen Vorstellungskomplex, der freilich ohne die zugrundeliegenden Töne nicht bestehen könne. Diese Elemente bildeten indes nur eine notwendige, aber nicht hinreichende Bedingung für die Melodie. Zwar sei eine Tonfolge für eine Melodie notwendig, doch müssten die einzelnen Töne für dieselbe nicht gleich bleiben: Wenn eine Melodie in eine andere Tonart übertragen werde, bleibe sie die gleiche Melodie, obwohl sie nun auf anderen Tonelementen basiere (Gestaltqualität der Transponierbarkeit). Zur bloßen Zusammenfassung der Einzeltöne komme also etwas hinzu, damit eine Melodie wahrgenommen werden könne (Gestaltqualität der Übersummenhaftigkeit). Ehrenfels bezeichnet das, was den Elementenkomplex als besonderes Vorstellungsgebilde auszeichnet, als Gestaltqualität.

Gestaltqualitäten

Ehrenfels behandelt in seinem Artikel *Über »Gestaltqualitäten«* (S. 249–292) anhand der Organisation der Wahrnehmung die beiden folgenden *Gestaltqualitäten*:

- *Gestaltqualität der Übersummenhaftigkeit:* Eine Melodie ist mehr als die Summe der Einzeltöne. Etwas Neues kommt hinzu.
- *Gestaltqualität der Transponierbarkeit:* Auch wenn man eine Melodie höher spielt und damit jeder Einzelton anders wird, bleibt die Melodie als solche bestehen.

Methode

Ehrenfels' weitere Arbeit bestand in der Klassifizierung von zeitlichen und unzeitlichen Gestalten. Es ging ihm dabei vor allem darum, die Vielfalt der Phänomene nachzuweisen. Andererseits nahm er Generalisierungen vor; z. B. stellte er im optischen Bereich ebenfalls Gestaltqualitäten fest (z. B. ein Dreieck ist immer ein Dreieck, gleichgültig, wie es präsentiert wird). Ehrenfels dehnte den Geltungsbereich der Gestaltqualitäten aber noch weiter aus. So untersuchte er neben den Wahrnehmungen auch Vorstellungen.

Rezeption

Für die Gestaltpsychologen, allen voran Wertheimer und Köhler, war die Arbeit *Über »Gestaltqualitäten«* die Grundlage ihrer eigenen Forschungstätigkeit.

Wissenschaftliche Nachwirkungen

Ehrenfels stellte den sogenannten Elementarismus Wundts (und insbesondere denjenigen von Wundts Schülern) definitiv in Abrede und lieferte der Grazer Schule sowie den späteren Gestaltpsychologen das Paradigma ihrer Forschungsarbeiten.

Praktische Auswirkungen

Das Konzept der Gestaltqualität war nicht nur in der Grundlagenforschung (Gestaltpsychologie), sondern auch für die psychologische Praxis (Gestalttherapie) der Psychologie des 20. Jahrhunderts relevant.

Berliner und Frankfurter Schule

Die Entwicklung der Gestaltpsychologie im engeren Sinne begann mit der Untersuchung Wertheimers über das stroboskopische Sehen und dessen Interpretation zusammen mit Köhler und Koffka. Auf der Grundlage des elementaristisch-atomistischen Vorgehens der Psychophysik und der Assoziationspsychologie wurde dabei der Gestaltcharakter psychischer Prozesse hervorgehoben. Die Gestaltpsychologen waren vor allem in Berlin (Berliner Schule) und in Frankfurt (Frankfurter Schule) wissenschaftlich tätig (nicht zu verwechseln mit der Frankfurter Schule der Kritischen Theorie und der Berliner Schule der Kritischen Psychologie). Sie stellten u. a. das Alltagsverständnis, die menschlichen Wahrnehmungen seien exakt und direkt, in Frage: Nach ihrer Überzeugung übernimmt das Gehirn nicht einfach die Rohdaten, die es von den Sinnen empfängt, und spiegelt sie getreulich wider. Es existiere vielmehr ein übergreifendes Gesetz der Prägnanz bzw. der guten Gestalt. Im Unterschied zur Grazer Schule geht die Berliner und Frankfurter Schule nicht davon aus, dass Gestalten von Personen geschaffen werden, sondern die Gestalten werden selbst als Grundeinheiten des psychischen Geschehens betrachtet.

Max Wertheimer

Ausgangspunkte

Wertheimer promovierte bei Külpe in Würzburg und befasste sich dort mit der Assoziationspsychologie, einem Forschungsgegenstand, der für die Würzburger Schule schon nicht mehr typisch war. Das für Wertheimer und die Gestaltpsychologie wegleitende Phänomen der Scheinbewegung kannten vor Wertheimer bereits einige andere Forscher, darunter Schumann, an dessen Institut Wertheimer es kennenlernte. Wertheimers unmittelbarer experimenteller Ausgangspunkt war der Zugang zum Stroboskop, das Schumann wenige Jahre zuvor entwickelt hatte.

Zeittafel

1880	Max Wertheimer wird als Sohn einer jüdischen Familie in Prag geboren.
1904	Er promoviert bei Külpe in Würzburg. Aus der Verlängerung der Reaktionszeiten beim Assoziieren schließt er auf verschwiegene Erinnerungen.
1910	Wertheimer beginnt das Sehen von Bewegungen zu erforschen. Er begegnet Köhler und Koffka in Frankfurt und demonstriert ihnen das Phänomen der Scheinbewegungen. Nach Meinung der drei Männer kann man diese Bewegungen weder durch die objektive Reizgegebenheit noch durch Assoziationen erklären.
1916	Wertheimer wird Dozent in Berlin.
1921	Zusammen mit Köhler und Koffka gründet er die Zeitschrift *Psychologische Forschung*.
1929	Berufung nach Frankfurt.
1933	Nach Inkraftsetzung des Gesetzes zur Wiederherstellung des Berufsbeamtentums emigriert Wertheimer in die USA. Er lehrt bis zu seinem Tod an der New School for Social Research in New York.
1943	Tod von Wertheimer in New York.

Experimentelle Studien über das Sehen von Bewegung

Wertheimer untersucht in dem in der *Zeitschrift für Psychologie* veröffentlichten Artikel *Experimentelle Studien über das Sehen von Bewegung* (1912) scheinbare, d. h. nicht der Realität entsprechende Bewegungen. Bei diesen *Scheinbewegungen* handelt es sich um wahrgenommene Bewegungen, denen objektiv nur eine diskrete Folge von Zuständen zugrunde liegt. Zu ihrer Erzeugung werden zwei Bilder exponiert, die je verschieden gerichtete Linien darstellen. Diese Linien erscheinen nun in unterschiedlich rascher zeitlicher Abfolge. Sind bestimmte Voraussetzungen erfüllt (u. a. optimale zeitliche Vorgaben der beiden Linien), so ergibt sich daraus das sogenannte Phi-Phänomen: Sämtliche Betrachter haben den Eindruck, dass sich nur eine einzige Linie zwischen den verschiedenen Richtungen hin- und herbewegt.

Wertheimer zeigt mit dieser Arbeit, dass das Postulat einer umkehrbar eindeutigen Beziehung zwischen Einzelreizen und Einzelempfindungen unhaltbar ist, denn das Phänomen der Scheinbewegungen lässt sich weder aus den objektiven Reizgegebenheiten (zwei unabhängige Empfindungen) noch aus deren bloßer Verbindung (Assoziation) erklären: Es wird kein Aggregat von Empfindungselementen wahrgenommen, sondern eine ganzheitliche Bewegungsgestalt (sogenannter Scheibenwischereffekt).

Phi-Phänomen

In den *Experimentellen Studien über das Sehen von Bewegung* (S. 161–265) des jungen Wertheimer wird das Phi-Phänomen beschrieben: Aus diskontinuierlichen Reizen wird eine kontinuierliche Bewegungswahrnehmung erzeugt. Das Phänomen lässt sich zusammenfassend wie folgt darstellen:

- *Abfolge von Reizen:* Den Versuchspersonen werden in schneller Abfolge abwechselnd zwei Reize gezeigt (z. B. aufrechter und liegender »Stab«).
- *Scheinbewegung:* Bei einem bestimmten Zeitintervall (ca. 60 Millisekunden) wird diese Abfolge als Bewegung wahrgenommen (sogenannter Scheibenwischereffekt).

Bei einem zu kleinen Zeitintervall wird Simultanität, bei einem zu großen Sukzessivität erlebt.

Untersuchungen zur Lehre von der Gestalt

Wertheimer veröffentlichte in der Zeitschrift *Psychologische Forschung* die *Untersuchungen zur Lehre von der Gestalt I und II* (1922 und 1923), wobei er sich in der ersten Arbeit mit seiner Gestaltpsychologie von der bisherigen psychologischen Forschung absetzt, während er in der zweiten Arbeit die Faktoren der Gestalt bzw. die Gestaltgesetze behandelt.

Der Autor weist im *ersten Teil* zunächst darauf hin, dass die bisherige psychologische Forschung von einer summativen Mannigfaltigkeit von verschiedenen Bestandsstücken ausgegangen sei und alles Weitere im Sinne einer solchen Und-Summe ausgebaut habe. Als Beispiel führt er die Assoziationspsychologie an. Wertheimer kritisiert die grundlegende Und-Summe, den Gang von unten nach oben, das Mechanische, das Beliebige und Zufällige. Er betrachtet das summative Nebeneinander und den summativen Aus- bzw. Aufbau als bloßen Spezialfall, denn nach ihm bleiben Veränderungen von Teilen nicht ohne Einfluss auf die anderen Teile: »Es bestehen da gesetzliche funktionale Abhängigkeiten (…), indem die Teile nicht irgendwelche Stücke in primärer Und-Verbindung sind, sondern prägnante Teile in einem Ganzverlauf« (Wertheimer, 1922, S. 53). Wertheimer legt dann folgerichtig den Weg von oben nach unten nahe: Zuerst seien Ganzbedingungen, Ganzeigenschaften und Struktureigenschaften zu erfassen und erst von dieser Ganzheit aus sei der Weg zu den Teilen »im prägnanten Sinne dieses Wortes« einzuschlagen (ebd., S. 55).

Im *zweiten Teil* der Untersuchungen stellt Wertheimer (1923) prägnante Fälle von Gestaltbildungen dar, veranschaulicht die Gestaltfaktoren und gelangt zu einem ersten gestalttheoretischen Ansatz: Ein homogenes Feld benötige bestimmte Reizunterschiede, damit sich dieses in bestimmter Weise teile und darin bestimmte Gebilde aufträten. So werde z. B. das Ganzfeld inhomogen, wenn eine geschlossene Teilfläche anders als die übrige Fläche gefärbt sei. Für das resultierende Gebilde seien die Gestaltfaktoren von wesentlicher Bedeutung. Die Gestalt ergebe sich zunächst in groben Zügen durch charakteristische, einfache Verläufe. Auch die Aufmerksamkeitsverteilung, Fixation usw. folge primär der Hauptverteilung und erst sekundär den Verhältnissen in der Konstellation: »Bei dem hier skizzierten Ausgehen ›von oben nach unten‹, von den Ganzbedingungen her nach unten zu den Unterganzen und Teilen, kommen die einzelnen Teile (…) in Wirklichkeit nicht primär als Stücke in Und-Summe in Betracht, sondern von vornherein als Teile ihres Ganzen« (ebd., S. 349f.).

Gestaltfaktoren

Wertheimer weist in den für die Gestalttheorie grundlegenden *Untersuchungen zur Lehre von der Gestalt II* (S. 301–350) auf verschiedene Faktoren der Gestalt hin. Diese *Gestaltfaktoren* (oder wie sie später auch genannt werden: *Gestaltgesetze*) erklären, wie Gestalten konstituiert werden. Sie schließen subjektive Willkür sowie bloße Reizkonfiguration aus. Wertheimer weist u. a. auf folgende Faktoren hin:

- *Faktor der guten Gestalt:* In sich homogene Gestalten werden gegenüber nicht homogenen oder weniger homogenen Gestalten bevorzugt. Der Faktor der guten Gestalt wird auch als Prägnanzfaktor bezeichnet.
- *Faktor der Gleichartigkeit:* Sind mehrere Reize miteinander wirksam, besteht die Tendenz zu Formen (Gruppierungen, Einheiten, Gestalten), in denen gleiche Reize zusammengefasst erscheinen.
- *Faktor der Nähe:* Die Zusammenfassung von gegebenen Reizen zu Einheiten erfolgt im Sinne der kleinsten Abstände.
- *Faktor des gemeinsamen Schicksals:* Unerwartete strukturgerechte Veränderungen werden bei der Zusammenfassung gegenüber anderen Veränderungen bevorzugt.

Methode

Wertheimers Experiment mit den Scheinbewegungen (Scheibenwischerexperiment) zeigt exemplarisch den Ansatz der Gestalttheorie am anschaulich Gegebenen, ohne von vornherein nach dessen Zusammensetzung zu fragen. Gefragt wird vielmehr nach der harten Klarheit der unmittelbaren Phänomenalität. Wertheimer benötigte denn auch für das

Aufzeigen des Scheibenwischereffektes keine Statistik. Das für die Gestaltpsychologie grundlegende Experiment und viele weitere Experimente der Gestaltpsychologen erzeugen bei sämtlichen Versuchspersonen den gleichen Effekt; allerdings müssen bestimmte Voraussetzungen erfüllt sein, damit der Effekt zustande kommt. Die wichtigsten Variablen sind dabei die Darbietungszeit, das Zeitintervall zwischen dem Darbieten der beiden Objekte, deren räumliche Anordnung sowie Intensitäts- und Größenverhältnisse. Der Effekt verschwindet auch dann nicht, wenn die Versuchspersonen über das Phänomen aufgeklärt werden.

Rezeption

Von den Bewegungsexperimenten Wertheimers zeigten sich zunächst Köhler und Koffka beeindruckt. Sie beeinflussten deren weitere Arbeiten nachhaltig. In Frankfurt setzte Wertheimer die Forschungstätigkeit mit jungen Mitarbeitern fort (u. a. mit Levy, Metzger, Turhan). Die Veröffentlichungen über diese Experimente wurden zunächst von vielen Forschern im deutschsprachigen Raum und später international rezipiert.

Wissenschaftliche Nachwirkungen

Das Phi-Phänomen hat die sich ausbildende Gestaltpsychologie und mit ihr die Wahrnehmungspsychologie in theoretischer sowie methodischer Hinsicht maßgeblich beeinflusst. Ähnliche Experimente wurden in der Folge in anderen Gebieten der Wahrnehmungspsychologie, in der Denkpsychologie, der Gedächtnispsychologie und in der Entwicklungspsychologie, durchgeführt. So konnte etwa Meili (1972) in einer Arbeit über stroboskopische Bewegungen bei Kindern nachweisen, dass junge Versuchspersonen Scheinbewegungen auch bei ungünstigeren Bedingungen sehen.

Wertheimers Artikel über die *Untersuchungen zur Lehre von der Gestalt I* ist wissenschaftsgeschichtlich gesehen relevant, stellt er doch auch in theoretischer Hinsicht den ausschließlich naturwissenschaftlich geprägten Aufbau von unten nach oben in Frage. So ist Wundt nicht in erster Linie deshalb als Naturwissenschaftler zu betrachten, weil er für einen Teil seines Forschungsgegenstandes das naturwissenschaftliche Experiment vorschlug und teilweise heftig verteidigte, sondern weil er seine Theorie bis in die Völkerpsychologie hinein »von Grund auf« Schritt für Schritt ausbaute und weil er sie, zumindest wissenschaftslogisch gesehen, nicht von Ganzheitsbedingungen her – von oben nach unten – entwickelte und bis hin zu den elementaren Prozessen konkretisierte.

Praktische Auswirkungen

Das Phi-Phänomen zeigt sich nicht nur im visuellen Bereich. Wertheimer hat zusammen mit Hornbostel ein akustisches Phi-Phänomen herausgearbeitet und es in seinen Veranstaltungen anhand von musikalischen Beispielen selbst illustriert. Ferner haben Gelb und Goldstein neurobiologische und klinische Studien zum Phi-Phänomen durchgeführt. Über Goldstein gibt es außerdem eine Verbindung zwischen Gestaltpsychologie und Gestalttherapie. Letzterer sollte in den USA zusammen mit Charlotte Bühler und Abraham Maslow die sogenannte Humanistische Psychologie begründen. Mit der Gestaltpsychologie erweiterte sich auch das kulturelle Erleben. Dies ist hauptsächlich im visuellen Bereich der Fall. Als Beispiel sei hier die Optical Art (Op-Art) angeführt.

Wolfgang Köhler

Ausgangspunkte

Köhler, ein Schüler Stumpfs, war von Wertheimers Demonstration des Phi-Phänomens begeistert. Bei seinen Versuchen mit Schimpansen orientierte er sich vor allem an Hobhouse, der in England schon ähnliche Versuche durchgeführt hatte. Bei seiner Arbeit über die Gleichgestaltigkeit von Wahrnehmung und Hirnprozessen hielt er sich besonders an Physiologen und Physiker (u. a. an Müller und Mach).

Zeittafel

1887	Wolfgang Köhler wird in Reval, dem heutigen Tallinn (Estland), geboren.
1905	Promotion bei Carl Stumpf.
1910	Köhler wird Assistent von Schumann in Frankfurt.
1914–20	Er leitet die Anthropoidenstation der Preußischen Akademie der Wissenschaften auf Teneriffa. Versuche mit Schimpansen. Köhler kann während des Ersten Weltkrieges die Insel nicht verlassen, obwohl Spanien neutral bleibt. Von den Engländern wird zwischenzeitlich vermutet, die »Schimpansenforschung« sei nur ein Vorwand und die Deutschen würden dort einen Landeplatz für Kriegsluftschiffe bauen.
1921	Köhler gibt zusammen mit Gruhle und Goldstein die Zeitschrift *Psychologische Forschung* heraus, die das zentrale Organ gestalttheoretischer Forschung wird.
1922	Nachfolge von Carl Stumpf in Berlin.
1933	Köhler übt öffentlich Kritik an der Entlassung jüdischer Kollegen.
1934	Nach der Entlassung seiner Mitarbeiter sieht er sich gezwungen, um vorzeitige Emeritierung zu bitten. Ein Fackelzug von Studierenden zu seinen Ehren wird verboten.
1935	Köhler emigriert in die USA.
1935–58	Lehrtätigkeiten am Swarthmore und am Dartmouth College.
1962	Köhler wird Ehrenbürger der Freien Universität Berlin.
1967	Köhler stirbt auf seiner Farm in Enfield (New Hampshire).

Die physischen Gestalten in Ruhe und im stationären Zustand

Köhler versucht in der Schrift *Die physischen Gestalten in Ruhe und im stationären Zustand* (1920/1924) im Sinne der Psychophysik nachzuweisen, dass nicht nur die Wahrnehmung nach Gestaltprinzipien erfolgt, sondern auch die Hirntätigkeit und die physikalische Welt insgesamt.

Auf der Grundlage der Theorie der Potentialsprünge von Nernst legt Köhler dar, dass bei konstanten äußeren Bedingungen das nervöse Feld durchgängig homogen erregt wird, so dass es außerstande ist, über gleichartige stationäre Reaktionen hinaus irgendein Geschehen zu entwickeln. Werde jedoch die Sinnesfläche inhomogen stimuliert, und zwar für eine Weile überall konstant, so ergäben sich ungleiche stationäre Reaktionen in verschiedenen Teilen des dazugehörigen Feldes. Solche Potentialsprünge gebe es bei allen möglichen Arten von Erregungsverschiedenheiten, also nicht nur bei ungleich starker Reizung, sondern auch bei Vorgängen qualitativer Art: »Jeder Kontur im Tastfelde entspricht ein Potentialsprung (oder ein steiler Potentialabfall), und wird z. B. eine geschlossene Fläche oder die Spitze eines Tastzirkels auf die Haut gedrückt, so ist das Erregungsgebiet eines zugehörigen nervösen Feldes von der Umgebung überall, also in geschlossener Umgrenzung, durch eine Differenz des elektrischen Potentials abgesetzt« (ebd., S. 25). In dem quasi physisch kommunizierenden Gesamtsystem komme es genau zwischen den Subsystemen zur Potentialdifferenz, was nach Köhler eine qualitative (und nicht bloß quantitative) Erklärung nahelegt. Der Autor erkennt also einen Faktor, der inhomogen erregte nervöse Felder gegenüber homogen erregten auszeichnet: »Daß dieser Faktor physikalischer Natur und Herkunft ist, hat (...) deshalb wesentliche Bedeutung, weil man ihn als eine einfachste Gestalteigenschaft der betreffenden Systeme erkennt« (ebd., S. 28).

Köhlers Darstellungen und Ableitungen im optischen Sektor führen ihn dann zu einem neuen Denkansatz, der in einem Satz wie folgt zusammengefasst wird: »Die physischen Gebiete, deren Erregungszustände physische Korrelate optisch-phänomenaler Felder darstellen, bilden ein in sich zusammenhängendes System« (ebd., S. 189). Die spezifische Gliederung des phänomenalen Feldes sei eine Ergänzung (Korrelat) der physischen Zustandsstruktur, ja ein spontanes Geschehen (Moment) der physischen Gestalt. Würden z. B. bei einem weißen Kreis auf homogenem grauen Grund die Formen von Farben und Grund vertauscht, so würden damit die retinalen Reaktionen ebenfalls vertauscht: »Die Folge wird eine Richtungsumkehr der elektrischen Vektoren sein und sicherlich auch eine Änderung der Substanzart, welche hier und dort in den Sehbahnen verschoben wird« (ebd., S. 228).

Eine plötzlich hoch gesteigerte Geschehensintensität oder Energiedichte in der neuen physikalischen Gestalt führt Köhler auf die Richtungsumkehr der elektronischen Vektoren zurück. Dieser entspreche die Lebhaftigkeit und Eindringlichkeit, durch welche sich die neue Figur auf dem Grund der verschwundenen spontan hervorhebe. Die jeweils wahrgenommene Gestalt stelle eine übersummative Eigenschaft des Gesichtsfeldes dar, die erlebnismäßig mit den Eigenschaften des optisch-somatischen Feldes übereinstimme.

Nach Köhler wirken in allen Teilen der Natur die gleichen Gestaltgesetze. In jedem Bereich ergäben sich entsprechende Gestalten. Die Ordnung der Hirnprozesse sei jener der Wahrnehmung funktional äquivalent. Das von Köhler aufgezeigte Verhältnis von zentralnervösen und (psycho-)physischen Vorgängen wird auch als Isomorphie (*isos*: gleich; *morphie*: Gestalt) bezeichnet. Nach dem sogenannten *Isomorphieprinzip*, dem Prinzip der Gleichgestaltigkeit, entsprechen sich kortikale Erregungs- und Wahrnehmungsstrukturen. Der Isomorphismus besagt, dass die konkrete Ordnung gegebener Wahrnehmungen die getreue Wiedergabe einer dynamisch-funktionellen Ordnung der zugehörigen Hirnprozesse ist.

Isomorphieprinzip der Gestalttheorie

Köhler versucht in seiner Untersuchung *Die physischen Gestalten in Ruhe und im stationären Zustand* die hinsichtlich einer Grundlegung der Gestalttheorie entscheidende Annahme der Isomorphie zu belegen, worunter er in psychologischer Hinsicht im Wesentlichen Folgendes versteht:

- *Übereinstimmung:* Psychische Vorgänge (z. B. bei der Wahrnehmung) entsprechen physischen Vorgängen (z. B. im Gehirn). Die Vorgänge im psychischen System stimmen in gewisser Weise mit Vorgängen im physischen System überein.

- *Strukturgleichheit:* Korrespondierenden psychischen und physischen Vorgängen sind bestimmte formale Eigenschaften gemeinsam. Hierbei handelt es sich um bestimmte Strukturen und Relationen.
- *Gleichgestaltigkeit:* In den Wahrnehmungs- und Erregungsstrukturen stellen sich gleiche Gestalten ein.

Beispiel:

Übereinstimmung zwischen bestimmten Figur-Grund-Beziehungen im Bereich der Wahrnehmung und elektrischen Potentialunterschieden innerhalb der Großhirnrinde.

Intelligenzprüfungen an Menschenaffen

In seinem bekanntesten Werk *Intelligenzprüfungen an Menschenaffen* (1921) stellt Köhler die Versuche dar, die er auf Teneriffa mit Schimpansen durchführte. Nach Köhler sind Schimpansen in der Lage, Probleme zu lösen und hierfür sogar einfache Hilfsmittel zu erstellen (was bisher als den Menschen vorbehalten galt).

Eindrucksvoll ist in diesem Zusammenhang der sogenannte Doppelstock-Versuch, in dem sich die Affen mit dem Problem konfrontiert sehen, Futter von außerhalb des Käfigs heranzuschaffen. Sultan, das klügste Tier, geht dabei wie folgt vor: Der eine Stock wird so weit hinausgelegt wie möglich, dann mit dem anderen Stock vorsichtig weitergeschoben, bis das Ziel berührt wird. Sultan hat damit eine Brücke zum Ziel geschaffen, nur nützt ihm diese Brücke noch nichts. Es handelt sich hier um einen ersten Lösungsversuch, mit dem eine einheitliche Gestalt hergestellt wird, die vom Tier bis zur Frucht reicht. Sultan setzt sich dann auf eine in der Nähe des Gitters stehende Kiste. Er steht wieder auf, ergreift die Rohre und beginnt achtlos mit ihnen zu spielen. In jeder Hand ein Rohr kommt es zufällig dazu, dass die beiden Rohre in einer Linie liegen. Er steckt das dünnere ein wenig in die Öffnung des dickeren, springt ans Gitter, dem er bisher halb den Rücken zugekehrt hat, und beginnt mit dem Doppelrohr eine Banane heranzuziehen. Das eine Rohr fällt dabei aber vom anderen ab, da es Sultan nur wenig ins andere geschoben hat. Er setzt die Rohre wieder zusammen, nun fester, und angelt die Banane herbei. Sultan wiederholt das Verfahren mehrmals. Ohne zu fressen holt er sich auf diese Weise alle Früchte in den Käfig sowie noch weitere Dinge. Die gefundene Lösung scheint ihm zu gefallen und so wird er sie beibehalten: Am folgenden Tag setzt er aus drei Rohren einen längeren Stock zusammen.

Nach Köhler bildet sich die Lösung des Problems *nicht* allmählich aufgrund von Versuch und Irrtum heraus (wie bei Thorndike, 1898), sondern sie tritt plötzlich auf. Man könne indes – so der Autor – sicherlich auch annehmen, dass der Zufall eine gewisse Rolle spiele: Die beiden Rohre in einer Linie brächten eine Situation hervor, in der die richtige Lösung leicht eintreten könne. Köhler meint aber hierzu, dass der Zufall Sultan nicht direkt zum Ziel führe. Er gebe ja dem Tier kein fertiges Werkzeug in die Hand.

Nach Köhler ist die Aufgabenbewältigung das Ergebnis einer *Einsicht* und nicht das Resultat der Erfahrung. Im vorliegenden Fall handle es sich um eine Einsicht, die darin bestehe, *den Zufall zu nutzen*. Die einmal gefundene Lösung werde dann beibehalten und weitergeführt. Sie könne auf ähnliche Bedingungen übertragen werden. Die sogenannten Zwei-Phasen-Aufgaben haben zwei Momente: Einsicht und Übertragung einer früheren Lösung, wobei nur der Einsicht prinzipielle Bedeutung zukomme: Der Schimpanse verfüge über die Fähigkeit, die bei der Wahrnehmung hervorgehobenen, einzelnen Gegenstände zueinander in Beziehung zu setzen.

Nach Köhler werden die Gegenstände von den Schimpansen als ganzheitlich gegliederte Situation wahrgenommen. Demnach bildeten Ziel und Hilfsmittel eine Gestalt (z. B. das Zueinander von Größen). Die Einsicht könne als Erkennen dieser Gestalt verstanden werden. Es handle sich nicht einfach um eine neue Kombination geläufiger Verhaltensweisen, sondern um eine Neu-Strukturierung des ganzen Feldes. Diese Einsicht seiner Versuchstiere sei mit der menschlichen Einsicht durchaus vergleichbar: »Die Schimpansen zeigen einsichtiges Verhalten von der Art des beim Menschen bekannten. Nicht immer ist, was sie Einsichtiges vornehmen, äußerlich Menschenhandlungen ähnlich, aber unter geeignet gewählten Prüfungsumständen ist der *Typus* einsichtigen Gebarens mit Sicherheit nachzuweisen« (ebd., S. 191; Hervorhebung von Köhler).

Methode

Im Unterschied zu früheren Versuchen mit Menschenaffen führte Köhler diese einfachen und lebensnahen Versuche systematisch durch, beschrieb sie genau und dokumentierte sie mit Filmaufnahmen. Teilweise wurden die Versuche repliziert, um die Ergebnisse nochmals zu überprüfen.

Rezeption

Köhlers (1921) Schimpansenversuche fanden breite Beachtung und Eingang in zahlreiche Lehrbücher der Psychologie und der Biologie. Sie beeinflussten die Psychologie des Problemlösens und die Verhaltensforschung nachhaltig. Die gestaltpsychologische Interpretation der Schimpansenversuche wurde jedoch auch kritisiert. So haben verschiedene zeitgenössische Psychologen (u. a. Bühler) darauf hingewiesen, dass das Heranholen der Frucht mit Hilfe eines Stockes an das Heranziehen eines Zweiges mit einer Frucht erinnert. Demnach wäre die angeblich ausschließlich intellektuelle Lösung der Problemstellung die Anwendung einer in der Stammesgeschichte (Phylogenese) erworbenen Vorgehensweise. Nach Leontjew (1959/1980) ist auch diese Übertragung nicht mit augenblicklichem intellektuellen Verhalten zu erklären, sondern umgekehrt: die augenblickliche Lösung einer Aufgabe sei auf die ausgebildete Fähigkeit der Tiere zur Übertragung von Erfahrungen und entsprechenden Operationen zurückzuführen.

Wissenschaftliche Nachwirkungen

Nach Köhler ist Denken kein assoziativer Vorgang, keine determinierende Tendenz, kein unanschaulicher Bewusstseinsinhalt, kein schöpferisches System von elementaren Sinneseindrücken, keine Produktion eines Subjekts und kein Versuchs- und Irrtumsverhalten, sondern ein automatischer Umstrukturierungsvorgang innerhalb von Systemen; ein Paradigma, das der Gestalttheoretiker Metzger noch während des Zweiten Weltkrieges (1941/1963) aufgreifen, weiterführen und nach dem Krieg bis in die moderne Systemtheorie hineinführen sollte. Köhlers Erklärung des Umstrukturierungsvorgangs ist allerdings bis heute umstritten.

In Bezug auf Köhlers Grundlegung der Gestalttheorie wurde von Seiten der Widerspiegelungstheorie – ein wichtiger Vertreter im Bereich der Psychologie ist Leontjew – der Physikalismus der Gleichgestaltigkeit kritisiert. Die nicht zuletzt auf Erfahrung beruhende Beziehung zur gegenständlichen Welt werfe die Frage auf, inwiefern im Transformationsgeschehen zwischen Objekt und Abbild dessen Invarianten aufbewahrt seien. An einigen Stellen von Köhlers Ausführungen werde deutlich, dass die Isomorphie im Sinne des Monismus einen einzigen psychophysiologischen Prozess darstelle. In diesem Fall sei Isomorphie keine Zuordnungsannahme mehr, sondern allenfalls eine Beziehung zwischen Form und Inhalt im Sinne einer elaborierten Widerspiegelungstheorie (vgl. u. a. Stadler, Seeger & Raeithel, 1975). Allerdings ist nach der Meinung einiger Gestalttheoretiker (u. a. Wertheimer) sowie anderer Theoretiker und auch Experimentalpsychologen der Nachweis der Isomorphie für das Erkennen der Gestalt sowie im Weiteren für das Verständnis der Gestaltgesetze gar nicht notwendig.

In neueren Untersuchungen, insbesondere zur Chaostheorie, wird Köhlers Gestalttheorie jedoch wieder referiert, führte der Autor doch die spontane Ausbildung von Wahrnehmungsmustern auf die Tendenz von Systemen, ein finales Gleichgewicht zu erlangen, zurück. Zur Ausformulierung einer Selbstorganisationstheorie im heutigen Sinne fehlten Köhler allerdings die Konzepte einer nicht-linearen Thermodynamik des Ungleichgewichts sowie das Modell neuronaler Netzwerke, deren Neuronen Gestaltgesetze interaktiv generieren (Küppers & Paslack, 1996).

Praktische Auswirkungen

Köhler hat seine gestaltpsychologischen Erkenntnisse über die Intelligenz auf die praktische Intelligenz der Menschen übertragen. Auch das Denken und Verhalten des Menschen sei feldbedingt. Denken, Erinnern, Lernen usw. erfolgten in einem sozialen Umfeld.

Kurt Koffka

Ausgangspunkte

Koffka orientierte sich zunächst an Külpe und Stumpf, später an Wertheimer und Köhler.

Zeittafel

1886	Kurt Koffka wird in Berlin geboren.
1910	Er arbeitet bei Külpe in Würzburg.
1911	Nach seiner Promotion bei Stumpf wird Koffka Privatdozent in Gießen.
1915	Auseinandersetzung über die Grundlagen der Wahrnehmungspsychologie mit Benussi, einem Vertreter der Grazer Schule. Hierbei behauptet Koffka, dass die Gestalt nicht ableitbar sei.
1918	Koffka wird Professor in Gießen.
1921	Zusammen mit Köhler und Wertheimer gründet er die Zeitschrift *Psychologische Forschung*.
1922	Koffka stellt die Gestalttheorie in einem Artikel im *Psychological Bulletin* den amerikanischen Psychologen vor.
1927	Koffka verlässt Gießen, um künftig in den USA zu unterrichten.
1927–34	Koffka ist an verschiedenen amerikanischen Universitäten tätig (u. a. am Smith College in Massachusetts, an

	der University of Chicago und an der Harvard University).
1935	Veröffentlichung von *Principles of Gestalt Psychology*, in dem Koffka eine systematische Darstellung der Gestalttheorie bietet.
1941	Koffka stirbt in Northampton (Massachusetts).

Prinzipien der Gestaltpsychologie

Koffka stellt sich in seinem systematischen gestalttheoretischen Hauptwerk *Prinzipien der Gestaltpsychologie* (*Principles of Gestalt Psychology*, 1935/1950) die Frage: »Why do things look as they do?« (ebd., S. 88). Die Antwort findet er im Prinzip der Organisation. Der Autor versteht die psychischen Phänomene, wie beispielsweise das Gedächtnis, als Ergebnisse von Organisationsprozessen: »Memory did not appear as a new entity or function, but as the result and the determiner of organized process« (ebd., S. 681).

Das Organisationsprinzip manifestiere sich unter diversen Bedingungen, angefangen bei den einfachsten bis hin zu jenen von höchster Komplexität, wobei die Organisation ein Prozess sei, der zu einer Gestalt führe bzw. die Gestalt sei ein Produkt der Organisation: »To say that a process, or the product of a process, is a gestalt, means that it cannot be explained by mere chaos, the mere blind combination of essentially unconnected causes« (ebd., S. 683).

Die Organisation bewirke Konstanz, worunter beispielsweise die Tatsache zu verstehen sei, dass Figuren und Gegenstände unter verschiedenen Umständen (u. a. auch bei einem Entfernungswechsel) annähernd gleich erschienen. So sei etwa die scheinbare Größe eines Gegenstandes relativ unabhängig von der Größe des Netzhautbildes (sogenannte Größenkonstanz): Eine Person, die sich aus einer Entfernung von 1 m auf eine solche von 4 m wegbewege, weise für einen Beobachter keine Veränderung der Größe auf. Sie sehe nicht plötzlich nur ein Viertel so groß aus wie am Anfang, obwohl sie nun im Auge der wahrnehmenden Person in vierfacher Verkleinerung abgebildet werde. Auf diese Weise werde innerhalb einer gewissen Distanz nie ein naher kleiner mit einem großen fernen Gegenstand verwechselt. Entferne sich die Person dagegen sehr weit, so sehe sie plötzlich sehr klein aus: Von einem hohen Aussichtspunkt aus sehe ein Dorf wie Miniaturspielzeug aus. Es gebe indes auch Zonen, innerhalb derer »die eigentliche Größe« von Gegenständen am besten erfasst werden könne, wobei diese je nach Gegenstand verschieden ausfielen (vgl. z. B. Berg, Mensch, Fingerhut).

Nach dem Autor und anderen Gestalttheoretikern ist Konstanz ein zentrales Prinzip der Gestalttheorie. So würden Gegenstände unter nicht identischen Reizbedingungen häufig dennoch als identische erkannt und verlören nicht ihre Ganzheit. Sie blieben also als sinn- und gestalthafte Gegenstände bestehen. Die Wahrnehmung mache demnach bis zu einem gewissen Grad die Wandlungen auf der Netzhaut *nicht* mit, so dass der Gegenstand trotz veränderter Bedingungen in gleicher Gestalt erscheine wie unter den Eingangsbedingungen.

Konstanzphänomene

Koffka behandelt in *Prinzipien der Gestaltpsychologie* (S. 211–264) u. a. das Problem der Konstanz. Hier seien vier Beispiele von Konstanz angeführt:

- *Größenkonstanz:* Trotz perspektivisch bedingtem Wechsel des Bildes auf der Netzhaut erscheinen Gegenstände (Häuser, Autos usw.) auch aus einiger Entfernung in annähernd richtiger Größe.
- *Farbkonstanz:* Bei Beleuchtungswechsel wird die gegenständlich gegebene chemische Farbe weiterhin erkannt. Obwohl eine schwarze Fläche im Sonnenlicht objektiv heller ist als eine weiße bei Nacht, werden doch beide Flächen in ihrer ursprünglichen Farbe wahrgenommen.
- *Dingkonstanz:* Die Wahrnehmung der Dinge erfolgt unabhängig von ihrer unvollständigen Sichtbarkeit und perspektivischen Verkürzung (z. B. wird ein Stuhl immer als Stuhl wahrgenommen, auch wenn man nur seine Vorderseite sieht).

- *Raumkonstanz:* Trotz wandernder Augen-, Kopf- und Körperbewegungen steht die räumliche Umgebung still.

Zur sogenannten Gesamt-Gestalt gehört nach Koffka (1935/1950) auch die normale Orientierung: Die Wahrnehmung folge nicht der perspektivischen Ansicht, sondern sie zeige die starke Tendenz, dem Gegenstand in seiner orthogonalen (d. h. senkrecht zur Blick-Linie orientierten) Ansicht zu entsprechen. Je größer dabei die Abweichung des realen vom retinalen Bild sei, desto stärker werde transformiert. Da jedoch Konstanz keineswegs ein perfektes Prinzip sei, stelle sich die Frage, unter welchen externen und internen Bedingungen sie (nicht) erreicht werde. Der Autor prüft verschiedene Hypothesen, um diesem Problem auf die Spur zu kommen (*Hypothesis* of interpretation, of assimilation, of non-noticed but effective sensations) und kommt zu dem Schluss, dass keine eindeutige Beziehung zwischen dem realen Objekt und seiner projektiven Abbildung angenommen werden kann, da der objektive Gegenstand als Eingangsbedingung des optischen Transformationsprozesses in unzählbar vielen möglichen Projektionen in den Nahreizmustern auf der Retina wirksam werde. Das Problem könne daher nicht mit einer mechanistischen, sondern nur mit einer dynamischen Theorie gelöst werden.

Koffkas Gestalttheorie sieht einen Prozess vor, der sich unter den dominierenden dynamischen und einschränkenden Bedingungen selbst organisiert: Wenn Menschen am Himmel das Sternbild des Wagens sähen und kein Mensch die ebenfalls denkbare einfachere, geschlossene Figur, dann sei dies so, weil die einfachere, geschlossene Figur irregulär sei und bei irregulären Mustern gerate die internale Organisation mit den externen Hinweisen (cues) in Konflikt. Dieser Stresssituation werde mit Veränderungen begegnet, die den internen Stress reduzierten. Die Stärke der Transformation und Reproduktion des Bildes (bei Umkippbildern: Wechsel) sei also ein Indikator des Stresses in den neuronalen Spuren. Umgekehrt betrachtet: Ein Prozess werde Spuren in der Weise hinterlassen, dass sie, wenn immer möglich oder nötig, wiederum in gleicher Weise aktiviert werden könnten.

Die Grundlagen der Psychischen Entwicklung

In seinem Werk *Die Grundlagen der Psychischen Entwicklung* (1921) bietet Koffka eine Einführung in die Kinderpsychologie. Die spätere Entwicklungspsychologie wird dabei (noch) nicht losgelöst von der allgemeinen Psychologie betrachtet, sondern vielmehr als entwicklungslogische Voraussetzung für deren Verständnis. Nach Koffka hat Entwicklung stets einen zweiseitigen Charakter. So sei sie erstens als Reifung und zweitens als Lernen zu verstehen, wobei die Reifung das Lernen und das Lernen die Reifung beeinflusse. Dieses Verhältnis wird indes vom Autor nicht näher ausgeführt.

Koffka behandelt die Entwicklung des Kindes und die Entstehung psychischer Funktionen anhand von eigenen Beobachtungen sowie von zahlreichen Beobachtungen von Kollegen (u. a. Binet, Bühler Köhler, Stumpf). Im fünften Kapitel wird die Funktion des Gedächtnisses untersucht: Nach Koffka treten die ersten Beziehungen zur Vergangenheit frühestens zu Beginn des zweiten Lebensjahres auf und zwar sehr langsam und noch äußerst unbestimmt. Selbst für das vierjährige Kind sei die Bestimmung einer Erinnerung auf gestern noch sehr schwierig und auf vorgestern unmöglich: »Es existiert in diesem Alter der unbestimmte Eindruck des lange Her-Seins, auch die grobe Scheidung zwischen früher und später, gelegentlich auch von heute und heute-nicht. Besser als der Zeit-Charakter ist der Orts-Charakter der Erinnerungen entwickelt, ›das war in Berlin‹, ›das in Schreiberhau‹ usw. Die Erinnerungen sind eben Glieder größerer Komplexe und tragen diesen Teil-Charakter an sich« (ebd., S. 174).

Die Gedächtnisleistung zeige sich zuerst in Fremdheits- und Bekanntheitsqualitäten: Bringe man einen halbjährigen Säugling in ein fremdes Zimmer, so blicke er mit weit geöffneten Augen im Zimmer umher, und dieses »Erstaunen« schwinde, sobald der Säugling in den gewohnten Raum zurückkomme. Nach Koffka äußert sich hier die Wirkung des Gedächtnisses lediglich als »Fremdheitseindruck« in einer Art Abhebung von einem zunächst unterstellten, schon wohlbekannten »Hintergrund«: »Die Gedächtnis-Wirkung des gewohnten Zimmers wird (...) darin bestehen, daß es als ›Hintergrund‹ einen besonderen Charakter erwirbt, es wird das relativ feste Niveau, auf dem die einzelnen Phänomene erscheinen, das Erstaunen beruht dann auf einer Niveau-Änderung« (ebd., S. 173). Die Erinnerungen knüpften sich dabei zunächst nur an Wahrnehmungen an, erst später auch an Vorstellungen. Anfänglich erfolgten sie ausschließlich unwillkürlich, später auch willkürlich. Von diesen Komponenten aus erfolge dann die für die Erinnerung relevante Strukturbildung.

Koffka ersetzt das Assoziationsgesetz durch ein der Gestalttheorie entsprechendes Gesetz des Gedächtnisses, das er wie folgt einführt: »Sind Phänomene A B C... einmal, oder mehrere Male als Glieder einer Struktur dagewesen, und tritt eins von ihnen mit diesem ›Glied-Charakter‹ versehen wieder auf, so hat es die Tendenz, von sich aus die gesamte Struktur mehr oder weniger vollständig und scharf zu ergänzen« (ebd., S. 176).

Der Autor behandelt auch verschiedene Formen des Lernens (u. a. sensorisches Lernen, Nachahmung, ideatorisches Lernen). Bei der Nachahmung beeinflusse die Wahrnehmungsstruktur die Handlungsstruktur. Die aus der Wahrnehmungsstruktur hervorgehende Bewegungsstruktur komme durch Ergänzung und Wiederholung der Wahrnehmungsstruktur zustande. Das Kind lerne also eine ihm schon bekannte Handlung in einer neuen Situation anzuwenden.

Koffka berichtet in diesem Zusammenhang von einem Mädchen im Alter von 18 Monaten. Seine Mutter habe ihm beim Versteckspiel *coucou* zugerufen und es bei zu heißer Suppe mit *ça brûle* gewarnt. Eines Abends habe nun das Mädchen, als es die untergehende Sonne hinter einem Hügel habe verschwinden sehen, gesagt: *a brûle coucou*: »Hier wird ein Vorgang bezeichnet, indem zwei Vorgangs-Strukturen zu einer

Struktur zusammengeschlossen werden. Hier ist schon der Übergang vom Einwort- zum Mehrwort-Satz vollzogen (…)« (ebd., S. 256).

Methode

Koffka hat nicht nur experimentell gearbeitet, sondern auch entwicklungspsychologische Untersuchungen auf einer breiteren empirischen Grundlage durchgeführt: »Ohne vergleichende Psychologie, ohne Tier-, Völker- und Kinder-Psychologie muß die gewöhnliche Psychologie lückenhaft bleiben, kann sie an entscheidenden Stellen gar nicht zur richtigen Problemstellung, geschweige denn zu fruchtbarer Hypothesenbildung kommen« (ebd., S. 2).

Bei der vergleichenden Psychologie des Kindes sah Koffka allerdings folgendes Problem: »Um das Kind zu verstehen, muß ich seine Reaktionen kennen, aber um seine Reaktionen zu verstehen, muß ich auch das Kind kennen« (ebd., S. 5). Deshalb sah er eine enge Zusammenarbeit mit der Mutter sowie die Verwendung verschiedener Methoden vor (u. a. Tagebuchaufzeichnungen anderer Forscher, direkte Beobachtungen besonderer Leistungen des Kindes, verschiedene Arten von Leistungsexperimenten).

Bei der Interpretation der Ergebnisse seien dann vor allem Funktionsbegriffe (sie beziehen sich auf psychische Funktionen wie z. B. das Gedächtnis) und Deskriptionskonzepte (sie beziehen sich auf Erlebnisse wie z. B. Fremdheit) zu verwenden: »Wir versuchen uns selbst in die Lage zu versetzen, daß wir vor Aufgaben stehen wie das Kind sie lösen soll und nur solche Mittel anwenden, wie sie dem Kind zur Verfügung stehen, und wir versuchen festzuhalten, was etwa an charakteristischen Phänomenen dabei auftritt« (ebd., S. 22).

Dieses die Introspektion bei Erwachsenen ersetzende Verfahren sei zwar notwendig, um eine Vorstellung vom Sinn, den das Kind einer Aufgabenstellung beimesse, zu erhalten, aber keineswegs unproblematisch. Es müssten auch neue Verfahren verwendet werden, die dem Entwicklungsstand des

Kindes angemessen seien. Das Problem bestehe dabei darin, dass die Auswahl der Methode in gewisser Weise schon die Kenntnis dessen voraussetze, was eigentlich untersucht werden sollte.

Nach Koffka ist auch die Anwendung von Tests problembehaftet. Er weist in diesem Kontext darauf hin, dass Ergebnisse von Farbwahrnehmungstests davon abhängig seien, welche Untersuchungsmethode verwendet werde, ob die Untersuchung beispielsweise mit der Zuordnungsmethode (das Kind wählt dabei eine von mehreren vorliegenden Farben aus) oder mit der Benennungsmethode (die Farbe wird vom Kind selbständig benannt) durchgeführt werde. Je nach verwendeter Methode (oder auch anderen kontextuellen Bedingungen einer Untersuchung) ändere sich auch das Bezugssystem des Kindes: »Daraus ergibt sich (…), daß man in Zukunft bei solchen Untersuchungen viel mehr auf den Struktur-Gesichtspunkt wird achten müssen, als man es bisher getan hat. Was für Farben und auf was für Grund man sie bietet, das muß planmäßig variiert werden« (ebd., S. 195).

Rezeption

Koffka wurde nicht nur von Gestaltpsychologen rezipiert, sondern auch von Repräsentanten anderer Schulen. Er beeinflusste den Neobehavioristen Tolman und über diesen reichte sein Einfluss bis hin zur Kognitiven Psychologie. Ein Grund für seinen großen Einfluss auf die weitere Entwicklung der Psychologie war seine Publikationstätigkeit. Koffka veröffentlichte seine Arbeiten schon früh in englischer Sprache und konnte die Gestalttheorie als Erster der amerikanischen Öffentlichkeit vorstellen. Dass diese Theorie schon relativ früh in vielen Ländern rezipiert wurde und internationales Ansehen erlangte, ist nicht zuletzt auf Koffka zurückzuführen.

Wissenschaftliche Nachwirkungen

In *Principles of Gestalt Psychology* verlegt Koffka den Schwerpunkt seiner Theorie vom *Subjekt* der Würzburger Schule auf das *phänomenale Objekt*. Diese Auffassung ist weder subjektivistisch noch objektivistisch, beide Haltungen werden Koffka von Rubinstein (1958) unterstellt, sondern kann allenfalls in einem weiten Sinne als kantianisch verstanden werden.

Rubinsteins Kritik trifft wenigstens dem Sinn nach dennoch zu, insofern als bei Koffka die Auseinandersetzung mit dem Objekt mittels Einsatz aller Sinnesorgane und handgreiflicher Tätigkeit ausgeschlossen ist: Die Gestalttheoretiker gingen u. a. von der Kritik der eins-zu-eins-Beziehung zwischen Reiz und Sinneseindruck bei früheren Wahrnehmungstheoretikern aus (angefangen bei Helmholtz). Sie selbst befassten sich aber zu wenig mit der Frage, ob und wenn ja: wie beim Übertragungsvorgang invariante Eigenschaften des Realobjektes erhalten bleiben – eine Frage, die von Helmholtz grundsätzlich positiv beantwortet wurde. Von Vertretern der Widerspiegelungstheorie wurde deshalb darauf hingewiesen, dass die Postulate der Gestalttheoretiker eine wie auch immer formierte Übereinstimmung zwischen dem wirklichen und dem wahrgenommenen Gegenstand unmöglich machten und damit auch die Handlungsfähigkeit in Frage stellten.

Eine Erklärung für die Kongruenz zwischen Urbild und Abbild suchten die meisten Gestaltpsychologen bei internen Gestaltgesetzen. Köhler nahm mit seinem Isomorphiepostulat entsprechende Gesetze auch für den Kortex an: Das durch äußere Reize ausgelöste Erregungsgeschehen an der Retina bleibe ungeordnet und werde erst durch die Wirkung autochthoner Gestaltgesetze spontan (um-)strukturiert. Dass die Gegenstände so aussehen, wie sie sind, kann sich aber nach den Kritikern der Gestalttheorie erst durch die Erfahrungen im alltäglichen Umgang mit den Objekten herausbilden (vgl. u. a. Stadler, Seeger & Raeithel, 1975).

Praktische Auswirkungen

Koffkas Theorie eignet sich im Alltag zur Erklärung von Phänomenen im Bereich visueller Wahrnehmung (u. a. Sternbilder, Sinnestäuschungen, Kippfiguren, Instabile Bilder zeitgenössischer Maler). Im Bereich Gedächtnis und Erinnern hat er erstmals auf die Bedeutung komplementierender und komplettierender Tendenzen hingewiesen.

Wolfgang Metzger

Ausgangspunkte

Ausrichtung an Köhler und an Wertheimer.

Zeittafel

1899	Wolfgang Metzger wird in Heidelberg geboren.
1918	Im letzten Kriegsjahr geht dem jungen Soldaten in einem Gefecht das linke Auge verloren. Fortan ist ihm die Untersuchung monokularer Tiefenerscheinungen ein besonderes Anliegen.
1920–26	Studium der Germanistik und Kunstgeschichte in Heidelberg, München und Berlin. Besuch von Lehrveranstaltungen von Wertheimer und Köhler. Wechsel des Studienfaches.
1927	Metzger wird neben Gottschaldt und Duncker Assistent am Berliner Institut.
1931	Er wechselt zu Wertheimer nach Frankfurt.
1933–42	Nach der Emigration von Wertheimer wird Metzger stellvertretender Leiter des Frankfurter Institutes. Alle zwei Jahre beantragt er seine eigene Weiterbeschäftigung als Assistent.
1942	Lehrtätigkeit an der Westfälischen Wilhelms-Universität Münster.
1946	Nach dem Krieg Wiederaufbau des ausgebrannten Institutes. Metzger wird Professor für Psychologie in Münster und bleibt bis zu seiner Emeritierung dort.
1962–64	Erster Vorsitzender der Deutschen Gesellschaft für Psychologie.
1970	Ehrenmitglied der DGfP.

1979 Kurz vor seinem Tod versucht Metzger in der Zeitschrift *Psychologie Heute* klarzustellen, dass sich die Gestaltpsychologie im Widerspruch zum Nationalsozialismus befunden habe. Metzger stirbt in Tübingen.

Psychologie

Metzger überträgt in seiner *Psychologie* (1941/1963) die im Bereich der Wahrnehmung erkannten Gestaltgesetze auf die gesamte anschaulich gegebene Welt. So würden z. B. bei Vorgabe schwarzer und weißer Elemente entsprechende Gruppierungen im Sehfeld gebildet (Faktor der Gleichartigkeit); bei Vorgabe identischer Elemente mit verschiedenen Abständen untereinander würden die jeweils relativ nahe beieinanderliegenden Elemente in Gruppen zusammengefasst (Faktor der Nähe). Das oberste Gesetz, das alle anderen Gestaltgesetze in sich vereine, sei das Gesetz der guten Gestalt bzw. das Prägnanzgesetz. Nach diesem Gesetz gibt es entsprechend der *sachlichen* Beschaffenheit des Gegebenen eine Tendenz zur Einfachheit, Einheitlichkeit, Regelmäßigkeit, Symmetrie, Geschlossenheit, Vollständigkeit usw. und damit zur größtmöglichen Ordnung. Metzger betrachtet Prägnanz dabei als eine Art Idealisierung der Realität. (Beispiel: Bei einem Kreis mit kleiner Delle wird die kleine Delle übersehen und der Kreis als korrekter Kreis wahrgenommen.)

In diesem Werk formiert Metzger gewissermaßen die Gestalttheorie in sachlicher sowie in systemischer Hinsicht. Im Unterschied zu den mechanistischen Assoziationsgesetzen seien Gestaltbildungen sinnvoll. Die Einzelgebilde erhielten aus einem sachbedingten Bezugssystem ihren Sinn. So bestimmt beispielsweise die Art, wie ein Bildrahmen aufgehängt wird, was im Bild als oben, unten, randständig usw. wahrgenommen wird. Demnach ist das Bezugssystem eine lebendige Ganzheit, die auf jede auch nur örtliche Beanspruchung reagiert.

Bezugssystem

Metzgers Konzept des Bezugssystems in der *Psychologie* lässt sich wie folgt charakterisieren:

- *Vorkommen:* In sämtlichen psychischen Gebieten bezieht sich jedes Einzelgebilde auf ein (u. a. auch sachbedingtes) Bezugssystem.
- *Ausbildung:* Zur Ausbildung eines Bezugssystems existieren im Organismus je nach Sinnes- und Sachgebiet bestimmte Bedingungen, die insgesamt das besondere System ausbilden.
- *Struktur:* Es gibt nicht einfach beliebige Möglichkeiten der Ausfüllung. Das Bezugssystem erhält eine bestimmte Struktur, die mehr oder weniger fest sein kann.
- *Bestimmtheit:* Die Festigkeit einzelner Orte und Maße basiert auf jener des übergeordneten Bezugssystems.
- *Lebendigkeit:* Jede auch nur örtliche Beanspruchung reagiert auf die Struktur des Systems, wodurch dieselbe wiederum beeinflusst wird.
- *Umbildung:* Durch diesen beständigen Vorgang wird die »lebendige Ganzheit« bestätigt und gefestigt oder sie wird gestört und umgebildet.

Metzger überträgt seine Gestalttheorie in der *Psychologie* auch auf den Zusammenschluss von Menschen: »Fest steht, daß die gegenseitige Abgrenzung der Rassen spontan und rücksichtslos nach dem Faktor der Gleichartigkeit erfolgt; daß diese Wirkung, ganz wie bei der Wahrnehmung von Punktgruppen, mit der Menge der beteiligten Individuen unwiderstehlich zunimmt; und daß alle besonderen Gründe, die dazu von Fall zu Fall gegeben werden, sich vor einer ernsthafteren Prüfung als nachträgliche Erfindungen erweisen« (ebd., S. 128). Das Beispiel zeigt, dass auch eine nicht ausschließlich nativistische Gestalttheorie zur quasi naturgesetzlichen Legitimierung von Diskriminierung und Rassismus beitragen kann.

Methode

Die nach Metzger für das ganze psychische Geschehen grundlegenden Gestaltgesetze wurden aus der experimentellen Wahrnehmungspsychologie gewonnen. Metzger hat hierzu selbst Untersuchungen durchgeführt. So konnte er zeigen, dass die Wahrnehmung auf die Verbesserung der Reizordnung gerichtet ist.

Rezeption

Metzger gehört zu den wenigen Psychologen, die weit über die Fachgrenzen hinaus bekannt wurden. Er selbst setzte sich dafür ein, dass die Gestalttheorie nicht nur eine Theorie der Wahrnehmung blieb, sondern auch in anderen Bereichen der Psychologie (u. a. Persönlichkeitspsychologie, Sozialpsychologie) berücksichtigt wurde. Des Weiteren engagierte er sich für die Integration von Erkenntnissen der Gestaltpsychologie in neuere theoretische Ansätze, u. a. in die Kybernetik und in die Systemtheorie, zu der er mit seinen Überlegungen zum Bezugssystem wichtige Vorarbeiten leistete.

Wissenschaftliche Nachwirkungen

Metzger berücksichtigt in seiner *Psychologie* strukturgebende Momente eines Gegenstandes sowie die Erfahrung und trägt damit der vielseitigen Kritik an der Gestalttheorie Rechnung (u. a. Kritik von Vertretern der Widerspiegelungstheorie, der Lerntheorie und der Kulturhistorischen Schule), doch stellt sich die Frage, wie weit diese Berücksichtigung sachlicher Bedingungen reicht, wenn im gleichen Werk darauf hingewiesen wird, dass in der Natur des Subjekts über die allgemeine Möglichkeit auf Zusammenhang hinaus auch die Gestaltungskräfte begründet seien und dieselben keineswegs von außen aufgezwungen würden. Metzger schließt demnach zwar die Gegenständlichkeit nicht aus, wohl aber die aktive Auseinandersetzung mit dieser Gegenständlichkeit.

Dem Wahrnehmungspsychologen Gibson, der sich mit der Frage beschäftigte, wie Personen vorgehen, wenn sie Invarianten aus den auf sie einstürmenden Umweltreizen »herausmustern«, gelang es zwei Jahrzehnte nach Metzgers *Psychologie* erstmals experimentell nachzuweisen, wie wichtig der Bezug zur gegenständlichen Welt in einem handfesten Sinne ist. Mit seinem klassischen Experiment über den Tastsinn zeigte er auf, dass Wahrnehmung wesentlich durch die aktive Erkundigung des Gegenstandes mit den Fingern bzw. durch die kontinuierliche Veränderung der sensorischen Stimulation am Objekt entsteht (Gibson, 1962),

Praktische Auswirkungen

Nach Meinung Metzgers setzen sich die Gestaltgesetze zwar nicht mit eiserner Notwendigkeit durch, doch sei die Ordnungstendenz so gesetzmäßig, dass Voraussagen über das Erleben möglich seien. Er weist in diesem Kontext darauf hin, dass die Menschen im täglichen Leben ununterbrochen Voraussagen machen (z. B. hinsichtlich der Kränkbarkeit anderer Personen) und dass es ohne diese Möglichkeit der Voraussage keine Planung, Kooperation und Organisation gäbe.

Die Gestaltpsychologie könnte auch von therapeutischer Bedeutung sein: So schließt jedenfalls die Gestalttherapie in der Vermittlung durch den Neurologen und Psychiater Goldstein mitunter auch an sie an. Metzger selbst schrieb im therapeutischen Bereich u. a. über die Reinlichkeitserziehung und über den Ödipuskomplex, wobei er zu dem Schluss gelangte, dass das angeblich typische Verhalten beim Ödipuskomplex nur bei einem fehlbaren Verhalten des Vaters vorkomme. Darüber hinaus setzte er sich vor allem für die Individualpsychologie Adlers ein.

Leipziger Schule

Wundt war der Lehrer der *ersten Leipziger Schule*, sein Schüler Krueger der Begründer der sogenannten *zweiten Leipziger Schule*. Die von ihm mit dem Begriff Ganzheit ins Leben gerufene Ganzheitspsychologie beinhaltet wie die Gestaltpsychologie eine Strukturtheorie nativistischer Prägung. Im Unterschied zur strukturellen Ganzheit der Gestaltpsychologie geht die Struktur aber hier aus einem zunächst noch diffusen, ganzheitlichen Erlebnis hervor. Die Ganzheitspsychologie beschränkt sich dabei nicht auf die Ganz-Teil-Relation, sondern misst dem zunächst noch unstrukturierten Ganzen einen eigenständigen Wert zu. Demnach sei Ganzqualität bereits in einem Gefühl vorhanden, weshalb ihr die Priorität vor der Gestaltqualität zugesprochen wird.

Felix Krueger

Ausgangspunkte

Krueger war von Dilthey, Cornelius und Wundt beeinflusst. Er bezog sich besonders auf die Gefühlstheorie von Cornelius. An der Würzburger Schule sowie an der Gestaltpsychologie kritisierte er die Vernachlässigung der Gefühle.

Zeittafel

1874	Felix Krueger wird in Posen geboren.
1903	Habilitation bei Wundt mit einer Arbeit zur Konsonanz.
1906–09	Krueger wird Professor für Psychologie und Philosophie in Buenos Aires. Er beteiligt sich an der Errichtung eines psychologischen Labors und regt zusammen mit Spearman die Faktorenanalyse an.
1910	Er wird Professor in Halle. Auf Wundts Vorschlag hin wird er noch im gleichen Jahr dessen Nachfolger in Leipzig. Dort wird er mit Wellek, Sander, Klemm, Vol-

kelt und anderen zusammen die Ganzheitspsychologie entwickeln.

1915 Krueger beendigt die Arbeit *Über Entwicklungspsychologie, ihre Sachlichkeit und geschichtliche Entwicklung*, in der er gegenüber Wundt vorschlägt, den Namen »Völkerpsychologie« für die neue Wissenschaft durch »Entwicklungspsychologie« zu ersetzen. In einem Schreiben an den »Hochverehrten Herr Geh. Rat.« weist er darauf hin, dass er sich bemüht habe, eine »noch erstaunlich unverstandene Seite« von Wundts Schaffen »sachlich und historisch ins rechte Licht zu setzen« (Brief vom 16.6).

1916 Wundts Replik *Völkerpsychologie und Entwicklungspsychologie* erscheint in den *Psychologischen Studien*, in der u. a. die von Krüger vorgeschlagene Bezeichnung »Entwicklungspsychologie« zurückgewiesen wird. Krueger schreibt in einem persönlichen Brief an Wundt, dass es für ihn eine »schmerzliche Enttäuschung« sei, dass der »Begründer der wissenschaftlichen Völkerpsychologie«, dessen Werke ihn zu seiner eigenen Arbeit angeregt hätten, deren Ergebnisse »im Großen und Ganzen« ablehne (Brief vom 26.10.).

1933 Krueger ruft die Jugend zur völkischen Erneuerung auf. Er wird Vorsitzender der Deutschen Gesellschaft für Psychologie. Bei der Mairede entsteht ein Konflikt mit dem NS-Studentenbund.

1934 Krueger wird zum Rektor berufen (nach einer Vermutung von Wellek aufgrund einer Namensverwechslung).

1936 Durch seine politische Haltung gerät Krueger mit den Machthabern in Konflikt. Er muss sein Amt als Rektor der Universität Leipzig aufgeben.

1948 Krueger stirbt in Basel.

Über Entwicklungspsychologie

Krueger beschreibt in seiner Arbeit *Über Entwicklungspsychologie, ihre Sachlichkeit und geschichtliche Entwicklung* (1915) die in methodischer und gegenständlicher Hinsicht problematische wissenschaftliche Lage der damaligen Psychologie. Der Autor nennt folgende Ursachen für die kritische Situation der Psychologie: »Innerhalb der wissenschaftlichen Psychologie scheinen diese Ursachen wesentlich darin zu liegen, dass sie gewisse reale Bedingungszusammenhänge des psychischen Geschehens, nämlich die genetischen und sozialen, in auffallendem Maß vernachlässigt« (ebd., S. 16).

Als Beispiel wird auch die Völkerpsychologie Wundts angeführt. Krueger führt die relative Wirkungslosigkeit von Wundts monumentalem Werk auf die bei allen genetischen Gedanken doch vorrangige Anwendung seiner experimentellen Psychologie zurück. Der Autor weist auf mögliche entwicklungspsychologische Bezüge in der Völkerpsychologie hin, die auch schon teilweise von Wundt selbst hervorgehoben werden, und schlägt vor, die Völkerpsychologie durchgehend entwicklungspsychologisch zu konzipieren und als »Entwicklungspsychologie« zu bezeichnen.

Über psychische Ganzheiten

Krueger erweitert in seinem Buch *Über psychische Ganzheit* (1926) die Gefühlstheorie von Cornelius zur Theorie der Komplexqualitäten. Alle psychischen Erscheinungen werden dabei auf das Prinzip der Ganzheit zurückgeführt.

Ausgangspunkt des psychologischen Verständnisses von Krueger sind die unmittelbar gegebenen Ganzheiten des Erlebens mit unterschiedlich starker Gliederung. Diese unterschiedlich stark gegliederten Erlebnisganzheiten werden Komplexqualitäten genannt. Mit diesem Begriff werden vom Autor einerseits die Komplexität des einheitlichen Ganzen und andererseits die Qualitäten seelischer Gebilde der Ganzheit hervorgehoben. Das Konzept ist ein Kompensations- und Ergänzungskonzept zu dem des analytisch-zergliedernden Denkens.

Nach Krueger sind Gefühle diffus-komplexe Ganzheiten. Bereits dieses Diffuse habe einen übersummenhaften Charakter. Demnach sei für das primär unreflektierte Erleben Ganzheitlichkeit schon fraglos gegeben, denn Ganzqualität sei bereits in einem Ahnen oder einem Geruch vorhanden, weshalb ihr auch der Primat vor der Gestaltqualität zukomme.

Methode

Nach Krueger sind alle psychologischen Fragestellungen zugleich genetische. Ein Anliegen von ihm war es, dass auch die allgemeinen und experimentellen Psychologen den Sinn und die Notwendigkeit genetischen Vergleichens erkennen würden (Brief vom 26.10.1916 an Wundt).

Rezeption

In seiner Replik *Völkerpsychologie und Entwicklungspsychologie* (1916) zu Kruegers Arbeit *Über Entwicklungspsychologie* bestreitet Wundt zwar nicht, dass die grundlegenden Probleme der Völkerpsychologie Entwicklungsprobleme sind, doch weist er den von Krüger vorgeschlagenen Begriff mit der Begründung zurück, dass derselbe auch die Psychologie des Kindes und die Tierpsychologie umfasse. Weitergehend moniert Wundt, dass Krueger bei seinem Projekt einer allgemeinen Entwicklungspsychologie nicht auf die Frage eingehe, in welchem Verhältnis die Ontogenese zur Phylogenese stehe (Näheres zur Wundt-Krueger-Deklarationsdiskussion in Meischner-Metge, 2006).

Kruegers ganzheitspsychologisches Werk wurde von Sander und Wellek weitergeführt. Letzterer veröffentlichte 1950 das Buch *Die Wiederherstellung der Seelenwissenschaft im Lebenswerk Felix Kruegers*, das mit dem Konzept der Intuition in theoretischer sowie in forschungspolitischer Hinsicht von Bedeutung war.

Die meisten jungen Wissenschaftler der 1950er Jahre bewerteten dann allerdings die Arbeit Kruegers weniger positiv. So schätzt etwa Herrmann (1999/2006), der noch bei den Krueger-Schülern Sanders und Wellek studierte, Krueger nachträglich wie folgt ein: »Felix Krueger (…), der von Deutscher Mystik und vom Meister Eckart kündete, der das Wesensverstehen dem platten positivistischen Erklären vorzog, bisweilen vom Volks-, aber auch vom Menschentum sprach, der das Individuum auch quasi-ontologisch der Gemeinschaft unterordnete und glaubte, seelische Vorgänge wurzelten in spezifischer Weise in der realen Seele, der seelischen Strukturganzheit« (ebd., S. 6).

Wissenschaftliche Nachwirkungen

Krueger lehrte den Primat der Gefühle sowie deren Universalität. Nach ihm wurden die Gefühle in der damals vorwiegend naturwissenschaftlich geprägten und einseitig intellektuell ausgeprägten akademischen Psychologie zumindest zwischenzeitlich wieder stärker berücksichtigt. Dies wiederum wirkte sich auch auf die spätere Klinische Psychologie und mehr noch auf die therapeutische Praxis aus. Krueger stand allerdings dem Individualismus skeptisch gegenüber; vielmehr war ihm die Einbindung des Individuums in die Gemeinschaft und in das größere Ganze ein wichtiges Anliegen. Das Individuum sollte im Volke gefühlsmäßig verankert sein. Krueger vertrat mitunter deutsch-nationale, völkische Gedanken (vgl. u. a. Hammer, 1993).

Praktische Auswirkungen

Krueger befürwortete es, Forschungsergebnisse nicht nur durch Experimente, sondern auch durch Anwendungen im täglichen Leben zu überprüfen. Sein Konzept der Ganzheit gehörte zu jenen Konzepten der allgemeinen Psychologie, die Eingang in die Praxis fanden und schließlich auch in verschiedenen Ausgestaltungen in die Alltagssprache integriert wurden (u. a. sogenanntes »ganzheitliches Denken«). Dieses Konzept spielt in weiten Bereichen der Psychotherapie – in einem allerdings meistens ausschließlich auf den einzelnen Menschen bezogenen Sinne – bis heute eine wichtige Rolle.

Friedrich Sander

Ausgangspunkte

Sander studierte bei Lipps und Wundt und orientierte sich später an Krueger.

Zeittafel

1889	Friedrich Sander wird in Greiz geboren.
1909–14	Studium der Philosophie, Psychologie, Kunstgeschichte und Physik in München und Leipzig. Sander wird Wundts letzter Assistent.
1917	Er wird Mitarbeiter von Wundts Nachfolger Krueger.
1922	Habilitation in Leipzig.
1925	Sander wird Professor in Leipzig.
1928	Er präsentiert seine *Experimentellen Ergebnisse der Gestaltpsychologie* auf dem 10. Kongress für experimentelle Psychologie in Bonn und stellt das Konzept der *Aktualgenese* vor.
1929–33	Außerordentlicher Professor für experimentelle Psychologie und Pädagogik in Gießen, Leiter des gleichnamigen Instituts.
1933–45	Ordentlicher Professor für Psychologie in Jena. Sander ist ab 1938 im Vorstand der Deutschen Gesellschaft für Psychologie. Nach dem Krieg wird er aufgrund der Entnazifizierungsgesetze aus dem Dienst entlassen.
1949–51	Lehrauftrag an der Landeshochschule für Lehrerbildung in Potsdam. Direktor des Psychologischen Instituts. Lehrbeauftragter an der Technischen Hochschule und an der Freien Universität Berlin. Mitarbeiter am Max-Planck-Institut für Anthropologie in Berlin.
1955–58	KW(künftig wegfallende)-Professur für Psychologie in Bonn. Direktor des Psychologischen Instituts. Vorsitzender der Deutschen Gesellschaft für Psychologie.
1960	Rücktritt anlässlich der Proteste im Vorfeld des 16. Internationalen Kongresses für Psychologie in Bonn, die sich auf Sanders nationalsozialistische Vergangenheit beziehen.
1971	Kurz vor seinem Tod liefert Sander eine Selbstdarstellung, in der er auf seine nationalsozialistische Vergangenheit nicht eingeht. Er bietet zwar eine kurze Zusammenfassung seiner typischen Formen des Gestalterlebens, erwähnt aber beispielsweise nicht, dass er in

eben diesem Zusammenhang Juden als »gestaltfremd« bezeichnet hat (vgl. Sander, 1972). Sander stirbt in Bonn.

Experimentelle Ergebnisse der Gestaltpsychologie

Sanders *Experimentelle Ergebnisse der Gestaltpsychologie* (1928), die er auf dem 10. Kongress für experimentelle Psychologie in Bonn vorstellte, beinhalten bereits den Begriff Aktualgenese und die schon bei früheren Anlässen ansatzweise vorgestellte und nun weiterentwickelte Gefühlstheorie. Der Phylo- und der Ontogenese stellt Sander das Prinzip der Aktualgenese zur Seite, worunter er die gestaltschaffende Dynamik bzw. das Gestaltwerden im aktuellen seelischen Geschehen versteht.

Nach Sander haben Wahrnehmungsgestalten einen eigenen Entwicklungsgang. Die Dauer dieser Entwicklung sei meistens kurz, hänge aber von der ausgebildeten Gestalt ab. Das Gestaltwerden erfolge dabei in bestimmten Phasen. Am Anfang der erlebten Gestaltgenese ständen ganzheitliche und lebendige Gebilde, die sich allmählich vom Grunde abhöben und anfingen sich zu konturieren. Im weiteren Verlauf tauchten dann – meistens plötzlich – labile Vorgestalten auf, in denen wesentliche Züge der werdenden Gestalt sowie deren Sinn angekündigt würden. Diese Züge würden jedoch als nicht definitiv erlebt. Alles dränge weiter über zunehmende Binnengliederung, bis sich ein erlebtes, gegliedertes Ganzes als Endgestalt ausbilde.

Neben dieser Art von Aktualgenese gebe es noch eine zweite. Hier schließe sich aus sukzessiv gegebenen Einzelheiten, die einen zunehmenden Wirrwarr bildeten, an einem kritischen Punkt ein gestalt- und sinnhaftes Ganzes zusammen. Die Einzelheiten würden dabei zu sinnvollen Gliedern eines Ganzen, sei es eines Simultan- oder eines Sukzessivganzen. Die Gestalten höben sich also von einem diffusen Grunde ab oder vervollständigten sich aus Vorgestalten bzw. Gestaltkeimen zur bündigen, prägnanten und durchgegliederten Endgestalt. Aktualgenesen fänden sich u. a. in Vorgängen der

Wahrnehmung, des Lernens, der Erinnerung und der Motivierung.

Methode

Sander entwickelte zunächst für den Wahrnehmungsbereich eine Reihe von Methoden, die alle gemeinsam haben, dass die objektiven Bedingungen, unter denen Gestalten sonst gesehen werden, hier auf ein Minimum herabgesetzt sind und allmählich in die normale Wahrnehmungsweise überführt werden. Zu diesen Methoden gehört auch die Provokation des Zerfalls von Gestalten: »Am Ende solcher Prozesse stehen in ausgeprägten Fällen das erlebte Chaos, der Wirrwarr oder die Leere mit der emotionalen Ganzqualität der Unruhe, des Haltverlustes und der Angst auch in der lebensferneren Situation des Laboratoriums« (Sander, 1972, S. 327).

Rezeption

Sanders (1928) Begriff der Aktualgenese ist zu einem wesentlichen Bestandteil der Ganzheitspsychologie geworden. Das Konzept wurde von einigen Psychologen und Psychotherapeuten verwendet und teilweise auch von Vertretern anderer Ansätze assimiliert. Die meisten Psychologen nehmen jedoch nicht direkt Bezug auf Sander. Einige seiner Schriften haben einen politisch fragwürdigen Gehalt und werden deshalb abgelehnt (zur Psychologie im Nationalsozialismus siehe Näheres in Graumann, 1985).

Wissenschaftliche Nachwirkungen

Der Gestaltpsychologe Koffka übertrug den genetischen Aspekt der Ganzheitspsychologie auf das Antriebsleben. Der Begriff der Ganzheitlichkeit sowie das ganzheitliche Denken wurden jedoch mehr von therapeutisch tätigen als von akademischen Psychologen aufgegriffen und weitergeführt.

Praktische Auswirkungen

Die von Sander (1928) untersuchten Phänomene des Zerfalls von Gestalt und Sinn weisen eine Beziehung zu psychopathologischen Problemstellungen auf: Mangelnde Gestaltung der Lebensführung führe zu Chaos und Haltverlust. Der Entstehung oder Schaffung von Gestalt könne dann auch therapeutische Wirkung beigemessen werden. Innerhalb der personzentrierten Psychotherapie wird mit dem sogenannten Focusing ein Prozess in Gang gesetzt, der mit der Aktualgenese verwandt ist und damit in gewisser Weise auch aus der Perspektive dieses Konzeptes verstanden werden könnte (zum Focusing vgl. Gendlin, 1978/1981).

Albert Wellek

Ausgangspunkte

Wellek orientierte sich inhaltlich vor allem an Krueger: »Er überragte alle anderen Psychologen, die mir persönlich begegnet sind, durch die Unmittelbarkeit und unbestechliche Unverstelltheit des Blicks für die seelische Wirklichkeit und den Mut, diese mit letzter Konsequenz theoretisch anzuerkennen und zu durchdringen, einer jahrhundertealten intellektualistischen Vorurteilstradition trotzend« (Wellek, 1972, S. 364f.). Wellek war auch angetan vom synthetischen Vermögen Bühlers. Hingegen lehnte er dessen Thesen zur Sprachtheorie ab und bezeichnete sie als intellektualistisch.

Zeittafel

1904	Albert Wellek wird in Wien geboren.
1932	Krueger verschafft Wellek ein Forschungsstipendium der Notgemeinschaft der Deutschen Wissenschaft. Wellek geht zu Krueger nach Leipzig.
1942	Er arbeitet als Hirnverletztenspezialist im Sonderlazarett in Schkeuditz bei Leipzig.
1943	Er lehrt in Breslau. Von dort aus verwaltet er auch einen Lehrstuhl in Halle.

1945	Wellek wird aus der »Festung Breslau« entlassen. Die deutsche Universität schließt für immer ihre Tore. In einem sudetendeutschen Dorf nahe der bayrischen Grenze leitet er die Übergabe an die Amerikaner und wird dann kommissarischer Bürgermeister einer kleinen Landgemeinde, die durch Flüchtlinge aus Oberschlesien wesentlich angewachsen ist.
1946	Wellek wird nach Mainz berufen. Mit Undeutsch zusammen baut er das Institut für Psychologie auf.
1953–55	Der aus den USA zurückgekehrte Wiener Physiker und Psychologe Hofstätter kritisiert die damals in Deutschland nach dem Krieg wieder vorherrschende geisteswissenschaftliche Psychologie.
1956	Der Methodenstreit in der deutschen Psychologie verdichtet sich über methodischen Problemen der Psychodiagnostik. Hofstätter und Wellek veröffentlichen ihre kontroversen Beiträge im *Studium Generale.*
1958	Darmstädter Gespräche zum Thema *»Ist der Mensch messbar?«*
1972	Kurz vor seinem Tod wiederholt Wellek in einer Selbstdarstellung sein psychologisches Credo (vgl. Wellek, 1972). Wellek stirbt in Mainz.

Die Wiederherstellung der Seelenwissenschaft im Lebenswerk Felix Kruegers

Wellek wendet sich in seinem in Hamburg erschienenen Buch *Die Wiederherstellung der Seelenwissenschaft im Lebenswerk Felix Kruegers* (1950) gegen die Quantifizierung der Psychologie in Deutschland. Er setzt dafür bei den Komplexqualitäten Kruegers an und bezieht ausdrücklich das Erleben mit ein: »Im Anfang war die Komplexqualität – nicht der Logos; das Angemutetsein, nicht das Denken; das diffuse, nicht das gestalthafte – das zuständliche, nicht das gegenständliche Erleben; das Erleben, nicht das (Ich- und Gegenstands-)Bewußtsein« (ebd., S. 14). Beim Denken unterscheidet Wellek vom rationalen Denken das sogenannte Fühldenken. Letzteres sei ein vorrationales, prälogisches und von der Gewissheit des Gefühls getragenes Denken. Das wichtigste Phänomen sei hier die *Intuition*, das unmittelbare Gewahrwerden von Einsichten, die sich im Einfall, der blitzartig Zusammenhänge erschließe, manifestiere.

Mathematik, Intuition und Raten

In dem in der Zeitschrift *Studium Generale* veröffentlichten Artikel *Mathematik, Intuition und Raten. Zur erkenntnistheoretischen und methodologischen Problematik der exakten Psychologie* (1956) wendet sich Wellek gegen Hofstätter (1956), der in derselben Zeitschrift behauptet hatte, dass die Voraussagemöglichkeiten der Faktorenanalyse und anderer statistischer Verfahren sowie deren empirische Kombination es ermöglichten, *vollständige* diagnostische Untersuchungen durchzuführen. Intuition sei dazu nicht notwendig. Intuition sei eine Vorgehensweise, die unbewusst und unkontrolliert ablaufe.

Hingegen sind nach Wellek quantitative Methoden zwar vielleicht notwendig, aber keinesfalls hinreichend, um *vollständige* diagnostische Untersuchungen durchzuführen; sie seien vielmehr durch Intuition zu ergänzen. Nach Meinung von Wellek wird die Intuition beharrlich falsch verstanden. So beziehe sie sich auf ein unanalysierbares Letztes. Im Übrigen lasse sich für eine quantitative Vorgehensweise in vielen Fällen kein echtes Maß angeben und somit sei es unwissenschaftlich, dennoch ein Maß zu verwenden.

Methodenstreit in der deutschen Psychologie

Die sogenannte Amerikanisierung der Psychologie in der BRD dauerte von 1950–70 (Métraux, 1985). Der Methodenstreit bezog sich dabei zunächst auf die Validität persönlichkeitsdiagnostischer Untersuchungen und wurde fachintern zuerst im Jahre 1956 im *Studium Generale* ausgetragen:

Hofstätter	Wellek
Zur Frage der Intuition in der Psychodiagnostik	*Mathematik, Intuition und Raten*
Voraussage durch quantitative Methoden	Diese Methoden sind nicht hinreichend.
Auswertung durch empirische Kombinationen	In bestimmten Bereichen fehlt ein echtes Maß.
Untersuchung vollständig und abgeschlossen	unvollständig und nicht abgeschlossen
Intuition ist unbewusst und unkontrollierbar.	Intuition ist eine unabdingbare Ergänzung.

Methode

Wellek bemühte sich um die methodische Autonomie der Psychologie. Er suchte dafür nach einem dritten Weg zwischen Geistes- und Naturwissenschaft. Seiner Meinung nach sollte die Psychologie eine sachlich sowie methodisch eigene Position (er-)halten, die geistes- und naturwissenschaftliche Elemente verklammere, und so zu einer Brücke unter den Wissenschaften werden.

Thesen

Wellek fasst in seiner *Selbstdarstellung* (1972, S. 383–384) die wichtigsten Punkte seiner psychologischen Position zur Methodik und Methodologie nochmals in Form von Thesen zusammen. Von diesen Thesen seien hier vier in der Form von Antworten auf Fragen angeführt:

- *Ist die Psychologie eine Natur- oder eine Geisteswissenschaft?* Psychologie ist weder Natur- noch Geisteswissenschaft, sondern etwas sui generis, mit eigener Fragestellung und Methode.

- *Welche Relevanz hat die Methode?* Nicht die Methode bestimmt die Fragestellung, sondern die Fragestellung die Methode.
- *Ermöglicht Statistik Exaktheit?* Statistik garantiert keine Exaktheit: Sie macht das Ausgangsmaterial um nichts exakter als es in sich selbst ist.
- *Was bewirkt die Formalisierung?* Der extreme statistische Formalismus ist ein Empirismus ohne Empirie, ein Objektivismus ohne Objekt.

Rezeption

Der Methodenstreit in der deutschen Psychologie, der in der Kontroverse der Repräsentanten Wellek (1956) und Hofstätter (1956) seinen Kristallisationspunkt fand, entwickelte sich in der Folge zu einem Streit um die Psychologie und deren Methoden überhaupt. Er weitete sich im Zuge dessen zu einem regelrechten Kulturkampf aus, in dem es nicht zuletzt auch um die Begrüßung oder Ablehnung der sogenannten Amerikanisierung der Psychologie ging. Der Methodenstreit entschied sich im Zeitraum von wenigen Jahren zugunsten von Hofstätter und der damals aufkommenden behavioristisch orientierten Psychologie.

Wissenschaftliche Nachwirkungen

Welleks Schaffen blieb nicht ohne nachhaltige Wirkung, denn er leistete einen wichtigen Beitrag zu einem weder natur- noch geisteswissenschaftlich reduzierten Psychologieverständnis. Zwar konnte sich das behavioristische Paradigma letztlich durchsetzen und blieb in methodologischer Hinsicht bis heute bestehen, doch inhaltlich gesehen war dies nicht der Fall.

Praktische Auswirkungen

In der ambulanten Beratungspraxis konnte Hofstätters Argumentation *nicht* nachvollzogen werden. Testpsychologie war anfänglich in der Berufsberatung und in anderen Beratungsstellen (zunehmend: Erziehungsberatungsstellen, Schulpsychologische Dienste und Jugendberatungsstellen) wie selbstverständlich als wesentliches Arbeitsmittel akzeptiert worden und fand immer weitere Verbreitung. Mit der Zeit stagnierte jedoch dieser Trend und allmählich wurde der Testpsychologie und der Psychodiagnostik wieder weniger Bedeutung beigemessen. Gleichzeitig wurde aber die Intuition eines Experten auf individueller Basis nicht etwa als wieder wichtiger erachtet. Zunehmende Bedeutung wurde indes dem Gespräch beigemessen, während auf vorgängige Diagnosen weniger Wert gelegt wurde. Seit den 1970er Jahren wurde in vielen Beratungsstellen (v.a. in Jugendberatungsstellen) immer häufiger ganz auf Diagnosen verzichtet. Bedeutung erlangten dagegen der Dialog und das Prozessdenken, unterstützt durch regelmäßige Supervision.

In den letzten Jahrzehnten hat sich die Erkenntnis durchgesetzt, dass die Beziehung zwischen Berater und Klient wesentlich ist. Die Beiträge des Beraters werden nicht länger unabhängig von denen des Klienten verstanden und das Verhalten des Klienten auch nicht mehr unabhängig von jenem des Beraters. Es setzte sich die Einsicht durch, dass es weniger darauf ankommt, *was* die Beteiligten beitragen (z. B. welche Techniken und Informationen der Berater »anbieten« kann) oder *was* sie sagen (z. B. was der Klient erzählt), sondern vielmehr darauf, *wie* sich die Beteiligten äußern und miteinander interagieren (vgl. u. a. Streeck, 2004). Auch wurden beim verbalen, paralingualen und nonverbalen Austausch von Gedanken und Emotionen zwischen Klient und Berater – psychoanalytisch ausgedrückt – die gegenseitigen Übertragungen und Gegenübertragungen mehr beachtet, in der Supervision besprochen und bei der Fortsetzung der Gespräche berücksichtigt. Dadurch wurde der große Schritt einer früher nicht selten definitiv verstandenen Diagnose erst recht in viele kleine, auf den Klienten sorgfältig abgestimmte Schritte aufgelöst (Galliker & Weimer, 2006).

Psychoanalyse

Die *Psychoanalyse* (wörtlich: Seelenzergliederung) ist eine zu Beginn des 20. Jahrhunderts in Wien entstandene Schule und ein theoretisches und therapeutisches Verfahren, das die unbewusste Bedeutung von Verhaltensweisen zu erhellen versucht. Wenn also beispielsweise bei einer Person (P) bei einem Anlass (A) plötzlich Weinen (W) beobachtbar ist, ohne dass P weiß, warum es zu W kommt, ist A offenbar an die Stelle der ursprünglichen Begebenheit (B) getreten; doch ist B für P eine Leerstelle (d. h. B ist unbewusst). Die Aufgabe der Analyse besteht nun darin, die einfache Assoziation A–W mit Assoziationen zu ergänzen, bis eine Assoziationsreihe A–B–W herauskommt, die B impliziert. Hierfür werden u. a. auch Assoziationen zu Nachtträumen, Tagträumen und anderen Phantasien, Fehlleistungen etc. verwendet, die mitunter A und/oder W bereits enthalten – insbesondere an deren Schnittstellen ist dann B rekonstituierbar. Wichtigstes Hilfsmittel der Psychoanalyse, um mehr Klarheit über das zunächst Unklare zu erlangen, ist also das freie Spiel der Assoziationen.

Sigmund Freud

Ausgangspunkte

Freud studierte eingehend die bereits vor ihm bestehende Literatur über das Unbewusste (u. a. Fechner) sowie über den Traum (u. a. Aristoteles, Lichtenberg) und arbeitete dann die theoretischen Erkenntnisse in enger Verbindung mit Problemen der Psychologie sowie der Psychopathologie systematisch auf.

Zeittafel

1856	Sigismund Freud wird in Freiberg in Mähren (heute Pribor in der Tschechischen Republik) geboren.
1860	Die Familie siedelt nach Wien über.
1876	Arbeit im Laboratorium des Physiologen von Brücke. In Triest erforscht Freud die Geschlechtsdrüsen der Aale.
1878	Sigismund nennt sich fortan Sigmund. Beginn der Freundschaft mit Breuer.
1883	Beginn der Tätigkeit am Allgemeinen Krankenhaus in Wien. Er arbeitet als Assistent von Meynert, dem Begründer der Strukturlehre der Großhirnrinde. Freud entdeckt die schmerzstillende Wirkung des Kokains, verfolgt aber den anästhesierenden Effekt nicht weiter.
1885	Als Privatdozent der Neuropathologie erhält Freud ein Stipendium, das ihm eine Studienreise nach Paris zu Charcot ermöglicht.
1886	Freud eröffnet eine Privatpraxis in Wien.
1895	Anna Freud wird als sechstes und letztes Kind von Martha und Sigmund Freud in Wien geboren. Entstehung der Arbeit *Psychologie für den Neurologen* (später von den Herausgebern auch *Entwurf einer Psychologie* genannt). In dieser bis heute im Vergleich mit den meisten seiner anderen Arbeiten wenig bekannten Schrift nimmt Freud wesentliche Gesichtspunkte der erst am Anfang des 21. Jahrhunderts aktuell werdenden Neuronentheorie vorweg.
1899	*Die Traumdeutung* erscheint. Die 600 gedruckten Exemplare werden erst acht Jahre später verkauft sein.
1902	Gründung der Psychologischen Mittwochs-Gesellschaft.
1906	Erster Kontakt mit Jung. Später wird sich Freud von ihm trennen (sowie von Adler, Rank und weiteren Analytikern).
1908	Beginn der Freundschaft mit Ferenczi.
1910	Gründung der Internationalen Psychoanalytischen Vereinigung (IPV).
1923	*Das Ich und das Es* erscheint. Freud erkrankt an Gaumenkrebs.
1930	Freud erhält den Goethepreis der Stadt Frankfurt.
1933	In Deutschland werden Freuds Bücher von den Nationalsozialisten verbrannt.
1938	Flucht der Familie Freud über Paris nach London.
1939	Freud stirbt in London.

Die Traumdeutung

Die von Freud auf die Jahrhundertwende vordatierte *Traumdeutung* (1900/1972) erschien bereits im Jahre 1899. In dem grundlegenden Werk der Psychoanalyse erarbeitet der Autor eine Traumtheorie, die im Unterschied zu den früheren Behandlungen des Traumes viel mehr den Bezug zur persönlichen Lebensgeschichte des Träumenden herstellt. Freud stützt sich dabei auf seine jahrelange *Selbstanalyse* und präsentiert auch eigene Träume. Auf den Ödipuskomplex wird erstmals hingewiesen, aber er wird in diesem Werk noch nicht ausführlich behandelt.

Freud versteht den Traum als Königsweg zum Unbewussten. Traumanlass seien neben somatischen Reizen häufig Tagesreste, die sich an verdrängte Kindheitsszenen anhefteten und einen unbewussten Wunsch hervorriefen, der nach Erfüllung dränge. Da die Erregung durch denselben den Schlaf gefährde, werde er nach den Gesetzen der Verdichtung und Verschiebung von der Traumarbeit verschlüsselt und entstellt, weshalb der manifeste Traum oft wirr und rätselhaft anmute: »*Der Traum ist die (verkleidete) Erfüllung eines (unterdrückten, verdrängten) Wunsches*« (ebd., S. 175; Hervorhebung von Freud).

Nach Freud sind Verdichtung und Verschiebung die wesentlichen Momente der unbewussten Entstellung des Angst machenden Wunsches. Dieser Wunsch bezieht sich oft auf die *prägenitale* Sexualität, die in der Welt der Erwachsenen tabuisiert ist, denselben besonders Angst macht und deshalb zur Entstellung führt. Die sekundäre Bearbeitung der Traumbildung besteht dann darin, die Traumelemente zu einem zusammenhängenden Gebilde zu formen (Aufschreiben und/ oder Erzählen des Traumes).

Im scheinbaren Unsinn des Traumtextes versucht Freud mit dem Träumenden (bzw. dem Analysanden) zusammen einen anderen, dem Träumenden zunächst verborgenen Sinn seines Traumes zu erkennen. Dies geschieht, indem der Träumende zu jedem Satz oder Satzteil des Traumtextes assoziiert. Der manifeste Text wird dadurch in das aktuelle Erleben und

Leben des Träumenden eingebettet. Die latenten Traumgedanken stehen dabei mit ihren mannigfaltigen Verknüpfungen in keinem Verhältnis zur Kürze des manifesten Traumes. Aus der Perspektive der latenten Traumgedanken betrachtet erscheint der manifeste Traum demnach wie ein Gedicht, das der Träumende quasi wie ein (freilich unbewusst arbeitender) Dichter so dargestellt hat, dass sein zentrales persönliches Thema nicht unmittelbar erkennbar ist. Das Thema, auf das es ihm wirklich ankommt, erscheint daher meistens nur am Rande; es wird also gleichsam verschoben.

Durch den Rückschluss vom latenten Traum auf den manifesten wird die Traumarbeit sichtbar. Der Analysand kann nun erkennen, wie er auf seine Weise verdichtet und verschiebt. Das heißt, er kann verfolgen, wie sein Unbewusstes arbeitet. Dabei handelt es sich um seinen ganz persönlichen Verdichtungs- und Verschiebungsprozess, der unter Ausschaltung des Identitätsdenkens nicht nur den manifesten Traum produziert hat, sondern in gewisser Weise auch seine Symptome. Nach dem Autor wird in der Analyse ein analogischer, an sich nicht irrationaler, aber alogischer Prozess bewusst – eine besondere Form unwillkürlichen Denkens, die durch die Bedingungen des Schlafzustandes ermöglicht wird und eigenen Gesetzen gehorcht. Einmal aufgedeckt, können diese Prozesse schöpferisch fruchtbar gemacht werden und müssen nicht länger in Symptome münden. Die Aufdeckung ist kein Erkenntnisprozess im engeren Sinne, sondern erfolgt über die freie Assoziation und den Vergleich des so entstandenen mit dem manifesten Traum.

Freud räumt in der *Traumdeutung* zwar ein, dass es auch erotische oder aggressive Regungen gebe, die sich in Träumen unmittelbar ausdrückten (v. a. in kindlichen Wunschträumen); in der großen Mehrzahl der Träume von Erwachsenen kämen jedoch diese Erregungen nur entstellt zum Ausdruck. Diese Entstellung sei die Folge der sogenannten Traumzensur, die nach Freud auch noch im Schlaf darüber wacht, dass anstößige Wünsche nicht unmaskiert erscheinen.

Die Traumarbeit

Freud stellt im Kapitel *Die Traumarbeit* der *Traumdeutung* (S. 280–487) den Weg vom manifesten Traum zu den latenten Traumgedanken und von diesen zurück zum manifesten Traum dar. Der über die Analyse zugängliche Weg zurück ist dabei als bewusstmachender Vorgang zwar der primäre; gegenüber dem Primärprozess in der Gegenrichtung ist er jedoch der sekundäre. Stark vereinfacht und schematisiert kann das Verhältnis zwischen manifestem Trauminhalt und latenten Traumgedanken wie folgt zusammengefasst werden:

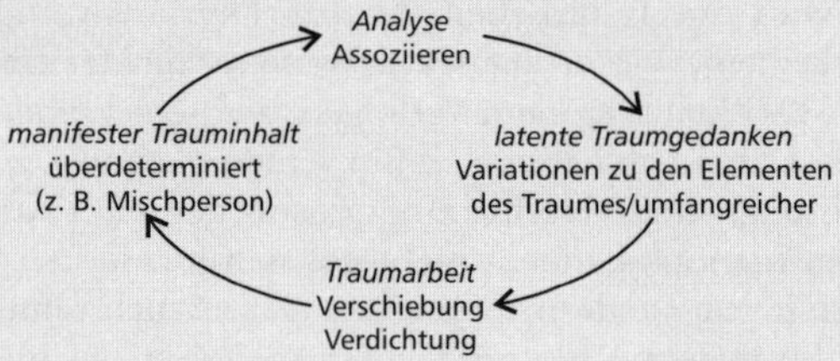

Den halluzinatorischen Charakter des Traumes erklärt Freud in der *Traumdeutung* mit einer Regression der Erregung vom System vorbewusster zum System unbewusster Erinnerungen und damit vom gegenwärtigen Erleben zu den verdrängten Szenen der Kindheit. Der Autor unterscheidet hier gemäß den beiden Regulationsprinzipien des Psychischen zwischen zwei Prozessen: den Primärprozessen, die spontan der Lust entsprechen (Lustprinzip), und den Sekundärprozessen, die der Realität folgen (Realitätsprinzip).

Jeder Organismus reagiere letztlich durch motorische Handlungen auf Reize, wobei der psychische Vorgang vom Wahrnehmungs- zum Motilitätsende, von äußeren und inneren Reizen zu Innervationen und wieder zu externen Handlungen verlaufe. Freud schreibt also dem psychischen Gesamtprozess ein sensibles und ein motorisches Ende zu: An Ersterem befinde sich ein System, welches die Wahrnehmungen empfange und an Letzterem ein anderes, welches die Schleusen der Motilität öffne.

Der Autor stellt sich daraufhin die Frage, wie einerseits wahrnehmungsbedingte Veränderungen bewahrt und andererseits neuen Anlässen zur Veränderung immer wieder frisch und aufnahmebereit entgegengetreten werden kann. Die Antwort sieht er in der Unterteilung des Gesamtsystems in Subsysteme: »Wir nehmen an, daß ein vorderstes System des Apparates die Wahrnehmungsreize aufnimmt, aber nichts von ihnen bewahrt, also kein Gedächtnis hat, und daß hinter diesem ein zweites System liegt, welches die momentane Erregung des ersten in Dauerspuren umsetzt« (ebd., S. 514f.).

Im zweiten System, dem Erinnerungssystem, fänden sich vor allem die von gleichzeitigen Wahrnehmungen herkommenden, assoziativen Verknüpfungen. Diese verblieben nicht im Wahrnehmungssystem, damit dort der Platz frei bleibe für neue Wahrnehmungen.

Freud nimmt mehrere Erinnerungssysteme an: Das erste enthalte die Fixierung der Assoziation durch Gleichzeitigkeit. In den weiter entfernt liegenden Erinnerungssystemen werde dann dasselbe Erregungssystem nach anderen Arten des Zusammentreffens angeordnet (u. a. Beziehungen der Ähnlichkeit). Die Erinnerungen seien dabei an sich unbewusst, sie könnten aber wieder bewusst gemacht werden: »Was wir unseren Charakter nennen, beruht ja auf den Erinnerungsspuren unserer Eindrücke, und zwar sind gerade die Eindrücke, die am stärksten auf uns gewirkt hatten, die unserer ersten Jugend, solche die fast nie bewußt werden. Werden aber Erinnerungen wieder bewußt, so zeigen sie keine sinnliche Qualität oder eine sehr geringfügige im Vergleich zu den Wahrnehmungen« (ebd., S. 516).

Psychoanalytische Begriffe

Freud verwendet in der *Traumdeutung* Begriffe, teilweise erstmals, die in der weiteren Entwicklung der psychoanalytischen Theorie verwendet und weiter ausgeführt, näher definiert oder auch in ihrer Bedeutung verändert wurden. Hier nur eine kleine Auswahl der wichtigsten Begriffe:

- *Besetzung:* Die Bindung psychischer Energie an ein Objekt bzw. an eine Person oder an einen entsprechenden Vorstellungsinhalt.
- *Entstellung:* Die Entstellung ist der Effekt der Traumarbeit. Latente Gedanken werden in ein schwer wiedererkennbares manifestes Produkt umgewandelt.
- *Freies Assoziieren:* Reden ohne Identitätsdenken, Scham und Kontrolle sowie entsprechende Einfälle (u. a. während der Analyse).
- *Latente Traumgedanken:* Gesamtheit der Bedeutungen, zu der die Analyse eines Traumtextes durch freies Assoziieren führt.
- *Libido:* Psychische Energie der prägenitalen und genitalen Sexualität, die sich in unterschiedlichem Maße auf verschiedene Objekte (u. a. Personen, kulturelle Gegenstände) verteilen und weiter verschieben kann.
- *Manifester Trauminhalt:* Es handelt sich um den Traum oder Traumtext, so wie er dem Träumenden vor der Analyse erscheint bzw. wie er aufgeschrieben und/oder erzählt wird.
- *Primärprozess:* Der Primärprozess kennzeichnet das System des Unbewussten. Die psychische Energie bewegt sich dabei nach dem Lustprinzip ohne Hindernisse nach den Mechanismen der Verschiebung und Verdichtung.
- *Sekundäre Bearbeitung:* Umarbeitung des Traumes (insbesondere beim Aufschreiben und/oder Erzählen desselben) mit dem Ziel, ihn in der Form eines relativ kohärenten und verständlichen Szenarios darzubieten.

- *Sekundärprozess:* Der Sekundärprozess berücksichtigt die Realität. Die psychische Energie ist zunächst »gebunden«, bevor sie nach dem Realitätsprinzip in kontrollierter Form abströmt. Die Vorstellungen werden dabei auf stabile Weise besetzt und die Befriedigung wird aufgeschoben.
- *Traumarbeit:* Vorgänge (u. a. der Verschiebung und Verdichtung), welche die Traummaterialien (u. a. somatische Reize, Tagesreste) in das Produkt des manifesten Traumes umwandeln.
- *Traumzensur:* Die *Zensur* ist eine Funktion, die bestrebt ist, bestimmte Wünsche (v. a. die prägenitale Sexualität betreffend) nicht bewusst werden zu lassen.
- *Übertragung:* Wiederholung früherer Wünsche an neuen Objekten (z. B. werden kindliche Wünsche an den Vater auf den Analytiker gerichtet bzw. übertragen).
- *Verdichtung:* Eine einzige Vorstellung vertritt für sich mehrere Assoziationsketten, an deren Kreuzungspunkt sie sich befindet.
- *Verschiebung:* Bedeutung, Intensität oder Akzent einer Vorstellung können sich von derselben lösen und auf andere, ursprünglich weniger bedeutsame, intensive oder akzentuierte Vorstellungen übertragen werden.
- *Widerstand:* Psychische Tendenz, die sich dem Bewusstwerden des Unbewussten widersetzt.

Näheres zur Geschichte, Struktur, Veränderung und Problematik psychoanalytischer Ausdrücke findet sich in *Das Vokabular der Psychoanalyse* von Laplanche und Pontalis (1967/1972).

Nach Freud (1900/1972) befindet sich das mit dem Bewusstsein nähere Beziehungen unterhaltende kritisierende System am motorischen Ende des Gesamtsystems. Es lenke das wache Leben und entscheide über das willkürliche Handeln: »Das letzte der Systeme am motorischen Ende heißen wir das Vorbewußte, um anzudeuten, daß die Erregungsvorgänge in demselben ohne weitere Aufhaltung zum Bewußtsein gelangen können, falls noch gewisse Bedingungen erfüllt sind, z. B. die Erreichung einer gewissen Intensität, eine gewisse Verteilung jener Funktion, die man Aufmerksamkeit zu nennen hat (...), u. dgl. Es ist gleichzeitig das System, welches die Schlüssel zur willkürlichen Motilität innehat. Das System dahinter heißen wir das Unbewußte, weil es keinen Zugang zum Bewußtsein hat, außer durch das Vorbewußte, bei welchem Durchgang sein Erregungsvorgang sich Abänderungen gefallen lassen muß« (ebd., S. 517; Hervorhebungen von Freud).

Laut Freud entfalten Erinnerungen auch unbewusst ihre Wirkungen, gebe es doch Bahnungen im Neuronensystem, deren Zugang zu dem der Realität zugewandten System zwar erschwert, aber nicht völlig abgetrennt sei. Die Traumbildung bleibe mit ihren Verschiebungen und Verdichtungen unbewusst, doch knüpfe sie an Traumgedanken an, die dem Vorbewussten angehörten. Während des Tages sei den latenten Traumgedanken durch die Zensur der Weg durch das Vorbewusste zum Bewusstsein versperrt, doch mit dem Absinken der Zensur im Schlaf könnten sie gegebenenfalls bewusst werden. Der Traum (und vorübergehend auch das Geschehen in der Psychoanalyse) habe einen regredienten Charakter: »Diese Regression ist dann sicherlich eine der psychologischen Eigentümlichkeiten des Traumvorgangs; aber wir dürfen nicht vergessen, daß sie dem Träumen nicht allein zukommt. Auch das absichtliche Erinnern und andere Teilvorgänge unseres normalen Denkens entsprechen einem Rückschreiten im psychischen Apparat von irgendwelchem komplexen Vorstellungsakt auf das Rohmaterial der Erinnerungsspuren, die ihm zugrunde liegen« (ebd., S. 518).

Methode

Die Traumdeutung ist das Ergebnis von Freuds Selbstanalyse, wobei das Untersuchungsmaterial im Wesentlichen aus Träumen (aus eigenen sowie aus Träumen von Bekannten und Patienten) besteht. Freuds Vorgehensweise kann dabei als verstehende oder *hermeneutische Methode* bezeichnet werden und besondere Bedeutung kommt hier dem *hermeneutischen Zirkel* zu. Von Befürwortern wird dieser Kreislauf als semantisch weiterführend verstanden, von Kritikern wird er als Zirkelschluss interpretiert. Von Letzteren wird allerdings die nachträgliche Traumarbeit in der Analyse selbst nicht berücksichtigt, die eine Feststellung der Differenz von Traumberichten erlaubt: »Ich pflege bei den Traumanalysen mit Patienten folgende Probe (…) nie ohne Erfolg anzustellen. Wenn mir der Bericht eines Traums zuerst schwer verständlich erscheint, so bitte ich den Erzähler, ihn zu wiederholen. Das geschieht dann selten mit den nämlichen Worten. Die Stellen aber, an denen er den Ausdruck verändert hat, die sind mir als die schwachen Stellen der Traumverkleidung kenntlich gemacht worden« (ebd., S. 493). Freud vergleicht also verschiedene Präsentationen ein und desselben Traumes und erkennt auffällige Differenzen, womit Verschiebung und Verdichtung in ihrer Bewegung direkt beobachtbar werden.

Insgesamt kann *Die Traumdeutung* als Vorführung einer Methode betrachtet werden, die gerade *nicht* der synthetischen Einheit der Apperzeption folgt. Kant selbst schloss diese Einheit für den Traum aus. Wie bereits Steinthal aufzeigte, wird sie vom Kind zu einem bestimmten Zeitpunkt in seiner Entwicklung erreicht, doch kann sie nicht auf das gesamte Leben ausgedehnt werden. Insbesondere für das Traumleben wird die synthetische Einheit der Apperzeption schon durch dessen Voraussetzungen ausgeschlossen: »Der Traum ist im Grunde nichts anderes als eine besondere Form unseres Denkens, die durch die Bedingungen des Schlafzustandes ermöglicht wird« (ebd., S. 486, Fußnote 1, Zusatz 1925).

Freud untersucht dieses andere Denken in der *Traumdeutung* und auch in seinen weiteren psychologischen Schriften (u. a. zur Psychopathologie des Alltagsdenkens und zum Witz). Hierzu ist eine Methode erforderlich, die sich nicht auf das Identitätsdenken reduziert, sondern sich dem Gegenstand quasi anschmiegt. Freud führt dieses Verfahren in seinem

Hauptwerk immer wieder vor, doch sind Aussagen *über* dasselbe in ihm selten. An dieser Stelle sei nur noch eine weitere methodische Anmerkung Freuds angeführt, die von praktischer und theoretischer Bedeutung ist: »Es ereignet sich häufig, daß ein Traum unvollständig erzählt wird und daß erst während der Analyse die Erinnerung an diese ausgelassenen Stücke des Traumes auftaucht. Die nachträglich eingefügten Stücke ergeben regelmäßig den Schlüssel zur Traumdeutung« (ebd., S. 170, Anmerkung 2).

Freuds Anmerkungen in der *Traumdeutung* vermögen zumindest anzudeuten, dass im Bereich der Primärprozesse Identität nicht gegeben ist, durch die gleichbleibende Situation und sprachliche Vorgaben des Analytikers ist allenfalls angesagt und durch das standardisierte Setting wird gleichsam mikroskopisch beobachtbar, wann wo wie was noch aufblitzt, das sich sekundärer Kontrolle »ver-sagt«.

Rezeption

Freuds Hauptwerk *Die Traumdeutung* fand erst mit großer Verzögerung öffentliche Anerkennung. Ein Grund hierfür war sicherlich die Kränkung, die Freud den Menschen bescherte, dass sie nämlich »nicht Herr im eigenen Hause« seien. Dieser Angriff auf die Idee des freien Willens war aber nur der von Psychoanalytikern immer wieder angeführte emotionale Hintergrund der Ablehnung. Freud trug teilweise selbst (unbewusst) zu dieser Ablehnung bei, und zwar durchaus auch durch seine wissenschaftliche Tätigkeit und deren Ergebnisse (u. a. Inkonsequenzen).

So führte Freuds Beschäftigung mit der in der *Traumdeutung* noch auf den Analysanden zentrierten Deutung der Träume ihn in der Folge – doch nicht gerade folgerichtig – zur Aufstellung ganzer Symbolreihen, denen der Vorwurf zu starker Schematisierung und Vereinfachung nicht erspart bleiben konnte. In der Diskussion mit Jung über den Sinn solcher Symbole kam es schließlich sogar zum Bruch zwischen den beiden bis heute bekanntesten Pionieren des Unbewussten.

Die direkte Symboldeutung mag auch dazu beigetragen haben, dass viele therapeutisch Interessierte, welche keine Zeit fanden, die *Traumdeutung* und andere Werke Freuds eingehend zu studieren, die Psychoanalyse bald global ablehnten.

Von den meisten an Universitäten lehrenden Psychologen wurde die Psychoanalyse allerdings deshalb zurückgewiesen, weil die hermeneutische Vorgehensweise nicht den Vorstellungen der empirischen Psychologie entsprach. Zwar gab es punktuelle Zustimmung und Formulierungen sowie Überprüfungen von einzelnen vereinfachenden Hypothesen (z. B. Frustrations-Aggressions-Hypothese), doch insgesamt wurde die Psychoanalyse als ein fragwürdiges Unterfangen betrachtet oder zumindest als ein Unternehmen, das den wissenschaftlichen Status (noch) nicht erreicht habe, weshalb es auch immer wieder Versuche oder auch nur Vorschläge gab, sie im Sinne eines empirisch-analytischen Wissenschaftsverständnisses zu reformulieren und zu ergänzen.

Die von Hartmann und anderen entwickelte »wissenschaftliche Psychoanalyse« scheint indes weniger ein Ergebnis strenger Begriffsarbeit zu sein als vielmehr dem Interesse von Ärzten zu entsprechen, die Psychoanalyse in die in den USA übliche Wissenschaftspraxis zu integrieren: »Der Preis dafür war hoch; denn die Konzentration auf Strukturen und Methoden ging einher mit einem Verlust an Phantasie und Einsicht. Die medizinische Orientierung der Psychoanalyse beförderte überwiegend wissenschaftliche Klassifizierungsverfahren im Dienste klinischer Diagnosen« (Jacoby, 1983/ 1985, S. 171).

Allerdings hat sich die wissenschaftliche Einschätzung der Psychoanalyse neuerdings wieder gewandelt: Die hier nicht dargestellten Leistungen Freuds im Bereich der Neurologie werden nun mit den Arbeiten von Cajal verglichen, der zu der Auffassung gelangte, Lernen könne die synaptische Stärke zwischen Neuronen verändern und dadurch die Kommunikation zwischen ihnen verbessern. Insbesondere Freuds frühe Theorien über die sogenannten Kontaktschranken der Neuronen und über Neuronenbahnung durch vormalige und wiederholte Besetzungen sowie seine Auffassung von Gedächtnis durch Unterschiede in den Bahnungen zwischen den Neuronen (vgl. u. a. Freud, 1895/1987) werden heute von Neurologen hervorgehoben. Nach Kandel (2006) hat bis heute kein anderer Wissenschaftler so viel zum aktuellen naturwissenschaftlichen Verständnis des Geistes beigetragen wie Freud.

Wissenschaftliche Nachwirkungen

Unter Psychoanalytikern gilt *Die Traumdeutung* als Freuds Hauptwerk und als das grundlegende Werk psychoanalytischer Theorie und Praxis überhaupt: »Wer die Kurzlebigkeit wissenschaftlicher Arbeiten kennt, weiß, was es bedeutet, daß ein Buch (…) seinen grundlegenden Charakter beibehalten hat« (Wyss, 1961/1977).

Das heißt jedoch nicht, dass sich die klassische *Psychoanalyse* nicht auch weiterentwickelt hätte. Freud selbst hat in den folgenden Jahren immer wieder wesentliche Veränderungen und Ergänzungen vorgenommen. Als Beispiel sei hier der Begriff Übertragung angeführt, der Wiederholungen früherer Erfahrungen in der momentanen analytischen Situation bezeichnet. Bereits 1912 erkannte er den therapeutischen Nutzen der Übertragungen: Durch ihre Aktualisierung würden Erfahrungen einer konkreten Betrachtung und Bearbeitung zugänglich. Freud verwendete in diesem Kontext dann auch schon den Begriff Gegenübertragung, unter dem er die emotionalen Reaktionen des Analytikers auf die Übertragungen des Analysanden verstand. Der Autor sah aber in der Gegenübertragung nur ein Behandlungshindernis, das der Analytiker »in sich erkennen und bewältigen müsse« (Freud, 1910/1999, S. 108).

Paula Heimann (1950) betrachtete die Gegenübertragung als ein relevantes therapeutisches Erkenntnismittel, da der Analytiker hierdurch unbewusste emotionale Beiträge vom Analysanden erhalte, die ein über das Kognitive weit hinausgehendes emotionales Verständnis des Patienten erlaubten;

vorausgesetzt der Analytiker habe sich selbst durch eigene Erfahrungen so weit kennengelernt, dass er eigene Gefühle auch als Wiedergaben vergangener und noch wirksamer emotionaler Situationen ansehe und nicht nur als Affekte im Sinne von Liebe oder Hass in der Gegenübertragung (vgl. u. a. auch Winnicott, 1949). Die theoretischen Voraussetzungen der psychoanalytischen Technik wurden auch in der zweiten Hälfte des 20. Jahrhunderts noch teilweise verändert, immer wieder ergänzt und fortwährend weiterentwickelt (Etchegoyen, 1999).

Praktische Auswirkungen

Nachdem Freud über seine Patienten erfahren konnte, wie ausschlaggebend es ist, dass diese selbst durch ihre Einfälle zu den entsprechenden Traumstellen Zugang finden, plädiert er in der *Traumdeutung* dafür, das »Be-Deuten« den Analysanden zu überlassen und nicht mehr von außen her zu versuchen, eigene semantische Zuordnungen vorzunehmen. In der Praxis hielt er sich allerdings nicht immer an diesen theoretisch begründeten und methodisch anspruchsvollen Vorsatz.

Anna Freud

Ausgangspunkte

Anna Freud orientierte sich an ihrem Vater und richtete ihr Leben weitgehend auf ihn aus. Während sich aber Sigmund Freud vor allem mit unbewussten Prozessen (v. a. das Es sowie das Über-Ich betreffend) beschäftigte, konzentrierte sich Anna Freud mehr auf die Organisation der Person (bzw. auf das Ich, das bewusste Anteile aufweist) und untersuchte Bedingungen für Ausgleich und Integration der psychischen Instanzen (Ich, Über-Ich und Es).

Zeittafel

1895	Anna Freud wird als sechstes und letztes Kind von Martha und Sigmund Freud in der Berggasse 19 in Wien geboren.
1915–20	Tätigkeit als Lehrerin.
1927	In der Schrift *Einführung in die Technik der Kinderanalyse* kritisiert Anna Freud Melanie Klein. Beginn der Auseinandersetzung zwischen den beiden Kinderanalytikerinnen.
1932	Anna Freud wird Mitarbeiterin der Erziehungsberatungsstelle des Wiener Ambulatoriums.
1937	Leitung der Jackson Nurseries gemeinsam mit Burlingham und Stross.
1938	Nach dem Einmarsch der deutschen Truppen organisiert Anna Freud die Flucht der Familie nach England. Sie tritt in den Lehrausschuss der Britischen Psychoanalytischen Gesellschaft ein.
1940–45	Nach dem Tod ihres Vaters Herausgabe seiner *Gesammelten Werke.*
1944	Anna Freud wird Generalsekretärin der Internationalen Psychoanalytischen Vereinigung.
1947	Beginn der Hampstead Courses zur Ausbildung von Kinderanalytikern.
1950	Anna Freud reist in die USA und hält einen Vortrag an der Clark University. In den nächsten Jahren werden viele weitere Vortragsreisen in die USA und in andere Länder folgen.
1955	Sie wird Ehrenmitglied der New Yorker Psychoanalytischen Gesellschaft sowie der Niederländischen Vereinigung für Psychiatrie und Neurologie.
1971	Beteiligung bei der Einrichtung des Freud-Museums in der Berggasse 19 in Wien.
1973	Anna Freud wird Ehrenpräsidentin der Internationalen Psychoanalytischen Vereinigung.
1982	Sie erleidet einen Schlaganfall und stirbt in London.

Einführung in die Technik der Kinderanalyse

Die *Einführung in die Technik der Kinderanalyse* (1927/1995) ist die grundlegende Schrift von Anna Freud über Form und Inhalt der psychoanalytischen Arbeit mit Kindern und Jugendlichen sowie mit deren Eltern.

Die Autorin erörtert zunächst die verschiedenen Voraussetzungen von Erwachsenen und den von ihren Eltern noch abhängigen Kindern am Beginn der Analyse und zeigt auf, wie die Kinderanalytikerin das Vertrauen des Kindes gewinnen kann, indem sie sich jeweils besonders für das in die Analyse geschickte Kind interessiert, sich selbst für das Kind interessant macht, dem Kind etwas bietet, sich mit dem Kind verbündet und so eine Gefühlsbindung herstellt. Eine positive Übertragung sei die Voraussetzung für die Kinderanalyse, ähnlich wie bei der Erwachsenenanalyse, wenngleich das Vorgehen dem Kind und seiner Situation angemessen sein müsse: »Es wäre richtiger zu sagen, daß wir in der Technik der Erwachsenenanalyse noch *Überreste* all der Vornahmen finden, die sich dem Kinde gegenüber als notwendig erweisen. Das Ausmaß, in dem wir sie gebrauchen, wird wohl von dem Grade bestimmt, in dem auch der erwachsene Patient (...) noch ein unreifes und unselbständiges Wesen geblieben ist, sich also in diesem Punkte dem Kind annähert« (ebd., S. 54; Hervorhebung von Anna Freud).

Nach der Autorin sind die Mittel der Kinderanalyse die Deutung von Nacht- und Tagträumen, Zeichnen, Spielen sowie die Zusammenarbeit mit den Eltern. Anna Freud sieht die Aufgabe der Kinderanalytikerin darin, alle Strebungen, die an der Bildung eines neurotischen Konflikts beteiligt sind, durch Bewusstmachung auf das gleiche Niveau zu heben. Neben dem Kind in Auseinandersetzung mit der Realität und sich selbst (Ich) sowie den Triebregungen (Es) gehöre dazu auch die innerpsychische Repräsentanz der Forderungen der Eltern (Über-Ich). Gegenüber der Erwachsenanalyse biete sich bei der Analyse von Kindern der Vorteil, dass das Über-Ich seine von der Außenwelt unbeeinflussbare Selbständigkeit noch nicht erreicht habe: »Zur Kinderanalyse (...) müssen wir alle jene Fälle rechnen, bei denen das Über-Ich noch keine rechte Selbständigkeit erlangt hat, noch allzu deutlich seinen Auftraggebern, den Eltern und Erziehungspersonen zuliebe arbeitet und in seinen Forderungen alle Schwankungen des Verhältnisses zu diesen geliebten Personen wie auch alle Veränderungen in deren eigenen Ansichten mitmacht« (ebd., S. 105).

Würden die drei Instanzen nicht nivelliert bzw. in ihrer Wirksamkeit ausgeglichen, so vermöge das Ich andersgelagerte Strebungen nicht in sein »Ich-Gefühl« zu integrieren. Diese Strebungen drückten sich dann »anderswo« aus (nämlich in ungesunden Persönlichkeitszügen oder später in regelrechten Neurosen). So lasse sich beispielsweise eine Person mit einem zu schwachen Ich in triebhafter Weise gehen und wenn das Ich zu einem bloßen Instrument des Über-Ichs werde, entwickle sie sich zu einer verschlossenen Persönlichkeit, die in beständiger Angst vor den eigenen Trieben starre Abwehrschranken aufbaue.

Anna Freud wendet sich gegen die Ansicht von Melanie Klein, dass alle seelischen Mächte schon von Lebensbeginn an von innen her wirksam seien, mit der Gegenbehauptung, dass erst im Laufe der Entwicklung das Gegeneinander der seelischen Instanzen ausgeformt und verfestigt werde. Deshalb wird von der Autorin auch der Elternarbeit und der pädagogischen Einstellung des Kinderanalytikers große Bedeutung beigemessen: »Wenn wir erkannt haben, daß die Mächte, mit denen wir bei der Heilung der kindlichen Neurose zu kämpfen haben, nicht nur innere sind, sondern zum Teil auch äußere, dann haben wir auch ein Recht zu fordern, daß der Kinderanalytiker die äußere Situation, in der das Kind steht, richtig einzuschätzen versteht, ebenso wie wir verlangen, daß er die innere Situation des Kindes zu erfassen vermag. Für diesen Teil seiner Aufgabe aber braucht der Kinderanalytiker theoretische und praktische pädagogische Kenntnisse« (ebd., S. 108).

Das Ich und die Abwehrmechanismen

In ihrem Hauptwerk *Das Ich und die Abwehrmechanismen* (1936/2006) beschreibt Anna Freud die Mittel, mit denen das Ich Peinliches, schwer Erträgliches und Angstauslösendes abwehrt. Beispiele für solchermaßen Abgewehrtes sind Triebansprüche, Anforderungen des Über-Ichs oder auch situative Begebenheiten.

Die Abwehr erfolge meistens unbewusst oder halbbewusst. Die Abwehrvorgänge seien dabei keine reinen Ich-Leistungen, denn soweit sie Triebvorgänge selbst beeinflussen könnten, wiesen sie auch eigene Triebeigenschaften auf. Das Ich bediene sich einer solchen Abwehr, um sich vor drohenden Konflikten zu schützen, die bewusst nicht ertragen bzw. gelöst werden könnten. Das habe den Vorteil, dass reale Gefahr und Unlust vermieden bzw. unlustvolle Erlebnisse der Vergangenheit nicht wieder erlebt werden müssten; die so erreichte Ruhe könne aber auch den Nachteil haben, dass das Ich eingeschränkt werde und sich in Zukunft weniger in angemessener Art und Weise mit der Realität auseinandersetzen könne.

Als bekannte Beispiele für solche Abwehrmechanismen im Alltag nennt Anna Freud etwa die Flucht vor dem Erbringen von Leistungen, angefangen bei Turnübungen, die etwas Mut erfordern, oder die Einschränkung menschlicher Beziehungen auf jüngere oder benachteiligte Personen.

In der Analyse seien die Abwehrvorgänge quasi als Gegner zu verstehen, indem sie sich gegen die Auflösung der Widerstände und Kompromissbildungen wendeten; andererseits aber auch als Förderer, wenn sie nämlich zum Objekt der Analyse würden und bei ihrer Tätigkeit und Auswirkung unmittelbar beobachtet werden könnten. Das Ziel sei es, die weitere Ausbreitung von Angst und Unlust zu stoppen und der Hilfe suchenden Person in Zukunft auch unter den bestehenden schwierigen Bedingungen mehr Erfolg und Lebensgenuss zu ermöglichen.

Abwehrvorgänge

Anna Freud beschreibt in *Das Ich und die Abwehrmechanismen* u. a. folgende Abwehrvorgänge:

- *Reaktionsbildung:* Eine Person entwickelt Verhaltensweisen und Gewohnheiten in eine Richtung, die einem verdrängten Wunsch entgegengesetzt ist (z. B. Scham, die sich gegen exhibitionistische Tendenzen richtet).
- *Verleugnung:* Eine Person schützt sich vor einer unangenehmen Wirklichkeit, indem sie dieselbe nicht wahrnimmt.
- *Regression:* Eine Person macht einen Rückschritt auf eine frühere Entwicklungsstufe, um sich einer aktuellen Anforderung nicht stellen zu müssen.
- *Sublimierung:* Eine Person befriedigt ein Bedürfnis mittels Ersatzhandlungen (z. B. durch künstlerische Betätigung).
- *Rationalisierung:* Eine Person versucht, Verhaltensweisen, Gedanken oder Emotionen, deren wirkliche Motive nicht erkannt werden, eine logisch kohärente oder moralisch akzeptable Lösung zu geben.
- *Identifikation:* Eine Person erhöht ihr Selbstwertgefühl dadurch, dass sie sich mit einer angesehenen Person, einer Institution oder z. B. dem Vaterland emotional gleichsetzt.
- *Isolierung:* Ein Gedanke oder eine Verhaltensweise wird von anderen Gedanken oder Verhaltensweisen durch emotionalen Entzug abgetrennt, so dass deren emotionale Verbindung nicht mehr besteht und es den Anschein hat, dass sie nichts miteinander zu tun haben.
- *Ungeschehenmachen:* Eine Person bemüht sich so zu tun, als ob Gedanken, Äußerungen, Gesten oder Verhaltensweisen nicht geschehen wären, indem sie verbales oder nonverbales Verhalten zeigt, das eine entgegengesetzte Bedeutung hat.

- *Verkehrung ins Gegenteil:* Vorgang, durch den das Ziel eines Triebes sich beim Übergang von der Aktivität zur Passivität in sein Gegenteil verkehrt (z. B. Wendung vom Sadismus in den Masochismus).
- *Projektion:* Eine Person projiziert etwas, das sie bei sich und für sich ablehnt, auf andere Personen.
- *Wendung gegen die eigene Person:* Vorgang, durch welchen ein Trieb (z. B. eine Aggression) ein mögliches unabhängiges Objekt durch die eigene Person ersetzt (z. B. Selbstaggressionen).

Abwehrvorgänge können auch verschränkt auftreten. So verbinden sich z. B. bei der sogenannten Altruistischen Abtretung Projektion und Identifikation.

Nach Anna Freud (1936/2006) ist Verdrängung ein Vorgang, der über die Abwehr hinausweist. Realitätsangemessene und damit ich-gerechte Abwehr könne zwar gerade dazu beitragen, Verdrängungen zu vermeiden, doch immer wieder vorkommende, nicht-situative und damit nicht eingesehene Abwehrvorgänge führten zur Verdrängung.

Bei der Verdrängung geschieht nach Anna Freud Folgendes: Eine mit einem Trieb zusammenhängende Vorstellung wird gedanklich und/oder emotional zurückgewiesen und schließlich auch nicht mehr zur Kenntnis genommen, wenn die an sich lustvolle Befriedigung des Triebes im Hinblick auf andere Anforderungen Gefahr läuft, Unlust zu erzeugen. Diese Zurückweisung geschieht dadurch, dass die betreffende Person zunächst entsprechende Wünsche nicht mehr beachtet (vorerst Abwehr durch das Ich) und schließlich auch diese Nicht-Beachtung nicht mehr beachtet (eigentliche Verdrängung).

Nach dem psychoanalytischen Verständnis können unzureichend verdrängte Triebe wiederkehren und eine Kompromissbildung einleiten, die dann als Symptom erscheint: »Jede Rückkehr des Verdrängten, die eine Kompromißbildung einleitet, bedeutet ein Fehlschlagen der beabsichtigten Abwehrleistung, also eine Niederlage des Ichs. Das Ich ist siegreich, wenn seine Abwehrleistungen glücken, das heißt, wenn es ihm gelingt, mit ihrer Hilfe die Entwicklung von Angst und Unlust einzuschränken, durch notwendige Triebumwandlungen dem Individuum auch unter schwierigen Umständen noch Triebgenuß zu sichern und damit, soweit es möglich ist, eine Harmonie zwischen Es, Über-Ich und Außenweltsmächten herzustellen« (ebd., S. 171).

Methode

Nach Anna Freud (1927/1995) ist dem Kind nichts leichter begreiflich zu machen als die Traumdeutung, obwohl es nur in Ausnahmefällen geneigt sei, frei zu assoziieren: »Ich sage (dem Kind) bei der ersten Traumerzählung: Der Traum kann nichts selber machen; jedes Stück hat er sich von irgendwo hergeholt; und gehe dann gemeinsam mit dem Kind auf die Suche. Es unterhält sich über das Aufsuchen der einzelnen Traumelemente wie über ein Zusammenlegspiel und verfolgt mit vieler Genugtuung die einzelnen Bilder oder Worte des Traumes in die Situation des wirklichen Lebens« (ebd., S. 56).

Beim Spielen sieht Anna Freud nur die Berechtigung, den Handlungen und Einfällen des Kindes den Sinn zu geben, der in der analytischen Situation quasi von selbst entstehe und deshalb auch vom Kind akzeptiert werden könne, wobei es sich hierbei häufig um harmlose Erklärungen und nicht um Symboldeutungen handle. Simultane Übersetzungen und Direktdeutungen der kindlichen Spieleinfälle werden von Anna Freud dagegen abgelehnt: »(Melanie Klein) beansprucht für jeden dieser Spieleinfälle des Kindes dieselbe Stellung wie für den freien Einfall des erwachsenen Patienten und übersetzt fortlaufend die Aktionen, die das Kind auf solche Weise vornimmt, in die entsprechenden Gedanken, d. h. sie ist bemüht, hinter jeder spielerischen Handlung den ihr zugrunde liegenden Symbolwert aufzusuchen. Wenn das Kind einen Laternenpfahl oder eine der Figuren des Spieles umwirft, so deutet sie diese Handlung etwa auf aggressive Neigungen, die sich gegen den Vater richten, den vom Kinde herbeigeführten Zusammenprall zweier Wagen auf die Beobachtung des Geschlechtsverkehrs der Eltern. Ihre Tätigkeit besteht vor allem in einem die Handlungen des Kindes begleitenden Übersetzen und Deuten« (ebd., S. 67).

Rezeption

Die *Einführung in die Technik der Kinderanalyse* ist das grundlegende Werk der Kinderanalyse und sein Studium gehört heute zur Ausbildung von Kinderpsychotherapeuten jeder Richtung. *Das Ich und die Abwehrmechanismen* ist eine leicht verständliche Einführung in die *Psychoanalyse.* Beide Schriften finden bis heute auch sehr viele nicht psychologisch und psychotherapeutisch geschulte Leser.

Wissenschaftliche Nachwirkungen

Anna Freud hat mit der *Einführung in die Technik der Kinderanalyse* die erste Arbeit zur Kinderanalyse geschrieben und darüber hinaus eine Reihe empirischer Untersuchungen zum Verhalten des Kindes und dessen Entwicklung durchgeführt. Viele weitere Forscher folgten ihr. Charlotte Bühler, die zwischen der Würzburger respektive der Wiener Schule Karl Bühlers und der sogenannten Humanistischen Psychologie auch der Psychoanalyse zeitweise nahestand, und später Erik Erikson erweiterten aus zwei verschiedenen theoretischen Perspektiven die Betrachtung der menschlichen Entwicklung auf das ganze Leben.

Vor dem Erscheinen von *Das Ich und die Abwehrmechanismen* hatte sich die Psychoanalyse wenig mit den Vorgängen des Ichs befasst. Das Buch war der erste Schritt zur Ich-Analyse und beeinflusste gegen die ursprüngliche Intention von Anna Freud auch weitergehende und von der klassischen Psychoanalyse abweichende Richtungen bis hin zur Neoanalyse (u. a. Horney, Fromm, Sullivan), weshalb es von mehr dem Es bzw. den Primärprozessen verpflichteten Psychoanalytikern (u. a. Klein, Lacan) auch teilweise heftig kritisiert wurde.

Praktische Auswirkungen

Auf der Grundlage der *Einführung in die Technik der Kinderanalyse* versuchte Anna Freud in weiteren Schriften die Psychoanalyse auch Pädagogen zugänglich zu machen. *Das Ich und die Abwehrmechanismen* ist für die psychoanalytische Praxis sowie für die Alltagspraxis relevant: Die im zwischenmenschlichen Verkehr immer wieder vorkommenden und oft auch »not-wendigen« Abwehrvorgänge sind bei einiger Achtsamkeit einer Selbstbeobachtung durchaus zugänglich und ermöglichen so auch bei Personen, die sich keiner eigentlichen Analyse unterziehen, ein erstes Verständnis ursprünglich wenig oder nur diffus bewusster Vorgänge.

Melanie Klein

Ausgangspunkte

Melanie Klein orientierte sich zunächst an Sigmund Freud sowie an ihren Lehranalytikern Abraham und Ferenczi.

Zeittafel

1882	Melanie Klein wird in Wien als jüngstes von vier Kindern geboren. Ihr Vater ist Kieferchirurg.
1914	Nach ihrer Heirat zieht sie mit ihrer Familie nach Budapest.
1918	Melanie Klein lernt Freud auf einem Psychoanalytischen Kongress in Budapest kennen.
1921	Nach der Trennung von ihrem Mann zieht Melanie Klein mit ihren Kindern nach Berlin. Lehranalyse bei Karl Abraham.
1925	Sie wird von Ernest Jones nach England geholt. Dort wird sie zur Begründerin einer psychoanalytischen Schulrichtung, die heute noch die englische heißt.
1927	Melanie Klein wird von Anna Freud in der Schrift *Einführung in die Technik der Kinderanalyse* kritisiert. Ausei-

	nandersetzung zwischen den beiden Kinderanalytikerinnen.
1932	Kleins *Die Psychoanalyse des Kindes* erscheint in London.
1960	Melanie Klein stirbt in London.

Die Psychoanalyse des Kindes

Die *Psychoanalyse des Kindes* (*The Psych-Analysis of Children*) erschien 1932 in London, die deutsche Übersetzung 1934 in Berlin. Nach Melanie Klein (1932/1934/1973) ist das Kind von Geburt an psychisch wie physisch mit der Mutter eng verbunden (in Abweichung von Freud betont die Autorin innerhalb der Psychoanalyse erstmals die zentrale Rolle der Mutter). Die befriedigende, nährende und beruhigende Brust sei dabei der Prototyp des guten Objekts, während die abwesende, versagende, leere Brust der Prototyp des bösen Objekts sei. Letzteres beinhalte indes nicht nur (oder sogar weniger) tatsächliche Versagungen durch die Mutter, sondern auch (oder vor allem) die Reaktionen des Kindes auf diese Versagungen (Reaktionen, die weitere Versagungen provozieren könnten).

Melanie Klein stellt in ihrem Buch also fest, dass die kindlichen Objektbeziehungen weit in die Vergangenheit zurückweisen – bis hin zu einer Beziehung zu Teilobjekten (wie der Brust). Umgekehrt bemerkt sie, dass die durch diese frühen Objektbeziehungen ausgelösten Ängste und Aggressionen einen dauernden Einfluss auf die späteren Objektbeziehungen sowie auf die besondere Ausgestaltung des Ödipuskomplexes ausüben (die Ausbildung des Ödipuskomplexes, Liebe und Hass gegenüber dem gegengeschlechtlichen Elternteil, versetzt die Autorin im Gegensatz zu Freud in die frühe Entwicklung zurück).

Angstgetriebene Kinder spalteten ihre Objekte und Gefühle: Gute Objekte würden psychisch einbezogen bzw. introjiziert, während böse Objekte ausgestoßen und entsprechende Gefühle nach außen projiziert würden. Orale Versagung steigere die gegen die Mutterbrust gerichteten, destruktiven Triebregungen. Wenn also ein Kind die Mutterbrust angreife, sei auch deren Einverleibung destruktiv. Eine solch destruktive Einverleibung führe zu einem sadistischen Über-Ich. Hingegen werde das Kind in Erfüllungssituationen eine geliebte und liebende Brust introjizieren, was zu einem nicht so strengen Über-Ich, zu einem eher ausgleichenden Ich-Ideal, führe.

Ein wichtiger Teil der *Psychoanalyse des Kindes* befasst sich mit der Angst. Nach der Autorin wird Angst durch destruktive (nicht einfach aggressive) Triebregungen ausgelöst. Im kindlichen Ich mache sich die Angst in zwei Richtungen bemerkbar: »Sie beinhaltet die *Vernichtung des eigenen Körpers* durch die destruktiven Triebregungen, ist also *Angst* vor einer *inneren Triebgefahr.* Zugleich aber kreist sie, da ja die sadistischen Triebregungen auf ein Objekt gerichtet sind, auch um das *Objekt als Gefahrenquelle*« (ebd., S. 162; Hervorhebungen von Melanie Klein). Die Bewältigung dieses Angstdrucks werde zum wichtigsten Ziel des noch schwachen, unentwickelten Ichs: »Das schwache Ich, zwischen die Ansprüche eines so heftig drängenden Es und die Drohungen eines grausamen Über-Ich gestellt, muß seine *Kräfte zum Höchstmaß anspannen*, um beiden gerecht zu werden« (ebd., S. 219; Hervorhebung von Melanie Klein).

Die Autorin macht in diesem Zusammenhang auch darauf aufmerksam, wie wichtig die Aktualisierung der Phantasien im Spiel des Kindes für dessen Beziehung zur Außenwelt und dessen weitere Entwicklung ist. Durch die Symbolisierung der Phantasien in der Analyse werde nämlich das Interesse am Mutterleib bewusst und könne so auf die gesamte Umwelt ausgedehnt werden, denn nach der Autorin trachtet schon das ganz kleine Kind von sich aus danach, unlustvolle Erlebnisse durch das Spiel zu bewältigen. Melanie Klein verweist hier auf die im Jahre 1920 erschienene Arbeit *Jenseits des Lustprinzips* von Freud, in der er das Spiel eines anderthalbjährigen Knaben schildert: »Indem das Kind immer wieder eine an einem Faden befestigte Spule wegwarf – sie verschwinden machte – und sie wieder erscheinen ließ, versuchte es ein unlustvolles

Erlebnis (die zeitweilige Abwesenheit der Mutter) psychisch zu bewältigen. Freud erkannte hierin eine generelle Funktion des Kinderspiels. Durch das Spiel werden Erlebnisse, die passiv erlebt wurden, in aktive Erlebnisse verwandelt, ferner wird Unlust dadurch in Lust umgesetzt, daß das ursprünglich unlustvolle Erlebnis zu einem guten Ende gebracht wird« (ebd., S. 219).

Methode

Melanie Klein (1932/1934/1973) entwickelte für die Kinderanalyse eine Spieltechnik, die der Arbeit mit Assoziationen der erwachsenen Patienten weitgehend entspricht: »Es läßt sich immer wieder beobachten, daß das *Kinderspiel ebenso wie der Traum eine Fassade zeigt*, und daß wir den *latenten Spielinhalt* analog dem latenten Trauminhalt nur durch *eingehende Analyse* erforschen können« (ebd., S. 136; Hervorhebungen von Melanie Klein). Von methodischer Bedeutung sind für die Autorin dabei vor allem die mit dem Spiel gegebenen Veränderungen: »Da aber das Kinderspiel infolge seiner (im Vergleich zum Traum) stärkeren Beziehung zur Realität und der überragenden Rolle, die es als vornehmster Ausdruck des kindlichen Seelenlebens spielt, häufig einer stärkeren sekundären Bearbeitung unterliegt als der Traum, so können wir die verschiedenen Strömungen des Seelenlebens nur schrittweise durch die Veränderungen des Spiels kennenlernen« (ebd., S. 136f.).

Nach Melanie Klein sind an solchen spontanen Veränderungen Verdichtungen und Verschiebungen unmittelbar ablesbar. Allerdings überließ Melanie Klein das Spiel nicht einfach den Primärprozessen, sondern unterstützte aktiv die sich im Spiel zeigenden Symbolisierungen von Phantasien und Ängsten mit eigenen Deutungen (nach Meinung von Kritikern allzu aktiv). Im Weiteren schenkte sie der Art und Weise Beachtung, wie die Kinder in der Beziehung zur Therapeutin ihre Beziehungen zu den primären Bezugspersonen aktualisierten. Entsprechende Ängste und Aggressionen wurden gegenüber der Analytikerin wiederholt, ausgedrückt und bei ihr deponiert: »Mit dieser Methode erschloß sie sich einen Zugang zum kindlichen Unterbewußtsein: Indem sie sich wie bei der Erwachsenenanalyse streng an die Übertragung und die Angstgefühle hielt, gelang es ihr, die reiche Welt der unbewussten Phantasien und Objektbeziehungen des Kindes zu entdecken« (Segal, 1964/2004, S. 20).

Rezeption

Melanie Klein gehört zu den interessantesten und zugleich umstrittensten Persönlichkeiten der internationalen psychoanalytischen Bewegung. Nachhaltigen Einfluss hat sie insbesondere auf die englische Psychoanalyse ausgeübt, zu der u. a. auch Joan Rivière, Ronald Fairbairn und Hanna Segal gehören, die Kleins Konzepte übernommen und weiterentwickelt haben. Auch Otto Kernberg, ein Objektbeziehungstheoretiker der amerikanischen Schule, hat sich intensiv mit Melanie Klein auseinandergesetzt, sich aber in vielen Punkten von ihr distanziert. Bei aller Anerkennung wurde Klein von vielen weiteren Psychoanalytikern und Psychologen kritisiert. Eine ihrer schärfsten Kritikerinnen war ihre Tochter Melitta, die später ebenfalls Psychoanalytikerin wurde.

Theoretische Nachwirkungen

Melanie Klein glaubte mit ihrer doch recht fragwürdigen Vorgehensweise (u. a. Unterstellungen von Vorstellungen unabhängig vom Alter, mangelnde Berücksichtigung eigener Projektionen bei sehr schnellen Interpretationen, methodologisch betrachtet unzulässige Generalisierungen und Übergeneralisierungen) Freuds Theorie der frühkindlichen Sexualität (u. a. orale und anale Lust) zu bestätigen. Freud selbst betrachtete diese hier nicht weiter ausgeführten sexualisierten Vorstellungen und Projektionen jedoch eher als eine Karikatur seiner eigenen Vorstellungen.

Einige namhafte Psychoanalytiker (u. a. Glover und Foulkes) unterzogen die Arbeiten Kleins einer eingehenden Kritik, wobei sich ein Kritikpunkt auf den Begriff der Introjektion bezieht, der nicht genügend von der Phantasie, der Objekt-Vorstellung, den aus dem Körper kommenden Empfindungen sowie den Wünschen des Es abgegrenzt werde. Ein weiterer Punkt betrifft Kleins Deutung der Umwelteinflüsse: Zwar habe sie als erste Psychoanalytikerin die Mutter als für die psychische Entwicklung des Kindes relevant wahrgenommen und auch die Interaktion zwischen Mutter und Kind beachtet, doch würden die unterstellten kindlichen Phantasien weitgehend unabhängig von erlebten realen Versagungen letztlich subjektlastig interpretiert. Die Probleme der Eltern, der Mütter und Väter (u. a. Frustration, Stress, Isoliertheit), und deren Fehlverhalten (u. a. Aggressionen und Übergriffe) würden dabei theoretisch wie praktisch kaum berücksichtigt. Nach Kleins fester Überzeugung kann nämlich auch ein liebevolles, unterstützendes Umfeld in der frühen Kindheit den Hass-Liebe-Zwiespalt nicht verhindern.

Klein leistete sich insgesamt sowohl als Therapeutin als auch als Wissenschaftlerin zahlreiche nicht reflektierte Übertragungen und Gegenübertragungen, wenngleich sie zu deren Verständnis und methodischer Umsetzung mit ihrer Begrifflichkeit von Introjektion, Projektion sowie Reintrojektion und weiteren Konzepten (z. B. concept of reversal) selbst viel Beachtliches beitragen hat (vgl. u. a. Etchegoyen, 1999).

Melanie Klein hat aber mit ihrem Werk (angefangen mit der *Psychoanalyse des Kindes*) die weitere psychoanalytische Theoriebildung bis heute so stark beeinflusst wie keine zweite Wissenschaftlerin. Sie ist die Begründerin der Objektbeziehungstheorie, welche die Art der Beziehung des Subjekts zu seinen Objekten thematisiert, wobei zentrale Bedeutung der Objektwahl und der Objektliebe zukommt, angefangen mit den Partialobjekten. Die jeweilige Objektbeziehung ist das komplexe Ergebnis einer bestimmten Organisation der Persönlichkeit, eines primär phantasierten Erfassens des Objekts und bestimmter bevorzugter Abwehrformen. So wird nicht nur das Objekt durch das Subjekt konstituiert, sondern ebenso relevant ist, wie dieses Objekt wiederum die emotionalen Aktivitäten des Subjekts gestaltet. Die durch Projektion konstituierten Objekte haben eine Rückwirkung auf das Subjekt, indem sie dasselbe beruhigen, erregen oder verfolgen. Diese Internalisierung führt dann wiederum zu einer Externalisierung.

Internalisierung und Externalisierung

Kleins Konzept der Objektbeziehung hat in den letzten Jahrzehnten innerhalb der Psychoanalyse eine wachsende Bedeutung erlangt und stellt heute für viele Psychoanalytiker den theoretischen Hauptbezugspunkt dar. Inzwischen gibt es diverse theoretische Ausgestaltungen der Objektbeziehungen. An dieser Stelle sei ein begriffliches System aus der Neurotischen Konfliktverarbeitung von Mentzos (1982/1989, u. a. S. 294) angeführt.

Schlüsselbegriffe der Entwicklung sind Internalisierung und Externalisierung. Es handelt sich um Vorgänge, die im gesamten Verlauf der Normalentwicklung sowie der psychopathologischen Entwicklung relevant sind. Diese Vorgänge dienen der Strukturierung und Differenzierung des intrapsychischen Selbst bzw. der extrapsychischen Objekte (u. a. geliebter Personen).

Bei der *Internalisierung* wird zwischen folgenden Levels unterschieden:

- *Inkorporationen:* Einverleibungen sind sehr frühe, triebnahe Internalisierungen des unreifen Ichs vor der Differenzierung zwischen Selbst und Objekt. Sie stehen vorwiegend mit der Mundaktivität und der Nahrungsaufnahme in Zusammenhang.
- *Introjektionen:* Das Subjekt lässt in der Phantasie Objekte von außen nach innen gelangen. Dieser Vorgang erfolgt bei einem fortgeschrittenen Ich in einer Zeit, in der die Differenzierung zwischen Selbst und Objekt schon erfolgt ist. Die unabhängige Realität des Objekts wird

aber noch nicht ohne deutliche Ambivalenz und/oder Angst erkannt.

- *Identifikationen:* Vorgang, durch den das Subjekt einen Aspekt des Objektes assimiliert und sich nach dem Vorbild umwandelt. Dies ermöglicht die selektive Verinnerlichung von abgrenzbaren Teilaspekten. Reifste Form der Internalisierung.

Bei der *Externalisierung* wird zwischen folgenden Levels unterschieden:

- *Exkorporation:* ältester Modus des Sich-Entledigens und der Selbstreinigung auf körperlicher Ebene (»sich auskotzen«).
- *Projektion:* Ein Subjekt schließt Gefühle, Wünsche, »innere Objekte«, aus sich aus, verschiebt sie auf außenstehende Objekte und lokalisiert sie in denselben (Personen oder auch Sachen).
- *Selbstobjektivierung:* Das Subjekt personifiziert Teile des eigenen Selbst in äußeren Objekten (hierzu gehört u. a. auch das eigene Ausdrücken in Handwerk, Wissenschaft und Kultur).

Externalisierungen führen mitunter zu einer Veränderung der äußeren Objektwelt. Unter normalen Bedingungen handelt es sich um eine wichtige Komponente schöpferischer Vorgänge; als pathologischer Mechanismus kann diese Tendenz jedoch zu Konflikten führen.

Praktische Auswirkungen

Melanie Klein sah in der Kinderanalyse nicht ausschließlich eine Therapieform, sondern auch einen Bestandteil einer dem Kind adäquaten Erziehung, was u. a. bedeutet, dass die Eltern den Kindern erlauben, ja sie darin geradezu unterstützen sollten, negative sowie positive Gefühle und Phantasien zu äußern. Klein betrachtete Säuglinge aber nicht nur als junge Menschen mit natürlichen Bedürfnissen und Aggressionen oder gar als unschuldige Geschöpfe, sondern bereits als mitunter neidische und destruktive Menschen. Hierbei verkannte sie aber nach Meinung vieler Kritiker, dass Kinder bis zu einem bestimmten Alter nur im Hier und Jetzt leben und natürlich ihre Bedürfnisse spontan äußern, hierbei auch aggressiv sind und schreien, aber noch keine über den Moment hinausreichenden Vorstellungen entwickeln können. Neid würde eine Vorstellung, ja eine »Er-innerung« einer Erfahrung mit einer Bezugsperson und insbesondere einen Vergleich mit ihr, Eifersucht zudem noch die emotionale Einbeziehung einer Drittperson in dieses Verhältnis voraussetzen. Aggressionen, die spontan bei Beschränkungen auftreten, mit Destruktion oder gar Sadismus gleichzusetzen, ist nach Meinung dieser Kritiker ein verhängnisvoller Fehler, erklärbar mit Projektionen Erwachsener auf Kinder. Melanie Kleins diesbezügliche Position widerspricht den Erkenntnissen sämtlicher Entwicklungspsychologen, angefangen bei Steinthal und Koffka, und erinnert in einem gewissen Sinne an Augustinus' Einstellung gegenüber dem Kind.

John Bowlby

Ausgangspunkte

Bowlby war von Anna Freud sowie von Melanie Klein beeinflusst, doch war er der Meinung, dass beide Therapeutinnen nicht den wichtigen Schritt gemacht hatten, die Beziehung zwischen Mutter und Kind als eigenständiges psychisches Band wahrzunehmen. Sowohl die klassische Triebtheorie als auch die ursprünglich vor allem in Großbritannien verbreitete Theorie der Objektbeziehungen weisen nach Bowlby ernsthafte Mängel auf. Dieselben wären nicht zu übersehen, wenn sich die psychoanalytische Forschung nicht nur auf klinische Falldarstellungen stützen, sondern auch nicht behandelte Kinder berücksichtigten würde. Er erwartete vom Neodarwinismus sowie vom ethologischen Ansatz einen Beitrag zur Aktualisierung der Psychoanalyse. Besonders beeindruckten ihn dabei die ihrer Mutter oder einer Ersatzmutter folgenden Lorenz'schen jungen Gänse.

Zeittafel

1907	John Bowlby wird in London geboren.
1928–29	Bowlby ist Lehrer an einer Schule für verhaltensgestörte Kinder.
1929	Er beginnt mit klinisch-medizinischen Studien am University College Hospital in London und macht eine Psychoanalyse bei Joan Rivière, einer Freundin von Melanie Klein.
1933	Nach dem Medizinstudium Psychiatrieausbildung am Maudsley Hospital in London.
1937	Nach seinem Abschluss als Analytiker begibt er sich in die Supervision von Melanie Klein.
1937–40	Bowlby arbeitet als Psychiater in der Child Guidance Clinic in London. Für die Qualifikation als vollwertiges Mitglied der analytischen Gesellschaft mit Stimmrecht trägt er eine Arbeit vor, in der die wichtigsten Ansätze zu seiner späteren Bindungstheorie bereits vorkommen.
1940–45	Psychiater im Royal Army Medical Corps.
1946–72	Direktor der Abteilung für Kinder und Eltern in der Londoner Tavistock Klinik.
1956–61	Bowlby wird als reger Vizepräsident der Britischen Psychoanalytischen Gesellschaft geschätzt, doch präsentiert er mehrmals Arbeiten zur Bindungstheorie, die von den Kleinianern abgelehnt werden.
1973	Bowlby lehrt als Gastprofessor am Australian and New Zealand College of Psychiatrists.
1989	Er wird Ehrenmitglied der British Academy.
1990	Kurz vor seinem Tod auf der Isle of Skye (Schottland) erscheint noch ein Buch von ihm über Charles Darwin.

Der Einfluss der frühen Umwelt

Bowlbys im *International Journal of Psycho-Analysis* veröffentlichter Artikel *The influence of early environment in the development of neurosis and neurotic character* (1940) besteht aus einer Beschreibung von Fällen, die in der Child Guidance Clinic behandelt wurden, sowie aus einer Theorie über die Entstehung von Neurosen. Nach dieser Theorie sind Neurosen im Wesentlichen durch Umweltfaktoren der ersten Lebensjahre bedingt. Insbesondere die Trennung von der Mutter durch Tod oder zerrüttete Familienverhältnisse könne eine neurotische Fehlentwicklung einleiten.

Bowlby stellt in diesem Kontext Kleins Ansicht in Frage, dass die Phantasien kleiner Kinder nicht mit der eigentlichen Erfahrung in Verbindung ständen, und fragt sich, warum bei der Introjektion dem wahren Charakter der Eltern so wenig Bedeutung beigemessen wird. Bowlby warnt indes davor, Kinder unnötigerweise von ihren Eltern zu trennen, denn seiner Meinung nach könnten viele Fälle neurotischer Charakterentwicklung vermieden werden, wenn man kleine Kinder niemals einer kompletten oder längeren Trennung aussetzen würde. Schließlich spricht er sich für die Zusammenarbeit mit den Eltern gestörter Kinder aus. So würden eigene Schwierigkeiten der Mütter in ihrer Kindheit mit ihrer Elternrolle interferieren und wenn diese Schwierigkeiten erhellt würden, könne den Müttern geholfen werden, sich weniger schuldig zu fühlen, was sich letztlich positiv auf die Beziehung zum Kind auswirke.

Eine sichere Basis

Bowlbys *A Secure Base: Clinical Applications of Attachment Theory* (1988) ist nicht sein erstes Werk, in dessen Titel die Bindungstheorie erscheint. Bereits in den Jahren 1977, 1978 und 1987 hatte der Autor ausdrücklich Beiträge zur Bindungstheorie publiziert und diese Theorie entstand schon in den Jahren 1956–61.

Bowlby betrachtet in seinem Werk die Bindung vor allem evolutionstheoretisch: Bindung sichere nicht in erster Linie die Reduktion physiologischer Bedürfnisse, sondern den Schutz vor Raubtieren: Den Jungen werde Schutz geboten und dank diesem Schutz fühlten sie sich sicher. Auch Menschenkinder fühlten sich geborgen, wenn ihre wichtigste Bezugsperson in ihrer Nähe sei; sie würden ängstlich, einsam und traurig, wenn sie weg sei. Unter Bindungsverhalten könne man jede Art von Verhalten verstehen, mit dem eine Person Nähe zu einer Person, die sie anderen Personen bevorzuge, erhalte oder aufrechterhalte. Bindungsverhalten (gleich welcher Altersstufe) lasse sich aber auch in emotionaler Hinsicht charakterisieren: »If it goes well, there is joy and a sense of security. If it is threatened, there is jealousy, anxiety, and anger« (ebd., S. 4).

Nach dem Autor ist der Test auf Bindung die Reaktion auf Trennung. So sei Protest die Hauptreaktion, die Kinder auf die Trennung von der primären Bezugsperson hin zeigen könnten. Das Kind reagiere wütend und oft auch destruktiv. Aufgrund der Neigung des Kleinkindes, sich auf die Bindung an eine Person zu beschränken, sei es in der Lage, intensive Gefühle zu entwickeln. Mehr noch: Das Kind gewinne dadurch eine sichere Basis für weitergehendes Verhalten. Diese Basis diene zugleich als Sprungbrett und Auffangnetz für Erkundigungen und andere Ausflüge des Kindes. Beispielsweise nimmt das sich von seiner Mutter entfernende Kind Blickkontakt mit derselben auf und wird von dieser zum Weitergehen ermutigt oder zum Rückzug aufgefordert.

Bindung ist für Bowlby eine reziproke Beziehung, die durch Unaufmerksamkeit oder Überängstlichkeit seitens der primären Bezugsperson beeinträchtigt wird: Bei Vernachlässigung fehle dem Kind eine sichere Ausgangsbasis, bei Überbehütung werde es zurückgehalten und zurückbehalten und im Extremfall zur Aufgabe seiner Aktivitäten gezwungen. Verhalte sich die erste Bezugsperson zuverlässig und feinfühlig, so entwickle sich auch das Kind zu einer zuverlässigen und feinfühligen Person, erfolge jedoch keine genügende Einstimmung auf das Kind, so werde dieses später auch Probleme bei der Einstimmung auf andere Personen haben und Störungen entwickeln – bis hin zu solchen psychopathologischer Art (u. a. Depressionen, Borderline).

Bei einer Therapie besteht nach Bowlby die grundlegende Aufgabe des Therapeuten darin, dem Patienten ein gewisses

Maß an Sicherheit zu ermöglichen: »In providing his patient with a secure base from which to explore and express his thoughts and feelings the therapist's role is analogous to that of a mother who provides her child with a secure base from which to explore the world. The therapist strives to be reliable, attentive, and sympathetically responsive to his patient's explorations and, so far as he can, to see und feel the world through his patient's eyes, namely to be empathic« (ebd., S. 159).

Methode

Bowlby veranlasste empirische Forschungsarbeiten (u. a. *Langzeitstudien*), mit denen seine Hypothesen in den Lebensverhältnissen der untersuchten Personen (v.a. Kinder und ihre Mütter) überprüft wurden: »Zusammengefasst zeigen Langzeitstudien, dass Mütter von sicheren Einjährigen *auf ihre Babys einfühlsam reagieren*, Mütter von unsicher-vermeidenden *nicht feinfühlig* sind, und Mütter von unsicher-ambivalenten *in ihrer Feinfühligkeit schwanken*« (Holmes, 1993/2002, S. 131; Hervorhebungen von Holmes).

Bowlby (1988) ging davon aus, dass die normale Entwicklung nicht von beobachteten pathologischen Zuständen abgeleitet werden kann. Mit der Bedeutung, die er den realen Umwelteinflüssen beimaß, unterschied er zudem mehr als die meisten Psychoanalytiker vor ihm zwischen normaler und nicht normaler Entwicklung. Die Unterscheidung der Art, wie ein Kind von seinen Eltern tatsächlich behandelt werde, sei dabei mindestens so wichtig wie das Studium seiner internen Repräsentationen, denn man könne die innere Welt eines Menschen gleich welchen Alters nur verstehen, wenn man erkenne, wie sich das Subjekt aus den realen Verhältnissen heraus konstituiert habe – aus Verhältnissen heraus, denen das Kind und Kleinkind meistens weiterhin noch hilflos ausgesetzt bleibe (u. a. sexuelle, emotionale oder gewalttätige Übergriffe seitens der Erwachsenen, Selbsttötungsdrohungen des Vaters oder der Mutter, Verheimlichung der wahren Elternschaft, seelische Grausamkeiten aufgrund von Überforderung, Stress und Überlastung der Eltern zuhause und bei der Arbeit oder bei Arbeitslosigkeit und Suchtproblemen).

Bowlby erstellte indes keine Traumatheorie, auch nicht eine solche im Sinne des frühen Freud vor der Libidotheorie (sogenannte Verführungstheorie). Der Gegenstand der Analyse und Untersuchungen sei vielmehr die Wechselwirkung der internen und externen Welt. An die Stelle der retrospektiven Rekonstruktion der Ereignisse trat daher bei Bowlby die Einbeziehung der Eltern und die direkte Beobachtung der Eltern-Kind-Interaktion, wobei er einem rein subjektiven Verständnis der Problemlage misstraute: Die Tendenz vieler Analytiker, auch wider besseres Wissen die Probleme ausschließlich auf Seiten des Subjekts abzuhandeln und nicht auch in Auseinandersetzung des Subjekts mit seiner Umwelt und seinen konkreten Lebensbedingungen, lehnte er ab. Ein Beispiel für eine solche Subjektlastigkeit sah er im Ansatz von Melanie Klein.

Bowlby war sich bei alldem bewusst, dass die Fähigkeit zu phantasieren und zu symbolisieren nicht unabhängig von den sozialen Verhältnissen ist. Seine eigene Vorgehensweise verstand er eher als Beitrag zur Mitgestaltung der therapeutischen Beziehung denn als Instrument eines Experten – sie war eher heuristischer Art: Patient und Therapeut ergründeten *miteinander* die Probleme. Ähnlich wird heute auch bei psychoanalytisch orientierten (z. B. Streeck, 2004) sowie bei personzentrierten Therapien vorgegangen (vgl. u. a. Galliker & Weimer, 2006). Doch zu Bowlbys Zeit wurde aufgrund des skizzierten Ansatzes seine Zugehörigkeit zur Psychoanalyse in Frage gestellt; meistens allerdings weniger von jenen Analytikern, die bei anfänglich starker Identifikation mit dem Patienten die positive Übertragung als Basis jeder Analyse betrachteten und im weiteren Fortgang auch Übertragung und Gegenübertragung berücksichtigten (vgl. u. a. Heimann, 1950).

Rezeption

Die Arbeiten Bowlbys wurden innerhalb der psychoanalytischen Bewegung teils positiv, teils negativ aufgenommen. Die ungarische Gruppe (u. a. Ferenczi) stand Bowlby gemäß seinen eigenen Angaben noch am nächsten. Die Wiener Gruppe vermisste den Ödipuskomplex und die kindliche Sexualität. In Großbritannien standen die Kleinianer Bowlby schließlich feindlich gegenüber. Letztere waren der Meinung, Bowlby hätte die psychoanalytischen Grundsätze behavioristisch entstellt, ja die Psychoanalyse verraten.

Im Weiteren warf ihm eine Reihe von feministisch orientierten Wissenschaftlerinnen vor, dass er mit seinem vorrangigen Konzept der Mutterbindung die Mutter-Kind-Beziehung als schlechthin natürlich biologisiere und dazu beigetragen habe, Frauen zuhause festzuhalten. Zwar seien am Anfang der Entwicklung tatsächlich normalerweise die Mütter die wichtigsten Bezugspersonen ihrer Kinder, doch Väter, Geschwister, Großeltern, Freunde und andere Bezugspersonen seien ebenfalls von Bedeutung und würden mit zunehmendem Alter der Kinder immer wichtiger. Vorübergehende und in ihrer Dauer auf das Alter der Kinder abgestimmte Trennungen seien zudem keineswegs schädlich, sondern führten beim Kind zu mehr Selbstvertrauen. Weiterhin würden andere Kontakte, nicht zuletzt zu jüngeren, gleichaltrigen und älteren Kindern, nicht nur helfen Lücken zu füllen, sondern auch entscheidend dazu beitragen, die früher oder später notwendig werdende Ablösung von der Mutter vorzubereiten und schließlich auch zu vollziehen.

Wissenschaftliche Nachwirkungen

In der Folge von Bowlby wurde eine Reihe von Studien durchgeführt, welche die Ansicht stützen, dass Kinder, denen die mütterliche Fürsorge entzogen wird, besonders wenn dies schon vor dem achten Lebensjahr der Fall ist, in ihrer körperlichen, intellektuellen, emotionalen und sozialen Entwicklung ernsthaft beeinträchtigt werden können und später ihre eigenen Kinder ebenfalls deprivieren werden. Neuere Untersuchungen weisen allerdings darauf hin, dass lediglich nicht auf das Kind abgestimmte Betreuung durch weitere Personen und damit allzu große Mutterentbehrung wie ein allgemeiner, wenngleich essenzieller Verwundbarkeitsfaktor wirkt, der Kinder für Störungen anfälliger macht, doch »abgesehen von sehr schweren Fällen gibt es keine einfache Eins-zu-eins-Korrelation zwischen den mentalen Zuständen der Kindheit und Problemen im Erwachsenenalter« (Holmes, 1993/2002, S. 75).

Praktische Auswirkungen

Bowlby stand Personen kritisch gegenüber, die glaubten, vernachlässigte Kinder vor ihren bösen Eltern retten zu müssen. Heute ist es fast selbstverständlich geworden (und es wurde auch im Children-Act von 1989 besiegelt), dass individuelle Betreuung in Familien und gegebenenfalls in Pflegefamilien der Gruppenpflege in Heimen vorzuziehen ist. Bowlby trug auch dazu bei, Ergebnisse der Entwicklungspsychologie, analytische Erkenntnisse, Beratung und Psychotherapie präventiv einzusetzen. Den Eltern empfahl er, den Kindern zu erlauben, aggressive Gefühle auszudrücken und ihnen zu zeigen, wie sie destruktive Handlungen vermeiden können. In seinen späteren Jahren legte Bowlby viel mehr Gewicht als früher auf die Qualität der Eltern-Kind-Interaktionen, zu denen nicht zuletzt auch ein angemessener Umgang mit Aggressionen gehört, als auf das zeitliche Ausmaß dieser Interaktionen (Holmes, 1993/2002). Bowlby steht außerdem für einen fließenden Übergang zwischen Psychoanalyse und anderen Formen der Psychotherapie (wie z. B. der personzentrierten Spieltherapie bzw. bei Erwachsenen der Gesprächspsychotherapie).

Personzentrierter Ansatz

Der von Rogers begründete und von vielen Wissenschaftlern und Therapeuten weltweit weitergeführte klienten- oder personzentrierte Ansatz der Psychotherapie (oft auch Gesprächspsychotherapie genannt) beschreibt Merkmale des zwischenmenschlichen Umgangs sowie des Umgangs mit sich selbst. Dieser Ansatz geht davon aus, dass Menschen zur Freilegung und Entwicklung der ihnen je besonders gegebenen Ressourcen tendieren. Diese Tendenz dient der Erhaltung und Förderung der Persönlichkeit. Unter der Voraussetzung einer psychologisch förderlichen Einstellung sind Personen fähig, diese ihnen innewohnenden Potentiale zu aktualisieren. Die axiomatische Annahme einer aktualisierenden Tendenz des Organismus setzt sich ab von den klassischen psychoanalytischen und auch von einigen lerntheoretischen Auffassungen, die davon ausgehen, dass Leben durch Mängel motiviert ist und nach Spannungsausgleich strebt (Homöostase). Demgemäß ist es die zentrale Aufgabe der personzentrierten Gesprächspsychotherapie, die Spontaneität der Person in gedanklicher und emotionaler Auseinandersetzung mit ihren Voraussetzungen von ihren Behinderungen zu befreien und wirksam werden zu lassen, indem sie nicht zuletzt auch zur Integration von Körper und Geist einen Beitrag leistet.

Carl Ramson Rogers

Ausgangspunkte

Als Schüler des Freud-Schülers Otto Rank war Rogers von dessen »Beziehungstherapie«, die das Schwergewicht auf das »Hier und Jetzt« legt, beeindruckt. Über Jahre war Rogers dann im Gebiet der Kinder-, Ehe- und Studienberatung tätig. Er rekapitulierte seine berufliche Tätigkeit und gewann daraus Erkenntnisse, die ihn von der Psychoanalyse wegführten.

Hierbei unterstützten ihn phänomenologische und existenzialphilosophische Positionen. Wesentliche Anregungen erhielt Rogers von Martin Buber. Beeinflusst wurde er auch von Charlotte Bühler und Abraham Maslow, mit denen er die sogenannte Humanistische Psychologie begründete.

Zeittafel

1902	Geburt von Carl Ramson Rogers in Oak Park, einem Vorort von Chicago, als viertes von sechs Kindern.
1931	Studium der Klinischen Psychologie und der Erziehungspsychologie am Teachers College der Columbia-University.
1940	Rede an der University of Minnesota, die als Geburtsstunde des klientenzentrierten Ansatzes betrachtet wird.
1940–45	Professor an der Ohio State University.
1945–57	Professor an der University of Chicago. Ausgedehnte Forschungstätigkeit zur Psychotherapie.
1957–63	Lehrauftrag als Professor für Psychologie und Psychiatrie an der University of Wisconsin. Forschungsprojekt mit schizophrenen Personen. Rückgabe des Lehrauftrages auf der Suche nach der »Freiheit des Lernens«. In Zukunft wird er an dem von ihm mitbegründeten Center for Studies for the Person in La Jolla (California) arbeiten.
1964	Professor in La Jolla.
ab 1967	Ausdehnung seines Ansatzes auf andere Bereiche (u. a. Wirtschaft, Bildung, Friedensarbeit) und damit Erweiterung vom klienten- zum personzentrierten Ansatz. Verleihung der Ehrendoktorwürde von mehreren amerikanischen Universitäten sowie Ehrung durch den Berufsverband Amerikanischer Psychologen (APA).
1975	Verleihung der Ehrendoktorwürde von der Universität Hamburg, an der Tausch lehrte.
1987	Tod von Rogers in La Jolla.

Die nicht-direktive Beratung

Rogers legt in seinem Buch *Die nicht-direktive Beratung* (*Counseling and psychotherapy*, 1942/1985) anhand zahlreicher Beispiele dar, dass ein erfolgreicher Berater oder Therapeut (die beiden Professionen werden noch nicht unterschieden) *nicht-direktiv* vorgeht, sondern Führung und Verantwortung weitgehend dem Ratsuchenden oder Patienten (vom Autor Klient genannt) selbst überlässt.

In Absetzung von älteren Vorstellungen über Beratung (Anordnen und Verbieten, Ermahnung, Suggestion, Interpretieren und Erklären, Ratschläge), die zwar gelegentlich nützlich sein könnten, um ein kurzfristiges Ziel zu erreichen, dem Wachsen der Persönlichkeit des Klienten aber nicht förderlich oder sogar abträglich seien, lässt sich der Autor von folgender Hypothese leiten: »Wirksame Beratung besteht aus einer eindeutig strukturierten, gewährenden Beziehung, die es dem Klienten ermöglicht, zu einem Verständnis seiner selbst in einem Ausmaß zu gelangen, das ihn befähigt, aufgrund dieser neuen Orientierung positive Schritte zu unternehmen« (ebd., S. 28).

Therapeutische (und insbesondere psychoanalytische) Interpretationen – gleichgültig wie zutreffend sie im Einzelfall sein mögen – seien nicht sonderlich wirkungsvoll oder sogar schädlich, denn sie stellten letztlich den Berater oder den Therapeuten und nicht den Klienten in den Mittelpunkt des Geschehens und ignorierten die Tatsache, dass Veränderungen primär auf emotionaler Basis erfolgten.

Der neue, auf den Klienten zentrierte Ansatz unterscheidet sich nach dem Autor wie folgt von älteren Ansätzen: »Er zielt direkt auf die größere Unabhängigkeit und Integration des Individuums ab, statt zu hoffen, daß sich diese Resultate ergeben, wenn der Berater bei der Lösung des Problems hilft. (…) Das Ziel ist es nicht, ein bestimmtes Problem zu lösen, sondern dem Individuum zu helfen, sich zu entwickeln, so daß es mit dem gegenwärtigen Problem und mit späteren Problemen auf besser integrierte Weise fertig wird« (ebd., S. 36).

Kennzeichen des klientenzentrierten Ansatzes

Rogers charakterisiert in *Die nicht-direktive Beratung* (S. 36f.) den neuen klientenzentrierten Ansatz von Beratung und Therapie wie folgt:

- *Bedeutung des Wachstums:* Der klientenzentrierte Ansatz stützt sich vor allem auf den individuellen Drang zum Wachsen, zur Gesundheit und auch zur Anpassung.
- *Begrenzte Bedeutung des Wissens:* Fehlanpassungen sind nicht primär Mängel des Wissens, ja dasselbe ist meistens unwirksam, weil es blockiert wird durch die emotionalen Befriedigungen, welche die Fehlanpassungen verschaffen.
- *Bedeutung der Gegenwart:* Klientenzentrierte Therapie und Beratung legt großen Nachdruck auf die gegenwärtige und weniger auf die vergangene Situation des Individuums.
- *Bedeutung der Beziehung:* Die aktuelle therapeutische Beziehung (von Therapeut/Berater und Klient) ist wesentlich für das Wachsen der Persönlichkeit.

Nach Rogers (1942/1985) bleibt wohlgemeinte Beratung nicht selten deshalb ohne Erfolg, weil keine befriedigende therapeutische Beziehung konstituiert wird: »Die therapeutische Beziehung ist eine Beziehung, in der warme Zugewandtheit und das Fehlen jedweden Zwangs oder persönlichen Drucks durch den Berater dem Klienten den maximalen Ausdruck von Gefühlen, Einstellungen sowie Problemen ermöglicht. Die Beziehung ist eine wohlstrukturierte Beziehung mit Begrenzungen der Zeit, der Abhängigkeit und der aggressiven Handlung (…). In dieser einmaligen Erfahrung vollständiger emotionaler Freiheit innerhalb eines genau definierten Rahmens hat der Klient die Möglichkeit, seine Impulse und seine Strukturen, die positiven wie die negativen, zu erkennen und zu verstehen wie in keiner anderen Beziehung« (ebd. S. 107).

Grundlegende Aspekte einer therapeutischen Beziehung

Die therapeutische Beziehung wird von Rogers in *Die nicht-direktive Beratung* (S. 84–87) wie folgt charakterisiert:

- *Gefühlsbeziehung:* Die therapeutische Beziehung ist eine Gefühlsbeziehung mit fest umrissenen Grenzen. Merkmale: Empfänglichkeit, Wärme, Interesse sowie ein begrenztes Maß an emotionaler Zuneigung.
- *Zwanglosigkeit:* Beeinflussung, Druck oder gar Zwang, dem einen statt dem anderen Handlungsablauf zu folgen, wird vermieden.
- *Gewährenlassen:* Der Ausdruck von Gefühlen wird durch keinerlei Beurteilung oder gar Moral behindert. Einstellungen und Gefühle sind nie so aggressiv oder auch nie so schuldbeladen und schädlich, dass sie nicht in die Beziehung eingebracht werden können.
- *Begrenzung:* Die Befolgung von Regeln (u. a. Einhaltung des zeitlichen Rahmens, Verzicht auf Gewalttätigkeit) stellt keine Behinderung der Therapie dar, sondern gehört zu den vitalen Elementen, welche die therapeutische Situation gerade zu einem Mikrokosmos machen, in dem der Klient realen Aspekten des Lebens begegnet und sich mit ihnen emotional auseinandersetzen kann.

Nach Rogers kann die therapeutische Beziehung nicht mit einer Lehrer-Schüler-Beziehung, nicht mit einer Arzt-Patient-Beziehung, nicht mit einer Eltern-Kind-Beziehung, nicht mit einer Beziehung zwischen einem Seelsorger und einem Gläubigen und auch nicht mit einer Freundschaftsbeziehung gleichgesetzt werden.

Rogers (1942/1985) nennt seine therapeutische Vorgehensweise nicht-direktiv oder auch schon klientenzentriert (client-centered): Während die direktive Beratung und Therapie u. a. durch viele spezifische Fragen, Vorschläge und Empfehlungen gekennzeichnet seien, überwiege bei einem nicht-direktiven Vorgehen die Aktivität des Klienten. Die wesentliche Aufgabe des Therapeuten bestehe daher darin, den Klienten zu begleiten und ihm zu ermöglichen, seine Gefühle, Einstellungen und Reaktionen zu verstehen (Letztere insbesondere auch im Verhältnis zu den zu Beginn der Therapie vorgegebenen Begrenzungen). Der Berater oder Therapeut erreiche dieses Ziel, indem »er den Inhalt dessen, was der Klient gesagt hat, wiederholt oder klärt« (ebd., S. 117). Bei den Äußerungen des Klienten werde dabei vorrangig dem Gefühl und möglichst weniger dem gedanklichen Inhalt und den vorgebrachten Ideen Aufmerksamkeit geschenkt. Rogers begründet die Priorität des emotionalen Gehalts von seinem nicht-direktiven Standpunkt aus wie folgt: »Wenn wir auf den intellektuellen Inhalt reagieren, ist der Prozeß nicht mehr vorhersagbar und eher von der Struktur des Beraters abhängig als von der des Klienten« (ebd., S. 128).

Klientenzentrierte Vorgehensweise

Rogers (ebd., S. 124–139) spezifiziert die klientenbezogene Vorgehensweise auch als emotional zentrierte. Bei der therapeutischen Zuwendung schränkt er demnach die Auswahlmöglichkeiten wie folgt in drei Stufen ein:

- *Zentrierung auf Äußerungen:* Der Therapeut zentriert seine Aufmerksamkeit auf die vom Klienten vorgegebenen Äußerungen und wiederholt ihren wesentlichen Gehalt.
- *Zentrierung auf Emotionen:* Der Therapeut beachtet insbesondere den Gefühlston des Gesagten, wobei negative sowie positive emotionale Inhalte verbalisiert werden.
- *Zentrierung auf Ambivalenzen:* Der Therapeut beachtet vor allem widersprüchliche Gefühle, die häufig eine Konfliktquelle darstellen. Er unterstützt den Klienten bei der Klärung der Ambivalenzen und trägt so zum therapeutischen Fortschritt bei.

Beispiel:

Der Klient erzählt, dass er am Wochenende seine Eltern besucht hat. Es habe einen heftigen Streit gegeben. Hierbei sei sein Vater am stärksten beteiligt gewesen. Der Therapeut bezieht sich auf Aussagen über den Vater und der Klient äußert negative Gefühle, u. a. Wut. Der Therapeut bezieht sich auf diese Wut. In der Folge lässt der Klient auch Zuneigung durchblicken. Der Therapeut wiederholt auch dieses Gefühl des Klienten. Schließlich sagt er u. a.: »Trotz aller Wut auf ihren Vater haben Sie ihn gern« (ebd., S. 137).

Nach Rogers ist es keineswegs die Aufgabe des Therapeuten, vom Klienten noch nicht ausgedrückte oder gar noch unterdrückte Emotionen anzusprechen oder sogar zu enthüllen. Er dürfe eigenen Gefühlsäußerungen des Klienten genauso wenig vorgreifen, wie er dessen Gefühlen ausweichen oder sie weniger erlebnismäßig ausdrücken solle (z. B. indem er sie erkläre oder objektivierend beschreibe). Demnach könne der Therapeut zum Ausdruck von Gefühlen höchstens ermutigen, indem er beispielsweise hinsichtlich eines negativen Gefühls sage, dass der Klient sich weitergehend ausdrücken möge, falls er dies beabsichtige, denn wenn der Klient nicht selbst zu diesem Gefühl gelange, könne er es auch nicht wirklich akzeptieren. So werde er einer entsprechenden Explikation zwar vielleicht kurzfristig intellektuell zustimmen, aber er werde auf diese Weise nicht zu einer Reorganisation seines Wahrnehmungsfeldes gelangen. Er werde also das negative Gefühl nicht integrieren können und ihm daher in Zukunft wahrscheinlich mit noch mehr Abwehr begegnen. Nach Rogers muss Einsicht vom Klienten selbst erlangt werden. Sie erfolge spontan und könne durch keine direktive Vorgehensweise vermittelt werden.

Entwicklung der Persönlichkeit

In seinem Buch *Entwicklung der Persönlichkeit* (*On becoming a person*, 1961/2006) bietet Rogers eine Einführung in die Gesprächspsychotherapie unter besonderer Berücksichtigung der Entwicklung der Persönlichkeit. Die Darstellung enthält die Grundgedanken, auf denen die Gesprächspsychotherapie aufbaut, Überlegungen zu den anthropologischen und wissenschaftstheoretischen Implikationen des Ansatzes und Anwendungen desselben auf verschiedene Lebensbereiche (u. a. Familienleben, Unterricht).

Rogers geht davon aus, dass sich jede Person früher oder später die Frage stellt: »Wie kann ich mich zu meinem Selbst entwickeln?« Nach dem Autor ist für diesen Entwicklungsprozess ein günstiges psychologisches Klima notwendig, das es dem Individuum ermöglicht, seine Abwehrmasken, mit denen es dem Leben bisher begegnete, fallen zu lassen. Unter dieser Voraussetzung könne das Individuum die hinter seinen Masken verborgenen Aspekte seines Selbst erfahren.

Der Autor beschreibt diesen Veränderungsprozess zusammenfassend wie folgt: »Das Kontinuum beginnt mit einem Starrezustand, in dem das Individuum von seinem konkreten Erfahren weit entfernt und unfähig ist, dessen implizite Bedeutung zu symbolisieren oder sich darauf zu beziehen (...). Aus dieser Abstraktheit seines Erfahrens bewegt sich der Einzelne in Richtung auf die Erkenntnis des Erfahrens als eines beunruhigenden Prozesses (...). Man akzeptiert allmählich sein Erfahren als eine innere Bezugsinstanz, der man sich zuwenden kann, um zunehmend treffende Ansichten zu gewinnen. Man ist schließlich fähig geworden, frei und akzeptierend in einem fließenden Erfahrungsprozeß zu leben (...)« (ebd., S. 160).

Der skizzierte Prozess bedeutet also eine Verschiebung von der inneren Diskrepanz bzw. Inkongruenz (»Ich fühl' mich einfach nicht wie ich selbst.«) zur Echtheit bzw. Kongruenz (»Jetzt spür' ich endlich, was mich überhaupt interessiert.«). Erfahrungen, die vom Individuum nicht als Selbsterfahrungen wahr- und angenommen werden könnten und deshalb von ihm nur in verstellter Form symbolisierbar seien, würden auf diese Weise zugänglich, akzeptiert, symbolisiert und indem das Individuum versuche, sie in das bestehende Bild von sich selbst zu integrieren, werde sein bisheriges Selbstbild umstrukturiert.

Kongruenz ist nach dem Autor die Übereinstimmung einer Person mit dem eigenen Da- und So-sein. Je näher ihr eine Person komme, desto weniger widerwillig sei sie, sich selbst mitzuteilen, desto weniger problembehaftet seien ihre sozialen Beziehungen, desto geringer ihre physischen bzw. psychischen Spannungen, desto besser ihr Befinden. Das Individuum gelange demnach zu einem Selbst, das eine reichhaltige und bewegliche Bewusstheit inneren Erfahrens sei und allmählich nehme es dann auch seine Probleme sowie andere Personen anders wahr: »Das Individuum (erkennt), daß es selber an diesen Problemen beteiligt ist, daß sie nicht gänzlich nur äußerliche Ursachen haben. Zunehmend entwickelt sich ein Gefühl der Selbstverantwortung für diese Probleme« (ebd., S. 161). Je mehr also eine Person von ihrer Selbstverleugnung wegkomme und sich selbst akzeptiere, desto mehr könne sie auch andere Personen akzeptieren und zu einer Persönlichkeit werden.

Das Prozesskontinuum

Nach Rogers (1977/2004) lässt sich der therapeutische Prozess auf Seiten des Klienten als ein Kontinuum verstehen, das in sieben Stufenfolgen unterteilt werden kann:

- *Stufe 1:* Der Klient ist in seiner (Selbst-)Wahrnehmung an rigide psychische Strukturen gebunden. Er kommuniziert ausschließlich über äußere Dinge. Er ist sich keiner eigenen Probleme bewusst und wird nicht freiwillig einen Therapeuten aufsuchen.
- *Stufe 2:* Der Klient kann über Probleme sprechen, doch werden sie als außerhalb seiner selbst wahrgenommen. Gefühle werden als fremd oder als der Vergangenheit zugehörig beschrieben. Beispiel: »Ich war deprimiert«.
- *Stufe 3:* Der Klient kann sich über sein Selbst äußern, doch wird dasselbe als Objekt betrachtet. Das Erleben wird aus zeitlicher Distanz oder ich-fern beschrieben. Beispiel: »Nun ja, das ist die Rolle, die ich lange Zeit gespielt habe«.

- *Stufe 4:* Der Klient beschreibt Gefühle in der Gegenwart. Er erforscht sich und stellt festgefahrene Konstrukte in Frage, doch hat er Angst davor, sie im Augenblick auch wirklich zu erleben. Beispiel: »Da könnte ich schreien und davonlaufen«.
- *Stufe 5:* Der Klient ist nun lockerer und beginnt zu spüren, dass die Gültigkeit des Selbstbildes, welches er zur Schau trägt, an dem organischen Erlebensfluss in ihm überprüft werden kann. Beispiel: differenzierende Äußerungen.
- *Stufe 6:* Vom Klienten wird das voll akzeptierte, unmittelbar gegenwärtige Erleben von Gefühlen erreicht: ein fortlaufender Prozess des Erlebens, der sich von Augenblick zu Augenblick wandelt. Häufig fühlt sich der Klient durch dieses Erleben »getroffen«, was sich in körperlichen Begleiterscheinungen wie Seufzern, Tränen oder Muskelentspannungen äußert.
- *Stufe 7:* Diese Stufe ist eine Leitvorstellung, die den sich voll entfaltenden Menschen (the fully functioning person) repräsentiert. Jedes Erlebnis erhält hier seine eigene Bedeutung. Das Selbst ist nun gleichbedeutend mit dem subjektiven Bewusstsein des Erlebens.

Nach Rogers gelangt der Klient mit der Zeit zu der Einsicht, »daß die Strukturen, nach denen er sein Leben ausgerichtet hat, seine eigenen Schöpfungen sind und nicht objektive Gegebenheiten der Außenwelt« (ebd., S. 45). Der Autor scheint also zumindest für die höheren Stufen des Erlebens die objektiven Gegebenheiten schwinden zu sehen. Andererseits glaubt er auch, dass sein Ansatz mit dem Zen-Buddhismus verwandt ist. Dieser Vergleich scheint für das Ideal der fully functioning person zutreffend zu sein, denn man könnte durchaus meinen, dass eine Person, deren altes Selbst sich als Substanz und Beharren auflöst, im Hier und Jetzt der Alltäglichkeit »erwacht«. Nach der Lehre des Zen-Buddhismus würde dies aber auch heißen, dass eine Person *vor* einer Trennung von »Subjekt« und »Objekt« *etwas* erlebt. Demnach würde der Gegenstand also nicht verschwinden, sondern er würde gewissermaßen noch präsenter, weil er nicht mehr subjektiv bestimmt wäre und der Erlebende dadurch in jedem von Moment zu Moment erscheinenden Gegenstand persönlich aufgehen könnte. Für dieses Erleben wurde auch das Verb »fließen« verwendet und eine Klientin von Rogers drückte das von Moment zu Moment Gegebene, voll akzeptierende Erleben wie folgt aus: »Man muß sich von seinem Erleben dessen eigene Bedeutung sagen lassen« (ebd., S. 146). Im Verständnis des Zen-Buddhismus würde auf diese Weise das Erleben z. B. angesichts des Wassers gleichsam »wasserhaft« (Näheres in Byung-Chul Han, 2002). Demnach wäre aber auch die Kritik, dass der personzentrierte Ansatz im Unterschied zur modernen Psychoanalyse ausschließlich das Selbst und nicht auch dessen Objekte berücksichtige, selbst gegenstandslos.

Methode

Nach Rogers sind *Beratung* und *Psychotherapie* überschaubare und verstehbare Prozesse, die als solche vermittelt und auch verbessert werden könnten, die also Lernprozessen nicht länger unzugänglich blieben. Seine therapeutische Vorgehensweise erläutert der Autor anhand von zahlreichen protokollierten Ausschnitten aus psychologischen Beratungen und Psychotherapien. Bezüglich der Qualität der Vorgehensweise entwickelte er ebenfalls Kriterien. So lasse sich anhand eines Protokolls überprüfen, inwieweit der Therapeut – nach Rogers' ursprünglicher Vorstellung – nicht-direktiv oder direktiv vorgeht. Rogers schlägt hierzu eine Art Lesetest vor, mit dem das therapeutische Vorgehen evaluiert werden könne:

Test des Protokolltextes

Nach Rogers (1942/1985, S. 118) kann die *Direktheit* bzw. *Nicht-Direktheit* eines Therapeuten oder Beraters festgestellt werden, wenn vom Protokoll einer Beratung oder Therapie abwechselnd nur die Berater- bzw. Therapeuten-Beiträge oder nur die Klienten-Beiträge gelesen und die Beiträge des jeweiligen Gesprächspartners abgedeckt werden. Rogers sieht dabei folgende drei Möglichkeiten:

- *Nicht-direktiv:* Wenn das Lesen der Klienten-Beiträge allein ein adäquates Bild vom Gespräch als Ganzem vermittelt, dann ist das Vorgehen entschieden nicht-direktiv bzw. klientenzentriert.
- *Direktiv:* Wenn das ausschließliche Lesen der Therapeuten- bzw. Berater-Beiträge genügt, um den Kern und den allgemeinen Trend des Gesprächs erkennen zu lassen, dann ist die Vorgehensweise direktiv (bzw. therapeutenzentriert).
- *Direktiv-nicht-direktiv:* Wenn abwechselndes Lesen der Beiträge beider am Gespräch beteiligten Personen nichts als Verwirrung hinterlässt, dann handelt es sich um ein Vorgehen zwischen direktiver und nicht-direktiver Gesprächsführung.

Nach Rogers ist das wirkliche, gegenwärtige Geschehen zwischen Therapeut und Klient und nicht eine Vorstellung oder Ideologie über diese Interaktion maßgebend für den Therapie- oder Beratungserfolg (wichtiger als das *Warum* ist das *Wie* des Prozesses). Deshalb förderte er bei der Entwicklung seines personzentrierten Ansatzes schon früh empirische Untersuchungen über Beratungen und Therapien und führte solche Untersuchungen auch selbst durch. Rogers konnte später festhalten, dass es bis dahin keine andere therapeutische Richtung gegeben hatte, die »so gründlich mit den Methoden der empirischen Forschung untersucht worden (ist), wie die klientenzentrierte Psychotherapie« (Rogers, 1977/2004, S. 53).

Insgesamt kam Rogers aufgrund der damaligen Untersuchungen zu dem Schluss, »daß die Arbeit derjenigen Therapeuten und Berater am erfolgreichsten ist, die präzises einfühlendes Verstehen, nicht-possessive Wärme und Echtheit besitzen« (ebd., S. 54). Seine eigenen Aussagen über die Therapeut-Klient-Beziehung verstand Rogers dabei als Hypothesen, die durch weitere Therapieforschungen zu überprüfen seien. Nur so könnten auch eigene unzureichende Vorstellungen korrigiert und das therapeutische Vorgehen weitergehend verbessert werden.

Eine Voraussetzung für eine mehr prozessorientierte Therapieforschung ist die Bestimmung einer Untersuchungseinheit, die der gesprächspsychotherapeutischen Begegnung angemessen ist. Foppa betrachtet auf der Grundlage von Hörmann (1976) und Käsermann (1980) das Gespräch allgemein »als eine Abfolge von *Interpretandum* (eine dem Partner zur Interpretation angebotene Äußerung), der *Interpretation* des Partners und der darauffolgenden *Qualifikation* durch den ersten Sprecher« (Foppa, 1984, S. 32; Hervorhebungen von Foppa), wobei unter *Interpretation* lediglich eine minimale Interpretation bzw. eine der Vorgabe des Gesprächspartners möglichst nahe kommende Wiedergabe (Paraphrasierung) verstanden wird. Dieser allgemein-psychologisch formulierte Dreischritt kann als Einheit der Verständigung aufgefasst werden, die es erlaubt, den therapeutischen Prozess nicht nur von außen zu betrachten, sondern in ihn gleichsam einzutauchen und den Prozess aus der Sicht der direkt beteiligten Personen Schritt für Schritt zugänglich zu machen. Betrachtet man in diesem Zusammenhang etwa das bekannte Gespräch, das Rogers mit Gloria führte (Rogers, 1977/2004, S. 166–187), so erkennt man in der großen Mehrzahl der Fälle solche Dreischritte, die jeweils mit einer positiven Qualifikation durch die Klientin abgeschlossen werden (eingeleitet u. a. durch »Ja«, »Ja, so ist es«, »Stimmt«, »Richtig«, »Das ist wahr«, »Genau«). Allerdings sind manchmal auch weniger eindeutige Zustimmungen oder auch negative oder ausbleibende Qualifikationen erkennbar.

Was die positive oder negative Qualifikation einer Therapeuten-Interpretation seitens des Klienten betrifft, so ist dieselbe in den meisten Fällen sicherlich zutreffend und als solche vom Therapeuten zu akzeptieren. Manchmal stellt sich allerdings die Frage, ob eine Zustimmung auch eine wirkliche Zustimmung ist (oder z. B. nur eine gleichgültige oder höfliche Anerkennung) und ob eine Ablehnung tatsächlich eine berechtigte Ablehnung ist (oder z. B. nur eine Abwehr aufgrund einer Übertragung). Nach gesprächspsychotherapeutischer Auffassung ist auch in diesen Fällen die momentane Antwort des Klienten maßgebend. Der Gesprächspsychotherapeut sollte allerdings das in der Antwort Mitschwingende heraushören können und entsprechend kongruent den Dialog fortsetzen. Rogers (1977/2004) hat sich mit dem hier nur angedeuteten Problem eingehend beschäftigt und die meist positiven Reaktionen der Klienten auf seine Verbalisierungen in differenzierter Weise eingeschätzt.

Arten des Verstehens

Rogers unterscheidet aufgrund verschiedener Reaktionen des Klienten auf Verbalisierungen des Therapeuten zwischen verschiedenen Graden des Verstehens (ebd., S. 24ff.):

- *Oberflächliches Verstehen:* Die Äußerung des Therapeuten hilft dem Klienten bei seiner Selbstexploration nicht viel weiter. Beispiel: »Natürlich. Das habe ich ja gerade gesagt«.
- *Einfühlendes Verstehen:* Die Äußerung des Therapeuten hilft dem Klienten bei seiner Selbstexploration weiter. Beispiel: »Ja, das stimmt genau! Ich hätte nicht gedacht, dass jemand versteht, was ich eigentlich sagen wollte«.
- *Verstehen am Rande der Gewahrwerdung:* Der Therapeut vermag vom Klienten angedeutete Sinngehalte zu erfassen. In diesem Fall gelangt der Klient oft erst nach einer Pause allmählich zu einer Anerkennung des vom Therapeuten ausgedrückten Sinngehaltes. Beispiel: »Das

habe ich vielleicht gemeint. Ja, vielleicht ist es das, was ich gemeint habe«.

Im Gespräch mit Gloria bezieht sich Rogers u. a. auch auf Zonen am Rande der Gewahrwerdung und damit auf Subbotschaften, die paralingual ausgedrückt werden (z. B. Zittern der Stimme). Um den Dreischritt als kleinste Einheit des therapeutischen Prozesses zu verwenden und der Therapieforschung zugänglich zu machen, wäre daher eine weitergehende Ausformulierung notwendig, die einerseits neben den verbalen Inhalten auch die Subbotschaften einbezieht (u. a. bezüglich der Beziehung zum Therapeuten) und andererseits neben den verbalen Ausdrucksformen auch die paralingualen und nonverbalen berücksichtigt (Galliker & Weimer, 2006).

Rezeption

Rogers wurde von vielen Ärzten, Psychiatern, Psychoanalytikern und Psychologen zunächst abgelehnt. Zu sehr widersprachen seine Einstellung und seine therapeutischen Vorstellungen ihren eigenen Einstellungen und Vorgehensweisen. Rogers hatte das traditionelle Therapeut-Patient-Modell umgekehrt. In dem von ihm geräuschlos eingeführten *klientenzentrierten Paradigma* sahen die etablierten Therapeuten daher so etwas wie eine stille Revolution. Die anfängliche Ablehnung verwandelte sich aber mit der Zeit in eine weitgehende Zustimmung. So nannten amerikanische Psychotherapeuten verschiedener Richtungen bei einer Befragung in den 1980er Jahren Rogers an erster Stelle der Personen, die sie am meisten beeinflusst hätten (Tausch, 2000).

Die *Entwicklung der Persönlichkeit* erreichte schon zu Lebzeiten von Rogers in den USA eine Auflage von über 1 Million Exemplaren. Sein leserzentriertes Schreiben und die Illustration der Aussagen mit transkribierten Ausschnitten von Tonbandaufnahmen seiner Therapien trugen dabei wesentlich zur weiten Verbreitung dieses Werkes sowie zu weiteren Publikationen in den USA und in vielen anderen Ländern bei.

In Europa wurde Rogers' Werk indes erst relativ spät zur Kenntnis genommen. Einen wichtigen Beitrag zur Verbreitung seines Ansatzes im deutschsprachigen Raum leistete das Ehepaar Tausch.

Wissenschaftliche Nachwirkungen

Rogers ist der Pionier der empirischen Psychotherapieforschung. Evaluationsstudien im therapeutischen Bereich sowie in weiteren Gebieten gehören heute zum prosperierenden Teil psychologischer Forschungstätigkeit. Mindestens ebenso wichtig, aber bislang weniger bedacht, sind indes die Dialoge, die Rogers mit bekannten Philosophen und Psychologen geführt hat (u. a. mit Skinner). Beispielsweise eröffnet er gegen Ende der *Entwicklung der Persönlichkeit* die nach wie vor aktuelle Wahlmöglichkeit, »die Verhaltenswissenschaften so anzuwenden, daß sie befreien, nicht kontrollieren; daß sie zur konstruktiven Variabilität, nicht zur Konformität führen; daß sie Kreativität, nicht Selbstzufriedenheit entwickeln« (Rogers, 1961/2006, S. 388).

In *Therapeut und Klient* (1977/2004) hat Rogers allerdings darauf hingewiesen, »daß unzählige Umweltfaktoren den menschlichen Organismus auch daran hindern können, sich von seiner Aktualisierungstendenz leiten zu lassen« (ebd., S. 41). Nun trägt die Gesprächspsychotherapie sicherlich dazu bei, dass Personen ihre *Einstellung* gegenüber Behinderungen durch die ökologische, ökonomische sowie soziale Umwelt ändern und damit auch ihren eigenen Anteil an ihrem Unglück reduzieren können, doch stellt sich hier die Frage, wie sich ihr Umgang mit externen Bedingungen bei anhaltenden Gewaltverhältnissen gestaltet, denen sie sich nicht ohne die Gefahr schwerwiegender Verluste stellen und auch nicht mehr ohne Weiteres entziehen können.

Praktische Auswirkungen

Neben die Verdienste von Rogers um die Entwicklung der personzentrierten Psychotherapie und um die Psychotherapieforschung sind vor allem seine Arbeit mit Encountergruppen und seine Bemühungen um eine erfahrungsorientierte Bildung zu stellen. Von nicht zu unterschätzender praktischer Relevanz ist es außerdem, dass Rogers zu Expertentum, zu Methoden und Techniken im engeren Sinne sowie zu psychopathologischen Diagnosen trotz Skalen, die eine Beurteilung von Therapeut sowie Klient ermöglichen, immer eine kritische Distanz wahrte. So wies er etwa darauf hin (1977/2004), dass bei einer Beziehung mit Personen, die als »schizophren« etikettiert werden, die menschliche Begegnung wesentlich sei, während die psychotischen Inhalte relativ unerheblich seien: »Eine Anstaltspatientin erklärt beispielsweise: ›Ich werde dauernd von Stimmen belästigt, die schmutzige Sachen sagen, und ich kann sie nicht zum Schweigen bringen.‹ Sie erkennt die Beziehung zwischen sich und ihren Gefühlen nicht an« (ebd., S. 145).

Reinhard Tausch

Ausgangspunkte

Am Ende seines Psychologiestudiums in Göttingen fiel Tausch eher zufällig ein Buch von Carl Rogers in die Hände. Bald führte er selbst Gespräche durch. Seine ersten Gesprächspartner waren dabei Versuchspersonen seiner Wahrnehmungsexperimente.

Zeittafel

1921	Reinhard Tausch wird in Braunschweig geboren.
1939	Tausch, der sich in seiner Jugend geweigert hat, Mitglied der Hitler-Jugend zu werden, wird nach seinem Abitur als Soldat eingezogen.
1944	Nach schwerer Verwundung verbringt er ein Jahr in Lazaretten.
1947	Tausch macht die Volksschullehrerprüfung.
1951	Nach seinem Studium in Göttingen Promotion in Psychologie.

1952–54	Tausch ist wissenschaftlicher Mitarbeiter an der Universität Marburg.
1954	Heirat von Anne-Marie und Reinhard Tausch.
1954–60	Dozent für Psychologie am Pädagogischen Institut in Weilburg (Hessen).
1961	Erste Begegnung mit Rogers.
1961–64	Professor für Psychologie an der Pädagogischen Hochschule in Kettwig-Duisburg und Leiter des Forschungsinstitutes.
1965–87	Ordentlicher Professor für Psychologie an der Universität Hamburg. Er führt Untersuchungen über Effektivität und Prozesse der klientenzentrierten Psychotherapie durch, u. a. mit seiner Frau Anne-Marie Tausch.
1991	Tausch erhält die Hugo-Münsterberg-Medaille des Berufsverbandes Deutscher Psychologen für seine Verdienste in der Angewandten Psychologie.
2002	Tausch wird das Bundesverdienstkreuz erster Klasse der Bundesrepublik Deutschland verliehen.

Gesprächspsychotherapie

Im Werk *Gesprächspsychotherapie* (1960/1990) des Ehepaars Tausch wird in klarer und leicht verständlicher Form dargelegt, durch welche Aktivitäten helfende Personen (u. a. Therapeuten, Berater, Erzieher und Sozialarbeiter) bei ihren Gesprächspartnern heilsame Vorgänge und Erfahrungen auslösen können.

Nach den Autoren beruhen heilsame Aktivitäten in Einzel- und Gruppengesprächen vor allem auf bestimmten Haltungen der helfenden Person, die zusammenfassend wie folgt beschrieben werden: »Wenn (…) eine helfende Person die innere Welt ihres Gesprächspartners nicht-wertend versteht und ihm gegenüber respektvoll-warm-sorgend sowie echt-innerlich übereinstimmend ist und so auch von ihm wahrgenommen wird, dann sind dies die wesentlichen, im allgemeinen notwendigen und hinreichenden Qualitäten und Bedingungen im Helfer, um die seelischen Funktionen des Gesprächspartners wesentlich zu fördern« (ebd., S. 29).

Förderliche Haltungen von helfenden Personen in Gesprächen

Tausch & Tausch charakterisieren die notwendigen und hinreichenden Bedingungen bzw. Haltungen helfender Personen in der Gesprächspsychotherapie wie folgt (ebd., S. 29–97):

- *Einfühlendes-nicht-wertendes-Verstehen:* Der Klient spürt, dass ihm der Therapeut zuhört. Er fühlt sich verstanden. Was er ausdrückt, wird nicht beurteilt und gewertet. Die Auseinandersetzung mit seinem Erleben wird gefördert.
- *Achten – Wärme – Sorgen:* Der Klient erfährt, dass der Therapeut ihn achtet. Er spürt die Zugewandtheit, Anteilnahme und Wärme seines Gesprächspartners. Seine Person und sein Erleben werden voll und ganz akzeptiert.
- *Echtsein-ohne-Fassade-sein, inneres-Übereinstimmen:* Der Klient erfährt den Therapeuten primär als Person, die sich menschlich und mit sich selbst übereinstimmend verhält und sich nicht nur professionell präsentiert.

Rogers (1957) nahm drei Jahre vor Tausch sechs hinreichende Bedingungen für eine therapeutische Veränderung an, wovon er drei (*Kongruenz*, *Wertschätzung* sowie *bedingungsfreies Akzeptieren* und *Empathie*) als notwendige erachtete.

Nach Tausch & Tausch fördern einfühlendes Verstehen, Achtung und Echtsein zunächst die Selbstöffnung des Klienten. Ein offener Klient erwecke den Eindruck, nichts mehr zurückzuhalten. Er vermöge seine Gedanken, Empfindungen und Gefühle dem Gesprächspartner gegenüber spontan zu äußern. Oft führe schon diese Selbstöffnung zu einer gewissen Entlastung und Verbesserung seiner seelischen Gesundheit. Die Selbstöffnung ermögliche auch die Auseinandersetzung des Klienten mit sich selbst: »Er setzt sich mit seinen bedeutsamen gefühlsmäßigen Erfahrungen und Erlebnissen, mit seinem gegenwärtigen Fühlen, mit seinem Selbst, mit den Wahrnehmungen, wie er sich sieht, wie andere ihn sehen, wie er sein will, mit seinen Wünschen und seinen Vorstellungen auseinander« (1960/1990, S. 138).

Methode

Im Buch *Gesprächspsychotherapie* werden von Tausch & Tausch die drei therapeutischen Grundhaltungen definiert und fünfstufige Schätzskalen vorgestellt, mit denen Klienten und Experten das Verhalten eines Therapeuten beurteilen könnten. So reicht die Skala beim einfühlenden nicht wertenden Verstehen beispielsweise vom Nicht-Verstehen (Stufe 1) über mäßiges nicht wertendes Verstehen (Stufe 3) bis zum vollständigen Verstehen (Stufe 5). Beim fehlenden Verstehen gehe der Therapeut auf die Äußerungen des Klienten nicht ein oder verstehe sie deutlich anders als dieser sich selbst sehe; er gehe von einem vorgefassten Bezugspunkt aus und sei von der anderen Person entfernt; er bemühe sich also nicht, die Welt mit den Augen des Gesprächspartners zu sehen. Demgegenüber gehe der Therapeut beim vollständigen Verstehen vom geäußerten gefühlsmäßigen Erlebnisinhalt aus und der Klient werde so verstanden, wie dieser sich im Augenblick selbst sehe; der Therapeut gehe dabei nicht von einer vorgefassten Meinung aus und teile dem Gesprächspartner mit, was er von dessen innerer Welt verstanden habe. Er sei der anderen Person nahe und zeige ihr, dass er die Welt mit ihren Augen sehe.

Tausch versuchte immer wieder, anhand von Evaluationsstudien sowie von Studien außerhalb der Klinischen Psychologie (u. a. in der Allgemeinen Psychologie und der Physiologie) die Wirksamkeit von Psychotherapien (und insbesondere der Gesprächspsychotherapie) nachzuweisen. Nach ihm bestehen schon fast gesetzmäßige Zusammenhänge zwischen Merkmalen des Therapeuten-Verhaltens und Änderungen im Klienten.

Wirkfaktoren der Psychotherapie

Tausch hat auf der internationalen Fachtagung *Heilende Gespräche – Heilende Beziehung*, die am 22.10.2005 in Stuttgart stattfand, in einem Vortrag aufgrund einer Metaanalyse der Ergebnisse zahlreicher empirischer Studien u. a. auf folgende positive Wirkfaktoren im Verhalten des Therapeuten hingewiesen:

- *Nicht-direktives Vorgehen:* Die Psychotherapeuten und Berater verzichten auf eine Lenkung der Klienten.
- *Offenheit:* Die Therapeuten sind offen und machen sich kein fixes Bild vom Klienten. Sie sehen den Klienten immer wieder als neue Person.
- *Akzeptanz:* Therapeuten nehmen den Klienten ernst und achten ihn. Sie akzeptieren die Person so, wie sie ist, und bewerten sie nicht – weder positiv noch negativ.
- *Wärme:* Sie bringen den Klienten emotionale Wärme entgegen. Diese Wärme äußert sich vor allem in der Stimme.
- *Verstehen:* Sie hören den Klienten aktiv-aufmerksam und verständnisvoll zu und versuchen deren Erlebnisse und Erfahrungen eingehend zu verstehen.
- *Verbalisieren:* Therapeuten äußern fortwährend in genauer Weise die von ihnen verstandenen Kognitionen und Emotionen.
- *Gefühlsmäßige Beteiligung:* Sie bemühen sich aktiv, sind engagiert und gefühlsmäßig beteiligt.
- *Gelöstheit:* Bei all ihren Bemühungen bleiben die Therapeuten ruhig. Sie sind nicht gespannt und erregen sich nicht.

Rezeption

Die *Gesprächspsychotherapie* des Ehepaars Tausch machte den klientenzentrierten Ansatz im deutschen Sprachraum zu einem Zeitpunkt bekannt, als die Bücher von Rogers noch nicht übersetzt waren. Das Werk wurde immer wieder neu aufgelegt und gehört im deutschen Sprachraum inzwischen zu den am weitesten verbreiteten Büchern mit akademischem Anspruch. Tauschs Werk hat zudem viel zur Gründung der Gesellschaft für wissenschaftliche Gesprächstherapie (GwG) beigetragen, die heute über 7000 Therapeuten und Berater vereinigt.

Wissenschaftliche Nachwirkungen

Tauschs Studien und Untersuchungen des Lehrerverhaltens und dessen Auswirkungen auf den Unterricht in den 1970er Jahren beeinflussten die Pädagogische Psychologie in fast allen universitären Lehranstalten im deutschsprachigen Raum.

Praktische Auswirkungen

Tausch war vom klientenzentrierten Ansatz völlig überzeugt und veränderte ihn vorerst nicht wesentlich. Später trat er allerdings für eine multimodale Psychotherapie ein. So komme beispielsweise bei Sinnfragen oder schweren chronischen Erkrankungen der Gesprächspsychotherapie Priorität zu, während die Verhaltenstherapie bei vorwiegend äußeren Beeinträchtigungen des Verhaltens angezeigt sei. Tausch versuchte auch das gesprächspsychotherapeutische Vorgehen durch günstigere äußere Bedingungen und Ergänzungen (u. a. Entspannungsformen) wirksamer zu gestalten. In den letzten Jahren befasste er sich vor allem mit der Selbsthilfe bei Stress-Belastungen. Aufgrund zahlreicher empirischer Untersuchungsbefunde und eigener praktischer Erfahrungen verfasste Tausch das Buch *Umgang mit belastenden Gefühlen*, das in der Taschenbuchausgabe mit dem Titel *Hilfen bei Stress und Belastung* (1989/2000) eine weite Verbreitung fand.

Eugene Gendlin

Ausgangspunkte

Gendlins Wurzeln liegen bei William James und Wilhelm Dilthey. Er ist vom Erleben, insbesondere des Körpers und von dessen »Sprache«, beeindruckt. Das Erleben sei ein Prozess, der alles umfasse, was innerhalb des Organismus vorgehe und dem Bewusstsein zugänglich sei.

Zeittafel

1926	Eugene Gendlin wird als Eugen Gendelin in Wien geboren. Sein Vater betreibt eine Kleiderreinigung und Färberei in Wien.
1938	Die jüdische Familie flieht vor den Nationalsozialisten über Holland in die USA und lässt sich in Chicago nieder.
1945	Gendlin leistet Dienst in der US-Navy.
1948–50	Studium der Philosophie an der Universität von Chicago mit einer Abschlussarbeit über Dilthey.
1951	Begegnung mit Rogers im Counselling Center.
1963	Associate Professor an den Departments Philosophy und Behavioral Sciences der Universität von Chicago. Gründung der Zeitschrift *Psychotherapy: Theory, Research and Practice.*
1970	Gendlin erhält als Erster den Distinguished Professional Psychologist Award der Abteilung Psychotherapie der American Psychological Association für seine Arbeiten auf dem Gebiet der Psychotherapie.
1978	Das Buch *Focusing* erscheint.
1981	Eine Taschenbuchausgabe von *Focusing* wird veröffentlicht.
1992–97	Gendlin leitet Seminare auf der Internationalen Focusing-Sommerschule in Deutschland.

Focusing

Gendlins Buch *Focusing* (1978/1981) erschien drei Jahre vor der bekannten Taschenbuchausgabe. Die für den Erfolg einer Therapie notwendigen Veränderungen können nach Gendlin nicht von außen herbeigeführt werden; entscheidend seien vielmehr die im Körper ablaufenden Vorgänge, denn der Körper (und nicht primär der Kopf) »wisse etwas« über das ganz persönliche Problem und könne daher quasi Hand anbieten für eine Lösung.

Erst wenn sich eine Person ihrer körperlichen Vorgänge bewusst wird, erhält sie nach dem Autor die Möglichkeit, sich auch gefühls- und einstellungsmäßig zu verändern. Erstes Anliegen der Focusing-Therapie ist es, Klienten dabei zu unterstützen, die jeweils eigenen Schritte für die Bewältigung ihrer Probleme und für ihr persönliches Wachstum aus sich selbst heraus entstehen zu lassen. Gendlin geht dabei immer vom Gefühl des Klienten aus, wobei auch »kein Gefühl« als Gefühl gilt. Wenn der Klient also meint: »Ich bin leer.«, fahre der Therapeut beispielsweise wie folgt fort: »Gut. Wie empfinden Sie diese Leere?« (ebd., S. 77).

Wie schon der Begriff *Focusing* sagt, soll also zuerst das, was zunächst nur vage und verschwommen präsent ist, klarer ins Blickfeld gerückt werden. Beim Focusing bleibe die Person still, nicht nur äußerlich, sondern auch innerlich, so dass sich ein *felt sense* ausbilden könne. Zunächst schaue die Person, welche Probleme sie im Moment habe. Sie stelle diese Probleme dann gleichsam aus sich heraus und wende sich daraufhin nur einem ihrer Probleme zu, das sie nun aus einer gewissen Distanz (d. h. nicht zu nah, aber auch nicht zu fern) betrachten könne. Sie frage sich, wie sie sich mit diesem Problem fühlt – ja, wie sich dieses Problem »anfühlt«. Bei diesem Gefühl verharre sie eine Weile, so dass es sich als Ganzes ausbreiten könne. Auf diese Weise – so Gendlin – erfahre die Person ›alles‹ über das Problem in einer einzigen großen, reichen und komplexen Empfindung. Dieser felt sense sei dabei ein Körper- oder Sein-Wissen, das dem Körper aufgrund seiner permanenten Interaktion mit der Welt zugehörig geworden sei: »Einen ›felt sense‹ hat man, wenn man mehr fühlt, als man verstehen kann, wenn mehr da ist als Worte und Gedanken, wenn etwas ganz deutlich erlebt wird, aber noch nicht klar ist, sich noch nicht definiert hat« (ebd., S. 101). Aus dem felt sense könne nun etwas entstehen, das größer und anders sei als das altvertraute Gefühl, »ein erweitertes Bewußtsein des ganzen Problemkreises, wovon das schlechte Gefühl nur ein Teil ist« (ebd., S. 80).

Der Therapeut oder ein anderer Gesprächspartner könne bei diesem Vorgang behilflich sein, indem er sich nach der Crux des felt sense erkundige, z. B.: Was ist der zentrale Punkt dieses Gefühls? Was muss damit geschehen? Die Person gebe darauf nicht sofort Antwort, sondern lasse zunächst den Körper sprechen. Sie lasse Worte oder Bilder aus dem Gefühl kommen. Sie gehe hin und her zwischen Gefühl und Worten und versuche beides aufeinander abzustimmen. Wenn sich das Gefühl dabei verändere, folge sie ihm in seiner Bewegung. Diese innere Bewegung, die wie von selbst komme und nicht intellektuell gesteuert sei, nennt Gendlin Schritt (shift): »Für den Focuser ist ein Schritt ein eindeutiges physisches Gefühl einer inneren Veränderung oder Bewegung, von etwas Festgefahrenem, das sich zu lösen beginnt« (ebd., S. 17f.).

Methode

Wesentlich für das Focusing ist die spezifische Wechselwirkung zwischen Erleben und Begreifen. Hieraus resultieren erlebnisbezogene bzw. experienzielle Konzepte. Gendlin hat immer wieder auch auf Focusing als Handlungskonzept bzw. Methode hingewiesen. So finden sich beispielsweise auf der letzten Seite der deutschsprachigen Taschenbuchausgabe auch »handfeste Regeln« zur Vorgehensweise beim Focusing.

Focusing

Gendlin fasst am Schluss seines Buches *Focusing* (S. 136) die wichtigsten Punkte des Vorgangs in Kurzform zusammen. Diese Darstellung wird hier leicht verändert und gekürzt wiedergegeben:

- *Raum schaffen:* Dringen Sie nicht tiefer in die Probleme ein, sondern begrüßen Sie einfach alles, was kommt, und legen Sie die Probleme beiseite.

- *Herausgreifen eines Problems:* Greifen Sie ein Problem heraus und betrachten Sie es.
- *Felt Sense entstehen lassen:* Fühlen Sie alles über dieses Problem – das Ganze.
- *Einen Griff finden:* Was ist das Wichtigste daran? Nicht sofort antworten, warten, Worte und Bilder aus dem Gefühl kommen lassen.
- *Vergleich:* Gehen Sie hin und her zwischen Gefühl und Worten (bzw. Bildern) und versuchen Sie, beides aufeinander abzustimmen.
- *Shift:* Wenn sich das Gefühl verändert, folgen Sie ihm.
- *Prüfung:* Fragen Sie ihren Körper: Ist das richtig?

Fragen, die gestellt werden können, wenn der Prozess nicht vorankommt:

Was ist das Schlimmste an diesem Gefühl?
Was sollte geschehen?
Was brauche ich?
Was wäre es für ein Gefühl, wenn alles in Ordnung wäre?
Was steht dem im Wege?

Beispiel:

K: Ich bin blockiert.
T: Hm. Wie empfinden Sie diese Blockierung?

Rezeption

Das Taschenbuch *Focusing* erreichte eine Auflage von mehreren Hunderttausend und wurde in zehn Sprachen übersetzt. In den letzten Jahren konnte sich Focusing als Methode innerhalb der Gesprächspsychotherapie etablieren, obwohl es methodische Vorgaben und Anweisungen enthält: »Weil sich aber ihre Umsetzung strikt an den Vorgaben des Patienten orientiert, die Inhalte (…) allein vom Patienten beigesteuert werden, ist Focusing seinem Wesen nach nicht-direktiv. Außerdem gilt die Aktualisierungstendenz explizit als die wesentliche Voraussetzung für den Focusing-Prozess« (Höger, 2006, S. 434).

Wissenschaftliche Nachwirkungen

Gendlin geht davon aus, dass der Therapeut sicherlich nicht mehr über das Problem weiß als der Klient selbst. Mit Focusing soll – insbesondere für die Therapie und während der Therapie – daher jegliche intellektuelle Analyse vermieden werden. Der Therapeut könne den Klienten nur dabei unterstützen, seinen Körper sprechen zu lassen. Focusing ist die bisher radikalste Kritik an psychoanalytischen Interpretationen und Überinterpretationen.

Mit Focusing wird beim Klienten die Ausdrucksseite und beim Therapeuten die Seite des Appells, der Klient möge sich seinem Körper zuwenden, gegenüber den anderen Seiten der Kommunikation (insbesondere Beziehung und Sachinhalt) präferiert (vgl. hierzu auch Schulz von Thun, 1981). In der modernen Gesprächspsychotherapie sowie in anderen aktuellen Ansätzen der Psychotherapie stehen jedoch gerade die Beziehung und die verbale und nonverbale Interaktion von Klient und Therapeut im Zentrum der Betrachtungsweise (vgl. u. a. Streeck, 2004). Von vielen Gesprächspsychotherapeuten wurde Focusing denn auch lange Zeit höchstens als Moment des therapeutischen Prozesses angesehen. Immerhin scheint sich jedoch inzwischen die sogenannte »Focusing orientierte Psychotherapie« (Focusing-Therapie sowie Experiental Psychotherapy) als eigenständige Richtung innerhalb der personzentrierten Gesprächstherapie etabliert zu haben (vgl. Stumm, Wiltschko & Keil, 2003).

Praktische Auswirkungen

Focusing ist ein Weg, wie man sich die Fähigkeit zu innerer Veränderung auch selbst aneignen kann. Diese Vorgehensweise fand nicht nur in der Fachwelt Anerkennung, sondern auch außerhalb der Psychologie. Die wichtigsten Anwendungsgebiete sind dabei Biofeedback, Stressreduktion, Problemlösen und kreatives Schreiben.

Behaviorismus

Der Behaviorismus ist die Lehre vom Verhalten (behavior). Es handelt sich hier um eine in den Vereinigten Staaten auf der Grundlage des amerikanischen Pragmatismus und der russischen Reflexologie entstandene psychologische Forschungsrichtung, welche die Introspektion als subjektive und damit unwissenschaftliche Methode ablehnt und sich nur mit dem objektiv erfassbaren Verhalten befasst, das nach dem Reiz-Reaktions-Schema aufgefasst wird. Das innere Geschehen wird dabei auf messbare körperliche Vorgänge reduziert. Im Unterschied zur Verhaltensforschung der Biologie wird das Verhalten der Tiere meistens experimentell untersucht.

Edward Lee Thorndike

Ausgangspunkte

Thorndike studierte u. a. bei William James an der Harvard University.

Zeittafel

1874	Edward Thorndike wird in Williamsburg, Massachusetts, geboren.
1898	Nach Studienjahren an der Wesleyan University, der Harvard und der Columbia University beendet Thorndike seine Dissertation *Animal intelligence.*
1899	Thorndike kommt an das Teachers College der Columbia University.
1904–40	Professor an der Columbia University, zuletzt als Direktor der Fakultät für Psychologie.
1922	Thorndikes *Psychologie der Erziehung* erscheint in Jena.
1926	*The measurement of intelligence* erscheint.
1932	Veröffentlichung von *The fundamentals of learning.* Thorndike revidiert sein Effektgesetz.
1949	Thorndike stirbt in Montrose (New York).

Die Intelligenz der Tiere

Thorndike demonstriert in seiner Dissertation *Animal intelligence: An experimental study of the associative processes in animals* (1898) das Versuch-und-Irrtums-Verhalten von Tieren (u. a. Katzen, Hühner).

Im Verlauf von Versuchen, Irrtümern und Wiederholungen werde Falsches allmählich eliminiert und Richtiges setze sich durch: Das hungrige Versuchstier, das einem Käfig entflieht und zum Futter gelangt, hat vorher alles Mögliche ausprobiert. Nach dem Autor hat die zum Erfolg führende Reaktionskette eine verstärkende Wirkung, die den Vorgang bei einer Wiederholung beschleunigt. Eine unbefriedigende Reaktion hat dagegen eine den Vorgang schwächende oder hemmende Wirkung. Dieser Zusammenhang wird als Gesetz der Auswirkung oder Effektgesetz (law of effect) bezeichnet. Mit anderen Worten: Belohnung verstärkt das bereits Gelernte und Bestrafung löscht es allmählich aus. Das Lernen besteht damit aus Reiz-Reaktions-Verbindungen (connections).

Methode

Thorndike (1898) geht methodisch wie folgt vor: Er stellt kleine Käfige aus Brettern her, sogenannte Problemkäfige, und sperrt hungrige Tiere (v. a. Katzen) hinein. Durch Betätigung von Hebeln, Zugseilen usw. können die Versuchstiere die Käfige von innen öffnen und einen Futternapf erreichen. Zu Beginn gelingt es den Versuchstieren erst nach einer Reihe unnützer Bewegungen, den Riegel zurückzuschieben (u. a. Reiben an den Käfigwänden, Beißen); nach einiger Zeit finden sie mehr oder weniger zufällig die richtige Lösung.

Bei einer Wiederholung des Versuchs gelangen die Katzen dann schneller zum Ziel. Wiederholungen ergeben also kürzere Zeiten bis zur Befreiung: Die Tiere haben gelernt, welche Vorrichtungen in welcher Reihenfolge zu betätigen sind. Bei Thorndikes Experimenten handelt es sich um ein Ausprobieren verschiedener Möglichkeiten (*trial and error*). Das

Vorgehen wird auch als *Methodik des instrumentellen Lernversuchs* bezeichnet.

Rezeption

Thorndikes Lerntheorie wurde von vielen Psychologen enthusiastisch aufgenommen und beeinflusste den Behaviorismus und die amerikanische Lernpsychologie insgesamt nachhaltig. Seine Lernkonzeption war in der ersten Hälfte des 20. Jahrhunderts im Bereich der Lernpsychologie tonangebend. Zwar vermochte sich Thorndikes Theorie des Lerngeschehens im engeren Sinne langfristig nicht zu behaupten, die Methodik des (instrumentellen) Lernversuchs und die Überzeugung, dass die Verhaltenskonsequenzen einen entscheidenden Faktor im Anpassungsprozess darstellen, gehen jedoch im Wesentlichen auf ihn zurück: »Es ist wissenschaftstheoretisch interessant, daß sich demgegenüber klassische Konditionierungstheorien in den Vereinigten Staaten nie durchsetzen konnten« (Foppa, 1965, S. 332).

Wissenschaftliche Nachwirkungen

Die *Reiz-Reaktions-Psychologie* (*S-R-Paradigma*) nahm bei Thorndike ihren Ausgang. Er ist in den USA der wichtigste Wegbereiter des Behaviorismus. Das auf den Pragmatismus zurückweisende Gesetz des Effektes wurde zwar von den Behavioristen (u. a. von Watson, 1925/1930) auch kritisiert, aber ohne nachhaltige Wirkung auf dessen paradigmatische Grundzüge.

Nicht behavioristisch orientierte Psychologen übten jedoch vielfältige Kritik an Thorndike. So kritisierte der deutsche Gestaltpsychologe Köhler (1917) etwa die Wahl der Versuchsanordnung, die als solche nur das Versuch-und-Irrtums-Verhalten zulasse und damit die Intelligenz der Tiere unzulässigerweise auf dieses Verhalten verkürze. In der Sowjetunion wurde Thorndike von Vertretern der *Kulturhistorischen Schule* kritisiert: »Das ganze Lernen reduziert Thorndike ebenso wie die Entwicklung auf die mechanische Bildung assoziativer Verknüpfungen. Folglich sind alle Bewußtseinstätigkeiten in ein und derselben Weise miteinander verbunden: das Erlernen einer Multiplikationstabelle mit dem Verstehen einer Anekdote wie die Bildung algebraischer Begriffe mit dem Verstehen physikalischer Gesetze. Aber wir wissen, daß in der Tätigkeit des Bewußtseins strukturelle, sinnvolle Beziehungen bestehen und daß das Vorhandensein sinnloser Verknüpfungen eher die Ausnahme als die Regel darstellt« (Wygotski, 1934/1964/1974, S. 220).

Es stellte sich auch die Frage, ob bei dieser Reiz-Reaktions-Psychologie nicht schon der Sinneseindruck eine Reaktion auf den Reiz sei. Können sich Reaktionen nicht (wiederum) als Reize herausstellen (und umgekehrt)? In diesem Fall müssten die Begriffe ineinander überführbar sein oder gar gleichgesetzt werden, was das Paradigma in Frage stellen würde. Thorndike selbst bezeichnete seine Lehre als Konnektionismus (logisch, nicht historisch gesehen, letztlich auf der Basis seines Konzeptes von Auswahl und Verbindung, mit dem er sein ursprüngliches Konzept Versuch-und-Irrtum erneuerte). Er verwies dabei auf die Verbindung zwischen Sinneseindruck und Handlungsimpuls. Von Gedankenverbindungen verlagerte sich das Forschungsinteresse zu Verbindungen von Sinneseindrücken und Bewegungen. Zu den assoziativen Verbindungen wird auch Hebb (1949/2002) einen Beitrag leisten, insbesondere was die neuronale Verankerung der Assoziationen anbelangt.

Mit dem *Konnektionismus* positionierte sich das traditionsreiche Verständnis von assoziativen Prozessen in der modernen Psychologie neu. Konnektionistische Theorien im engeren Sinne sollten sich jedoch erst mit der Entwicklung der Computertechnik und der Programmierung im Rahmen der *Kognitionswissenschaft* herausbilden. Sie erscheinen dort in der Gestalt neuronaler Netzwerkmodelle als Alternative zu Symbolverarbeitungsansätzen, denen die neurobiologische Grundlegung in absehbarer Zeit kaum gelingen wird. Doch auch noch in diesem neuen Verständnis des Konnektionismus bleibt dessen Herkunft sichtbar: »Konnektionismus (ist) ein Ansatz zur Erklärung von Kognition durch das Zusammenwirken einer großen Zahl von Verarbeitungseinheiten, die zur Weiterleitung der Verarbeitungsergebnisse miteinander vernetzt sind. Wissen wird nicht in Form von bedeutungstragenden Symbolen repräsentiert, sondern stellt sich in den Verknüpfungs- und Verarbeitungsmustern für externe Stimuli dar« (Knoll & Christaller, 2003, S. 123).

Praktische Auswirkungen

Das Effektgesetz wurde von Thorndike vom Tierversuch auf die menschliche Erziehung und das soziale Verhalten übertragen und entsprechend erweitert, wobei er bereits das ursprüngliche Gleichgewicht von Belohnung und Bestrafung zugunsten der Belohnung aufgab. Thorndike hat in seiner Konzeption des Lernens außerdem schon früh Fragen der Motivation berücksichtigt, die damals von Pädagogik und Pädagogischer Psychologie noch kaum beachtet wurde.

John Broadus Watson

Ausgangspunkte

Watson orientierte sich an Pawlow sowie an Thorndike und Dewey. Mit der Psychologie des Bewusstseins von James und mit der Psychologie des Unbewussten von Freud setzte er sich kritisch auseinander.

Zeittafel

1878	John Watson wird als viertes Kind eines Landwirtes in der Nähe von Greenville (South Carolina) geboren.
1903	Watson promoviert mit einer Arbeit, aus der hervorgeht, dass Ratten beim Herausfinden aus einem Labyrinth mit mehreren Sinnen Signale verwerten.
1908	Er wird Professor an der Johns Hopkins University in Baltimore.

1913 Die Programmschrift *Psychology as the Behaviorist Views It* erscheint.

1915 Watson wird Präsident der American Psychological Association.

1920 Er führt mit seiner wissenschaftlichen Mitarbeiterin Rosalie Rayner eine Studie zu den physiologischen Aspekten sexueller Erregung durch. Im Zusammenhang mit dieser Untersuchung kommt es zur Scheidung von seiner Frau, zur Hochzeit mit Rosalie Rayner sowie zu seiner Entlassung von der Hopkins University.

1924 Watson wird Vizedirektor der Werbefirma Walter Thompson, bei der er mit dem Verkauf von Gummistiefeln und Kaffee begonnen hat.

1936 Nach dem Tod seiner zweiten Frau zieht sich Watson zurück und widmet sich nur noch seiner Farm in Westpoint.

1957 Die American Psychological Association verleiht Watson einen Preis. In der Urkunde wird festgestellt, dass er eine Revolution im psychologischen Denken ausgelöst habe.

1958 Watson stirbt in New York.

Psychologie, wie sie der Behaviorist sieht

Watson begründete mit seiner Programmschrift *Psychology as the Behaviorist Views It* (1913) den Behaviorismus, der davon ausgeht, dass die Aufgabe der Psychologie ausschließlich darin besteht, die Gesetzmäßigkeiten des tierischen und menschlichen Verhaltens zu formulieren sowie Verhalten vorherzusagen und zu kontrollieren. Einheiten des Verhaltens seien angeborene oder durch Konditionierung erworbene Reiz-Reaktions-Verbindungen und unter Verhalten wird dabei nur offenkundiges Verhalten verstanden, womit einerseits externes körperliches Verhalten und andererseits internes, ebenfalls rein körperlich verstandenes und Messungen zugängliches Verhalten gemeint ist. Relevant sind in diesem Kontext Watsons dezidierte Zurückweisungen: Introspektion sei keine wissenschaftliche Methode, Bewusstsein sei kein Gegenstand der Psychologie; ebenso wie seine programmatischen Behauptungen: Der Gegenstand der Psychologie sei objektiv und Psychologie sei ein experimenteller Zweig der Naturwissenschaft.

Der Behaviorismus

Watsons Hauptwerk *Der Behaviorismus* (*Behaviorism*, 1925/1930) ist in theoretischer sowie empirischer Hinsicht das grundlegende Werk des Behaviorismus. An erster Stelle der systematischen Untersuchung steht die Prüfung des seiner Meinung nach die übrige Psychologie kennzeichnenden Begriffes Bewusstsein: »Er ist eine leere Annahme, genau so unbeweisbar und unerfaßbar wie der alte Begriff Seele. Für den Behavioristen sind beide Bezeichnungen, soweit ihre metaphysische Bedeutung in Frage steht, im wesentlichen identisch« (ebd., S. 22f.).

Gegenstand der neuen Psychologie sei dagegen das, was der Organismus tue und sage: »Dabei stelle ich zugleich ausdrücklich fest, daß Sagen Tun, d. h. *Verhalten* ist. Laut sprechen oder zu sich selbst sprechen (denken) ist eine ebenso objektive Art des Verhaltens wie Fußballspielen« (ebd., S. 25; Hervorhebung von Watson). Die wichtigsten Begriffe des Behavioristen sind demnach Reiz und Reaktion. Sie dienen dem Autor im Folgenden gleichsam als Richtschnur bei allen seinen Darlegungen. Unter Reiz versteht Watson dabei jedes Objekt der Umwelt oder jede Veränderung der Gewebe, die den physiologischen Bedingungen des Lebewesens entsprechen. Unter Reaktion versteht er alles, was ein Lebewesen tut (vom Hinwenden zum Licht bis zum Bauen von Wolkenkratzern), wobei der Autor zwischen ungelernten und gelernten Reaktionen unterscheidet: Unter ungelernten Reaktionen werden alle natürlichen Reaktionen verstanden, die Menschen schon in frühester Kindheit zeigen, ehe der Prozess der Gewohnheitsbildung einsetzt und schließlich die Oberhand gewinnt. Die oft komplizierten Gewohnheiten seien dann gelernte Reaktionen oder wie sie auch genannt werden: umstandsbedingte oder stellvertretende Reaktionen. Auf der Reiz-Seite gebe es neben natürlichen Reizen stellvertretende oder bedingte Reize (im Sinne von Pawlow), wobei sich der Prozess des stellvertretenden Reizes bei allen Lebewesen beständig vollziehe: Wenn der Anblick eines Hundes bei einem zweijährigen Kind gestern noch Streicheln, Lachen und Koseworte hervorgerufen habe, könne er heute, da der Hund zugeschnappt habe, Schreien auslösen, obwohl der visuelle Reiz Hund substantiell derselbe geblieben sei. »Soweit wir heute wissen (genaue experimentelle Beweise fehlen), kann jeder Reiz, der eine feststehende Reaktion auslöst, durch einen anderen Reiz ersetzt werden« (ebd., S. 49; Hinweis in Klammern von Watson).

Nach Watson kann der Behaviorist ohne Annahme von Bewusstsein oder von anderen geistigen Prozessen mit Hilfe von Reflexen und bedingten Reflexen alle psychischen Vorgänge erklären. Als Beispiel führt er Affekthandlungen an, und zwar auch solche, die gewöhnlich mit Liebe oder Hass verbunden werden: »Wenn die Mutter ihr Kind liebkost, schaukelt, beim Baden seine Sexualorgane reizt und so fort, so ruft sie bei ihm als ursprüngliche, unerlernte Antwort Umarmung, Glucksen und Krähen hervor. Bald wird diese Reaktion zu einer bedingten. Bloßer Anblick der Mutter löst bei dem Kinde dasselbe aus, wie tatsächliche körperliche Berührung (…). Der Anreiz, den die Mutter durch Festhalten der strampelnden Glieder des Säuglings bietet, ergibt die ursprüngliche unerlernte Reaktion, die wir Wut nennen. Sehr bald bewirkt der bloße Anblick einer Wärterin, die das Kind unsanft behandelt, einen Schreianfall« (ebd., S. 28f.).

Watson liegt dabei viel daran, dem Leser verständlich zu machen, dass das Innere des Menschen nicht irgendwie verschieden oder geheimnisvoller sei als das Äußere seines Körpers. So versteht er etwa unter Denken nicht mehr, aber auch nicht weniger, als subvokales Sprechen und unter Gedächtnis versteht Watson nichts anderes als den Sachverhalt, dass Personen, denen ein Reiz nach langer Zeit wieder begegnet, in altgewohnter Weise reagieren, gerade so, wie sie es gelernt haben, als sie dieser Reiz zum ersten Mal traf. Das Gedächtnis sei also in Wirklichkeit die körperliche Organisation in den

Muskeln und Drüsen (z. B. des Halses, der Brust), einschließlich der Sinnesorgane des Muskel- und Nervensystems.

Nach Watson ist die Persönlichkeit die Auswirkung gestalteter Gewohnheiten, das Endprodukt des Gewohnheitssystems. Persönlichkeit sei nichts als die Summe der Aktivitäten, die während einer hinreichend langen Zeit beobachtet würden. Die Persönlichkeit verfüge gleichwohl über bestimmte Fähigkeiten, worunter aber nur die manuelle und verbale Organisation verstanden wird. Selbst wenn eine Person über beträchtliche Fähigkeiten verfüge, könne sie dennoch durch einen Mangel an wohlausgeglichenem emotionalen Training scheitern. Sie sei dann beispielsweise »empfindlich«, »mürrisch«, »anmaßend« oder »zurückhaltend«: »Es handelt sich beim Erwachsenen um unorganisierte, infantile Reaktionstypen – Überreste aus der Kindheit« (ebd., S. 356).

Methode

Nach Watson (1925/1930) arbeitet der Behaviorist zunächst wie jeder andere Wissenschaftler auch: Er sammelt Tatsachen und prüft sie. Die Sachverhalte werden dann unter die Gesetze der Logik und der Mathematik eingeordnet. Der Behaviorist verstehe sich als moderner Naturwissenschaftler wie etwa ein Physiker auch: Er untersuche die Antwort auf Reize oder kläre ab, auf welche Reize eine wahrgenommene Reaktion zurückzuführen sei. Ein Teil der Verhaltensweisen bietet sich nach Watson offen für eine solche Untersuchung an, so dass die Reiz-Reaktionsverbindungen hier relativ leicht analysierbar sind; andere Verhaltensweisen sind aber verdeckt und bedürfen besonderer Vorrichtungen, um sie greifbar zu machen.

Der Behaviorist betrachtet das gesamte Feld der menschlichen Anpassungsweisen, das externe sowie das interne, als seinen eigenen Forschungsgegenstand, wobei Anpassung meint, dass der Organismus seine Körperbewegungen und seinen physiologischen Zustand so ändert, dass der Reiz keine weitere Reaktion mehr hervorruft. Die physiologische Änderung kann dabei so gering sein (z. B. Veränderung der Atmung oder des Blutdrucks), dass sie nur mit Hilfe von Instrumenten bemerkbar ist.

Der Behaviorismus unterscheidet sich an dieser Stelle von Verhaltensforschung, Physiologie und anderen Naturwissenschaften nur durch die Gruppierung der Probleme, nicht in grundsätzlichen oder zentralen Gesichtspunkten: »Es ist Aufgabe der behavioristischen Psychologie, in der Lage zu sein, die menschliche Handlungsweise vorauszusagen und zu überwachen« (ebd., S. 33). Eine solche Voraussage und Kontrolle wird durch Feststellung wissenschaftlicher Tatbestände und Sachverhalte mittels *experimenteller Methodik* erreicht.

Zwar gibt Watson vor, dass der Behaviorismus sich vollumfänglich damit befasst, »was das ganze Lebewesen vom Morgen bis zum Abend und vom Abend bis zum Morgen tut« (ebd., S. 32), doch werden sämtliche Beispiele von Verhaltensweisen in seinem Buch im engen Rahmen einer einfachen S-R-Verbindung präsentiert, der keine Übergänge zu anderen Verhaltensweisen zulässt, ja Watson schließt dieselben aus, um eine fragliche S-R-Verbindung zu isolieren und die Voraussetzungen des Organismus von außen her zu kontrollieren bzw. die experimentelle Untersuchung zu gewährleisten: »Wenn du willst, daß der menschliche Organismus in dieser oder jener Form reagiert, mußt du auch Situationen dieser oder jener Form schaffen« (ebd., S. 26). Es wird also eine Form erstellt, die es erlaubt, die Art der Reaktionen bei einfacher Reizgebung festzuhalten. Der Forscher kann aber auch Reize kombinieren und weitere Variationen vornehmen: »Er variiert nicht nur die Kombinationen, sondern auch Intensität und Zeitdauer, unter denen sie sich auswirken« (ebd., S. 44). Schließlich werden die Ergebnisse – freilich vorerst nur dem Anspruch nach – mathematisch und logisch ausgewertet. Wenn der Forscher untersucht, welche bestimmte Situation eine bestimmte Reaktion erzeugt, sucht er dabei auch nach einer Erklärung in eben dieser Form.

Studium menschlicher Verhaltensweisen

Im zweiten Kapitel *Studium menschlicher Verhaltensweisen* seines Werkes *Behaviorismus* bezeichnet Watson psychologische Probleme und deren methodische Bearbeitung mit den Begriffen Reiz (S für Stimulus oder komplexe Situation) und Reaktion (R für Reaktion). Hinzu kommen stellvertretende Reize und Reaktionen (ebd., S. 44–78). Von Watsons zahlreichen S-R-Schemata werden hier nur einige wenige angeführt:

Zwei Problemstellungen:

S	- - - - - - - - - -	R
gegeben		? (zu bestimmen)

S	- - - - - - - - - -	R
? (zu bestimmen)		gegeben

S	- - - - - - - - - -	R
gegeben	richtige Lösung des Problems gegeben (experimentelle Überprüfung/Erklärung)	gegeben

Beispiele:

S	- - - - - - - - - -	R
elektrischer Schlag		Zurückziehen der Hand

Es erfolgt keine Stellvertretung eines Reizes oder einer Reaktion.

S	- - - - - - - - - -	R
Sehen des Hundes		Streicheln, Lachen usw.

S	- - - - - - - - - -	R
Sehen des Hundes		Schreien, Davonlaufen

Beim zweiten Beispiel handelt es sich um eine Reaktions-Stellvertretung: Auf Seiten der Reaktion des zweijährigen Kindes wird das Streicheln des Hundes durch Schreien bei seinem Anblick ersetzt, nachdem der Hund vorher zugeschnappt hat. Watson hoffte, dass mit seiner Methode in

Zukunft auch umgekehrt negative Reaktionen durch positive ersetzt werden könnten.

S ---------------------------- R
Nahrung/Säure im Mund Speichelabsonderung

S ---------------------------- R
Anblick der Pipette Speichelreaktion

Das dritte Beispiel repräsentiert eine Reiz-Stellvertretung: Der optische Reiz einer Medizinflasche oder einer Pipette wird zunächst keinen Speichelfluss bewirken, wohl aber Säure auf der Zunge. Beobachtet jedoch eine Versuchsperson, wie die Pipette in die Flüssigkeit eingetaucht wird, bevor die Säure auf ihre Zunge gebracht wird, so löst bald schon der bloße Anblick der Pipette den Speichelfluss aus. Die Reiz-Stellvertretung beim Menschen entspricht weitgehend dem bedingten Reflex der Pawlow'schen Hunde.

Rezeption

Die radikalen Thesen in der behavioristischen Programmschrift fanden in den USA zunächst eine zwiespältige Resonanz, doch später wurde Watson fast einhellig als Begründer des Behaviorismus gefeiert. Wie Zitatanalysen belegen, gehörte *Der Behaviorismus* bis in die 1930er Jahre hinein zu den führenden psychologischen Lehrbüchern. Zu den klassischen Behavioristen, die Watson zunächst weitgehend folgten, gehörten u. a. Holt und Lashley. Allerdings teilte man seine Annahme nicht, dass Pawlows Reflexschema generell auf den Menschen übertragbar sei. In Europa, wo Watson lange Zeit ignoriert wurde, gab die mangelnde Berücksichtigung humanpsychologischer Phänomene Anlass zu Kritik. So distanzierten sich hier viele Psychologen, die dem Behaviorismus eigentlich zugeneigt waren, vom klassischen Behaviorismus und suchten nach neuen Möglichkeiten behavioristischer Forschung und Theoriebildung.

Wissenschaftliche Nachwirkungen

In den USA war der *Behaviorismus* bis zur Kognitiven Wende jahrzehntelang das führende psychologische Paradigma, wenngleich in den späteren Jahren teilweise in der Form des *Neobehaviorismus* (u. a. Hull), der durch die Forderung nach einer logisch-mathematischen Vermittlung von Reiz und Reaktion schon von Watson selbst methodologisch angelegt wurde (allerdings liegt von ihm kein Beitrag zur Formalisierung vor).

Die *klassische* Konditionierung von Pawlow spielte zwar weiterhin eine wichtige Rolle, doch bei den Neukonzeptionen behavioristischer Theorien und Modelle erlangte Thorndike mehr Bedeutung. Weitere Lerntheorien wurden in der Tradition des amerikanischen *Funktionalismus* ausgearbeitet. In den deutschsprachigen Raum gelangten Behaviorismus und Neobehaviorismus erst in den 1960er Jahren.

In theoretischer Hinsicht wurde das klassische behavioristische Paradigma wieder aufgegeben, doch in methodischer Hinsicht entfaltete der Behaviorismus (und wissenschaftstheoretisch gesehen: der Positivismus psychologischer Prägung) eine nachhaltige Wirkung und ist heute stärker denn je. Gleichwohl stellt sich die Frage, ob alle menschlichen Reaktionen durch Kombinationen von Reizen vorausgesagt werden können; eine Frage, die Watson bereits selbst stellte, aber nicht befriedigend beantworten konnte. Gibt es Verhaltensbereiche (wie z. B. das reproduktive Verhalten oder das Traumverhalten), in denen Reiz und Reaktion gerade nicht durch streng logische oder mathematische Gesetze, sondern eventuell durch andere Gesetzmäßigkeiten (z. B. mehr analoger Art) miteinander verbunden werden? Welche Rolle spielt das Subjekt in Bezug auf Reiz-und-Verhaltensselektion sowie Selbststeuerung? Lässt sich eine streng behavioristische Sprache überhaupt länger durchhalten, wenn sich herausstellen sollte, dass nicht der Reiz allein eine Reaktion auslöst, sondern möglicherweise nur die Empfänglichkeit für eben diesen Reiz?

Praktische Auswirkungen

Die Psychologie des Betriebs- und Wirtschaftslebens, die Psychotechnik inbegriffen, sowie die Forensische Psychologie erhofften sich viel vom behavioristischen Programm. Den damals verbreiteten Testverfahren stand Watson jedoch skeptisch gegenüber, denn nach dem behavioristischen Ansatz kann man Menschen nur verstehen, indem man sie beobachtet und überwacht: »Das Studium der sogenannten Persönlichkeit sollte uns überzeugen, daß der einzige Weg, richtige Schlüsse zu ziehen, in intensiver und lange fortgesetzter Beobachtung des Verhaltens liegt« (1925/1930, S. 364).

Watson bezog sich nicht selten auf die Psychoanalyse und kritisierte sie stellenweise recht hart. Verschiedentlich stellte er den komplizierten Erklärungen und Interpretationen der damals schnell sich entwickelnden und sich weit ausbreitenden Psychoanalyse die einfachen Auffassungen des Behaviorismus gegenüber. Er trivialisierte die Psychoanalyse und begegnete deren Verständnis der kindlichen Phobie mit einer machtvollen Film-Demonstration, die sich allerdings später als ethisch fragwürdige Propaganda herausstellte (vgl. u. a. Lück, 1991/2002). Viele Psychologen und Psychotherapeuten ließen sich jedoch von seiner Kritik beeinflussen und verdrängten die nach positivistischen Vorstellungen nicht überprüfbare Psychoanalyse aus den Universitäten bzw. aus den Therapieräumen (Jacoby, 1983/1985).

Clark Leonard Hull

Ausgangspunkte

Woodworth regte Hull zu einer Ergänzung des S-R-Paradigmas durch den Organismus (O) an (S-O-R). Die von Watson zwar in Aussicht gestellte, aber nie realisierte Idee einer mathematisch-deduktiven Theorie des Verhaltens wurde von Hull, in inhaltlicher Hinsicht in Anlehnung an Thorndike, aufgenommen und realisiert.

Zeittafel

1884	Clark Leonard Hull wird in Akron (New York) geboren.
1918	Seine Dissertation an der University of Wisconsin *Quantitative Aspects of the Evolution of Concepts* wird in der Zeitschrift *Psychological Monographs* publiziert.
1929	Woodworth regt Hull dazu an, das klassische S-R-Paradigma durch ein Paradigma zu ersetzen, in dem zwischen *Reiz* und *Reaktion* der Organismus geschaltet wird. Hulls neues Paradigma: S-O-R.
1940	Hull arbeitet zwei Jahrzehnte lang als Professor an der Yale-University. Er arbeitet über Suggestion, hält Vorlesungen über Psychoanalyse, entwickelt Tests für das Messen von Begabungen und veröffentlicht zusammen mit seinen Mitarbeitern die Studie *Eine mathematisch-deduktive Theorie des mechanischen Einprägens.*
1943	Die Untersuchung *Principles of behavior* erscheint.
1951	*Essentials of behavior* erscheint in New Haven.
1952	*A behavior system* erscheint. Tod in New Haven (Connecticut).

Prinzipien des Verhaltens

Hulls *Prinzipien des Verhaltens* (*Principles of behavior*, 1943) ist die Darlegung einer mathematisch-deduktiven Theorie des *Verhaltens*, die sich in ihren Grundannahmen kaum von Thorndikes Vorstellung des Lernens als Verbindung von Reiz und Reaktionsgliedern durch Verstärkung unterscheidet. Zu dem von Hull besonders beachteten Organismus gehören angeborene Rezeptor-Effektor-Verbindungen, die unter dem Einfluss eines Antriebes sowie einer spezifischen Reizung hierarchisch strukturierte Reaktionen hervorrufen.

Nach dem Autor beenden solche Verbindungen mit einer gewissen Wahrscheinlichkeit den Bedürfniszustand (need) des Organismus. Zwischen den Eingangs- und den Ausgangsvariablen des theoretischen Systems werden von Hull an der Stelle des Organismus (O) mathematisch hergeleitete theoretische Konstrukte (X) eingeführt. Entsprechende intervenierende Variablen seien zulässig, wenn sie in eindeutige funktionale Beziehungen zu beobachtbaren Ereignissen gesetzt werden könnten. Es ergibt sich also die Funktionskette A-f-(X)-f-B, wobei X das theoretische Konstrukt und A und B die Beobachtungsgrößen repräsentieren.

Zu den wichtigsten Konstrukten gehören nach Hull das Gewohnheits-, das Reaktions- und das Hemmungspotential sowie der Antrieb. Die wichtigsten unabhängigen Variablen sind Triebzustand, Anzahl bisheriger Verstärkungen, Art und Menge des vorhandenen Futters oder Wassers und Arbeitsaufwand (u. a. Kraft zum Niederdrücken der Reaktionstaste). Bei den abhängigen Variablen wird zwischen Frequenz, Latenz und Amplitude der Reaktion unterschieden.

Geht eine Reiz-Reaktionsverbindung mit einer schnellen Verminderung eines Motivationsreizes (Antrieb unter Berücksichtigung einer Entkräftigungskomponente) einher, so handelt es sich nach dem Autor um eine primäre Verstärkung. Neutrale Reize, die wiederholt und regelmäßig mit einer primären Verstärkung assoziiert würden, könnten ebenfalls die Funktion eines verstärkenden Agens übernehmen (sekundäre Verstärkung). Unter Gewohnheitsstärke (habit) versteht Hull in diesem Kontext die Tendenz eines Reizes, eine mit ihm verknüpfte Reaktion auszulösen.

Nach Hull wächst diese Tendenz mit der Anzahl der Versuchsdurchgänge an, sofern bestimmte Voraussetzungen erfüllt sind (u. a. Verstärkung jedes Versuchs). Im Unterschied zur Habitstärke hängt das Reaktionspotential vom momentanen Motivationsniveau ab. Es ist das Produkt aus Antrieb und Gewohnheitsstärke (sowie der Reizstärkendynamik und einer Anspornkomponente). Das Reaktionspotential gibt also die tatsächliche Tendenz des Organismus an, eine bestimmte Reaktion auszulösen. Wenn während eines Lernprozesses die primäre oder sekundäre Verstärkung verzögert wird oder auch wenn Reize gleichzeitig wirken und sich wechselseitig beeinflussen, vermindert sich das Reaktionspotential. Reaktionen (und insbesondere nicht verstärkte) führen zu einer reaktiven Hemmung, die als solche das Reaktionspotential mindert. Das sogenannte Hemmungspotential ist abhängig vom Ausmaß des Arbeitsaufwandes. Nach Ausführung der Reaktion verschwindet die reaktive Hemmung wieder.

Darstellung des Hull'schen Systems

Hulls (1943) komplexes theoretisches System wird im Folgenden sehr vereinfacht und paradigmatisch dargestellt:

Eingang u. a. *Stimuli* (S)	Black Box *Konstrukte (X)*	Ausgang *Reaktionen* (R)
Triebzustand (z. B. Dauer des Nahrungsentzuges)	Antrieb (Drive)	
bisherige Verstärkungen (Anzahl)	Gewohnheitsstärke (Habit)	Frequenz (Häufigkeit)
vorhandenes Futter/ Wasser (Art/Menge)	Reaktionspotential (Effekt – Tendenz)	Latenz (Zeit zw. S und R)
Arbeitsaufwand (z. B. Kraft für Reaktionstaste)	Hemmungspotential (reaktive Hemmung)	Amplitude (Umfang)
unabhängige Variablen	intervenierende-Variablen	abhängige Variablen

In das S-R-Paradigma wird zwischen den Stimuli und die Reaktionen der Organismus (O) mit den (nicht beobachtbaren) Konstrukten (X) eingefügt. Im S-X-R-Paradigma sind die einwirkenden Stimuli (S) und die Responses (R) u. a. über den Drive (D) des Organismus vermittelt.

Methode

Hulls (1943) Arbeit stellt einen ersten Versuch dar, mit einer Reihe von Prinzipien mathematisch-deduktiv überprüfbare Aussagen zu gewinnen und mit diesen insgesamt ein theoretisches System des Verhaltens zu konstituieren bzw. es in einem naturwissenschaftlichen Sinne empirisch nachzuweisen.

Konkret ging Hull wie folgt vor: Er entwarf Hypothesen, probierte sie im Labor aus, versuchte Verallgemeinerungen und Kombinationen, formulierte Prinzipien, leitete aus diesen Folgerungen ab und überprüfte diese erneut im Labor usw.

Ereignisse im Organismus können nach Hull nicht wie der Reiz und die Reaktion gemessen werden. Es müssten daher hypothetische Konstrukte angenommen werden. So wird etwa mit dem Konstrukt der reaktiven Hemmung erklärt, warum Reaktionen seltener wiederholt werden und warum sie, wenn sie wiederholt werden, schwächer ausfallen.

Die Einführung solcher Variablen ist allerdings nur dann gerechtfertigt, wenn sie in eine eindeutige funktionale Beziehung zu den beobachtbaren Eingangs- und Ausgangsereignissen gesetzt werden können. Bei einer Annahme mehrerer gleichzeitig und nacheinander in Funktion tretender Konstrukte ergibt sich ein komplexes Gefüge, das sich kaum mehr im Sinne einer ausreichenden Bewährung und nötigenfalls einer eindeutigen Falsifikation überprüfen lässt: »Da sich (…) nicht nur die Zwischenglieder sondern auch die postulierten Funktionen einer direkten Überprüfung entziehen, wird es bei längeren Funktionsketten nahezu unmöglich, eine Verifikation der hypothetischen Größen zu erreichen. Entspricht die Veränderung der beobachtbaren abhängigen Variablen nicht der Erwartung, so läßt sich nicht entscheiden, an welcher Stelle der Serie Korrekturen anzubringen sind. Andererseits bedeutet aber auch ein positives Ergebnis noch nicht notwendigerweise eine Bestätigung der Voraussetzungen: Bei mehreren falsch formulierten Funktionen können sich die Fehler u.U. so kompensieren, daß der Gesamteffekt erwartungsgemäß ausfällt« (Foppa, 1965, S. 337).

Rezeption

Hulls System wurde von verschiedenen Seiten der Psychologie eingehend studiert und kritisiert. An dieser Stelle sei nur auf Koch (1954) hingewiesen, der zu dem Schluss kam, dass die intervenierenden Variablen weder qualitativ noch quantitativ hinreichend in den externen Variablen verankert seien. Hull hat vielleicht die bis dato in ihrer Differenziertheit und mathematischen Ausgestaltung eindrucksvollste empirisch-analytische Theorie der Psychologie produziert, doch zog sie zugleich das Einverständnis nach sich, dass auf diese Weise kein Weiterkommen möglich sei. Fortan waren bescheidenere Theorien angesagt, die sich nur auf Teilbereiche des Verhaltens und insbesondere auch des Lernens bezogen.

Wissenschaftliche Nachwirkungen

Hull selbst betrachtete seine Arbeit *Principles of behavior* nur als vorläufigen Ansatz zu einer Verhaltenstheorie, war er doch davon überzeugt, dass jede Verhaltenstheorie letztlich auf neurophysiologische Gesetzmäßigkeiten reduzierbar sei. Er arbeitete an seinem System weiter, modifizierte es immer wieder, doch wie aus *A behavior system*, einem Buch, das kurz vor seinem Tod im Jahre 1952 erschien, hervorgeht, blieben trotz vieler Veränderungen die Struktur des Systems und die wichtigsten Konstrukte weitgehend erhalten. Dennoch konnte Hull mit seiner Arbeit auch der experimentellen Psychologie wichtige Impulse geben. Besondere Bedeutung kommt dabei seiner Berücksichtigung des Triebes zu. Zu den wichtigsten Forschungsprogrammen der Wissenschaftler in Yale sollten in seiner Nachfolge auch Forschungsarbeiten zur Stimulus-Response-Analyse der Angst sowie Untersuchungen zur Frustrations-Aggressions-Beziehung gehören.

Praktische Auswirkungen

Nach Hull ist Verstärkung die Bekräftigung, die durch relative Bedürfnisbefriedigung eintritt. Wenn seine theoretischen Vorstellungen überhaupt auf den Humanbereich übertragbar sind, so bedeutet dies für die pädagogische Praxis, dass Belohnungen relevant sind, wenn mit ihnen den Bedürfnissen und insbesondere der momentanen Bedürfnislage eines betroffenen Organismus (beispielsweise eines Kindes) entsprochen wird.

Donald Olding Hebb

Ausgangspunkte

Hebb las zuerst James und Freud, später studierte er die Gestaltpsychologen Köhler und Koffka. Bei seinen Forschungsarbeiten orientierte er sich an Pawlow sowie an Watson, Hull und anderen Behavioristen. Am stärksten beeinflusste ihn der Neuropsychologe Lashley.

Zeittafel

1904	Donald Olding Hebb wird in Chester (Nova Scotia, Kanada) geboren.
1925	Er studiert Englisch und Philosophie an der Dalhousie University.
1929	Hebb studiert an der McGill University in Montreal, wo er auch Gelegenheit hat, Psychologie zu belegen.
1934	Er studiert bei Lashley an der University of Chicago.
1935	Hebb begleitet Lashley an die Harvard University.
1937–39	Forschungsstipendium bei Penfield am Montreal Neurological Institute.
1942	Untersuchung zusammen mit Lashley über die Folgen von Hirnschäden auf Intelligenz und Emotionen bei Schimpansen.
1947	Hebb wird Professor an der McGill University in Montreal.
1949	Veröffentlichung von *Die Organisation des Verhaltens.*
1955	Hebb weist mit der Arbeit *Drives and the CNS* darauf hin, dass Personen gravierende sensorische Deprivation kaum aushalten und daher Halluzinationen entwickeln, mit denen sie den geminderten Informationszustrom teilweise wettmachen.
1975	Emeritierung in Montreal.
1976	Hebb zieht sich in sein Elternhaus nach Chester zurück.
1985	Hebb stirbt in Halifax (Nova Scotia).

Die Organisation des Verhaltens

Hebb vertritt in seinem grundlegenden neuropsychologischen Werk *Die Organisation des Verhaltens* (*The organization of behavior*, 1949/2002) die Auffassung, dass Lernen und Gedächtnis nicht von der Wahrnehmung getrennt sind.

Ein einfaches Beispiel aus dem Alltag illustriert, was damit gemeint ist: Wenn eine Person einen Bleistift sieht, der auf einem Regal liegt, verbindet sie die beiden Perzeptionen, so dass sie zehn Minuten später die Frage einer anderen Person »Wo ist der Bleistift?« problemlos mit »Der Bleistift liegt auf dem Regal« beantworten kann. Offenbar hat sich zwischen »Bleistift« und »Regal« eine Verbindung ergeben – neurologisch sowie psychologisch.

Nach Hebb ist die perzeptuelle Assoziation zugleich eine neuronale. Der Autor nimmt dabei an, dass Neuronen, die gleichzeitig aktiv sind, untereinander Assoziationen herstellen. Bei der erneuten Perzeption des einen Elementes (Bleistift) werde daher auch das andere Element (Regal) vergegenwärtigt. Wenn ein Axon von Zelle A Zelle B errege und an deren Aktivität teilnehme, finde eine Art Wachstumsprozess oder Stoffwechselveränderung in einer oder in beiden Zellen statt, wodurch sich As Effizienz erhöhe. Im Einzelfall hänge die Vergegenwärtigung vom Ausmaß des Kontaktes der beteiligten Elemente ab: »The greater the area of contact the greater the likelihood that action in one cell will be decisive in firing another« (ebd., S. 66).

Nach dem Autor hängt die Kontaktaufnahme aber nicht nur von der gleichzeitigen Perzeption, sondern auch von der räumlichen Nähe erregter Nervenzellen ab: Hebbs Konzeption ständig aufrecht erhaltener »Schwingkreise« legt nahe, dass Reize nicht in der Empfindung ihr Ende finden, sondern fortwirken. Hier kommt der Vorgang der Gedächtnisspeicherung ins Spiel, den der Autor mit physikalischen Veränderungen in den Synapsen erklärt:

Bei Aufgaben des unmittelbaren Behaltens (Kurzzeitgedächtnis) komme es zu einer kreisenden Aktivität in bestimmten neuronalen Schaltkreisen, wobei nach einmaliger Vorgabe von Lernmaterial noch keine strukturellen Veränderungen in den Gangliensystemen aufträten, sondern lediglich Erregungskreise (reverberating circuits), die kurzfristig fortbeständen. Deshalb könne bei einer unmittelbaren Prüfung auch in der Regel eine korrekte Wiedergabe festgestellt werden.

Konstitution und Stärke längerfristiger neuronaler Verbindungen (Langzeitgedächtnis) hingen dagegen von der Wiederholung gemeinsamer Eindrücke ab: »When one cell repeatedly assits in firing another, the axon of the first cell develops synaptic knobs (or enlarges them if they already exist) in contact with the soma of the second cell« (ebd., S. 63). Es würden versuchsweise Assoziationen gebildet, die dazu bestimmt seien, je nach den Umständen entweder fortzubestehen oder sich wieder aufzulösen. Neuronale Verbindungen seien nicht endgültig und unveränderlich.

Methode

Der Neuropsychologe Hebb kombinierte neurophysiologische mit behavioristischen Methoden.

Rezeption

Hebb wird bis heute von vielen Psychologen und Neurologen rezipiert (vgl. u. a. Ansermet & Magistretti, 2005).

Wissenschaftliche Nachwirkungen

Hebb stand in der Tradition von Aristoteles, den Philosophen des britischen Empirismus, Freud und vieler anderer Denker, die der Ansicht waren, dass Lernen und Gedächtnis aus der Fähigkeit erwachsen, dauerhafte Verknüpfungen zwischen zwei verbalen Einheiten, Gedanken oder Reizen herzustellen. Mit Hebb wurde dann die Assoziationspsychologie neurologisch fundiert. Mehr noch: Hebb hat als erster Forscher innerhalb der akademischen Psychologie grundlegende Begriffe des späteren Konzepts der *synaptischen Plastizität* eingeführt und als zelluläre Basis der Gedächtnismechanismen untersucht: Demnach veränderten sich nicht nur die Verhaltensweisen beständig, sondern auch die neuronalen Spuren.

In der Folge von Hebbs Hypothesen über Neuronenverbände haben verschiedene Forscher Modelle von der Struktur neuronaler Repräsentationen vorgeschlagen, die Teilen der äußeren Wirklichkeit entsprechen. Nach einigen Untersuchungen gibt es dynamische Assoziationen auf der Ebene von Neuronenverbänden, die mit einer Menge besonderer Merkmale eines Gegenstandes oder einer Erfahrung korrespondieren. Diese Metarepräsentationen erfolgten durch dynamische Assoziationen von Neuronen, die sich in funktionell kohärenten Verbänden organisierten. Hebb hat somit eine Entwicklung eingeleitet oder zumindest weitgehend mitbeeinflusst, die in der modernen Neurologie aktueller denn je ist. So hat er bereits 1949 angenommen, dass beim Lernen eine Art neuronaler Faktor des Zusammentreffens von Ereignissen im Gehirn im Spiel ist.

Kandel, der diese Leistung Hebbs besonders hervorhebt, schließt aus seinen Experimenten mit der Meeresschnecke Aplysia u. a. Folgendes: »Unsere Experimente an der *Aplysia* zeigen (…), dass die Plastizität des Nervensystems – die Fähigkeit der Nervenzellen, die Stärke und sogar die Anzahl der Synapsen zu verändern – der Mechanismus ist, der Lernen und Langzeitgedächtnis zugrunde liegt. Da nun jeder Mensch in einer anderen Umgebung aufwächst und unterschiedliche Erfahrungen macht, besitzt das Gehirn jedes Menschen eine einzigartige Architektur. Sogar eineiige Zwillinge mit identischen Genen haben auf Grund unterschiedlicher Lebenserfahrungen verschiedene Gehirne. Damit erwies sich ein Prinzip der Zellbiologie, das erstmals bei Untersuchung einer einfachen Schnecke zu Tage trat, als ein wichtiger Hinweis auf die biologische Grundlage der menschlichen Individualität (Kandel, 2006, S. 240, Hervorhebung von Kandel).

Praktische Auswirkungen

Hebbs grundlegende Erkenntnisse finden nicht nur in der modernen Neurologie, sondern auch in der Computerwissenschaft und der Robotik Verwendung.

Burrhus Frederic Skinner

Ausgangspunkte

Skinner orientierte sich zunächst an Pawlow und an Watson. Er erkannte das Prinzip des Auslösereizes als richtig an, bestritt aber schon bald dessen Ausschließlichkeit und weite Verbreitung. Nachdem der wiederholte Versuch, Kinder im Sinne Watsons so zu konditionieren, dass sie sich vor einem Holzspielzeug fürchteten, misslang, wandte sich Skinner Thorndike zu; von Hull übernahm er das Konzept der Verstärkung.

Zeittafel

1904	Burrhus Frederic (später auch »Fred«) Skinner wird als Sohn eines Anwaltes in Susquehanna, einer kleinen Eisenbahnerstadt in Pennsylvania, geboren.
1922–26	Skinner absolviert in Clinton (New York) ein kunst- und sprachwissenschaftliches Studium. Er beabsichtigt Schriftsteller zu werden, bringt aber nur etwa zehn Artikel in Zeitungen unter, so dass er in New York als Gehilfe in einer Buchhandlung zu arbeiten beginnt, wo er eher zufällig auf Schriften von Pawlow und Watson stößt.
1928	Skinner schreibt sich an der Harvard University im Fach Psychologie ein und macht eigene Experimente in der verhaltenspsychologischen Abteilung.
1931	Promotion in Psychologie an der Harvard University.
1937–45	Skinner geht an die University of Minnesota. Leitung der Psychologieabteilung der Universität. Seine grundlegende Arbeit über die operante Konditionierung *The behavior of organism* erscheint.
1945–48	Lehre an der Indiana University. Skinner schreibt den Roman *Walden Two*, in dem er die Vision einer aggressionsfreien Gesellschaft entwirft.
1949	Rückkehr nach Harvard, wo er bis zu seiner Emeritierung bleibt.
1969	Präsident Lyndon B. Johnson verleiht Skinner die National Medal of Science.
1971	*Beyond Freedom and Dignity* wird veröffentlicht.
1990	Skinner stirbt in Cambridge (Massachusetts).

Das Verhalten des Organismus

Skinner geht in seiner für sein Denken grundlegenden experimentellen Studie *Das Verhalten des Organismus* (*The behavior of organisms*, 1938) davon aus, dass für das Erlernen von Verhaltensweisen die Verstärkung entscheidend ist, wobei er sein *Konzept der operanten Konditionierung* vom Konzept der klassischen Konditionierung unterscheidet.

Die operante Konditionierung beziehe sich auf den Sachverhalt, dass das Verhalten (oder genauer: die Verteilung des Verhaltens) meistens durch nachfolgende (An-)Reize beeinflusst werde. Anders formuliert: Operantes Konditionieren ist ein Vorgehen, das ein Versuchstier oder eine Versuchsperson dazu bringt, bestimmte Verhaltensweisen auszuführen. Das Verhalten werde also durch nachfolgende (An-)Reize bekräftigt bzw. verstärkt (reinforcing).

Nach dem Konditionierungsgesetz nimmt die Stärke des Verhaltens zu, wenn demselben ein bekräftigender Reiz folgt. Reaktionen träten zudem häufiger auf, wenn sie verstärkt würden. Falls aber dem Auftreten bereits konditionierten operanten Verhaltens kein bekräftigender Reiz mehr folge, so nehme die Stärke desselben wieder ab bzw. es trete wieder weniger häufig auf. Ohne Wiederverstärkung komme es schließlich zur Auslöschung. Der positiven Verstärkung (Lohn) stellt der Autor die negative Verstärkung (Strafe) gegenüber. Letztere wird von Skinner hinsichtlich einer Verhaltensänderung als weniger wirksam eingeschätzt.

Jenseits von Freiheit und Würde

Der Titel von Skinners Schrift *Jenseits von Freiheit und Würde* (*Beyond Freedom and Dignity*, 1971/1973) lehnt sich an den Titel von Nietzsches Buch *Jenseits von Gut und Böse* aus dem Jahre 1886 an.

Nach Skinner geht es angesichts der zahlreichen individuellen und sozialen Probleme nicht etwa darum, den Menschen, d. h. dessen Persönlichkeit, zu ändern, sondern zu verändern seien vielmehr die Kontingenzen, die sein Verhalten bestimmen. Diese Untersuchung des menschlichen Verhaltens lässt sich nach Meinung des Autors ethisch neutral in eine Technologie des Verhaltens umsetzen. Für die Planung im Kleinen wie im Großen könnten dabei die Ergebnisse behavioristischer Forschung angewendet werden.

Nur eine solche *Verhaltenstechnologie* sei in der Lage, die vielfältigen Probleme, die sich den Menschen in der modernen Gesellschaft stellten, zu lösen. Kontrolle des menschlichen Verhaltens, die an sich immer schon bestehe, sei auch den einzelnen Personen angemessen und auf wissenschaftlicher Basis ausarbeitbar. Nach Skinner nimmt Verhaltenskontrolle Personen keineswegs Freiheit und Würde. Aus Freiheit und Würde wie bisher Autonomie abzuleiten, wäre nach dem Autor fiktional und somit unwissenschaftlich.

Methode

Die sogenannte Skinner-Box ist eine Weiterentwicklung der Problemkäfige von Thorndike. Skinner untersuchte mit dieser Box das Verhalten von Tieren, die sich durch hohe spontane Aktivität auszeichnen (v. a. Tauben). Es handelt sich um eine Versuchsanordnung mit einem abgeschlossenen Kasten.

Die Versuche selbst bestehen aus vielen Einzelverstärkungen und das Verhalten der Tiere wird durch elektrische Kontakte und Zählwerke quantitativ erfasst, so dass sich die Wirkungen bestimmter Verstärkungsprogramme genau bestimmen lassen. Die Versuchstiere können sich in der Box durch Picken auf Scheiben oder Hebeldrücken Flüssigkeit oder Nahrung verschaffen. Sie werden also nach einem bestimmten Schema für bestimmte Verhaltensweisen mit Futter belohnt. Grundlage der Verhaltensformen ist bereits bestehendes Verhalten, das durch diese Verstärkungen kontrollier- und veränderbar wird.

Im Unterschied zu den Experimenten von Thorndike sind hier auch minimale Verhaltensschritte der Verstärkung zugänglich: Zunächst wird das Versuchstier bei Aktivitäten jeglicher Art bekräftigt, dann ausschließlich bei Aktivitäten, die es in die Nähe und in der Folge zur Berührung des Hebels führen und schließlich nur noch beim Drücken des Hebels. Auf diese Weise wird die Breite des Verhaltens in Richtung auf ein Ziel eingeengt. Diese Näherung (approximation) geht einher mit der Formung des Verhaltens (shaping), die aus der Verknüpfung verschiedener Verhaltenseinheiten zur erforderlichen bzw. angestrebten Verhaltensweise besteht.

Rezeption

Skinners Schrift *Jenseits von Freiheit und Würde* wurde kontrovers diskutiert, denn offenbar hatte der Autor die Ethik der persönlichen Freiheit angegriffen. Außerdem wurde Skinners Glaube an einen Fortschritt im Sinne eines Anpassungsprozesses kritisiert. Skinner war dennoch der Behaviorist mit dem größten Einfluss über den Bereich der Psychologie hinaus. Skinners Name wurde auch außerhalb der Fachgrenzen mit dem operanten Konditionieren und dem Programmierten Lernen verbunden.

Großes Aufsehen erregte insbesondere die Kritik Chomskys an Skinner. Der international bekannte Linguist stellte den Behaviorismus in Frage und leistete damit einen externen Beitrag zur Aushöhlung des dominierenden Paradigmas innerhalb der Psychologie und zum Übergang zur Kognitiven Psychologie. Im deutschsprachigen Raum wurden Skinner und andere Lerntheoretiker erst in den 1960er Jahren rezipiert und teilweise auch heftig kritisiert.

Wissenschaftliche Nachwirkungen

Mit der operanten Konditionierung distanzierte sich Skinner von den neurophysiologischen Bezügen der Klassischen Konditionierung sowie der Reflexologie, waren doch diese Bezüge teilweise der direkten Beobachtung nicht zugänglich. Interne Reize und Reaktionen erscheinen in Skinners Paradigma nicht, sondern die Erklärungen beziehen sich ausschließlich auf externe Vorgänge.

Diesen externen Vorgängen implementiert Skinner vom Organismus ausgehend experimentell verfügbare Eigenschaften, weshalb die operante Konditionierung später auch als instrumentelle Konditionierung bezeichnet wurde. Wenn auch zeitweilig für die Psychologie als grundlegend erachtet und als weittragend überschätzt, erwies sich Letztere doch als fruchtbares Forschungsprogramm innerhalb der behavioristischen Bewegung.

Vom instrumentellen Lernen ausgehend wurde das neue Paradigma auf verschiedene andere Gebiete der Psychologie übertragen, so auf die Klinische Psychologie und auf die Sozialpsychologie, wenn auch teilweise in mehr kommunikativen Ausgestaltungen. Schon Skinner selbst war davon ausgegangen, dass sich die »Besserung des Menschen« durch allseitige Bekräftigung und damit durch wechselseitige Verhaltenskontrolle vollziehe (vgl. u. a. Levine, 2003).

Praktische Auswirkungen

Skinner betrachtete den Menschen als Produkt seiner Umwelt und als beliebig formbar. Er versuchte seine Erkenntnisse für pädagogische, klinisch-psychologische und auch gesellschaftliche Fragen fruchtbar zu machen. Praxis wurde dabei von Skinner als Verhaltenstechnologie interpretiert: Die Besserung des Verhaltens von Personen vollzieht sich nach Skinner durch allseitige Bekräftigung und Verhaltenskontrolle, wobei positive Bekräftigungen als besonders erfolgreich gelten (»Belohnen statt Strafen«).

Mit der Belohnung erwünschter Verhaltensweisen durch Bonbons, Rosinen, Zigaretten und anderen *tokens* konnten bei geistig behinderten Menschen sowie sogenannten verhaltensauffälligen Personen teilweise beachtliche Erfolge erzielt werden. Die *operante Konditionierung* wurde jedoch auch mit Möglichkeiten der Manipulation in Verbindung gebracht. Dies geschah oft kritisch, gerade auch hinsichtlich der positiven Bekräftigung (u. a. Rogers, 1961/2006), nicht selten aber auch recht undifferenziert affirmativ und rechtfertigend (»Jede Therapie ist Manipulation.«).

In seinen späteren Lebensjahren glaubte Skinner allerdings selbst nicht mehr an die beliebige Formbarkeit des Menschen und neigte eher zu der Befürchtung, dass die Menschen Weichen für irreversible Prozesse stellen. Dennoch scheinen einige Erkenntnisse von Skinner weiterhin von Bedeutung zu sein, nicht zuletzt auch für den Alltag. So lohnt es sich etwa, in der Regel zunächst danach zu fragen, welche Umstände eine Person dazu veranlassten, etwas zu tun, das schwer zu verstehen ist, bevor ihre Absicht, ihre Persönlichkeit oder gar ihr Geisteszustand bemüht wird.

Edward Chase Tolman

Ausgangspunkte

Tolman orientierte sich an den Rattenexperimenten von Hull. Im Unterschied zu Hull, mit dem er sich auch theoretisch kritisch auseinandersetzte, verwendete er aber auch Labyrinthe ohne Wände, in denen für die Versuchstiere eine gewisse Übersicht möglich war. Tolman wurde zudem vom Gestaltpsychologen Koffka beeinflusst. Innerhalb des Behaviorismus gelangte er zu einer Art Synthese von gestalt- und kognitionspsychologischen Gesichtspunkten bei der Theoriebildung, was mit dazu beitrug, den Behaviorismus auch inhaltlich in den *Neobehaviorismus* zu überführen und ihn schließlich der Kognitiven Psychologie zuzuführen.

Zeittafel

1886	Edward Chase Tolman wird in West Newton (Massachusetts) geboren.
1915	Nach einem Studium am Massachusetts Institute of Technology macht er den Dr. phil. an der Harvard University.
1918	Tolman geht an die University of California in Berkeley.

1932 Er veröffentlicht das Buch *Purposive behavior in animals and men.* In der *Psychological Review* erscheint eine Serie von entsprechenden Artikeln.

1937 Tolman, inzwischen Professor in Berkeley, wird Präsident der American Psychological Association. Veröffentlichung des Artikels *The acquisition of string-pulling by rats – conditioned response or sign-gestalt?*

1938 *The determinants of behavior at a choice point* erscheint.

1948 Tolman veröffentlicht *Cognitive maps in rats and men.*

1952 Guthrie veröffentlicht das Buch *The psychology of learning,* in dem er bemerkt, dass nach Tolmans Theorie die Ratten in Gedanken versunken verharren müssten und zu keinerlei motorischen Reaktionen gelangen könnten.

1954 Emeritierung.

1955 Tolman veröffentlicht das Buch *Principles of performance,* in dem er auf die Kritik Guthries eingeht.

1959 Er veröffentlicht *Principles of purposive behavior,* seine letzte Arbeit zu seiner Theorie. Tolman stirbt in Berkeley (California).

Konditionierter Reflex oder Zeichen-Gestalt?

Tolmans Artikel *The acquisition of string-pulling by rats – conditioned response or sign-gestalt?* (1937) ist nicht die erste und auch nicht die letzte Fassung seiner Theorie des zweckgebundenen Verhaltens, die in Anlehnung an einen späteren Titel seiner Arbeiten oft mit dem anschaulichen Begriff der *Kognitiven Landkarten* (cognitive maps) verbunden wird.

Das Verhalten enthält nach Tolman ein zweckgebundenes Moment; auch in den mit naturwissenschaftlichem Anspruch auftretenden S-R-Theorien kämen bereits finale Aussagen wie »Die Ratte bewegt sich zum Futter« vor. Die von den Versuchstieren wahrgenommenen Reize seien nicht »über einfache Schalter« mit den ablaufenden Reaktionen gekoppelt. Vielmehr würden aufgrund früherer Lernerfahrungen Reize der Umgebung mit Bedeutungen verknüpft.

Nach Tolman werden Reize in Form von Zeichen (signs) bedeutsam, die bestimmte Folgen erwarten ließen. Jede Situation werde durch verschiedene Zeichen gegliedert, die den Weg zu bestimmten Zielobjekten bezeichneten. Die Zeichen würden also zu Wegmarken, nach denen die Tiere ihr Verhalten in Richtung Ziel ausrichteten. Lernen wird damit gleichsam zum Lernen von Zeichen:

Zeichen und Objekt des Zeichens ständen in einer räumlichen Beziehung zueinander: Erfolge eine zielgerichtete Anordnung, so bilde sich eine Zeichen-Gestalt (sign-gestalt). Komme es dagegen noch nicht zu einer Zeichen-Gestalt, so werde das Verhalten von (nicht bewussten) Erwartungen (sign-gestalt-expectancy) über die mögliche Struktur der Situation gesteuert. Diese Erwartungen entsprächen früheren Erfahrungen in ähnlichen Situationen. Führe die Erwartung zum Ziel, so werde sie bestätigt und mithin das Verhalten indirekt bekräftigt. Tolman bringt also die Bekräftigung nicht in einen Zusammenhang mit der Triebreduktion. Die Bekräftigung ist nach Tolman einzig vom Erreichen des Ziels abhängig – das ist nach dem Autor quasi Bekräftigung genug.

Methode

Tolman und seine Mitarbeiter führten Versuche mit Albinoratten durch, um Näheres über deren Unterscheidungsfähigkeit und Zielstrebigkeit zu erfahren. Die Forscher konstruierten dafür verschiedene Labyrinthe mit und ohne Seitenwände an den Laufgängen. In Labyrinthen, die den Versuchstieren die Sicht über das Versuchsfeld gestatteten, verhielten sich die Tiere anders als in den herkömmlichen unübersichtlichen Labyrinthen. Schon durch die Möglichkeit einer »Übersicht« wird nun ein kognitives Moment nahegelegt, während es durch die früheren Versuchsanordnungen ausgegrenzt bleiben musste.

Je nachdem, welche auf dem Weg vom Startplatz zur Futterkammer angebrachten Barrieren offen waren oder nicht, wählten die Versuchstiere kürzere oder längere Wege. Wenn der direkte Weg zum Ziel blockiert war, so wählten sie mehrheitlich den kürzeren Umweg. Wurde eine Barriere geschlossen, die den kürzeren, bisher bevorzugten Umweg versperrte, aber den umständlicheren Weg offen ließ, so wählten sie unmittelbar den umständlicheren Umweg. Die Ratten verhielten sich also größtenteils der jeweiligen Situation angemessen.

Rezeption

Tolmans Theorie wurde von verschiedenen Seiten und insbesondere von den Behavioristen, zu denen er sich nach wie vor zählte, teilweise heftig kritisiert. Seine Theorie wurde u. a. auch als »S-S-Theorie« bezeichnet (insbesondere von Guthrie, weil mit ihr S-R unverständlich bleiben müsse); eine Kritik, der Tolman 1955 mit *Principles of Performance* begegnete. Trotz des Unverständnisses, auf das Tolman anfänglich stieß, blieb das kognitive Moment, das er in das Verhalten einführte, erhalten und sollte schließlich den Mainstream der Psychologie verändern. Das von Guthrie noch kritisch gemeinte Paradigma (S-S) von Tolman nimmt affirmativ gewendet das Paradigma der Kognitiven Psychologie vorweg.

Behavioristische Lernparadigmen

Im Folgenden werden nochmals zusammenfassend und stark vereinfacht die wichtigsten Paradigmen des *Behaviorismus* und des *Neobehaviorismus* angeführt:

Grundparadigma des Behaviorismus:

S – R

(S = Stimulus; R = Response/Reaction)

- *Thorndike:*

S – R – E

(E = Effect/Reinforcement = positiver/negativer Effekt)

- *Watson:*

S (S′) – R (R′)

(S′ = substituierter Stimulus; R′ = substituierte Reaktion)

- *Hull:*

  S – O(X) – R
  (O = Organismus; X = Konstrukt)

- *Skinner:*

  R – E

- *Tolman:*

  S – K(X) – S/R
  (K = Kognition, z. B. Erwartung)

(nach Guthrie):

S – S

Wissenschaftliche Nachwirkungen

Tolman vermochte bei aller Kritik die weitere psychologische Theoriebildung nachhaltig zu beeinflussen: Seine Theorie ist bereits in einem inhaltlichen Sinne eine neobehavioristische Theorie (und nicht bloß in einem methodologischen Sinne durch die Einführung von Konstrukten wie schon bei Hull). Tolman, der sich als behavioristischer Forscher verstand, wurde damit zum wichtigsten Wegweiser der Kognitiven Psychologie innerhalb des behavioristischen Mainstreams. Psychologiegeschichtlich relevant ist ferner, dass in seiner Theorie auch Momente der Gestalttheorie aufgehoben sind. Tolmans Theorie bildet also gleichsam das Scharnier zwischen Gestaltpsychologie und Kognitiver Psychologie.

Praktische Auswirkungen

Tolman hat mit seiner Theorie daran erinnert, dass Menschen und Tiere nicht einfach auf Reize reagieren, sondern dass sie den Reizen im Hinblick auf ein Ziel auch Bedeutung verleihen. Sein *Purposivismus* (Zielstrebigkeitslehre) lehrt, dass der Weg zum angestrebten Ziel in einer momentanen Situation (bzw. von Situation zu Situation) schon vor dem Erreichen desselben in einem gewissen Sinne voraussagbar ist. Lernen ist also nicht einfach nur Wiederholung und Einprägung bereits mindestens einmal erfolgter Bewegungsabläufe (eine mögliche Interpretation von Thorndikes Lernverständnis), sondern auch schon bei einem ersten Gang zum Ziel und erst recht bei gegebenenfalls weiteren Gängen zugleich eine Ausrichtung an Wegmarken.

Kulturhistorische Schule

Unter der Kulturhistorischen Schule im engeren Sinne versteht man die sogenannte Troika von Wygotski, Leontjew und Lurija. Diese Forscher setzten sich einerseits von der naturwissenschaftlichen erklärenden Psychologie und Reflexologie und andererseits von der geisteswissenschaftlichen verstehenden Psychologie ab, um zu einem eher historisch-materialistischen Ansatz zu gelangen: Die höheren, spezifischen menschlichen Funktionen wurden bis zu den niedrigen psychischen, letztlich physiologischen Funktionen zurückverfolgt und vom infrahumanen Bereich herkommend (wiederum) phylogenetisch aufgebaut und zugleich als Verinnerlichungen kultureller Prozesse und letztlich realer Beziehungen zwischen den Menschen verstanden. Ziel der Kulturhistorischen Schule war die Verbindung naturhistorischer, humangeschichtlicher und experimenteller Vorgehensweisen. Insbesondere Leontjew vertrat dabei die Auffassung, dass man die gesamte Lebenstätigkeit der Menschen sowie die Entwicklung infrahumaner Lebewesen berücksichtigen müsse, um auch die spezifisch menschlichen Orientierungen zu verstehen.

Lew Semjonowitsch Wygotski

Ausgangspunkte

Wygotski, der »Mozart der Psychologie«, wie er auch genannt wird, wurde von mehreren russischen und westeuropäischen Psychologen beeinflusst. Er setzte sich in verschiedenen Schriften kritisch mit der Würzburger Schule, mit der Psychoanalyse sowie auch schon mit den Anfängen der Kognitiven Psychologie auseinander. Ferner bezog er sich u. a. auf den ersten Band von Wundts *Völkerpsychologie*, jedoch nicht auf Lazarus und Steinthal.

Zeittafel

1896	Lew Semjonowitsch Wygotski wird in Orshe, im jetzigen Weißrussland, als zweites von acht Kindern geboren. Sein Vater ist Manager der Gomel Bank.
1913–17	Jurastudium in Moskau.
1918–24	Wygotski ist in Gomel als Lehrer und Kulturarbeiter tätig. Er geht ans Psychologische Institut der Universität Moskau. Dort führt er seine ersten experimentellen Untersuchungen zur Entwicklungspsychologie, Pädagogischen Psychologie und Psychopathologie durch. Beginn der Zusammenarbeit mit Leontjew und Lurija.
1924	Beim Second all-Union Psychoneurological Congress in Leningrad wird Wygotski die Gelegenheit gegeben, seine Arbeit – *Methoden der reflexologischen und psychologischen Untersuchung* – vorzustellen.
1925	Teilnahme an der internationalen Konferenz zur Bildung gehörloser Kinder in London. Aufbau des Instituts für Experimentelle Defektologie.
1926	Wegen einer Tuberkulose-Erkrankung muss Wygotski sich sechs Monate lang im Sanatorium aufhalten.
1927	Der programmatische Essay *Die Krise der Psychologie in ihrer historischen Bedeutung* entsteht im gleichen Jahr, in dem Bühlers *Krise* veröffentlicht wird (Wygotskis Arbeit erscheint aber erst knapp ein halbes Jahrhundert später).
1928–31	Enge Zusammenarbeit mit Leontjew und Lurija. Wygotski entwickelt zusammen mit seinen Kollegen eine erste Fassung der Kulturhistorischen Theorie.
ab 1931	Forschungs- und Vorlesungstätigkeit in Moskau, Leningrad und Charkov.
1934	Wygotski bespricht Piagets erste Bücher zur Psychologie des Kindes kritisch. Erneute Erkrankung. Er stirbt in Moskau an den Folgen seiner Tuberkuloseerkrankung (10.06.). Wygotski hinterlässt 80 unveröffentlichte Manuskripte. Die Aufsatzsammlung *Denken und Sprechen* erscheint in Moskau.

Denken und Sprechen

Wygotskis bekanntestes Werk *Denken und Sprechen* (1934/1964/1974) ist eine posthum publizierte Aufsatzsammlung, der kurz nach Erscheinen für mehr als 20 Jahre die offizielle Zulassung in der UdSSR entzogen wurde.

Im vierten Kapitel wird der Ursprung des Denkens und Sprechens beim Kind behandelt. Nach Wygotski haben Denken und Sprechen verschiedene Wurzeln. So könne man in der Entwicklung des kindlichen Sprechens ebenso ein vorintellektuelles wie ein vorsprachliches Stadium beobachten. Bis zu einem bestimmten Zeitpunkt verliefen beide Entwicklungen unabhängig voneinander auf verschiedenen Wegen. Später werde das Denken dann sprachlich und die Sprache intellektuell. Die zunächst unabhängigen Vorgänge Denken und Sprechen bildeten dann in der weiteren Entwicklung eine Einheit.

Diese Einheit wird im siebten Kapitel *Gedanke und Wort* behandelt. Sie bestehe in der *Bedeutung*, die ein konstituierendes Moment des Wortes und zugleich eine (gedankliche) Verallgemeinerung bzw. ein Begriff sei. Die Wortbedeutung sei demnach ebenso ein Phänomen des Denkens wie des Sprechens. Die äußere, lautliche und die innere, semantische Seite der Sprache bildeten im Einwortsatz des Kindes eine konkrete Einheit. Hierauf setze folgende Entwicklung ein: »Die semantische Seite der Sprache geht in ihrer Entwicklung vom Ganzen zum Teil, vom Satz zum Wort, die äußere Seite der Sprache dagegen vom Teil zum Ganzen, vom Wort zum Satz« (ebd., S. 302). Bei dieser Entwicklung verteile sich die Bedeutung nicht nur von einem Wort auf mehrere Wörter, sondern es könnten sich auch Gedanken herausbilden, die nicht mehr an Lautgestalten gebunden seien.

Nach Wygotski ist die von Piaget beobachtete egozentrische Sprache ihrer Struktur nach noch eine äußere Sprache und ihrer psychischen Funktion nach bereits eine innere Sprache. Wygotski selbst zeigt anhand von Experimenten, die er in Kindergärten durchführte, dass die egozentrische Sprache eine Übergangssprache von der äußeren zur inneren Sprache ist (und nicht umgekehrt). Sie stelle also eine noch unzureichende Individualisierung und nicht – wie Piaget meinte – eine noch ungenügende Sozialisierung dar. Die anfänglich ausschließlich sozial genutzte Sprache für andere werde so zu einer Sprache für den Sprechenden (d. h. zum Denken) ausdifferenziert.

Egozentrisches Sprechen

Nach Wygotski (1934/1964/1974, S. 317–333) verläuft die Entwicklung *nicht* wie von Piaget angenommen vom mutistischen Denken über das egozentrische Sprechen zum sozialisierten Sprechen, sondern umgekehrt: vom bereits von Anfang an sozialisierten Sprechen über das egozentrische zum inneren Sprechen. Zum egozentrischen Sprechen nach Wygotski lässt sich demnach Folgendes festhalten:

- *Egozentrische Sprache als Übergangsphänomen:* Das egozentrische Sprechen ist ein Übergangsphänomen auf dem Weg vom äußeren Sprechen zum inneren Sprechen.
- *Struktur und Funktion egozentrischer Sprache:* Das egozentrische Sprechen stellt seiner Struktur nach noch ein äußeres Sprechen und seiner psychischen Funktion nach schon ein inneres Sprechen dar.
- *Verkürzung der äußeren zur inneren Sprache:* Inneres Sprechen ist im Vergleich mit dem äußeren Sprechen lückenhaft und fragmentarisch. Die Verkürzung zeigt sich in einem weitgehenden Wegfall verbaler Elemente, in der Reduktion der Syntax auf Prädikativität sowie in der Dominanz des Sinns über eine elaborierte Bedeutungsstruktur.
- *Subjektivierung:* Die Umwandlung des Redens in Gedanken bedeutet keineswegs nur den Wegfall der Vokalisation, sondern wesentlich eine Subjektivierung und Entmaterialisierung.
- *Objektivierung:* Der rückläufige Prozess, die Umwandlung von Gedanken in Reden, stellt eine Objektivierung und Materialisierung dar.

Nach Wygotski sind Bedeutung (relativ kontextunabhängig, via Wörterbuch zugänglich) und Sinn (kontextgebunden, von Interessen abhängig) Kategorien höherer psychischer Funktionen. Deren wesentliche Eigenschaft sei es, dass sie durch Zeichen vermittelt würden. Zeichen seien folglich das vermittelnde Dritte in der Beziehung zwischen zwei Personen sowie einer Person in Bezug auf ihre eigene Person. Mehr oder weniger sprachlich ausgestaltete Konzepte dienten dabei als (innere) Hilfsmittel, um das Denken sowie das äußere Verhalten zu steuern und zu bewältigen. Mentale Funktionen (z. B. Erinnerung, Aufmerksamkeit) würden also transformiert, sobald ein Kind sprachliche Hilfsmittel und andere kulturelle Zeichensysteme (z. B. Zahlensystem) erwerbe und die mentale Struktur werde erneut reorganisiert, wenn das Kind wissenschaftliche Konzepte erlerne (z. B. beim Erinnern: Material werde kategorisiert und in einer logischen Reihenfolge verwendet), denn diese wissenschaftlichen Konzepte erlaubten es dem Kind unverzüglich, bestimmte Schlüsse zu ziehen (z. B. Säugetier: keine Eier).

Methode

Mit *Bedeutungs- und Sinnanalysen* von Tätigkeiten (insbesondere sprachlicher Art) sowie möglichst alltagsnahen Experimenten versuchte Wygotski Aufschluss über innere Prozesse (insbesondere über das Denken) zu erhalten. Da er die innerpsychischen Tätigkeiten als Interiorisierungen äußerer Tätigkeiten (Arbeit, Sprechen) auffasste, kam dabei auch der experimentellen Untersuchung der egozentrischen Sprache von Kindern in wenig veränderten (bzw. »gestellten«) alltäglichen Situationen (z. B. im Kindergarten) ein besonderer methodologischer Stellenwert zu (methodologisch etwa vergleichbar mit jenem, der den sogenannten objektiven Tatsachen der Völkerpsychologen hätte zukommen können), wurde es auf diese Weise doch möglich, das, was innerpsychisch relevant ist, gerade noch äußerlich zu beobachten und hierdurch künstliche Operationalisierungen zu vermeiden.

Rezeption

1936 erschien der Beschluss des Zentralkomitees der KPdSU *Über die pädologischen Entstellungen im System des Volksbildungswesens*, mit dem die als wissenschaftlich fragwürdig bezeichnete Testpraxis unterbunden werden sollte. Betroffen davon war jedoch nicht nur die Testpsychologie, sondern auch die nicht auf Reflexologie und Differentielle Psychologie reduzierbare Psychologie insgesamt. So wurde der vorwiegend kulturell ausgerichteten Aufsatzsammlung *Denken und Sprechen* die offizielle Zulassung entzogen. Erst 1956 erfolgte eine Neuausgabe in Moskau. Im Jahre 1962 folgte die erste englischsprachige Übersetzung von *Denken und Sprechen* mit einer Einleitung von Bruner. Im Jahre 1964 erschien dann die erste deutschsprachige Ausgabe der DDR im Akademie-Verlag Berlin, und 1974 wurde das Werk in der Bundesrepublik vom Fischer Verlag in Frankfurt am Main veröffentlicht. Herausgeber war hier ein Soziologe (Thomas Luckmann).

An den psychologischen Instituten westlicher Universitäten nahmen einige wenige Professoren, Mitarbeiter und Studierende Wygotski zur Kenntnis. Kritisiert wurde u. a. die von ihm als notwendig erachtete ideelle Sprechvorbereitung, die spontanes Sprechen und freies Assoziieren ausgrenzt (Galliker, 1977). Von einer eigentlichen Rezeption konnte allerdings noch keine Rede sein. Eine Auseinandersetzung mit dem Autor folgte erst nach der Herausgabe einer Zusammenstellung seiner Texte durch Cole, John-Steiner und Scribner (Kölbl, 2006).

Wissenschaftliche Nachwirkungen

Wygotski hat während seiner kurzen Lebenszeit nur seine direkten Mitarbeiter und Kollegen unmittelbar beeinflusst. An erster Stelle sind hier Leontjew und Lurija zu nennen, welche die Begegnung mit Wygotski übereinstimmend als das entscheidendste wissenschaftliche Ereignis in ihrem Leben bezeichneten. Leontjew hat die auf Paulhan zurückgehende

Unterscheidung zwischen Bedeutung und Sinn übernommen und weitergeführt. Er unterschied von der objektiven Bedeutung deren persönlichen Sinn, der auch von Interessen abhängig sei (Beispiel: Die gleiche Note hat nicht für jeden Schüler den gleichen Sinn).

Von entscheidender theoretischer Bedeutung sind Wygotskis Untersuchungen und Überlegungen zur egozentrischen Sprache. Sollte er recht behalten, lässt sich der individualistische Standpunkt der Psychologie, der Sozialpsychologie und der Allgemeinen Psychologie nicht länger aufrechterhalten, denn künftig müsste dann auch im Hinblick auf intrapsychische Funktionen und ganz persönliche Belange von den sozialen Verhältnissen, ja letztlich von der gesellschaftlichen Formation, ausgegangen werden. Die Auseinandersetzung der Menschen mit der Natur, mithin die Formbestimmtheit menschlicher Tätigkeiten, würde an erster Stelle einer solchen Theorie stehen (vgl. u. a. auch Galliker, 1980).

Praktische Auswirkungen

Nach Wygotski sind bei blinden, tauben oder anderen behinderten Kindern die pädagogisch-psychologischen Bemühungen nicht in erster Linie auf die biologischen Defizite zu beziehen; vielmehr sei primär der soziale Umgang zu beachten, dem die Kinder ausgesetzt seien und der sie oft erst wirklich zu »defektiven« Kindern gemacht habe. Die Unterstützung durch Andere erfolge dabei durch kulturelle Hilfsmittel, die auch bei nicht behinderten Kindern mit zunehmendem Alter immer relevanter würden. Sie seien die vermittelnde künstliche Instanz zwischen natürlichen Reizen und natürlichen Reaktionen. Bei behinderten Kindern trügen sie zur kulturellen Kompensation natürlicher Defizite bei.

Alexej Nikolajewitsch Leontjew

Ausgangspunkte

Bekannt ist, dass sich Leontjew als Student mit der Theorie von William James beschäftigte. Später orientierte er sich weitgehend an Wygotski.

Zeittafel

1903	Alexej Nikolajewitsch Leontjew wird in Moskau geboren.
1921–23	Leontjew studiert an der Universität Moskau. Er hört zunächst Geschichte und Philosophie, wechselt dann zur Psychologie und schließt dieses Studium ab.
1924	Er »vollendet« seine Ausbildung. »Damals gab es noch keine richtige akademische Ausbildung, und so gehörte ich ›als in Professorenausbildung befindlich‹ der Universität an« (Leontjew im Gespräch mit *Psychologie Heute*, 06.1979, S. 75f.). Beginn der Tätigkeit als externer Mitarbeiter am Institut für Experimentelle Psychologie der Moskauer Universität. Leontjew lernt Wygotski kennen.
1928–31	Enge Zusammenarbeit mit Wygotski sowie mit Lurija.
1931–35	Arbeit an der Psychoneurologischen Akademie in Charkov.
1936–37	Leontjew ist am Institut für Psychologie der Akademie der Pädagogischen Wissenschaften tätig.
1938	Er wird Professor für Psychologie an der Akademie für kommunistische Erziehung in Leningrad.
1945	Nach dem Zweiten Weltkrieg, während dem er in einem Krankenhaus zur Wiederherstellung der Bewegungsfähigkeit arbeitet, erhält Leontjew den Lehrstuhl für Psychologie an der Zweiten Moskauer Staatlichen Universität.
1959–62	Leontjew ist Vizepräsident der Akademie der Pädagogischen Wissenschaften.
1966	Er wird Präsident des 18. Internationalen Kongresses der Psychologie in Moskau.
1968	Er wird Ehrendoktor der Sorbonne.
1979	Leontjew stirbt in Moskau.

Probleme der Entwicklung des Psychischen

Leontjews *Probleme der Entwicklung des Psychischen* (1959/1980) beinhaltet u. a. in Teil III *Die Entwicklung höherer Formen des Gedächtnisses* auch die Ergebnisse der bereits 1932 erschienenen Untersuchung *Die Entwicklung des Gedächtnisses.*

Ursprünglich, so Leontjew, seien die Menschen über kaum mehr als ein natürliches Gedächtnis hinausgekommen. Diese Menschen hätten noch fast nur in der Gegenwart gelebt und die zufällig eintreffenden Stimuli hätten mal diesen mal jenen Gedächtnisinhalt hervorgerufen. Später seien dann Völker aufgetaucht, die mit Hilfsmitteln wie Kerben oder Knoten versucht hätten ihre Erinnerungsleistungen zu verbessern: »(Der australische Bote) schnitzt Kerben in seinen Stock und schafft damit künstlich dieses gemeinsame Glied, das seine gegenwärtige mit der künftigen Situation verbindet; jeder Einschnitt dient ihm dann als Zwischenstimulus, der die Funktion eines *Erinnerungsmittels* erfüllt und mit dessen Hilfe der Bote sein Gedächtnis beherrscht« (ebd., S. 315; Hervorhebung von Leontjew). Später in der Entwicklung seien diese Zwischenstimuli dann einerseits immer spezifischer geworden; andererseits seien sie kombiniert und zu ganzen Systemen (u. a. Schriftsystemen) ausgebaut worden. Das extern vermittelte Einprägen mittels Zwischenstimuli sei im Zuge dessen in ein intern vermitteltes Einprägen umgesetzt worden; durch diese Verinnerung seien externe Instrumente zwischenzeitlich überflüssig geworden.

Entsprechend würden in der *Entwicklungsgeschichte des Kindes* ab einem bestimmten Alter die Leistungen beim Lernen von Vokabeln besser, wenn man den Probanden Bilder als Gedächtnishilfen zur Verfügung stelle, doch erwachsene Probanden benötigten diese externen Hilfsmittel für befriedigende Reproduktionsleistungen weniger oder gar nicht mehr, da sie mit fortschreitender Sprachentwicklung über eingeprägte und nun intern vermittelnde Hilfsmittel verfügten und mehr logische Verknüpfungen zwischen den sprachlichen Elementen herstellen könnten.

Leontjews Hauptwerk enthält auch eine kleine *Naturgeschichte des Psychischen*, auf die hier nur hingewiesen werden kann: Ausgehend von der bloßen Reagibilität einfachster Organismen habe sich die Psyche mit der Empfindungsfähigkeit und Sensibilität als Widerspiegelung externer Wirklichkeit und damit als Evolutionsvorteil herausgebildet. Mit dem Übergang vom Wasser zum Land sei aus den Einzelempfindungen aufgrund isolierter Reize erst die gegenständliche Wahrnehmung bzw. eine perzeptive Psyche hervorgegangen. Über geeignete Lebensvoraussetzungen und teilweise auch schon über rudimentären, vorerst noch nicht tradierbaren Werkzeuggebrauch seien die am höchsten organisierten Lebewesen (u.a. Schimpansen) schließlich ins Stadium des Intellekts gelangt.

Im Weiteren soll noch Leontjews *Gesellschaftsgeschichte des Psychischen* skizziert werden: Die natürlichen Voraussetzungen der Phylogenese seien in der gesellschaftlichen Formation aufgehoben und das spezifisch menschliche Bewusstsein habe sich mit der gesellschaftlichen Organisation der Arbeit herausgebildet. In der Auseinandersetzung der Menschen mit der Natur habe sich auch ihr Verhältnis untereinander sowie das Verhältnis der Individuen zu sich selbst verändert. Das (zwischen-)menschliche Verhältnis erläutert Leontjew hier am Beispiel eines Treibers, der das Wild von sich forttreibt, um es anderen Jägern zuzutreiben, die im Hinterhalt lauern. Das Ziel dieser Tätigkeit des Treibers (das Wild den *anderen* Jägern zutreiben) decke sich dabei nicht mehr mit dem Motiv der Tätigkeit des Treibers (eigenes Bedürfnis nach Nahrung und Kleidung). Leontjew sieht mit einer solchen Handlung kooperierender Lebewesen die *spezifisch menschliche* Widerspiegelung der Wirklichkeit erreicht, die mit einer ausschließlich naturwissenschaftlichen, rein individualistischen Psychologie bereits nicht mehr richtig erfasst werden könne: »Beim Übergang zum Menschen wandelt sich (…) die Form der psychischen Widerspiegelung vor allem insofern, als sich dem Menschen die Wirklichkeit nun in der objektiven Beständigkeit ihrer Eigenschaften offenbart, und zwar unabhängig und getrennt davon, in welchen subjektiven Beziehungen das Individuum gerade zu ihr steht und welche Bedürfnisse es augenblicklich verspürt« (ebd., S. 217).

Methode

Leontjew versuchte mit seinen Gedächtnisexperimenten abzuklären, ab wann Kinder zum Einprägen mit Hilfe von Bildern fähig werden und ab wann entsprechende Hilfsmittel keinen Leistungszuwachs mehr bewirken. Den Versuchspersonen (u. a. Vorschul-, Grundschul-, Hilfsschulkinder, Studierende und ältere Erwachsene) wurde dafür jeweils eine Serie von Wörtern vorgelegt. Nach der Lektüre wurden sie dazu aufgefordert, die Wörter zu reproduzieren. In weiteren Versuchsdurchgängen wurden den Probanden zusätzlich Bilder zur Verfügung gestellt, die ihnen das Einprägen erleichtern sollten. Neben diesen Experimenten führte Leontjew noch weitergehende Experimente mit Versuchspersonen verschiedener Altersstufen durch, bei denen auch Kommentare, Empfehlungen, Gebrauchsanweisungen usw. eingesetzt wurden: »Zum anderen wollten wir das *Verhältnis zwischen den von uns gezeigten Entwicklungslinien des mittelbaren Einprägens klären.* Wir untersuchten diesen Komplex an Versuchspersonen verschiedener Altersstufen und vermochten dabei die quantitative Seite des Übergangs vom Gebrauch äußerer zur Verwendung innerer Stimuli als Hilfsmittel des Einprägens zu erschließen. Damit waren wir in der Lage, die dynamischen Gesetze zu formulieren, nach denen sich die höhere Form des Einprägens, die sich auf das Zeichen stützt, das heißt das mittelbare Einprägen, entwickelt« (ebd., S. 335; Hervorhebung von Leontjew).

Rezeption

Probleme der Entwicklung des Psychischen wurde etwa zwanzig Jahre nach Erscheinen auch in deutscher Sprache zugänglich. Die phylo- und ontogenetischen Ansätze von Leontjew wurden insbesondere von den gesellschaftskritischen Psychologen Holzkamp und Schurig rezipiert. Die *Kritische Psychologie der zweiten Berliner Schule* (nach der ersten der Gestaltungspsychologen) kann dabei als Weiterführung der Arbeiten Leontjews betrachtet werden. So berücksichtigte Holzkamp (1973) nicht nur die – nicht zuletzt materielle – Arbeitstätigkeit, sondern – mindestens von der Intention her – auch den sie schließlich umfassenden Äquivalententausch. In Holzkamps (1983) subjektwissenschaftlicher Grundlegung der Psychologie und auch in seiner subjektwissenschaftlichen Grundlegung des Lernens (1993) kommt dem Äquivalententausch allerdings auch vom Ansatz her keine wesentliche Bedeutung mehr zu, was hinsichtlich einer Kritik der politischen Psychologie jedoch sicherlich erforderlich wäre (vgl. hierzu auch Sohn-Rethel, 1985).

Wissenschaftliche Nachwirkungen

Leontjews (1959/1980) naturgeschichtliche Untersuchungen psychischer Prozesse befassen sich mit der natürlichen Stammesgeschichte (Phylogenese) des Psychischen, ausgehend von der Reagibilität und der Sensibilität. Schon der einfachste Organismus (Einzeller) reagiert auf gewisse Reize empfindlich (z. B. auf gefährliche Reize).

Das von Leontjew im Einzelnen noch nicht untersuchte Spiegelbild der Sensibilität ist die Habituation. Sensibilität (Empfindlichkeit), auch Sensitivität (eigentlich Überempfindlichkeit) genannt, und Habituation (Gewöhnung) haben sich inzwischen als grundlegende Prozesse des Psychischen erwiesen. Dabei ist Habituation der primäre Lernprozess, die Ausbildung des bedingten Reflexes ist bereits komplexer: Während der Organismus zu erkennen lernt, dass ein Reiz harmlos ist, schwächt sich der Reflex im Zuge der Habituation progressiv ab. Der empirische Nachweis hierfür wurde auf der Zell- und Molekularebene geführt. Für die Untersuchungen der Signalübertragung im Nervensystem erhielt Eric Kandel zusammen mit Arvid Carlsson und Paul Greengard den Nobelpreis für Physiologie oder Medizin (Kandel, 2006).

Leontjews Geschichte der Gesellschaft und der Tätigkeit, die von der gesellschaftlichen Formation der Arbeit sowie des Psychischen ausgeht, konnte hier nur angedeutet werden. Insbesondere hinsichtlich sprachlicher Tätigkeiten und Verkehrsformen wurde sie von seinem Sohn, Aleksej Alekseevic Leontjew, fortgesetzt, der zu dem Ergebnis kam, dass sprachliche und materielle Tätigkeiten ursprünglich eine Einheit bildeten. So hätten Menschen nicht nur ihre Eigenschaften und Fähigkeiten vergegenständlicht, sondern sie hätten auch die Fähigkeit gehabt, die Realität zu entgegenständlichen, zu idealisieren, was durch die Verwendung von Zeichen geschehen sei. Die Sprache sei demzufolge ein System von Quasiobjekten, in dem an die Stelle der realen Verhältnisse ihre sichtbare bzw. hörbare Form getreten sei. Damit sei die Möglichkeit geschaffen worden, gesellschaftliche Erfahrung auf neue Wirklichkeit zu projizieren und entsprechende Erkenntnisse zu vermitteln. Quasiobjekte ermöglichten zudem eine Verselbständigung von Beziehungen unabhängig von realen Verhältnissen und deren unmittelbarer Wiedergabe. Mit dieser Verselbständigung sei die Orientierung an der Persönlichkeit des Gesprächspartners zur notwendigen Voraussetzung des sprachlichen Verkehrs geworden. Entscheidend sei also nun die Einstimmung auf den Gesprächspartner und die Übereinstimmung mit ihm, wie sie beim Verstehen und bei der Verständigung zum Ausdruck komme (A. A. Leontjew, 1974/1982).

Praktische Auswirkungen

Alexej Nikolajewitsch Leontjew hat darauf aufmerksam gemacht, dass in der menschlichen Entwicklung direkte zwischenmenschliche Kontakte schon sehr früh von vermittelten Relationen abgelöst werden. Die Ontogenese des Gedächtnisses dokumentiert die kulturhistorische Entstehung des Gedächtnisses, die künstliche Vermittlung desselben und damit auch die Plastizität dieser psychischen Funktion. Dieser Sachverhalt spricht gegen mechanisches Auswendiglernen und ermuntert Erziehung und pädagogische Institutionen zur Schulung des Gedächtnisses mit kulturellen Hilfsmitteln. Allerdings wurde von Leontjew und der Kulturhistorischen Schule insgesamt wenig berücksichtigt, dass der übermäßige Gebrauch kultureller Mittel dem Gedächtnis unter bestimmten Bedingungen auch abträglich sein kann (u. a. mangelnde Interiorisierung bei ungenügender Ausbildung von Vorstellungen).

Aleksandr Romanovic Lurija

Ausgangspunkte

Die Zusammenarbeit mit Wygotski und Leontjew war für Lurijas wissenschaftliche Entwicklung wegweisend. Obwohl er in jüngeren Jahren auch der Psychoanalyse sehr nahe stand, bezieht er sich an keiner Stelle seines Hauptwerkes *Das Gehirn in Aktion* (1973/1996) auf Freud (Historiker vermuten politische Gründe). Hingegen bezieht er sich auf die Neurologen Broca und Wernicke, die neben dem intakten Gehirn erstmals auch Krankheitszustände desselben untersuchten. Von der zeitgenössischen amerikanischen Psychologie referiert er u. a. Lashley, Hebb, Miller, Galanter und Pribram. Lurija unterhielt freundschaftliche Kontakte zu Kurt Lewin und Jean Piaget. Schon früh setzte er sich kritisch mit Bechterew, Pawlow, Dilthey, Jakobson und mit den Gestaltpsychologen auseinander.

Zeittafel

1902	Aleksandr Romanovic Lurija wird in Kazan, einer Universitätsstadt im Südosten Russlands, geboren.
1918–21	Nach Abschluss des humanistischen Gymnasiums studiert Lurija Medizin, Psychologie sowie Gesellschaftswissenschaften.
1923	Konstantin Kornilov holt Lurija an das Psychologische Institut der Universität Moskau.
1924	Lurija lernt auf dem Zweiten Psychoneurologischen Kongress in Petrograd Wygotski kennen.

1925	Beginn der Arbeit am Institut für Psychologie in Moskau, zunächst als Assistent bei Kornilov, später als Leiter des Labors für allgemeine Psychologie.
1928–31	Enge Zusammenarbeit mit Wygotski sowie mit Leontjew.
1931–32	Expeditionen nach Usbekistan und Kirgisien.
1934	Das sogenannte Pädologie-Dekret (Pädologie = Wissenschaft vom gesunden Kind und dessen Entwicklung) setzt Lurijas kulturpsychologischen Arbeiten ein Ende.
1942–44	Während des Krieges ist Lurija Sanitätsoffizier. Er arbeitet im Rehabilitationszentrum für Hirnverletzte in Čeljabinsk.
ab 1944	Lurija arbeitet am Institut für Neurochirurgie in Moskau, wo er auch beginnt, das Wissenschaftsgebiet der Neuropsychologie auszubauen. Als eigenständiger Wissenschaftszweig befasst diese sich mit der Rolle individueller zerebraler Systeme bei komplexen Formen geistiger Tätigkeit.
1950	Lurija wird aus ideologischen Gründen von seinem Posten entfernt. Er wird u. a. des Anti-Pawlowismus bezichtigt. Er wendet sich erneut dem Gebiet der Medizin zu.
1953	Nachdem sich mit dem Tode Stalins die politischen Verhältnisse in der Sowjetunion gelockert haben, kann Lurija seine wissenschaftliche Tätigkeit wieder aufnehmen.
1965	Ordentliches Mitglied der Akademie der Pädagogischen Wissenschaften der UdSSR.
1973	*Das Gehirn in Aktion* erscheint.
1977	Tod Lurijas in Moskau.

Das Gehirn in Aktion

Lurija vertritt in seinem Werk *Das Gehirn in Aktion* gemäß seinem kulturhistorischen Ansatz die Auffassung, dass psychische Tätigkeiten sich im Verlauf der Entwicklung allmählich herausbilden. Nach dem Autor sind sie phylogenetisch vorbestimmt und werden soziokulturell vermittelt und individuell angeeignet.

Nach Lurija verändert sich im Laufe der Ontogenese die vorgegebene interfunktionelle Organisation und neue Verbindungen im Gehirn organisieren das spezifisch menschliche Verhalten. Der Erwerb und die Steuerung höherer psychischer Prozesse seien v. a. sprachlich vermittelt. Der Autor bestimmt die Tätigkeiten dabei als funktionelle Systeme. Sie seien nicht an spezifische zerebrale Substrate gebunden, sondern vielmehr komplexe funktionelle Systeme, die hierarchisch gegliedert seien und an deren Konstitution sich jeweils *verschiedene* Bereiche des Gehirns beteiligten. Psychische Funktionen seien deshalb nur in einem dynamischen Sinne lokalisierbar, denn die einzelnen Funktionsbereiche entwickelten sich nicht isoliert, sondern in gegenseitiger Abhängigkeit voneinander.

Die Auffassung des Autors von einem Gehirn in Aktion löste die Vorstellung von einem passiven und statischen Gehirn ab. So wird die Wahrnehmung hier als aktiver Prozess aufgefasst, in dessen Verlauf Informationen gesucht und charakteristische Merkmale eines Gegenstandes identifiziert werden. Neben den rezeptorischen Komponenten seien dabei immer auch effektorische bzw. motorische Komponenten für die menschliche Wahrnehmung wesentlich, die sich in den ersten Stadien der Entwicklung nur Schritt für Schritt ausbildeten, während sie in späteren Stadien durch Verkürzungen und Verdichtungen intrapsychisch realisiert würden: »(Der Wahrnehmungsvorgang) beginnt mit der *Zerlegung* der vom Gehirn aufgenommenen Wahrnehmungsmannigfaltigkeit in viele Komponenten oder Hinweise, die anschließend *kodiert* oder *synthetisiert* und in die korrespondierenden *mobilen Systeme* eingefügt werden. Der Prozeß von Auswahl und Synthese der entsprechenden Merkmale ist ein *aktiver*; er befindet sich unter dem unmittelbaren Einfluß von *Aufgaben*, die sich dem Individuum stellen« (ebd., S. 231; Hervorhebungen von Lurija).

Höhere Formen psychischer Tätigkeit im Kortex sind nach Lurija stets auf bestimmte externe Mittel angewiesen (z. B. Stichworte, Multiplikationstabellen): »Es ist einleuchtend, daß diese äußeren Hilfsreize oder geschichtlich gewordenen Werkzeuge *wichtige Elemente bei der Schaffung funktioneller Verbindungen zwischen einzelnen, unabhängigen Teilen des Gehirns* sind und daß mit ihrer Hilfe Hirnregionen, die vorher unabhängig voneinander arbeiteten, zu *Bestandteilen eines einzigen funktionellen Systems* werden« (ebd., S. 26f.; Hervorhebungen von Lurija).

Die Lokalisation höherer psychischer Prozesse im Kortex ist nach Lurija weder statisch noch konstant. Sie verändere sich während der kindlichen Entwicklung und auch in den darauffolgenden Lernphasen. Die soziokulturellen Formationen, in denen Personen aufgewachsen seien, spiegelten sich in der zerebralen Organisation der höheren psychischen Prozesse wider. Da das Gehirn sich solchermaßen soziohistorisch konstituiere, bleibe es im Prinzip ein stets wandelbares Organ, auch wenn es sich in späteren Lebensphasen weniger verändere und sich mehr stabilisiere.

Methode

Für Lurija war die wichtigste Forschungsmethode die Untersuchung örtlicher Hirnverletzungen. Aus den psychischen Folgeerscheinungen könne auch der Moment psychischer Funktionen analysiert und der Aufbau derselben besser kennengelernt werden, um von dort aus wiederum zur zerebralen Organisation zu gelangen. Lurija wandte sich damit auch methodisch gegen einen strengen Lokalisationismus sowie gegen einen undifferenzierten Holismus. Um mehr Klarheit über neuropsychologische Prozesse zu erlangen, arbeitete er auch mit einer Reihe weiterer Forschungsmethoden: u. a. mit Assoziationsexperimenten in der Tradition Jungs, mit Zeitmessungen verbaler und motorischer Reaktionen zur Feststellung von Konflikten und Unsicherheiten, mit der Interviewmethode bei kulturvergleichenden Untersuchungen sowie mit Einzelfalldarstellungen zum Verständnis der Leistungen eines Gedächtniskünstlers.

Rezeption

Die neuropsychologischen Arbeiten von Lurija werden stärker als andere Arbeiten der Vertreter der Kulturhistorischen Schule bis weit über die Grenzen von Russland hinaus studiert und gewürdigt. Seit 1987 besteht in Deutschland die von Wolfgang Jantzen, Professor für Behindertenpädagogik an der Universität Bremen, gegründete Lurija Gesellschaft (Verein zur Förderung der wissenschaftlichen Grundlegung der Rehabilitation hirngeschädigter Menschen e.V.).

Wissenschaftliche Nachwirkungen

Lurija gilt als einer der Begründer der Neuropsychologie. Mit seinen Arbeiten zur Aphasie und zur Rolle der Sprache in der geistigen Entwicklung des Kindes genoss Lurija immer größeres Ansehen im Ausland, was schließlich auch im eigenen Land zu seiner beruflichen Rehabilitation führte. Lurija hat wie wohl kein zweiter Psychologe soziokulturelle Formation, neurologische Basis und Repräsentation des Psychischen vereint. Als Forscher, der sich ursprünglich für die Arbeiten von Freud interessierte und auch in psychoanalytischen Zeitschriften veröffentlichte, sich aber von der Psychoanalyse offiziell abwenden musste, spielte er zudem im Zusammenhang mit dem Aufschwung der sogenannten Neuro-Psychoanalyse eine wichtige Rolle (vgl. u. a. Kaplan-Solms & Solms, 2000/2003).

Praktische Auswirkungen

In einigen Arbeiten von Lurija werden Gehirn und Gesellschaft gleichermaßen berücksichtigt, was nicht nur dazu führt, dass sich eine einseitige Biologisierung der Psychologie paradigmatisch in Frage gestellt sieht, sondern es eröffnen sich auch in praktischer Hinsicht Alternativen. So wird etwa bei Verletzungen oder Störungen neurologischer Systeme bestimmbar, welche Funktionen intakt bleiben und welche nicht, so dass nun gezielt Maßnahmen ergriffen werden können, und zwar vorzüglich im Bereich von sozial eingebetteten verbalen Verhaltensweisen sowie von deren Modifikationen.

Kognitive Psychologie

Die Kognitionspsychologen befassen sich in Abhebung von den Behavioristen vor allem mit dem, was in der sogenannten Black Box so alles geschehen könnte, also mit intrapsychischen Prozessen. Dieselben werden aber hier im Unterschied zu älteren Schulen (u. a. Würzburger Schule) in ein striktes Raster von Stimulus und Reaktion (S-R-Raster) oder bei mehr umfassenden Fragestellungen in ein Umwelt-Verhaltens-Paradigma (U-V-Paradigma) eingespannt, was bedeutet, dass die Kognitive Psychologie in methodologischer Hinsicht behavioristisch bleibt. Das Bindeglied zwischen den Ausgangsbedingungen und der Reaktion (bzw. Verhalten, Handlung) wird aber nicht nur als »kognitive Funktion« verstanden, sondern durchaus auch in »kognitiven Repräsentationen« gesehen, worunter eine nicht unmittelbar an die Wahrnehmung gekoppelte Integration von Informationen in entsprechende Denksysteme verstanden wird. Bei jeder kognitionspsychologischen Untersuchung spielt zwar die Sprache eine wichtige Rolle, doch kommt ihr in inhaltlicher Hinsicht nicht die gleiche Bedeutung zu wie beim Kulturhistorischen Ansatz, denn die meisten Kognitionspsychologen betrachten sie nicht als externe Stütze und konstituierendes Moment innerer Prozesse.

Frederic Charles Bartlett

Ausgangspunkte

Bartlett setzte sich mit Ebbinghaus auseinander und gelangte zu der Ansicht, dass man noch nichts über das Gedächtnis wüsste, selbst wenn alles über die Reproduktion sinnloser Silben bekannt wäre. Bartletts Arbeit in seinen Hauptforschungsgebieten Gedächtnis, Denken und Wahrnehmung war von einem ausgeprägten ethnologischen Interesse getragen.

Zeittafel

1886	Frederic Charles Bartlett wird in Stow-on-the-Wold (England) geboren.
1912	Er geht ans Saint John's College an der Universität Cambridge.
1924–30	Reisen nach Afrika sowie Herausgebertätigkeit für das *British Journal of Psychology.*
1931	Lehrstuhl für experimentelle Psychologie an der Universität Cambridge. In dem dazugehörigen Laboratorium erscheint er immer seltener.
1932	*Remembering* erscheint. Wahl in die Royal Society.
1934	*The Problem of Noise* erscheint in Cambridge.
1940	*Political Propaganda* erscheint in Cambridge.
1944	Mit Kenneth Craik zusammen Gründung der Medical Research Council's Applied Psychology Research Unit in Cambridge.
1948	Bartlett wird für seine Dienste im Bereich der angewandten Psychologie in der Royal Air Force geadelt.
1951	Ende der Lehrtätigkeit in Cambridge. *The Mind at Work and Play* erscheint in London.
1958	*Thinking* erscheint in New York.
1969	Bartlett stirbt in Cambridge.

Das Erinnern

Bartlett beschreibt in dem in Cambridge veröffentlichten Buch *Remembering* (1932/1964), wie kurze Erzählungen (z. B. nordamerikanische Indianererzählungen), die den Probanden vorgelesen werden, von denselben erinnert werden: Die Versuchspersonen behalten das Hauptthema der Geschichte (oder das, was sie dafür halten) und vergessen viele Details (z. B. Auslassungen von Eigennamen). Sodann fügen sie Einzelheiten in den Rahmen des Hauptthemas ein und zwar in einer Weise, welche die jeweilige Auffassung der Geschichte stützt.

Der Erinnerungsvorgang ist nach Bartlett eine Rekonstruktion nur schematisch eingeprägter Sachverhalte. Bei einer solchen Rekonstruktion spiele das aktive, kreative Denken eine wichtige Rolle. Modifikationstendenzen wie die beschriebene beobachtete Bartlett vor allem dann, wenn der Inhalt der Erzählung nicht mit den Erfahrungen der Versuchspersonen übereinstimmte. Sobald also die Versuchspersonen mit neuen Informationen konfrontiert wurden, versuchten sie dieselben nach Möglichkeit im Sinne früherer Erfahrungen zu verstehen. Die Probanden ergänzten die unvollständig verstandenen oder reproduzierten Erzählungen folglich gemäß einem bereits vorhandenen Schema, wobei Schema hier eine Vorlage organisierten Wissens meint, die bei einer aktuellen Erfahrung aktiviert wird: »Such schemata modify the impressions produced by incoming sensory impulses in such a way that the final sensations of position of locality rise into consciousness charged with a relation to something that has gone before« (ebd., S. 200).

Bartlett schreibt dem Erinnerungsvorgang eine Konventionalisierungs- und Rationalisierungstendenz zu, die dafür sorgt, dass einzelne Teile der Geschichte an Bedeutung verlieren, während andere wichtiger werden: Die meisten Probanden hatten ihre Nacherzählungen (mitunter durch Auslassungen) verdichtet; einige Versuchspersonen hatten die Geschichte aber an bestimmten Stellen auch mit neuen Details ausgeschmückt, um sie mit ihren eigenen Erfahrungen besser in Einklang zu bringen. Oft war daraus eine nicht unwesentlich veränderte, eigene Kurzgeschichte entstanden.

Bartlett schloss daraus, dass das Gedächtnis durch Bedürfnisse und Gefühle motiviert und organisiert wird, wobei eine erreichte Organisation durch neue Erfahrungen wieder reorganisiert wird. Veränderungen werden dabei in der Regel so wenig wahrgenommen wie die Aktivierung früherer Erfahrungen: »(Incoming impulses) have to be regarded as constituents of living, momentary setting belonging to the organisation, or to whatever parts of the organism are concerned in making a response of a given kind, and not as a number of individual events somehow strung together and stored within the organism« (ebd., S. 201).

Nach Bartlett produzieren die Probanden bei diesem Vorgang weder etwas absolut Neues, noch repetieren sie das Alte in gleicher Weise. Der Autor stellt vielmehr zusammenfassend fest, dass die Probanden die Geschichte in einer Weise verändern, dass dieselbe für sie sinnvoll wird bzw. ihnen so erscheint.

Methode

Für Bartlett war zwar die gesellschaftliche Ausprägung der Menschen selbstverständlich, doch andererseits präsentierte er sich zumindest im institutionell-universitären Rahmen als strenger Naturwissenschaftler. Wie ist dieser Widerspruch erklärbar? Soweit diese Präsentation nicht nur aus forschungspolitischen Gründen erfolgte, resultierte sie sicherlich aus seinem großen Exaktheitsanspruch. Bartlett teilte zwar die Meinung der Experimentalpsychologen, dass eine möglichst exakte Methodik zu verwenden sei, doch war er nicht davon überzeugt, dass dieselben mit Experimenten im naturwissenschaftlichen Sinne identisch sein müssten, denn naturwissenschaftlich ausgerichtete Experimentalpsychologen näherten sich ihrem Forschungsgegenstand, indem sie ihn so weit wie möglich isolierten und reduzierten – mit der Konsequenz, dass wesentliche Aspekte desselben ausgeblendet werden. Bei seiner Untersuchung des Erinnerns führte Bartlett daher im Unterschied zu Ebbinghaus Experimente mit bedeutsamem Material in möglichst natürlichen Situationen durch, wobei sein Vorgehen darin bestand, den Probanden kurze Geschichten vorzulesen, die sie nach einer Unterbrechung von einer Viertelstunde wiedergeben sollten. Original und Wiedergaben ließen sich also vergleichen und Differenzen exakt feststellen. Verdichtungen, Verschiebungen und andere nicht bewusste Prozesse wurden so auf empirischer Basis zugänglich und konnten linguistisch analysiert werden.

Experimente mit sinnvollem Material

Nach Bartlett (1932/1964) lassen sich Experimente durchführen, die im Unterschied zu den naturwissenschaftlich geprägten Experimenten folgende Eigenschaften aufweisen:

- *Material:* Verwendung von sinnvollem Material.
- *Kontext:* möglichst natürlicher Kontext bzw. keine Laborsituation.
- *Versuchspersonen:* mit vielen Versuchspersonen simultan durchführbar.

Vorgehen

- *Vorgabe einer Erzählung* bei mehreren Gruppen von Versuchspersonen
- *Wartezeit* (z. B. 15 Minuten)
- *Wiedergabe der Erzählung* durch die Versuchspersonen

Auswertung

- *Vergleich:* Die Wiedergabe der Erzählung und die Erzählung im Original werden miteinander verglichen.
- *Differenz:* Die Feststellung des Unterschiedes zwischen Wiedergabe und Original erfolgt auf linguistischer Basis.
- *Ergebnis:* Verschiebungen, Verdichtungen und Rationalisierungen können festgestellt werden.

Bartletts Experimente lassen sich auch komplexer ausgestalten (Vergleich verschiedener Voraussetzungen bzw. weiterer Gruppen und Untergruppen von Probanden, erste Wiederholung und spätere Wiederholungen, unterschiedliche Zeitabstände zwischen den Wiederholungen usw.). Auf diese Weise kann der Gedächtnisprozess (Erinnerung; Vergessen) systematisch verfolgt werden. Bartletts Methode erinnert teilweise an eine empirische Ausgestaltung von Freuds Methode, so wie dieser sie an einigen Stellen der *Traumdeutung* hinsichtlich der *Psychoanalyse* anführt (vgl. u. a. Freud, 1900/1972, S. 493).

Rezeption

Bartlett war in England anerkannt und konnte im Verlaufe seines wissenschaftlichen Lebens seinen Lehrstuhl (den zweiten in England überhaupt) von einem Assistenten auf 30 Mitarbeiter ausbauen. International gesehen war sein Einfluss jedoch zunächst eher gering, zu stark wurde damals die Psychologie vom behavioristischen Forschungsparadigma dominiert.

Wissenschaftliche Nachwirkungen

Bartletts Arbeiten waren in langfristiger Hinsicht folgenreich: In den 1960er Jahren begannen sich immer mehr Psychologen vom Behaviorismus zu lösen, um sich mehr einer kognitiv orientierten Psychologie zuzuwenden. Mit neuen Gedächtnisexperimenten versuchte man mehr über die Umformung von Informationen zu erfahren. Allerdings wurde Bartletts spezifische Methodik relativ wenig beachtet, denn die Kognitive Wende der Psychologie bezog sich vor allem auf die Inhalte der Psychologie und ließ die behavioristische Methodik fast unverändert bestehen (vom zusätzlichen Problem der Operationalisierung hypothetischer Konstrukte einmal abgesehen).

Darüber hinaus könnte Bartlett indes auch als ein bisher weitgehend geheim gehaltener Pionier der Erzählsprache (Ehlich, 1980) und der Narrativen Psychologie gelten, auch wenn deren Vertreter bis dato keine wissenschaftliche Verbindlichkeit erreicht haben und offensichtlich auch in Zukunft keine erreichen wollen, stellen sie doch kaum die Frage nach der Untersuchungseinheit, zu deren Bestimmung Bartletts Arbeit linguistisch detailgenau so viel beitragen könnte (vgl. u. a. Luif, Thoma & Boothe, 2006).

Praktische Auswirkungen

Die Organisation der Erinnerung wurde in zahlreichen unmittelbar praxisrelevanten Experimenten untersucht. Es konnte dabei nachgewiesen werden, dass ein vorangegangenes Ereignis (z. B. ein Autounfall in einem Film) von den Probanden anders erinnert wird, je nachdem mit welchen Signifikanten der Versuchsleiter die Versuchspersonen befragt (Garry & Loftus, 1994). Analog erfahren Psychotherapeuten, Psychiater und Richter nicht selten Ereignisse oder erhalten vielmehr Darstellungen von Ereignissen, die sie selbst hervorgerufen haben. Dieser psychologische Sachverhalt führte in den Vereinigten Staaten im Zusammenhang mit dem sexuellen Missbrauch von abhängigen Personen (v. a. Kindern) zu einer heftigen Kontroverse. Im Extremfall erinnern die Befragten sich nämlich auch an ein vergangenes Ereignis, obwohl es gar nicht stattgefunden hat (Perrig, 2003).

Jean Piaget

Ausgangspunkte

Piaget bezeichnete Kant zwar als »Vater von uns allen«, doch betrachtete er die reinen Verstandesbegriffe oder Kategorien nicht als einfach gegebene Voraussetzungen der Entwicklung, sondern allenfalls als Endpunkt derselben. Zu den ersten Psychologen, die Piaget studierte, gehörten James, Ribot und Janet. Als junger Wissenschaftler setzte er sich zudem intensiv mit der Psychoanalyse auseinander. Die Gestaltpsychologen, denen Piaget in seinem ursprünglichen Denken sehr nahe stand, wurden von ihm später kritisch behandelt. Bei Wertheimer und Köhler vermisste Piaget in den logischen Strukturen (z. B. in Zahlenreihen) das additive Moment: »Daraus zog ich den Schluß, daß man zwischen verschiedenen Stufen von Gleichgewichten unterscheiden mußte und daß es galt, die Forschung der Strukturarten in ein eher genetisches Vorgehen zu integrieren« (Piaget, 1979, S. 167).

Zeittafel

1896	Geburt von Jean Piaget in Neuenburg (Schweiz). Er ist das erste Kind von Arthur Piaget, Professor für mittelalterliche Literatur, und Rebecca Jackson.
1907	Er besucht die Lateinschule von Neuenburg. In einem Park beobachtet er einen Albino-Sperling und schreibt darüber einen Bericht. Dieser Artikel gilt als Ausgangspunkt seiner wissenschaftlichen Karriere.
1915–18	Biologiestudium an der Universität Neuenburg. Bei einem Aufenthalt in Zürich besucht er das Laboratorium

	von Lipps und die psychiatrische Klinik Burghölzli. Er begegnet Bleuler und Jung.
1919–21	Aufenthalt in Paris. Im Labor von Binet führt er die Standardisierung amerikanischer Intelligenztests für Pariser Kinder durch. Er schreibt seine ersten entwicklungspsychologischen Arbeiten und wird von Claparède nach Genf berufen, um die Stelle eines Forschungsleiters zu übernehmen.
1925	Piaget wird Professor an der Universität Neuenburg.
1929	Er wird Professor in Genf.
1934	Wygotski bespricht die ersten entwicklungspsychologischen Bücher Piagets. Er weist insbesondere dessen Auffassung der egozentrischen Sprache zurück.
1937	Beginn der Zusammenarbeit mit Bärbel Inhelder.
1940	Piaget übernimmt den Lehrstuhl für Psychologie von Claparède an der Universität Genf.
1946	Die Pariser Sorbonne verleiht Piaget den Titel eines Doktors honoris causa.
1952	Er wird an der Sorbonne Nachfolger von Merleau-Ponty.
1955	Gründung des Centre d'Epistémologie génêtique in Genf: interdisziplinäre Kooperation von Psychologen, Biologen, Physikern, Logikern, Mathematikern und Kybernetikern.
1970	Gründung der amerikanischen Jean Piaget Society.
1975	Piaget wird zum 30. Mal Ehrendoktor.
1980	Letztes Symposium des Genfer Zentrums mit Piaget. Piaget stirbt in einer Genfer Privatklinik.

Die Psychologie des Kindes

Piaget und Inhelder untersuchen im Buch *Die Psychologie des Kindes* (1966/2004) das geistige Wachstum des Kindes. Das Kind entwickle seine mentalen Fähigkeiten erst allmählich, indem es eine Reihe von Entwicklungsstufen durchlaufe. Die Autoren zeigen diese stufenweise Entwicklung der Intelligenz von den ersten spontanen Aktivitäten des Organismus und der reflexartigen Differenzierung dieser Aktivitäten bis hin zum formalen Denken auf. Der Ausgangspunkt der Entwicklung ist nach Piaget und Inhelder die spontane Tätigkeit des Organismus.

Im *ersten Hauptstadium* der Entwicklung bilde sich die sensomotorische Intelligenz heraus. Im *Stadium I* des ersten

Hauptstadiums würden bereits vorhandene Reflexe durch funktionelle Übungen konsolidiert: »Nach einigen Tagen saugt das Neugeborene mit mehr Sicherheit, es findet die Brustwarze, nachdem es sie verloren hat, leichter wieder usw. als bei den ersten Versuchen« (ebd., S. 18). Nach den Autoren handelt es sich hierbei um eine funktionelle oder reproduktive Anpassung bzw. Ähnlichmachung des Organismus an äußere Anforderungen durch Übung. Diese Assimilation setze sich fort in einer verallgemeinernden (leeres Saugen zwischen den Mahlzeiten und Saugen an neuen Gegenständen) und in einer wiedererkennenden Assimilation (Unterscheidung der Brustwarze von anderen Gegenständen). Bedingte Reflexe stabilisierten sich dabei so weit, bis das erzielte Ergebnis das der entsprechenden Assimilation inhärente Bedürfnis befriedige und sich eine Gewohnheit herausbilde, die auf einem senso-motorischen Gesamtschema basiere (*Zwischenstadium II*). Wenn dann Sehen und Greifen koordiniert würden, gelange das Kind in das nächste Stadium (*Zwischenstadium III*). Greife das Kind beispielsweise nach einer von einem Wagen herunterhängenden Schnur und würden dadurch die daran aufgehängten Spielsachen geschüttelt, so wiederhole es diesen so unerwartet sich auswirkenden Griff mehrere Male (sogenannte Zirkulärreaktion). Hänge man später ein neues Spielzeug am Wagen auf, so suche das Kind nun gezielt die Schnur. Die Autoren sehen hierin den Anfang einer Differenzierung zwischen Zweck und Mittel, was bereits Akte praktischer Intelligenz ankündige (*Zwischenstadium IV*): »Ein Ziel drängt sich dem Kind vorweg auf, ungeachtet der Mittel, die es anwenden wird: es will zum Beispiel einen Gegenstand holen, der zu weit entfernt oder soeben unter einem Tuch oder Kissen verschwunden ist« (ebd., S. 21). Die Mittel würden erst anschließend ausprobiert und sie würden ausschließlich bereits bekannten Assimilationsschemata entliehen. Im nächsten Stadium erfolge dann auch das Suchen neuer Mittel durch Differenzierung der bekannten Schemata (*Zwischenstadium V*). So werde dann beispielsweise ein vom Kind zu weit entfernt auf einer Decke liegendes Spielzeug durch Ziehen an der Decke herangezogen. Im letzten Stadium des ersten Hauptstadiums sei das Kind schließlich allmählich in der Lage, »neue Mittel nicht mehr nur durch äußere und materielle tastende Versuche, sondern durch innere Kombinationen zu finden, die zu einem plötzlichen Verstehen oder *Insight* führen« (ebd., S. 22; Hervorhebung von Piaget & Inhelder).

Im *ersten Hauptstadium* wird also nach Piaget und Inhelder auf elementarer Basis das Wirkliche organisiert. Dabei würden die Kategorien der Aktivität aufgebaut, nämlich die Schemata des Raumes, der Zeit, der Kausalität usw. Es handle sich hier um Substrukturen künftiger Begriffe, die bei Piaget und Inhelder nicht einfach von Anfang an vorausgesetzt werden wie bei Kant.

Im *zweiten Hauptstadium* entwickelt das Kind nach den Autoren über die Sprache auch Vorstellungen. Mit Hilfe eines differenzierten Zeichens, das ausschließlich etwas Bezeichnetes (z. B. ein Ereignis) repräsentiert, vermöge es dasselbe auch abzubilden (u. a. durch Sprache, inneres Bild, symbolische Geste). Die das sprachliche Zeichen betreffende Funktion (semiotische Funktion) habe dabei trotz der Vielfalt ihrer Manifestationen einen einheitlichen Charakter: »Ob es sich um die aufgeschobene Wahrnehmung, das symbolische Spiel, die Zeichnung, die inneren Bilder und Bild-Erinnerungen oder die Sprache handelt, sie ermöglicht immer die vorstellungsmäßige Evokation nicht aktuell wahrgenommener Gegenstände oder Ereignisse« (ebd., S. 94).

Im *dritten Hauptstadium* der Entwicklung, das dreistufig sei (direkte Aktion auf das Wirkliche; Aktion-Operation; Verinnerlichung), würden die konkreten Operationen ausgebildet. Insgesamt erfolge hier der Übergang von der direkten Aktion zur kognitiven Operation und damit auch von der subjektiven Zentrierung zu einer kognitiven, sozialen und moralischen Dezentrierung, die auf objektiven Strukturen beruhe. Das Kind könne jetzt auch von anderen Personen sowie von von seiner Person unabhängigen Sachverhalten ausgehen. Zu den konkreten Operationen gehörten u. a. Zusammenfassung, Aneinanderreihung und Vorstellung der reziproken Invarianz. Dieser Erhaltungsbegriff setze die Möglichkeit voraus, Umwege zu machen und auf den Ausgangspunkt zurückzukommen.

Im *vierten* und letzten *Hauptstadium* beginne schließlich die Ablösung des Denkens von anschaulichen Gegenständen, die Ablösung der Form von ihrem Inhalt, zugunsten von theoretischen Interessen. Die Verallgemeinerung der Klassifizierungs- oder Beziehungsoperationen führe dabei zur Kombinatorik (Kombinationen, Permutationen usw.). Nun könnten auch idealisierte Invarianzen verstanden werden.

Hauptstadien der kognitiven Entwicklung

Piaget und Inhelder (1966/2004) unterscheiden vier *Hauptstadien* der kognitiven Entwicklung:

- *Sensomotorische Intelligenz* (0–2 Jahre): Das Kind bildet eine vorsprachliche, ganz auf den praktischen Erfolg ausgerichtete Intelligenz heraus, die sich ohne Vorstellungskraft mittels senso-motorischer Koordination vollzieht.
- *Voroperationales Denken* (ca. 2–7 Jahre): Das Kind erlangt die Fähigkeit zu sprechen, sich etwas vorzustellen und zu denken. Den mentalen Prozessen fehlt jedoch noch die Systematik. Sie können als intuitiv bezeichnet werden.
- *Konkrete Operationen* (ca. 7–11 Jahre): Das Kind kann sich direkt auf Gegenstände, deren Zusammenfassungen und deren Verhältnisse beziehen. Die mentalen Operationen, mit denen es sich mit der physikalischen Welt auseinandersetzt, haben zwar bereits einen systematischen Charakter, doch bestehen noch erhebliche Einschränkungen im abstrakten Denken.
- *Formale Operationen* (ab ca. 11 Jahren): Das Kind vermag sein Denken von Gegenständen abzuziehen und wird auch fähig, aus bloß möglichen Wahrheiten die notwendigen Folgerungen zu ziehen. Etwa ab dem 15. Lebensjahr wird das Kind dann fähig zum schlussfolgernden Denken.

Piaget und Inhelder differenzieren diese Hauptstadien und unterteilen sie in weitere Abstufungen. Die Hauptstadien beziehen sich auf ein durchschnittliches und ungefähres Alter, das nach den Autoren nur als grober Anhaltspunkt dienen soll.

Der Strukturalismus

In der in Paris erschienenen, erkenntnistheoretisch-methodologischen Abhandlung *Der Strukturalismus* (*le structuralisme*, 1968/1980), die in deutscher Übersetzung zunächst in Olten und später in Stuttgart erschien, stellt Piaget die Hauptströmungen des Strukturalismus innerhalb von verschiedenen wissenschaftlichen Disziplinen vor (innerhalb der Psychologie kann in erster Linie die *Gestaltpsychologie* als strukturalistischer Ansatz verstanden werden).

Piaget wendet sich gegen Ansätze, die a priori ein erkennendes Subjekt voraussetzen und stellt seinen eigenen Ansatz vor, der, von einfachen Strukturen ausgehend, diese in ihrem Aufbau hin zu komplexeren Strukturen verfolgt. Aus dem kritischen Vergleich bestehender Ansätze leitet der Autor ein interdisziplinäres Methodenraster für die Ontogenese von Bewusstseinsstrukturen ab, wobei er den zentralen Begriff der Struktur wie folgt definiert: »(Eine Struktur) ist ein System von Transformationen, das als System (...) eigene Gesetze hat und das eben durch seine Transformationen erhalten bleibt oder reicher wird (...). Eine Struktur umfaßt die drei Eigenschaften Ganzheit, Transformationen und Selbstregelung« (ebd., S. 8).

Gegenüber ganzheitlichen sowie atomistischen Erklärungsversuchen fordert Piaget einen interdisziplinären Strukturalismus, mit dem auch andere Forschungsmethoden integriert werden können.

Die Äquilibration der kognitiven Strukturen

Piagets *L'équilibration des structures cognitives* (1975/76) erschien in Paris; bereits im Jahr darauf erschien die deutsche Übersetzung in Stuttgart.

Nach dem Autor bauen Personen ihre kognitiven Strukturen mit Hilfe eigener Operationen, nicht selten manueller Art, selbst auf. Hierbei würden sie zwar ihre Auffassung der Wirklichkeit anpassen, doch gerieten ihre inneren Strukturen mit derselben immer wieder in Widerspruch. Dieser Widerspruch werde indes durch gegenseitige Angleichung von Weltverständnis und internen Strukturen jeweils wieder aufgehoben. Eine solche Angleichung des Verständnisses der externen Welt an die internen Strukturen wird Assimilation und die Angleichung kognitiver Strukturen an die Erfahrung der Welt Akkomodation genannt.

Die Entstehung der Intelligenz erfolgt nach Piaget durch die stets neue Herstellung eines solchen Gleichgewichts zwischen Welterfahrung und Strukturbildung. Dieses Streben nach einem inneren Gleichgewicht wird vom Autor Äquilibration (équilibration) genannt. Das Subjekt versuche Inkohärenz zu vermeiden und tendiere daher zu einem gewissen Ausgleich, ohne jedoch jemals eine endgültige Übereinstimmung zu erreichen.

Assimilation und Akkomodation

Piaget unterscheidet in *L'équilibration des structures cognitives* sowie in anderen Werken zwischen folgenden Prozessen:

- *Assimilation:* Angleichung des Verständnisses der externen Welt an interne Strukturen
- *Akkomodation:* Angleichung kognitiver Strukturen an die Erfahrung der Welt

Methode

Piaget und Inhelder zeigten beispielsweise bei den Untersuchungen, wie sie u. a. für das Buch *Die Psychologie des Kindes* durchgeführt wurden, ihren Versuchspersonen zwei gleich große Kugeln mit Knetmasse. Die Kinder wurden dann gefragt, ob die beiden Kugeln gleich viel Ton enthielten. Falls dies bejaht wurde, mussten die Kinder daraufhin die Frage beantworten, ob eine Kugel gleich viel Ton enthalte wie eine zu einer Rolle verformte Kugel gleicher Masse. Diese Frage wurde nach den Autoren erst von Kindern einer bestimmten Altersstufe bejaht.

Es stellt sich bei solchen Versuchen die Frage, wie sich Wiederholungen und/oder Unterweisungen auswirken. Bei der Interpretation der Versuchsergebnisse schienen Piaget und Inhelder zu glauben, dass Kindern in einem früheren Stadium eine bestimmte Operation (wie z. B. Invarianz) noch nicht beigebracht werden könne, während Kindern einer höheren Stufe die Operation nicht mehr beigebracht werden müsse. Die Umstrukturierungsprozesse lokalisieren die Autoren dabei ausschließlich *zwischen* den Stufen und berücksichtigen mögliche Lernprozesse weder systematisch noch als fragwürdige. Auch soziokulturelle Einflüsse werden von den Autoren weitgehend vernachlässigt. In der Tat lernen aber z. B. mexikanische und afrikanische Kinder von Töpfern die Substanzerhaltung früher kennen als Altersgenossen, die nicht in eine Töpferkultur hineingeboren werden und in derselben aufwachsen.

Zu Beginn der Invarianzforschung galten Invarianzfehler als mehr oder weniger einheitliches Phänomen der präoperationalen Stufe. Mittlerweile hat sich aber erwiesen, dass Kinder bei ganz bestimmten Aufgabenstellungen schon früh zutreffende Invarianzbeurteilungen vornehmen können. Allerdings gibt es sehr große Unterschiede zwischen den einzelnen Kindern und vermutlich wird die reversible Invarianz, die für Piaget und Inhelder besonders relevant war, in diesem unteren Stadium von den wenigsten Kindern schon voll erfasst.

Es findet sich bei Piaget und Inhelder zwar viel zu kognitiven Umstrukturierungen im Allgemeinen sowie zu den Vorbereitungen der Invarianz in den früheren Stadien, aber es finden sich wenig detailgenaue Beschreibungen gegenständlicher Vorgänge, wenig Definitionen und Operationalisierungen, welche die reversible Invarianz betreffen. Daher können selbst von Kritikern angeführte triviale Interpretationen von Piaget und Inhelder nicht vollständig widerlegt werden: »Die mangelnde Invarianzleistung besteht im allgemeinen darin, dass sich Kinder von irrelevanten physikalischen Merkmalen einer Anordnung ablenken lassen« (Anderson, 1988/2001, S. 428). Der gleiche Autor weist u. a. auch darauf hin, dass das Erreichen der reversiblen Invarianz vom jeweiligen Stoff abhängt. So werde beispielsweise die Invarianz von Mengen früher erkannt als die Invarianz von Flüssigkeiten.

Rezeption

Das Buch *Der Strukturalismus* erreichte schon sechs Jahre nach der Veröffentlichung eine Auflage von über 100 000 Exemplaren. In den USA leitete eine Publikation von Flavell über Piaget eine Phase euphorischer Piaget-Rezeption ein, die 1970 zur Gründung der amerikanischen Jean Piaget Society führte. Piaget kann als wichtigster Wegbereiter der Kognitiven Psychologie im Westen bezeichnet werden. Trotz der Fragwürdigkeit seiner Versuchsergebnisse inspirierte er aber nicht nur die mit und nach ihm aufstrebenden Kognitionspsychologen, sondern auch eine Vielzahl von Entwicklungspsychologen und über dieselben auch Erziehungswissenschaftler, Pädagogen und Lehrende. Ferner gibt es Versuche, das strukturalistische Paradigma auch zu einem tieferen Verständnis des therapeutischen Prozesses zu nutzen. Als Beispiel sei hier eine Dissertation angeführt, in der Piagets Theorie die Grundlage für eine neue psychoanalytische Metatheorie bildet und Freuds Unbewusstes mit fehlenden weiterführenden Konstruktionsprozessen interpretiert wird (Schneider, 1981).

Wissenschaftliche Nachwirkungen

Piaget legte ähnlichen Wert auf den Zusammenhang von Denken und Handeln wie die Vertreter der Kulturhistorischen Schule, doch maßen dieselben der Sprache größere Bedeutung bei als Piaget: Die Sprache sei in qualitativer Hinsicht ein ungleich differenzierteres Medium als die logischen und mathematischen Strukturen. Beim Schweizer Psychologen spielen die Objekte der Umwelt auf allen Entwicklungsstufen eine wichtige Rolle, allerdings ausschließlich als zu erobernde Gegenstände und nicht als konstitutiv für das Denken selbst. Bei alldem berücksichtigte Piaget zwar auch soziale Aspekte des Denkens, doch ging er hinsichtlich der egozentrischen Sprache von einer noch unzureichenden Sozialisation aus. Das war eine Position Piagets, an der er gegenüber Wygotski zeitlebens festhielt (Näheres zum Verhältnis von Piaget und Wygotski vgl. u. a. Tryphon & Vonèche, 1996).

Bruner, Olver und Greenfield (1966) monierten im Zusammenhang mit Piaget vor allem einen zu großen Einfluss der Logik und Epistemologie auf die Psychologie und fügten seinen strukturellen Hypothesen die zwischenmenschliche Kommunikation, die Sprache sowie die Bildvorstellung hinzu. Die Ansätze von Piaget und Bruner wurden schließlich miteinander verglichen und zu einem neuen Ansatz der Handlung und des Denkens zusammengeführt (Aebli, 1980 und 1981).

Innerhalb des Paradigmas der *Informationsverarbeitung* wurde Piagets Theorie in den meisten Arbeiten, sofern sie überhaupt berücksichtigt wurde, einseitig reformuliert. Dieses Paradigma geht von der Algorithmisierbarkeit des menschlichen Denkens aus. Mentale Prozesse werden dabei als Symbolmanipulationen beschrieben. So werden insbesondere mit dem Paradigma der Problemlösung (vgl. u. a. Dörner, 1976/1987) die höher entwickelten geistigen Phänomene im Rahmen abstrakter Modelle behandelt, die allenfalls der Stufe formaler Operationen entsprechen. Rückschlüsse auf ursprüngliche Intelligenzformen erweisen sich in diesem Kontext als fragwürdig, da hierbei die höhere logische Struktur bereits unterstellt ist und kontinuierliche Variationen, wie etwa bei der synaptischen Interaktion von Neuronen, ausgeschlossen bleiben (vgl. u. a. Anderson, 1988/2001).

Stärker herausgefordert ist Piagets Denken durch den *Konnektionismus*, der sich primär mit der Verknüpfung neuronaler Elemente befasst und darauf aufbauend nach der programmsprachlichen Darstellbarkeit höherer Kognitionen fragt (vgl. z. B. McClelland, Rumelhart & Hinton, 1986), handelt es sich hierbei doch um einen Ansatz, der gewissermaßen mit dem von Piaget kritisierten *Assoziationismus* verwandt ist (vgl. u. a. Piaget & Inhelder, 1966/2004).

Praktische Auswirkungen

Nach Piaget ist Kindern altersgemäß zu begegnen. Beispiel: Eine ausgebildete Pädagogin versucht bei von ihren eigenen Vorstellungen abweichenden Verhaltensweisen ihrer dreijährigen Tochter zwar nicht zu moralisieren, aber ihr klarzumachen, warum sie dies und das nicht machen darf. Nach Piaget ist es jedoch erst ab einem bestimmten Alter sinnvoll, dem Kind etwas zu erklären. Erwachsenen fällt es oft schwer, Kinder zu verstehen, weil sie der Logik (bzw. ihrem eigenen Identitätsdenken), wenn auch meistens nur implizit, eine zu große Bedeutung beimessen und sich nicht bewusst sind, dass vom Kleinkind Identität noch nicht konstituierbar ist und es nicht möglich ist – auch nicht durch das Lernen am Modell –, dem Kind vorzeitig das Denken der Erwachsenen beizubringen.

Piaget hat festgestellt, dass Kinder nicht einfach durch ihre Umgebung manipulierbar sind (z. B. im Sinne Skinners). Konditionierung und Programmierung gehören nach ihm nicht zur Erziehung. Die Aufgabe von Erziehern und Lehrenden bestehe vielmehr darin, die natürlichen Neigungen und bereits gegebenen Möglichkeiten der Kinder genau kennenzulernen und sie zum Selbermachen und Mittun anzuregen. Allerdings werden kindliche Bedürfnisse und Wünsche (allen voran die Lust am Spielen) sowie andere emotionale Gesichtspunkte von Piaget nur am Rande berücksichtigt.

George A. Miller

Ausgangspunkte

Miller orientierte sich an den kognitiven Landkarten Tolmans sowie an der Kybernetik, die er auf die Psychologie anwenden wollte. Weitere Autoren, die er referierte, sind Freud, James, Lurija, Hebb, Hull und Lashley.

Zeittafel

1920	George A. Miller wird in Charleston (West Virginia) geboren.
1940	Abschluss an der University of Alabama.
1946	Promotion an der Harvard University.
1956	Miller veröffentlicht *The Magical Number Seven, Plus or Minus Two* in der Zeitschrift *Psychological Review.*
1958	Forschungsjahr von Miller, Galanter und Pribram zur Überprüfung des Nutzens der Kybernetik für die Psychologie. Das von der Ford Foundation finanzierte Projekt ist interdisziplinär angelegt.
1960	Miller gründet mit Bruner zusammen das Center for Cognitive Studies (Harvard). Das Ergebnis des Forschungsjahres erscheint: *Plans and the Structure of Behavior.*
1968	Er wird Professor an der Rockefeller University in New York.
1969	Miller wird Präsident der American Psychological Association.
1973	*Strategien des Handelns, Pläne und Strukturen des Verhaltens* erscheint mit einem Geleitwort von Aebli in Stuttgart.
1979	Miller wechselt an die Princeton University.
1985	Er übernimmt die Beaufsichtigung des *WordNet* (*a semantic network for the English language*).
1991	Miller bekommt die National Medal of Science.
1992	Miller erhält den William James Book Award für das Buch *The Science of Words* (1991).

Pläne und die Struktur des Verhaltens

Das 1960 veröffentlichte und seit 1973 auch in deutscher Sprache vorliegende Buch *Pläne und die Struktur des Verhaltens* (*Plans and the Structure of Behavior*) wurde vom Sprach- und Gedächtnispsychologen Miller zusammen mit dem Psychophysiologen Galanter und dem Neurophysiologen Pribram geschrieben.

Die Autoren geben das paradigmatische Konzeptpaar Stimulus und Response auf und suchen stattdessen nach neuen Konzepten, die dem Verhalten angemessener sind. Hierbei können sie von reichhaltigen linguistischen, neurologischen und kybernetischen Erfahrungen ausgehen. Zentrale Konzepte des neuen Ansatzes sind Plan, Image und TOTE-Einheit. Nach den Autoren löst der Plan das spätestens seit Tolman augenfällige Problem der Übersetzung des Wissens in Handlung:

Unter Planung verstehen die Autoren die Organisation eines Ablaufs zielgerichteter Aktivitäten. Die Steuerung von Handlungen, Bewegungen sowie kognitiven Operationen erfolge durch eine Reihe von Instruktionen, die hierarchisch strukturiert sind. Es wird dabei zwischen einer allgemeinen Handlungsplanung, deren Ergebnis ein grober Handlungsentwurf (Strategie) ist, und den eigentlichen Programmen und Unterprogrammen (Taktik) unterschieden. In Analogie zu einem Computerprogramm wird der Plan also als Folge von Operationsanweisungen konzipiert: »Für einen Organismus ist ein Plan im wesentlichen dasselbe wie ein Programm für den Computer (…)« (ebd., S. 25).

Nach den Autoren sind die von der Introspektion her bekannten Vorgänge nicht einfach aus der Psychologie auszuschließen, wie dies die Behavioristen versuchten, denn wer die Probleme, die ihm das tägliche Leben stelle, lösen wolle, müsse eine Vorstellung von der Welt, von sich und seinen Möglichkeiten haben. Begriffe wie Wille, Vorstellung und Plan hätten durchaus ihre Berechtigung. Als Alternative zum S-R-Paradigma schlagen Miller, Galanter und Pribram das kybernetische Modell der TOTE-Einheit vor. Für die Verhaltenseinheit seien Rückkopplungsschleifen wesentlich und auch formierend und nicht assoziative Verbindungen zwischen Reiz und Reaktion. Die Reize gäben lediglich Auskunft über Kongruenz oder Inkongruenz von Situation und Zielzustand.

Nach den Autoren ist die Intention das Verhältnis von Zielsituation (Soll-Wert) und momentaner Situation (Ist-Wert). Zur Erreichung des Ziels benötige man jedoch den Plan, denn die Intention sei erst eine Absicht, ein Vorsatz oder ein Teil eines eben noch nicht abgeschlossenen Plans. Der Plan sei eng mit Vorstellungen verbunden, die auf dem Wissen von der Welt basierten, wobei hier verschiedene Formen von Wissen unterschieden werden: Die Instruktionen selbst erforderten relativ viel Wissen in der Form kognitiver Landkarten und man brauche auch Wissen, um bei einer Anzahl von Plänen nur den für die Aufgabe relevanten Plan zur Ausführung zu bringen. Eine dritte Art von Wissen werde schließlich benötigt, um die Effekte ausgeführter Handlungen zu überprüfen. Letztere Form des Wissens wird von den Autoren Bild (image) genannt. Dieses Bild bestehe aus dem organisierten Wissen, das der Organismus über seine Umwelt und über sich selbst gesammelt habe. Mit dem Plan könne also das in einem Speicher lokalisierte Wissen nützlich werden.

Nach Miller, Galanter und Pribram ist der Plan mittels Operationen realisierbar. Operationen sind auf bestimmte Endzustände ausgerichtete Vorgänge, die vom Plan gesteuert werden. Die erreichten Ist-Werte werden an den Soll-Werten gemessen. Stimmen Ist- und Soll-Wert schließlich überein, ist eine Handlung oder Verhaltenseinheit abgeschlossen. Die hierarchische Ordnung der Handlung ergibt sich dabei aus der Zielorientierung.

Die auf ein Ziel gerichtete Handlung lässt sich in elementare Handlungsschritte gliedern, die für sich betrachtet jeweils abgeschlossene Handlungssequenzen bilden. Nach dem TOTE-Konzept ist jede dieser Handlungssequenzen eine TOTE-Einheit, wobei TOTE für test, operate, test, exit steht.

Das Vorgehen beim Handeln lässt sich also als eine serielle Folge von Operationen und Tests beschreiben, wobei die einzelnen Handlungen in übergeordnete Handlungen integriert sind. Die Ausführung eines Plans muss aber nicht unbedingt zu beobachtbarem Verhalten führen. Zwischenzeitlich kann sie auch auf symbolischer oder bloß kognitiver Basis erfolgen. Im zweiten Fall werden bloß vorgestellte Ist-Werte an den Soll-Werten gemessen.

TOTE-Einheit

Die mit dem TOTE-Konzept ausgedrückte Verhaltenseinheit ersetzt dem Anspruch nach den Reflex und versucht die bis dahin unüberwindbare Kluft zwischen Wissen und Handeln zu überbrücken. Nach Miller, Galanter und Pribram (ebd., S. 34–44) beinhaltet das Schema folgende Phasen:

- *Testphase (T):* Die gegenwärtige Information (Ist-Wert) wird mit dem Ziel (Soll-Wert) verglichen.
- *Operationsphase (O):* Aus dem Ergebnis des Vergleichs ergibt sich ein instrumenteller Vorgang.
- *Testphase (T):* Das Ergebnis der Operation wird wiederum mit dem Soll-Wert verglichen.
- *Exit (E):* Bei genügender Übereinstimmung wird der Vorgang beendet.

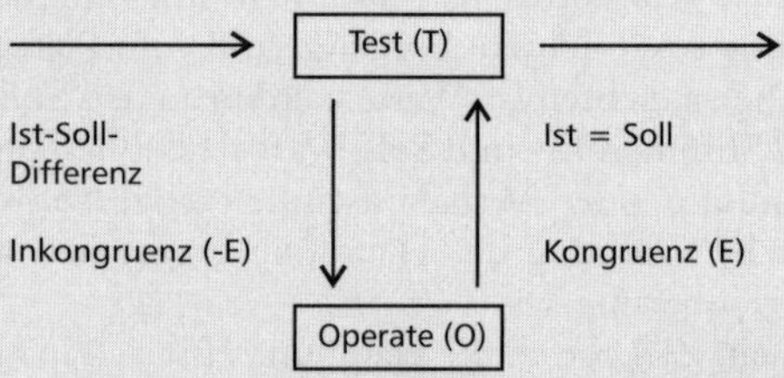

Beispiel:

Das Einschlagen eines Nagels lässt sich in folgende Phasen unterteilen: Heben des Hammers, Zuschlagen mit dem

Hammer, Prüfung des Nagels. Die Handlung wird fortgesetzt, bis der Nagel vollständig eingeschlagen ist.

Methode

Die Computermetapher legt die Verwendung von Software in der psychologischen Forschung nahe. Die Programmierung kognitiver Prozesse wird für Psychologen zum zentralen Thema.

Rezeption

Plans and the Structure of Behavior wurde in den USA zunächst kaum bemerkt. Im deutschsprachigen Raum fand das Buch jedoch schnell Beachtung, obwohl die deutsche Übersetzung erst 1973 erschien. Im Geleitwort der deutschsprachigen Ausgabe schreibt Aebli, dass sich die Psychologie nun von den selbstangelegten Fesseln eines Denkens befreie, das den menschlichen Geist rein reaktiv gesehen habe.

Die Veröffentlichung des Buches wird inzwischen zu den wichtigsten Auslösern der Kognitiven Wende in den 1960er Jahren gezählt. Natürlich wurde diese Publikation durch andere bedeutende Arbeiten (u. a. Tolman, 1937) und einflussreiche Konferenzen (u. a. die 1956 von McCarthy und Minsky einberufene Dartmouth Conference) vorbereitet, doch gibt es wohl kaum ein anderes Buch, das so häufig und so unmittelbar mit der Kognitiven Wende in der Psychologie in Verbindung gebracht wird.

Wissenschaftliche Nachwirkungen

Ein Zweig der nicht zuletzt mit *Plans and the Structure of Behavior* ausgelösten neuen Forschungsrichtung beschäftigt sich mit dem Einsatz von Computerprogrammen zur Simulation von Problemlösungsprozessen. Newell und Simon (1972) entwickelten in diesem Zusammenhang das Programm General Problem Solver. Ein gegebener Zustand (Ist-Zustand) wird hier mit einem gewünschten Zustand (Soll-Zustand) verglichen und in diesen überführt. Die Differenz zwischen Ist- und Soll-Zustand stellt den Problemraum dar, der alle möglichen Lösungsalternativen umfasst. Da oft auch einfache Probleme große Problemräume aufweisen, wurde vorgeschlagen, die algorithmische Vorgehensweise (erfasst werden alle möglichen Lösungsschritte sowie deren Konsequenzen) durch eine Mittel-Zielanalyse zu ersetzen, bei der eine Reihe von Unter- oder Zwischenschritten eines Problems gebildet wird. Viele Denkaufgaben (z. B. Schachprobleme) lassen sich auf diese Weise berechnen und aufgrund der großen Rechenkapazität des Computers effektiver lösen, als dies ein menschlicher Spezialist (z. B. ein Schachgroßmeister) vermag.

Das methodische Vorgehen der neuen Forschungsrichtung besteht dabei im Wesentlichen aus folgenden Schritten: Es werden Expertensysteme entwickelt, bestehend aus einer Wissensbasis und Entscheidungskomponenten. Die Wissensbasis besteht aus Fakten und Regeln, die durch Befragen und Beobachten von Experten gewonnen werden, und mit den Entscheidungskomponenten werden aufgrund von Optimierungskriterien Schlüsse aus der Wissensbasis gezogen. Sodann werden Protokolle von denkenden Experten und Ausdrucke von Computerprogrammen miteinander verglichen (Minsky, 1968).

In weniger leicht überblick- und berechenbaren Situationen wie dem Schachspiel und insbesondere in sogenannten natürlichen Situationen ergeben sich jedoch Probleme. So zeigt eine Untersuchung eines fünfstufigen Fähigkeitenerwerbs (vom Anfängerstadium bis zur Meisterschaft) in verschiedenen Praxisbereichen (u. a. Flugpilot, Krankenpfleger, Wirtschaftsmanager), dass die Bedeutung berechenbarer Problemlösungen begrenzt ist (Dreyfus & Dreyfus, 1987). Nach den Ergebnissen dieser Untersuchung findet sich ein Handeln nach Regeln des Problemlösens als rationales Entscheiden zwischen Alternativen allenfalls im Anfängerstadium. Kennzeichen der Meisterschaft ist dagegen kontextgebundenes und ganzheitliches Erfahrungswissen bei gleichzeitigem emotionalen Beteiligtsein: Wenn keine außergewöhnlichen Probleme auftauchen, machen Experten einfach das, was gewöhnlich funktioniert. Aufgrund ihrer langjährigen Erfahrung verfügen sie über ein großes implizites Wissen, auf das sie schnell zurückgreifen können. Dieses implizite Wissen ist im Voraus nie vollständig explizierbar und auch nachträglich ist es oft nur schwer verbalisierbar. Bei besonderen Problemen werden Experten aber abwägen und überlegen, bevor sie handeln, was kein Problemlösen im engeren Sinne erfordert, sondern vielmehr ein kritisches Betrachten eigener Intuitionen (vgl. u. a. auch Wellek, 1950).

Praktische Auswirkungen

Ist-Soll-Wert-Vergleiche mit Maßnahmen zum Ausgleich erlangen zunehmend auch in der praktischen Psychologie Bedeutung, so etwa bei der Gesprächsmoderation und Mediation in Konfliktsituationen (vgl. u. a. Szaday, 2002).

Ulric Neisser

Ausgangspunkte

Neisser bezieht sich kritisch auf einige Behavioristen sowie auf Freud und auf Bartlett.

Zeittafel

1928	Ulric Neisser wird in Kiel geboren.
1931	Die Familie zieht in die USA.
1950	Bachelor in Harvard.
1956	Doktorat in Harvard; hierauf Lehrtätigkeit in Brandeis, Cornell und Emory.
1967	Das Buch *Cognitive Psychology* erscheint.
1970	Gründung der Zeitschrift *Cognitive Psychology*. Diese Zeitschrift trägt wesentlich dazu bei, das neue Forschungsgebiet zu definieren.
1974	Die *Kognitive Psychologie* erscheint in Stuttgart.
1976	Neisser veröffentlicht *Cognition and Reality*.

1981 *John Dean's memory: a case study* erscheint, eine Studie, die sich mit der Zeugenaussage von John Dean im Zusammenhang mit dem Watergate-Skandal befasst.
1995 *Intelligence: Knowns and Unknowns* erscheint.
1998 Veröffentlichung von *The Rising Curve: Long-Term Gains in IQ and Related Measures.*

Kognitive Psychologie

Neisser legt in *Kognitive Psychologie* (1967/1974) dar, dass ein Reiz, bevor er im Verhalten seine Wirkung zeigt, als Folge innerer Bearbeitungsprozesse mehrere Wandlungen durchläuft. Diese intrapsychischen Prozesse werden vom Autor als kognitive Prozesse bezeichnet. Neisser fordert deren eingehende Analyse, wenngleich er sich der methodischen Probleme, die sich hierbei stellen, bewusst ist.

Zu den kognitiven Prozessen, die zwischen Sinnesreizung und Reaktion vor sich gingen, gehörten Aufmerksamkeits-, Vorstellungs- und Speicherprozesse. Hinzu kämen Analysen und Synthesen von Merkmalen. Nach Neisser erfolgt z. B. Aufmerksamkeit nicht durch die früher angenommene (passive) Filterung. Im Gegenteil: Personen suchten aktiv nach Informationsreizen, die auf Vorerfahrungen und Erwartungen basierten. Sie entwickelten antizipatorische Schemata, nach denen sie sich richteten, wenn sie eine Auswahl an Informationen aus ihrer Umwelt träfen. Diese Informationen bestimmten dann wiederum die Richtung, in der sie nach weiteren Informationen Ausschau hielten.

In Bezug auf die Erinnerung stellt der Autor das frühere Verständnis in Frage, dass vorangegangene Ereignisse einfach wieder erscheinen. Dieser Wiedererscheinungshypothese stellt er die Verwertungshypothese gegenüber, mit welcher der konstruktive Charakter der Erinnerung hervorgehoben wird. Nach dem Autor sind lediglich Spuren früherer kognitiver Akte gespeichert und nicht Spuren der Produkte dieser Akte, und bei der Erinnerung würden diese Spuren nicht einfach reaktiviert, sondern die gespeicherten Fragmente seien die Basisinformation für einen neuen (re-)konstruktiven Prozess.

Doch wie werden diese Rekonstruktionen durchgeführt? Wer führt die Handlungen aus? »Wenn die Handlungen der Exekutive das Verhalten erklären, wie werden dann diese Handlungen ihrerseits erklärt? Hat das Ego ein Ego?« (ebd., S. 370). Der Autor sieht folgenden Ausweg aus dem unendlichen Regress: »Noch vor einer Generation mußte man sich Steuerungsprozesse als Homunkuli vorstellen, weil der Mensch das einzige bekannte Modell eines exekutiven Agens war: Heute zeigt uns der moderne Computer eine andere Möglichkeit in Form des ausführenden Unterprogramms« (ebd., S. 370).

Neisser sieht allerdings auch schon Probleme, die mit der Programmierung und der Künstlichen Intelligenz im Allgemeinen verbunden sind: »Obwohl Artificial Intelligence-Programme leicht ›lernen‹ (sich anhand von Erfahrung verändern) können, kann bisher keines größere Veränderungen in seinem eigenen Hauptprogramm vornehmen. Beim Menschen dagegen werden Funktionen wie ›auf seine eigenen Schemata zurückkommen‹ und ›das Gedächtnis durchsuchen‹ selbst durch Erfahrung erworben« (ebd., S. 371).

Methode

Neisser (1967/1974) erkennt das behavioristische Reiz-Reaktionsschema als Ausgangspunkt für psychologische Fragestellungen an, moniert aber die Enthaltsamkeit der Behavioristen bezüglich innerer Prozesse, die zwischen dem Eintreffen eines Reizes und der folgenden Reaktion lägen. Dementsprechend erweitert er das für die Psychologie zulässige oder erforderliche Methodenrepertoire durch neuere Verfahrensweisen. Ein Beispiel hierfür ist die schnelle Reizdarbietung (Tachistoskopie).

Neisser setzt sich auch kritisch mit der Relevanz der Laborforschung hinsichtlich kognitiver Prozesse auseinander: Nach ihm bietet die experimentelle kognitive Psychologie noch keine Möglichkeit, beim Menschen den nächsten Gedanken vorauszusagen. Dazu müsse man vielmehr wissen, was die

Person erreichen wolle und warum sie dies erreichen wolle. Die interessantesten und sozial signifikantesten Aspekte der Kognition (u. a. des Gedächtnisses) seien den Psychologen bis dato nicht zugänglich gewesen. So sei etwa die Untersuchung der sozialen, kulturellen und materiellen Verankerung nach wie vor randständig.

Mehr Fortschritte werden gegenwärtig hinsichtlich neuronaler Formungen und Verankerungen durch Veränderungen an den Gegenständen erzielt (vgl. Kandel, 2000). Interne sowie externe Grundlegung sind notwendige Voraussetzungen empirischer Psychologie: Fehlt die externe, so befindet sich der Forscher im Gebiet der Neurologie, fehlt dagegen die interne, so befindet er sich im Gebiet der Geisteswissenschaft, fehlen beide, so befindet er sich im Gebiet der Metaphysik.

Kants (1781/2003) methodologische Anforderung ist die raum-zeitliche Erfassbarkeit von Bewegung. Die Kognitive Psychologie, so wie sie sich nach der Kognitiven Wende – zunächst noch ohne neurologische und gegenständliche Fundierung – herausgebildet hat, erfüllt diese Forderung allenfalls teilweise. So sind interne mentale Prozesse in ihrer zeitlichen Ausdehnung, nicht aber in ihrer räumlichen Ausgestaltung messbar: In erster Linie werden Reaktions-, Latenz- und Verarbeitungszeiten sowie Geschwindigkeiten der Verarbeitungen hinsichtlich eines externen Kriteriums (Erfolg, Fehlermenge) gemessen. Aussagen über verschiedene Ebenen der Verarbeitung bleiben dagegen reine Begriffsarbeit und Spekulation. Effektive Forschung wäre dann möglich, wenn die Neuropsychologie weitere Erfolge erzielte – wie z. B. kürzlich mit der Vorhersage von Absichten dank der Methode der Magnetresonanz-Tomographie sowie der statistischen Analyse mit Multivarianter Mustererkennung – und ihr Gegenstandsbereich nicht von externen Bezügen isoliert bliebe. Die räumliche Kategorie genügend differenziert und exakt einzubringen, ist eine Aufgabe, die nicht leicht zu erfüllen ist, da an den meisten Vorgängen mehrere Hirnbereiche beteiligt sind. Ein diesbezügliches Problem stellt die psychologische Dimension selbst dar, die sich nicht länger auf die neurologische reduzieren lässt, insbesondere wenn von Bedeutung und Sinn nicht weiterhin abstrahiert wird.

Der Kognitiven Psychologie verpflichtete Psychologen, die Fragen wie jene nach den Bedingungen der Möglichkeit von Erkenntnis als nur mehr historische betrachten, gelangen trotz teilweise großem experimentellen Aufwand meistens früher oder später zu fragwürdigen Vorstellungen. So schließt auch ein bekanntes Lehrbuch der Kognitiven Psychologie wie folgt: »Man kann den menschlichen Geist in Analogie zu einem großen Unternehmen sehen, das aus verschiedenen interaktiven Komponenten besteht (...). Durch Übung können verschiedene Komponenten effektiver in der Ausführung ihrer Aufgaben werden. Eine weitere Methode, um eine Verbesserung zu erzielen, besteht in einer strategischen Reorganisation von Teilen des Unternehmens. Allerdings resultiert der Erfolg der Firma nicht nur aus der Summe ihrer Teile. Diese Teile müssen reibungslos zusammenarbeiten, um die übergeordneten Ziele der Organisation zu erreichen« (Anderson, 1988/2001, S. 457). In diesem Zusammenhang stellt sich auch die Frage nach dem Menschenbild im Bereich einer Wissenschaft, die sich nicht nur mit Unternehmen, sondern vor allem mit Menschen befasst.

Rezeption

Neissers *Cognitive Psychology* war nicht nur begrifflich prägend für die neue Richtung innerhalb der Psychologie, sondern sie konnte auch den bis zu diesem Zeitpunkt erbrachten kognitionspsychologisch relevanten Forschungsergebnissen innerhalb der psychologischen Scientific Community zur Kenntnisnahme und schließlich dem neuen Paradigma zum Durchbruch verhelfen.

Die Kognitive Wende

Die Wende vom *Behaviorismus* zur *Kognitiven Psychologie* vollzog sich im deutschsprachigen Raum erst in den frühen 1970er Jahren. Ihre Wurzeln reichen aber bis in die 30er Jahre zurück.

Ursprünge (1932–34)	*USA* (1960–67)	*BRD* (1973–74)
Bartlett (1932): *Remembering*	Miller et al. (1960): *Plans and Structure*	Miller (1973)
Tolman (1932): *Purpose Behavior*	Neisser (1967): *Cognitive Psychology*	Neisser (1974)
Wygotski (1934): *Denken und Sprechen*		

Wissenschaftliche Nachwirkungen

Neissers Frage »Hat das Ego ein Ego?« (1967/1974, S. 370) wird heute von Neurologen ernst genommen, etwa von Kandel, der hierzu u. a. Folgendes feststellt: »Es gibt kein einzelnes Kortexareal, dem alle anderen Kortexareale untergeordnet sind, weder im visuellen noch in einem anderen System. Kurzum, der Kortex muss eine andere Strategie verwenden, um das visuelle Gesamtbild zu erzeugen« (Kandel, 2006, S. 330).

Doch wie lassen sich weitere Erkenntnisse gewinnen? Es stellt sich in diesem Zusammenhang die Frage, ob die Vorbehalte gegenüber der *Künstlichen Intelligenz (KI)*, die Neisser bereits vor 40 Jahren geäußert hat, aktuell bleiben, auch wenn bei einer Programmierung höherer Stufe die eigene Programmstruktur überprüft und die Basisprozedur in gewisser Weise abgeändert werden kann (vgl. Zimmerli & Wolf, 1994).

Zweifellos sind in technischer Hinsicht große Fortschritte erzielt worden. Seit Rechner in Sekundenbruchteilen riesige Datenbestände durchsuchen können, findet das Data Mining immer mehr Anwendungen. So schließt z. B. Google aus dem

Beziehungsgeflecht zwischen Internet-Seiten auf deren Relevanz. Es handelt sich dabei um ein statistisches Verfahren, das auch bei maschinellen Übersetzungen angewendet wird: Ausgehend von der Auswertung großer Mengen bereits übersetzter Texte werden die Beziehungen zwischen den Wörtern zweier Sprachen hergestellt und damit neue Übersetzungen ermöglicht. Bisher können Programme den Inhalt eines fremdsprachigen Textes zwar ungefähr erschließen, sie produzieren aber noch nicht vollständig korrekte Sätze und machen oft komische Übersetzungsfehler.

Heute können zwar Computer in einzelnen, auch psychologisch relevanten Bereichen sehr viel und übertreffen sogar die Möglichkeiten des Menschen (z. B. beim Schachspiel), aber irgendetwas fehlt der Maschine. So ist noch kein Rechner in der Lage, die Geschichten in einem Lesebuch für Erstklässler zu verstehen und es gibt viele weitere Aufgaben, die Menschen ohne größere intellektuelle Anstrengung meistern, die aber vom Computer (noch) nicht gelöst werden können. Umgekehrt gibt es aber auch Aufgaben, die Rechner mit Leichtigkeit erledigen (z. B. lange Zahlenkolonnen manipulieren) und die Menschen große Mühe bereiten.

Ein wichtiger Grund für diese Diskrepanz scheint das Problem des Alltagswissens zu sein. Wenn sich das Common-Sense-Wissen (jeder Mensch stirbt, der Geburtstag liegt vor seinem Todestag usw.) überhaupt in Zahlen ausdrücken lässt, so sind es etwa 30 bis 50 Millionen Banalitäten, die dem Computer beigebracht werden müssten, damit er hier auf eine Stufe mit den Menschen gelangen würde, doch ein diesbezügliches Projekt der Firma Cycorp in Texas ist gescheitert, weil Cyc keine Widersprüche duldet und die Versprachlichung alltäglicher Sachverhalte kontextabhängig ist.

Neben zwischenmenschlichen Verhältnissen (sowie sozialen und gesellschaftlichen Verhältnissen in einem weiteren Sinne) müsste aber auch der Gegenstandsbezug des Menschen in der KI-Forschung berücksichtigt werden können, um in Zukunft überhaupt einmal für Menschen psychologisch sinnvolle Ergebnisse zu bekommen. Tatsächlich befasst sich ein neueres Projekt mit der Simulation eines Körpers in Interaktion mit seiner Umwelt: Elf europäische Forschungszentren haben sich zusammengeschlossen (sowie zwei in den USA und drei in Japan), um ein künstliches Kind zu bauen, das die Welt auf allen Vieren erkundet. Das Projekt beruht dabei auf der Überzeugung, dass sich »Intelligenz« nicht als fertiges Programm einbauen lässt. Denken entstehe vielmehr, indem ein handelndes Wesen mit einem »Körper« auf seine Umwelt einwirke und deren Gegenständlichkeit berücksichtige, eine Einsicht, die in der Psychologiegeschichte zuletzt von den Psychologen der Kulturhistorischen Schule sowie in gewisser Weise von Piaget vertreten wurde, von der aber die meisten Behavioristen – und auch nach der Kognitiven Wende noch viele Wissenschaftler – abstrahiert haben.

Praktische Auswirkungen

Eine mit großem finanziellen Aufwand betriebene Anwendung der KI-Forschung ist die Robotik (vgl. u. a. Knoll & Christaller, 2003). Von der Konstruktion eines Roboters, ein Begriff, den der Schriftsteller Capek bereits 1920 geprägt hat, verspricht man sich langfristig die Erledigung von Aufgaben, die Tiere nicht übernehmen können und Menschen nicht länger übernehmen wollen (z. B. riskante, punktuelle militärische Einsätze).

Im Rahmen des KI-Projekts der elf zusammengeschlossenen europäischen Forschungszentren wird ein Roboter entwickelt, der mit seiner unmittelbaren Umwelt »körperlich« interagiert. Die Metallkonstruktion des kleinen Roboters ähnelt einem Kleinkind von zwei Jahren, das »heranwachsen« soll. Der Roboter bewegt sich flink auf allen Vieren, kann aber (noch) nicht laufen. Sein »Interesse« für seine Umwelt ist groß. In seinen feingliedrigen Fingern sind Sensoren eingebaut, die ihm eine Art Tastsinn verleihen. Er hat auch Vorrichtungen, um das Gleichgewicht zu halten und die Temperatur festzustellen. Der Roboter muss selbst merken, wie er in dieser Umwelt zurechtkommt und lernen, mit den Risiken umzugehen. Seine Mechanik ist so konstruiert, dass er Stürze und Stöße »überlebt«. Sein Kopf ist vorerst leer, aber er hat eine Grundausstattung: Reflexe sowie »Neugierde« auf Bewegtes.

Der kleine Roboter kann schon über den Boden rutschen und Klötzchen bepatschen, manche Dinge greifen (falls sie nicht zu groß sind) und manche Dinge anheben (falls sie nicht zu schwer sind). Bei all seinen Tätigkeiten wird registriert, was in den Speicherbausteinen geschieht. Diese Registrierung bildet dann die Basis für die Veränderung der Software, woraufhin das weitere Verhalten beobachtet wird. Es stellen sich dabei Fragen wie die folgenden: Macht der Zögling Fortschritte? Wird eine Art Intelligenz in seinem Kopf aufgebaut? Erleichtern Greiferfahrungen das Sehen? Wie lernt er, seinen Körper zu beherrschen? Sind bei Aufgaben (ähnlich denen von Köhler den Schimpansen gestellten) neue »Einsichten« möglich?

Bei diesen Versuchen spielt die Umwelt zweifellos eine wichtige Rolle, allerdings in einem rein physischen Sinne. Von sozialen Verhältnissen und deren Bedeutungen muss zwangsläufig abstrahiert werden. Der Kleine hat auch keinen natürlichen Körper. Er hat keine Gefühle, auch wenn ihm als Ersatz Bewertungssysteme einprogrammiert werden. Er hat keine Bedürfnisse und ist überaus angepasst. Beispielsweise hat er keinen Hunger und verlangt nicht nach Nahrung oder wird gar vor Hunger aggressiv wie ein richtiges Kleinkind.

Robotik ist eine angewandte Wissenschaft, die sicherlich erfolgreich ist und deren Produkte sich auch verkaufen lassen. So konstruieren japanische Ingenieure nicht nur staubsaugende Haushalts- und Pflegeroboter für Altenheime, sondern auch liebenswerte Roboterhaustiere, die auf Streicheleinheiten reagieren, knuddelige Hightech-Gnome und andere ebenso kunstvolle wie raffinierte Spielzeuge bis hin zum Humanoiden mit Silikonhaut (Hornyak, 2006).

Ausblick

Die vorliegende personenbezogene Darstellung der Geschichte der Psychologie ist wesentlich eine werkbezogene und könnte somit auch von theoretischer Relevanz sein. Was ist die Quintessenz dieser Darstellung? Was lehren uns die klassischen Werke herausragender Persönlichkeiten der Psychologie hinsichtlich der Anforderungen an eine spezifisch psychologische Theoriebildung? Sollten wir uns wieder vermehrt jene Personen, welche die wichtigsten Meilensteine der Psychologie gelegt haben, vergegenwärtigen und uns auch in Zukunft wieder stärker an ihnen orientieren? Eine mögliche Antwort lautet: Neben dem grundlegenden *Personen- und Gegenstandsbezug* gilt es in der bestehenden gesellschaftlichen Formation vor allem das *Äquivalenzprinzip* und die Abweichungen von ihm sowie *Exteriorisierung* und *Interiorisierung* zu beachten. Im Folgenden sollen erste allgemeine Voraussetzungen eines solchen theoretischen Ansatzes aus historischer Perspektive skizziert werden.

Bedeutungen

Die Analyse könnte bei der gesellschaftlichen Formation des Verhältnisses zur Natur beginnen. Sie schließt dabei jeweils unterschiedliche Gegenstandsbezüge und damit auch Gegenstandsbedeutungen der Menschen (nicht zuletzt über die gesellschaftliche Arbeit und Reproduktion) sowie deren soziale Austauschverhältnisse ein, mithin verbale sowie nonverbale Kommunikation. Nicht auf Neurophysiologie reduzierbare Humanpsychologie bezieht sich primär auf in Verständigungsprozessen konstituierte und ausgetauschte Bedeutungen (u. a. über Sachen, Personen, frühere Mitteilungen). Die in die Verständigung eingeschlossene Wahrnehmung strukturiert sich ideell entlang tradierter semantischer Gliederungen materieller sowie immaterieller Gegenstände (Ausnahmen unter besonderen, meistens konstruierten Bedingungen: Wahrnehmungstäuschungen). Der an sich unbeschränkte Variantenreichtum möglicher Impressionen (z. B. Perspektiven bei der Wahrnehmung eines Tisches) wird durch die im Gegenstand und in dessen Kontext verkörperte semantische Gliederung erheblich eingeschränkt und entsprechend begriffen.

Verhaltenseinheit

Hinsichtlich der aktuellen gesellschaftlichen Formation sind das *Äquivalenzprinzip* sowie *Abweichungen von diesem Prinzip* für soziale Interaktionen und Handlungen relevant (Handlungen im Unterschied zum bloßen Handeln mit Produkten als Ergebnis). Die kleinste semantische Verhaltenseinheit ist *Vorgabe-Wiedergabe-Vergleich*, wobei mit dem Vergleich Äquivalenz bzw. Nicht-Äquivalenz feststellbar wird. Die drei Schritte beziehen sich also auf die Bedeutung von Gegenstand und/oder Interaktion, wobei prinzipiell betrachtet mindestens zwei Personen beteiligt sind: Eine erste Person bezieht sich mit einer Vorgabe auf eine besondere (Gegenstands-)Bedeutung, eine zweite Person gibt dieselbe wieder und die erste Person vollzieht in der Folge eine Identitätsprüfung. In dieser Verhaltenseinheit sind neben Übereinstimmungen und durch Anschluss weiterer Einheiten sofort behebbaren Inkongruenzen strukturell auch Mehr- respektive Minderbedeutungen, gegebenenfalls Dominanzverhältnisse und diskrepante Verhältnisse (z. B. Ambivalenz), sowie entsprechende Überinterpretationen und semantische Marginalisierungen angelegt, die hinsichtlich der Weiterentwicklung des psychischen Befindens und der Lebensperspektiven einzelner Personen psychologisch aktuell und brisant sind (z. B. zunehmende Bedeutungslosigkeit im Verhältnis Prominenz-Medienkonsument oder Marginalisierung auf dem Arbeitsmarkt). Äquivalenz wird normalerweise im Verlaufe der Ontogenese erreicht. Zunächst sind die Verhaltenseinheiten vor allem motorisch ausgestaltet. Imitationen haben so immer schon einen begriffenen Charakter, denn sie ermöglichen nicht nur die Einübung von Fertigkeiten sowie Verständigung im zwischenmenschlichen Umgang, sondern sie sind auch grundlegend für intrapsychische Verständigungen und Kompetenzen (z. B. Denken), wird doch angenommen, dass der Verkehr mit anderen auch bedeutsam für den Umgang mit sich selbst ist (s. u.).

Personenzentriertheit

Die Humanpsychologie bezieht sich auf Personen, deren Verhältnisse und Voraussetzungen. Eine spezifische Situation wirkt in der Regel nicht im Sinne des S-R-Paradigmas unmittelbar auf das Verhalten, sondern durch signifikant wahrgenommene Charakteristika der Gegenstände und Interaktionen. Natürlich berücksichtigt die Humanpsychologie dabei auch einfach strukturierte Vorgänge, die schon im infrahumanen Bereich vorkommen, sofern sie auch im menschlichen Leben von besonderer oder untergeordneter situativer Bedeutung sind. So führt etwa der bedingte Reflex von sich aus nicht zum Äquivalenzprinzip, doch das Äquivalenzprinzip vermag durchaus auch den bedingten Reflex zu erfassen. Einer Person sind zwar in der Regel externe Bedingungen gesetzt oder es können ihr, beispielsweise auch in einem Experiment, solche gesetzt werden, wodurch das Verhalten der Person in einem gewissen Ausmaß beeinflusst und vorausgesagt werden kann, ohne dass die Person sich über ihr Verhalten ganz im Klaren ist oder es gar bewusst zu gestalten vermag; der Person bleibt aber auch unter diesen Bedingungen ein bestimmter (im Experiment je nach konkreter Vorgabe auch variabler) Freiraum und insbesondere bei Wiederholungen kann die Person mehr über sich und ihr Verhalten selbst bestimmen. Ein nach unabhängigen und abhängigen Variablen ausformuliertes Paradigma kann demnach als besondere Form der Erfahrung verstanden werden, denn es vermag der

Variabilität der Situationen und der Eigenaktivität des Organismus (bis hin zu jener einer »Versuchsperson«) nicht generell zu entsprechen, da die Person (auch die neugeborene, unterdrückte, stumme usw.) in der einen oder anderen Form mit einer Bezugsperson spricht und damit immer schon in Bedeutungszusammenhänge integriert ist.

Interiorisierung

Eine Person gibt eine Vorgabe einer Bezugsperson wieder, so dass die Wiedergabe mehr oder weniger der Vorgabe entspricht. Diese Wiedergabe wird dann durch die Bezugsperson mehr oder weniger ausdrücklich verifiziert oder falsifiziert. Nun können aber ab einer bestimmten Entwicklungsstufe beide Personen auch identisch sein. Voraussetzung hierfür ist der zwischenmenschliche Gegenstandsbezug. Andernfalls wäre die Abklärung der Äquivalenz nicht möglich. Fallen nun Vorgabe, Wiedergabe und Vergleich in eine Person, handelt es sich um eine Verinnerlichung der semantischen Verhaltenseinheit. Der Vergleich mit anderen und anderem führt letztlich auch zu einem Vergleich in sich selbst (z. B. ermöglicht dieses Verständnis einen Zugang zum Phänomen des Neids). Die Verinnerlichung bezieht sich dabei auf emotionale sowie gedankliche Aspekte externer Gegenständlichkeit, Verhaltensweisen sowie interpersonaler Interaktionen. Sie erfolgt zunächst über den vorübergehenden Verlust der Beiträge (Vorgabe und/oder Vergleich) der Bezugsperson oder durch den vorübergehenden Verzicht auf diese Beiträge. Im Weiteren werden dann auch die externen, primär gegenständlich gegebenen Bedeutungen (ursprünglich: neutrale Reize) sowie die personell vermittelten Bedeutungen sukzessive weggelassen. Bei diesen Verkürzungen und Verdichtungen von Bedeutungen bleiben jedoch zunächst noch einige als externe Hilfsmittel erhalten. Schließlich werden aber auch diese durch propriorezeptive Reize bzw. Empfindungen substituiert, die nun die internen Verbindungen vermitteln. Neben der Aneignung externer semantischer Inhalte und Zusammenhänge sind in diesem Kontext auch deren Vorformen (Identifikationen, Introjektionen, Inkorporationen) sowie die damit gegebenen Abweichungen zu berücksichtigen (u. a. Abwehrformen) und – eingehender als dies bisher der Fall war – empirisch zu untersuchen.

Intrapsychische Prozesse

Je nach zeitlichen und räumlichen Näherungen und Gegenüberstellungen innerhalb semantischer Vorgaben gestalten sich auch die neuronalen Verbindungen. Es handelt sich hier um komplexe funktionelle Systeme, die sich auf verschiedenen Ebenen der Komprimierung bewegen. Kulturelle Hilfsmittel bzw. Hilfsreize sind dabei konstitutiv für funktionelle Verbindungen im Gehirn, insbesondere zwischen scheinbar unabhängigen und weit auseinanderliegenden Regionen. Die jeweils aktuelle externe Formation sowie deren partielle und konkrete Ausformungen spiegeln sich über die Wahrnehmung in der zerebralen Organisation wider. Neben der zeitlichen Dimension wird in diesem Zusammenhang in Zukunft vermehrt auch die räumliche Dimension zu beachten sein (u. a. zur Beurteilung reaktiver Hemmungen). Die unaufhörliche neuronale *Plastifizierung* gegenständlich-interaktiver Gegebenheiten scheint auch psychologisch bedeutsam zu sein. So entstehen mit diesem Vorgang beständig (leicht) veränderte und aus den alten hervorgehende neue Strukturen bzw. Schemata (u. a. Identitäten, Gleichwertigkeit, Analogien, Wenn-dann-Beziehungen), wobei die schon frühkindlich auf sensomotorischer Basis entstehenden und die gesellschaftlich sich durchsetzenden (u. a. zunehmende experimentelle Strukturierung einer objektivierten Welt) zu den am ehesten gleichbleibenden gehören. Allerdings bleibt das Problem der semantischen Ausdifferenzierung bestehen, so dass ein einfacher Parallelismus nicht anzunehmen ist. Für die inneren Prozesse (u. a. Gedächtnis, Denken) scheinen Synthetisierung und Invarianz ebenso relevant zu sein wie Verschiebungen und Varianz.

Exteriorisierung

Die Vergegenständlichung und (non-)verbale Veräußerung früher interiorisierter Inhalte und Zusammenhänge ist ein Problem der *Aktualgenese*: Die intern entstandenen Strukturen bzw. Schemata (im Sinne von erreichter Homogenität des Heterogenen) sind Voraussetzungen von Veräußerlichungen. So ist beispielsweise beim Lernen von Vokabeln, neben der Berücksichtigung der Motorik (und sei es nur über das Schreiben und Abschreiben), entsprechend den neurologischen Voraussetzungen die mehr oder weniger spontane Konstitution semantischer Brücken zwischen korrespondierenden Wörtern im muttersprachlichen und im fremdsprachlichen Wort wegleitend. Bei der Exteriorisierung gilt es jedoch nicht nur identische Wiedergaben wahrzunehmen bzw. Differenzen festzustellen und sie durch weitere (meistens nur noch partielle) Externalisierungen auszugleichen, sondern auch Abweichungen zu berücksichtigen, und zwar sowohl hinsichtlich fehlerhafter und fehlgeleiteter Wiedergaben als auch hinsichtlich schöpferischer Prozesse (u. a. durch Verschiebungen und Verdichtungen). Neben den eigentlichen *Vergegenständlichungen* sind zudem auch Vorformen wie Selbstobjektivierungen, Projektionen und Exkorporationen in die Theorie einzubeziehen und empirisch zu untersuchen.

Objektzentrierung

Der Umgang einer Person mit sich selbst ist von eben dieser Person aus betrachtet auch bedeutsam für deren persönliches Verhältnis zu anderen Personen sowie zu den Gegenständen. In beiden Fällen erfolgt die Begegnung durch mehr oder weniger Zuwendung, Ansprache und Antwortverhalten. Lässt sich der in der gegebenen Formation im Verlaufe eines Lebens oft einsetzende Circulus vitiosus in einen Circulus virtuosus verwandeln? Hier gilt es beispielsweise die Überwindung der Subjektzentrierung im ideellen sowie materiellen Bereich und das Aufgehen der Persönlichkeit in Gesellschaft und gegenständlicher Welt zu prüfen. Durch solche auf Personen und ihre materiellen Lebensbedingungen bezogenen, kontrafaktischen Problemstellungen führt der theoretische Praxisbezug zu den praktischen Voraussetzungen der Theorie zurück.

In methodologischer Hinsicht ist das am Beispiel Darwins dokumentierte *Praxis-Theorie-Praxis-Paradigma* wegleitend. Es schließt experimentelle Untersuchungen ein, allerdings als Spezialfall sowie unter Berücksichtigung aller Optionen, die sich den Versuchspersonen anbieten und von ihnen gegebenenfalls auch realisiert werden können. Person- und gegenstandsbezogene Psychologie lässt sich aber nicht primär von den externen Manipulationsmöglichkeiten einer statistisch errechneten und auf ihre externe Signifikanz hin überprüften Mehrheit leiten, sondern von der Vielfalt der Phänomene, zu denen u. a. auch instrumentalisierbare gehören. Im Zentrum steht der im Humanbereich nur mehr über personale sowie gegenständliche Bezüge (selbst-)organisierte Organismus mit seinen neurophysiologischen Voraussetzungen und kulturellen Vermittlungen.

Mindestens ebenso relevant wie Experimente mit sinnvollem Material scheint die Replikation von Übergängen in Psychotherapien und alltäglichen Situationen zu sein. Neben der Feststellung von Gemeinsamkeiten und Unterschieden durch Vergleiche externer Vorgänge und Sachverhalte gilt es hier die gerade noch beobachtbaren Übergänge externer in interne Vorgänge (z. B. Rechnen mit/ohne Fingern) sowie die schon ansatzweise beobachtbaren Übergänge interner in externe Vorgänge (z. B. spontane innere Dialoge bis hin zu Verlautbarungen beim Problemlösen) besonders zu beachten. Natürlich gilt es hierbei auch kommunikative Gesichtspunkte zu berücksichtigen (z. B. Verbalisierung paralingualer Interpretanden). Neben den Vorgängen, die dem Äquivalenzprinzip genügen, sollten vermehrt auch die Verschiebungs- und Verdichtungsvorgänge beobachtet und empirisch untersucht werden.

Ab Mitte des 20. Jahrhunderts verzichteten die meisten Psychologen darauf, sich an allgemeinen Theorien zu orientieren. Ein Grund hierfür war die Resignation angesichts der Komplexität der Phänomene. Fortan stand noch mehr als bisher das quasi naturwissenschaftliche Experiment im Zentrum des Interesses. Aber gerade auf bestimmte experimentelle Situationen zugerichtete Miniaturtheorien minimieren das Risiko des Scheiterns und damit nach kritisch-rationalistischem Wissenschaftsverständnis die Realisation des empirischen Anspruchs. Die Hoffnung, aus der Zusammenführung scheinbar bewährter Miniaturtheorien werde sich dereinst eine umfassendere Theorie mit weitergehenden Voraussagemöglichkeiten ergeben, hat sich indes bisher nicht erfüllt und kann sich methodologisch gesehen auch gar nicht erfüllen (siehe u. a. Induktionsproblem).

Wahrscheinlich wäre es realistischer, allgemeine Prinzipien auszuformulieren (u. a. Äquivalenz) und sie in unterschiedlichen Bereichen zur Anwendung zu bringen. Die Qualität der Theorie wäre evaluierbar über wiederholbare Phänomene, die der aufgearbeiteten Mannigfaltigkeit der Äquivalenz sowie ihrer Abweichungen in der aktuellen Formation widersprächen (Aufgabe der Theorie) oder in der vorliegenden Mannigfaltigkeit der Erscheinungen nach minimalen Veränderungen schließlich einen Platz fänden bzw. sich als anschlussfähig erweisen würden (Revision der Theorie). Eine brauchbare Theorie könnte bekannte, aber bisher oft theoretisch nicht nahegelegte oder berücksichtigte Sachverhalte begründen, beispielsweise dass bei Versuchen im Humanbereich alles materiell Vorgegebene oder kontextuell Mitgegebene mehr oder weniger sinnhaft verstanden wird (also keineswegs etwa nur die sogenannten sinnlosen Silben); weitergehend könnte sie von anderen Wissenschaften oder Teildisziplinen der Psychologie vorausgesetzte Phänomene (z. B. Einstellungen) oder nur teilweise verstandene Phänomene (z. B. soziale und sprachliche Diskriminierungen) erklären; und schließlich könnte eine brauchbare Theorie auch auf psychologisch relevante neue Phänomene hinweisen (z. B. Irritation bei unbewegter Rolltreppe).

Literatur

Ach, N. K. (1905). *Über die Willenstätigkeit und das Denken.* Göttingen: Vandenhoeck & Ruprecht.

Ach, N. K. (1935). *Analyse des Willens.* Berlin: Urban & Schwarzenberg.

Ach, N. K. & Düker, H. (1934). Über Methoden und Apparaturen zur Untersuchung fortlaufender Arbeitsprozesse. In: *Zeitschrift für Psychologie, 33,* 209–221.

Adorno, Th. W. (1951). *Minima Moralia. Reflexionen aus dem beschädigten Leben.* Frankfurt a. M.: Suhrkamp.

Aebli, H. (1980 und 1981). *Denken: das Ordnen des Tuns. Band I: Kognitive Aspekte der Handlungstheorie. Band II: Denkprozesse.* Stuttgart: Klett.

Anderson, J. R. (1988/2001). *Kognitive Psychologie.* Heidelberg: Spektrum Akademischer Verlag.

Anochin, P. K. (1959). *New conception on the physiological architecture of the conditioned reflex.* Moskau: Ashby.

Ansermet, F. & Magistretti, P. (2005). *Die Individualität des Gehirns. Neurobiologie und Psychoanalyse.* Aus dem Französischen von Jürgen Schröder. Frankfurt a. M.: Suhrkamp.

Aristoteles (335–323 v.Chr./1995). *Über die Seele* (*Peri psychès*). Hamburg: Meiner.

Aristoteles, (undatiert/1997). Kleine naturwissenschaftliche Schriften (*Parva naturalia*). Stuttgart: Reclam.

Ash, M. G. & Geuter, U. (Hrsg.) (1985). *Geschichte der deutschen Psychologie im 20. Jahrhundert.* Ein Überblick. Opladen: Westdeutscher Verlag.

Augustinus (397/2003). *Bekenntnisse* (*Confessiones*). Stuttgart: Reclam.

Balmer, H. (Hrsg.) (1982). *Geschichte der Psychologie.* 2 Bände. Weinheim: Beltz.

Bartlett, F. C. (1932/1964). *Remembering. A Study in Experimental and Social Psychology.* Cambridge, UK: University Press.

Bechterew, W. M. (1913/1997). *Objektive Psychologie.* Bialogard, Polen: Longman.

Beck, A., Rush, A., Shaw, B. & Emery, G. (1979). *Cognitive Therapy of Depression.* New York: Guilford.

Becker, M. (1982). *Der ökonomische Ansatz zur Erklärung menschlichen Verhaltens*. Tübingen: J. C. B. Mohr (Paul Siebeck).

Benussi, V. (1914). Gesetze der inadäquaten Gestaltauffassung. Die Ergebnisse meiner bisherigen experimentellen Arbeiten zur Analyse der sogenannten Geometrisch-optischen Täuschungen. In: *Archiv für die gesamte Psychologie, 32,* 396–419.

Birnbacher, D. & Krohn, D. (Hrsg.) (2002). *Das sokratische Gespräch*. Stuttgart: Reclam.

Bodenheimer, A. R. (1984). *Warum? Von der Obszönität des Fragens*. Stuttgart: Reclam.

Boida, E. & Zettl, D. (1995). *Zur Psychodynamik des Errötens.* Diplomarbeit am Psychologischen Institut der Universität Heidelberg.

Boring, E. G. (1929/1950). *A history of experimental psychology*. New York: Appleton Croft Century.

Bowlby, J. (1940). The influence of early environment in the development of neurosis and neurotic character. In: *International Journal of Psycho-Analysis, 21,* 154–178.

Bowlby, J. (1988). *A Secure Base: Clinical Applications of Attachment Theory*. London: Routledge.

Bridgman, P. W. (1927). *The logic of modern physics*. New York: The Macmillan Company.

Bruder-Bezzel, A. (1991). *Die Geschichte der Individualpsychologie*. Frankfurt a. M.: Fischer.

Bruner, J. S., Olver, R. R. & Greenfield, P. M. (1966). *Studies in cognitive growth*. New York: Wiley.

Buber, M. (1962). *Das dialogische Prinzip*. Heidelberg: Lambert Schneider.

Bühler, K. (1907). Tatsachen und Probleme zu einer Psychologie der Denkvorgänge. I. Über Gedanken. In: *Archiv für die gesamte Psychologie, 9,* 297–365.

Bühler, K. (1908a). Tatsachen und Probleme zu einer Psychologie der Denkvorgänge. II. Über Gedankenzusammenhänge. In: *Archiv für die gesamte Psychologie, 12,* 1–23.

Bühler, K. (1908b). Tatsachen und Probleme zu einer Psychologie der Denkvorgänge. III. Über Gedankenerinnerungen. In: *Archiv für die gesamte Psychologie, 12,* 24–92.

Bühler, K. (1908c). Antwort auf die von W. Wundt erhobenen Einwände gegen die Methode der Selbstbeobachtung an experimentell erzeugten Erlebnissen. In: *Archiv für die gesamte Psychologie, 12,* 93–122.

Bühler, K. (1927). *Die Krise der Psychologie.* Jena: Fischer.

Bühler, K. (1934/1982). *Sprachtheorie: die Darstellungsfunktion der Sprache.* Stuttgart: Fischer.

Byung-Chul Han (2002). *Philosophie des Zen-Buddhismus.* Stuttgart: Reclam.

Condon, W. S. & Sander, L. (1974). Neonate movement is synchronized with adult speech. In: *Science, 183,* 99–101.

Darwin, Ch. (1859/2005). *Die Entstehung der Arten.* Stuttgart: Reclam.

Darwin, Ch. (1872/1874). *Der Ausdruck der Gemüthsbewegungen bei dem Menschen und bei den Thieren.* Stuttgart: Schweizerbart'sche Verlagshandlung.

Descartes, R. (1662/1969). *Über den Menschen* (*De homine*). Heidelberg: Lambert Schneider.

Descartes, R. (1637/2001). *Bericht über die Methode* (*Discours de la Méthode*). Stuttgart: Reclam.

Descartes, R. (1649/1996). *Die Leidenschaften der Seele* (*Les Passions de l'âme*). Hamburg: Meiner.

Dessoir, M. (1894). *Geschichte der neueren deutschen Psychologie.* Berlin: Duncker.

Dewey, J. (1896). The reflex arc concept in psychology. In: *Psychological Review, 3,* 357–370.

Dilthey, W. (1894/1990). Ideen über eine beschreibende und zergliedernde Psychologie. In: G. Misch (Hrsg.). *Wilhelm Dilthey. Gesammelte Schriften, Fünfter Band: Die geistige Welt. Einleitung in die Philosophie des Lebens. Erste Hälfte. Abhandlung zur Grundlegung der Geisteswissenschaften* (S. 136–240). Stuttgart: Teubner Verlagsgesellschaft.

Dörner, D. (1976/1987). *Problemlösen als Informationsverarbeitung.* Stuttgart: Kohlhammer.

Dorsch, F. (1963). *Geschichte und Probleme der angewandten Psychologie.* Bern: Huber.

Draaisma, D. (2000). Francis Galton: Inquiries into human faculty and its development (1883). In: H. E. Lück, R. Miller & G. Sewz-Vosshenrich (Hrsg.). *Klassiker der Psychologie* (S. 66–71). Stuttgart: Kohlhammer.

Dreyfus, H. & Dreyfus, S. (1987). *Künstliche Intelligenz – Von den Grenzen der Denkmaschine und dem Wert der Intuition.* Reinbek: Rowohlt.

Duval, S. & Wicklund, R. A. (1972). *A theory of objective self-awareness.* New York: Academic Press.

Ebbinghaus, H. (1885/1966). *Über das Gedächtnis.* Amsterdam: Bonset.

Ebbinghaus, H. (1896). Über erklärende und beschreibende Psychologie. In: *Zeitschrift für Psychologie und Physiologie der Sinnesorgane, 9,* 161–205.

Ehlich, K. (1980). *Erzählen im Alltag.* Frankfurt a. M.: Suhrkamp.

Ehrenfels, Chr., von (1890). Über »Gestaltqualitäten«. In: *Vierteljahresschrift für wissenschaftliche Philosophie, 14,* 249–292.

Erasmus von Rotterdam, D. (1511/1949). *Das Lob der Torheit* (*Encomium moriae*). Stuttgart: Reclam.

Etchegoyen, R. H. (1999). *The fundamentals of psychoanalytic technique.* London: Karnac Books.

Fechner, G. Th. (1860/1889). *Elemente der Psychophysik.* 2 Bände. Leipzig: Breitkopf & Härtel.

Festinger, L. (1957). *A theory of cognitive dissonance.* Stanford: University Press.

Foppa, K. (1965). *Lernen, Gedächtnis, Verhalten.* Köln: Kiepenheuer & Witsch.

Foppa, K. (1984). Redeabsicht und Verständigung. In: *Manuskripte, 23,* 73–76.

Foucault, M. (1961/1973). *Wahnsinn und Gesellschaft.* Frankfurt a. M.: Suhrkamp.

Franz, A. (1984). Einleitung. In: M. de Montaigne. *Die Essais* (S. 3–26). Stuttgart: Reclam.

Freud, A. (1927/1995). *Einführung in die Technik der Kinderanalyse. Sonderausgabe zum 100. Geburtstag von Anna Freud.* München: Reinhardt.

Freud, A. (1936/2006). *Das Ich und die Abwehrmechanismen.* München: Kindler.

Freud, S. (1895/1987). Entwurf einer Psychologie (Psychologie für den Neurologen). In: S. Freud. *Gesammelte Werke. Nachtragsband. Texte aus den Jahren 1885–1938* (S. 387–477). Frankfurt a. M.: Fischer.

Freud, S. (1900/1972). *Die Traumdeutung. Studienausgabe.* Band II. Frankfurt a. M.: Fischer.

Freud, S. (1910/1999). Die zukünftigen Chancen der psychoanalytischen Therapie. In: S. Freud. *Gesammelte Werke, VII,* (S. 104–115). Frankfurt a. M.: Fischer.

Freud, S. (1912/1999). Zur Dynamik der Übertragung. In: S. Freud. *Gesammelte Werke, VIII,* (S. 364–374). Frankfurt a. M.: Fischer.

Freud, S. (1920). *Jenseits des Lustprinzips.* Leipzig: Internationaler Psychoanalytischer Verlag.

Frey, S. (1999). *Die Macht des Bildes. Der Einfluss der nonverbalen Kommunikation auf Kultur und Politik.* Bern: Huber.

Gall, J. (1949). Nachwort. In: D. Erasmus von Rotterdam. *Das Lob der Torheit* (S. 127–136). Stuttgart: Reclam.

Galliker, M. (1982). *Triviales Wissenschaftsverständnis oder was wir von Darwins Analyse der Zuchtpraxis lernen können.* Köln: Pahl-Rugenstein.

Galliker, M. (1989). Das Gespenst in der Maschine und das Operationalisierungsproblem. In: *Schweizerische Zeitschrift für Psychologie, 48,* 121–132.

Galliker, M. (1990). *Sprechen und Erinnern.* Göttingen: Hogrefe.

Galliker, M. (1993). Die Verkörperung des Gedankens im Gegenstande. Zur kontroversen Begründung der Völkerpsychologie. In: *Psychologische Rundschau, 44,* 11–24.

Galliker, M. & Klein, M. (1992). Knigge lesen – Zur Bedeutung des »Umgangsbuches« für die Kommunikation in der bürgerlichen Gesellschaft. In: *Psychologie und Geschichte, 3,* 46–59.

Galliker, M. & Weimer, D. (2006). *Psychologie der Verständigung. Eine Einführung in die kommunikative Praxis.* Stuttgart: Kohlhammer.

Galton, F. (1869/1992). *Hereditary genius: an inquiry into its laws and consequences.* London: Macmillan.

Galton, F. (1883). *Inquiries into human faculty and its developments.* London: Macmillan.

Garry, M. & Loftus, E.F. (1994). Pseudomemories without hypnosis. In: *International Journal of Clinical and Experimental Hypnosis, 42,* 363–378.

Gay, P. (1989). *Freud. Eine Biographie für unsere Zeit.* Frankfurt a. M.: Fischer.

Gendlin, E. T. (1978/1981). *Focusing. Technik der Selbsthilfe bei der Lösung persönlicher Probleme.* Salzburg: Otto Müller Verlag.

Geuter, U. (1984). *Die Professionalisierung der deutschen Psychologie im Nationalsozialismus.* Frankfurt a. M.: Suhrkamp.

Gibson, J. J. (1962). Observations on active touch. In: *Psychological Review, 69,* 477–491.

Goethe, J. W. (1810/1997). *Farbenlehre, Band 1–5.* Stuttgart: Verlag Freies Geistesleben.

Goethe, J. W. (1884–1953/1999). *Schriften zur Naturwissenschaft*. Stuttgart: Reclam.

Göttert, K.-H. (1991). Nachwort. In: A. Knigge. *Über den Umgang mit Menschen* (S. 453–477). Stuttgart: Reclam.

Graumann, C. F. (1983). Theorie und Geschichte. In: G. Lüer (Hrsg.). *Bericht über den 33. Kongreß der Deutschen Gesellschaft für Psychologie 1982* (Band 1, S. 64–75). Göttingen: Hogrefe.

Graumann, C. F. (Hrsg.) (1985). *Psychologie im Nationalsozialismus*. Berlin: Springer.

Groner, R. (1978). *Hypothesen im Denkprozess. Grundlagen einer verallgemeinerten Theorie auf der Basis elementarer Informationsverarbeitung*. Bern: Huber.

Guthrie, E. R. (1935/1952). *The psychology of learning*. New York: Harper.

Halbwachs, M. (1925/1986). *Das Gedächtnis und seine sozialen Bedingungen*. Frankfurt a. M.: Suhrkamp.

Hammer, St. (1993). Felix Krueger. In: E. Lück & R. Miller (Hrsg.). *Illustrierte Geschichte der Psychologie* (S. 103–105). München: Quintessenz Verlag.

Hebb, D. O. (1949/2002). *The organization of behavior*. London: Lawrence Erlbaum Associates.

Heigl-Evers, A. (Hrsg.) (1976ff.). *Psychologie des 20. Jahrhunderts*. 10 Bände. Zürich: Kindler.

Heimann, P. (1950). On countertransference. In: *International Journal of Psychoanalysis, 31*, 81–84.

Heisenberg, W. (1979). *Quantentheorie und Philosophie*. Stuttgart: Reclam.

Helmholtz, H. von (1856–67/1909–11). *Handbuch der physiologischen Optik*. 3 Bände. Hamburg: Voss.

Herbart, J. F. (1824–25). *Psychologie als Wissenschaft, neu gegründet auf Erfahrung, Metaphysik und Mathematik*. 2 Bände. Königsberg: Unzer.

Herder, J. G. (1772/1966). *Abhandlung über den Ursprung der Sprache*. Stuttgart: Reclam.

Herder, J. G. (1778). Plastik. In: *Herders Werke, Band 3 Kritische Wälder I* (S. 273–357). Stuttgart: Union Deutsche Verlagsgesellschaft.

Herrmann, Th. (1999/2006). Psychologiekonzepte Bonner Psychologen. In: *Geschichte der Psychologie, 45*, 6–36.

Hinske, N. (1990). Die tragenden Grundideen der deutschen Aufklärung. In: R. Ciafardone (Hrsg.). *Die Philosophie der deutschen Aufklärung. Texte und Darstellung* (S. 407–458). Stuttgart: Reclam.

Hobbes, Th. (1655/1997). *Elemente der Philosophie. Erste Abteilung: Der Körper (Elementorum philosophiae, sectio prima: De corpore)*. Hamburg: Meiner.

Hobbes, Th. (1642/47–1658/1994). *Elemente der Philosophie II und III: Vom Menschen. Vom Bürger (Elementorum philosophiae, sectio secunda: De homine, sectio tertia, De cive)*. Hamburg: Meiner.

Hofstätter, P. R. (1956). Zur Frage der Intuition in der Psychodiagnostik. In: *Studium Generale, 9*, 527–537.

Höger, D. (2006). Focusing. In: J. Eckert, E.-M. Biermann-Ratjen & D. Höger (Hrsg.). *Gesprächspsychotherapie* (S. 435 –439). Heidelberg: Springer.

Holmes, J. (1993/2002). *John Bowlby und die Bindungstheorie*. Basel: Ernst Reinhardt Verlag.

Holzkamp, K. (1973). *Sinnliche Erkenntnis – Historischer Ursprung und gesellschaftliche Funktion der Wahrnehmung*. Frankfurt a. M.: Athenäum-Fischer.

Holzkamp, K. (1983). *Grundlegung der Psychologie*. Frankfurt a. M.: Campus.

Holzkamp, K. (1993). *Lernen. Subjektwissenschaftliche Grundlegung*. Frankfurt a. M.: Campus.

Hörmann, H. (1967/1970). *Psychologie der Sprache*. Berlin: Springer.

Hörmann, H. (1976). *Meinen und Verstehen*. Frankfurt a. M.: Suhrkamp.

Hornyak, T. N. (2006). *Loving the machine. The art of science of Japanese robots*. Tokio: Kodansha International.

Hull, C. L. (1943). *Principles of behavior*. New York: Appleton-Century-Crofts.

Hull, C. L. (1952). *A behavior system*. New Haven: University Press.

Hume, D. (1739–1740/1748/1982). *Eine Untersuchung über den menschlichen Verstand (Enquiries Concerning the Human Understanding)*. Stuttgart: Reclam.

Jacoby, R. (1983/85). *Die Verdrängung der Psychoanalyse oder der Triumph des Konformismus*. Frankfurt a. M.: Fischer.

Jaeger, S. & Staeuble, I. (1978). *Die gesellschaftliche Genese der Psychologie*. Frankfurt a. M.: Campus.

James, W. (1884). What is an emotion? In: *Mind, 9*, 188–205.

James, W. (1890/1950). *The Principles of Psychology*. New York: Dover Publication.

James, W. (1892/1907). *Psychology: Briefer Course*. New York: Holt.

James, W. (1912/1975). *Essays on radical empiricism*. New York, London: Longmans, Green & Co.

Janich, P. (2006). Die Heterogonie der Zwecke als Problem der Psychologie. In: G. Jüttemann (Hrsg.). *Wilhelm Wundts anderes Erbe* (S. 88–101). Göttingen: Vandenhoeck & Ruprecht.

Jüttemann, G. (Hrsg.) (2006). *Wilhelm Wundts anderes Erbe*. Göttingen: Vandenhoeck & Ruprecht.

Kandel, E.R. (2000). Cellular Mechanisms of Learning and the Biological Basis of Individuality. In: E. R. Kandel, J. H. Schwartz, Th. M. Jessell (Hrsg.): *Principles of Neural Science* (S. 1247–1289). New York: McGraw-Hill.

Kandel, E. R. (2006). *Auf der Suche nach dem Gedächtnis: die Entstehung einer neuen Wissenschaft des Geistes.* München: Siedler.

Kant, I. (1766/2002). *Träume eines Geistersehers, erläutert durch Träume der Metaphysik*. Stuttgart: Reclam.

Kant, I. (1781/2003). *Kritik der reinen Vernunft*. Stuttgart: Reclam.

Kant, I. (1784/1990). Beantwortung der Frage: Was ist Aufklärung? In: R. Ciafardone (Hrsg.). *Die Philosophie der deutschen Aufklärung* (S. 342–351). Stuttgart: Reclam.

Kaplan-Solms, K. & Solms, M. (2000/2003). *Neuro-Psychoanalyse: eine Einführung mit Fallstudien*. Stuttgart: Klett-Cotta.

Käsermann, M.-L. (1980). *Spracherwerb und Interaktion*. Bern: Huber.

Kast, V. (1996/2006). *Neid und Eifersucht*. München: Deutscher Taschenbuch Verlag.

Klein, M. (1932/1934/1973). *Die Psychoanalyse des Kindes*. Wien: Internationaler Psychoanalytischer Verlag.

Knigge, A. (1788/1991). *Über den Umgang mit Menschen*. Stuttgart: Reclam.

Knoll, A. & Christaller, Th. (2003). *Robotik*. Frankfurt a. M.: Fischer.

Koch, S. (1954). Clark L. Hull. In: W. K. Estes et al. (Hrsg.). *Modern learning theory: a critical analysis of five examples* (S. 1–176). New York: Appleton-Century-Crofts.

Koffka, K. (1915). Zur Grundlegung der Wahrnehmungspsychologie. Eine Auseinandersetzung mit V. Benussi. In: *Zeitschrift für Psychologie, 73*, 11–90.

Koffka, K. (1921). *Die Grundlagen der psychischen Entwicklung: eine Einführung in die Kinderpsychologie*. Osterwieck am Harz: Verlag von A. W. Zickfeldt.

Koffka, K. (1935/1950). *Principles of Gestalt Psychology*. London: Routledge & Kegan Paul Ltd.

Köhler, W. (1917). *Intelligenzprüfungen an Anthropoiden*. Berlin: Akademie der Wissenschaft.

Köhler, W. (1920/1924). *Die physischen Gestalten in Ruhe und im stationären Zustand: eine naturphilosophische Untersuchung*. Braunschweig: Vieweg.

Köhler, W. (1921). *Intelligenzprüfungen an Menschenaffen*. Berlin: J. Springer.

Kölbl, C. (2006). *Die Psychologie der Kulturhistorischen Schule: Vygotskij, Lurija, Leont'ev, mit 4 Tabellen*. Göttingen: Vandenhoeck & Ruprecht.

Krueger, F. (1915). *Über Entwicklungspsychologie, ihre sachliche und geschichtliche Notwendigkeit. Arbeiten zur Entwicklungspsychologie, Band 1, Heft 1*. Leipzig: W. Engelmann.

Krueger, F. (1926). *Über psychische Ganzheit*. München: C. H. Beck.

Krueger, F. (1953). *Zur Philosophie und Psychologie der Ganzheit*. Berlin: Springer.

Kruta, V. (1980). Jiri Prochaska. Professor of anatomy and physiology 1778–1789. In: *Cesk Fysiol, 29 (1)*, 84–89.

Külpe, O. (1920). *Vorlesungen über Psychologie*. Leipzig: Hirzel.

Küppers, G. & Paslack, R. (1996). Die natürlichen Ursachen der Ordnung und Organisation. In: G. Küppers (Hrsg.). *Chaos und Ordnung. Formen der Selbstorganisation in Natur und Gesellschaft* (S. 44–60). Stuttgart: Reclam.

La Mettrie, J. O. de (1747/2001). *Der Mensch eine Maschine*. Stuttgart: Reclam.

Lang, A. (1992). Kultur als »externe Seele«. Eine semiotisch-ökologische Perspektive. In: Ch.G. Allesch, E. Billmann-Mahecha & A. Lang (Hrsg.). *Psychologische Aspekte des kulturellen Wandels* (S. 11–32). Wien: Verlag des Verbandes der wissenschaftlichen Gesellschaften Österreichs.

Lange, C. G. (1885/1887). *Über Gemüthsbewegungen. Eine psycho-physiologische Studie*. Leipzig: T. Thomas.

Laplanche, J. & Pontalis, J.-B. (1967/1972). *Das Vokabular der Psychoanalyse*. Frankfurt a. M.: Suhrkamp.

Lavater, J. C. (1775–78/1984). *Physiognomische Fragmente zur Beförderung der Menschenkenntnis und Menschenliebe.* Stuttgart: Reclam.

Lazarus, M. (1851). Über den Begriff und die Möglichkeit einer Völkerpsychologie. In: *Deutsches Museum, I*, 112–126.

Lazarus, M. (1862). Einige synthetische Gedanken zur Völkerpsychologie und Sprachwissenschaft. In: *Zeitschrift für Völkerpsychologie, III*, 1–94.

Lazarus, M. & Steinthal, H. (1860). Einleitende Gedanken über Völkerpsychologie als Einladung zu einer Zeitschrift für Völkerpsychologie und Sprachwissenschaft. In: *Zeitschrift für Völkerpsychologie, I*, 1–73.

Leontjew, A. A. (1974/1982). *Psychologie des sprachlichen Verkehrs.* Weinheim: Beltz.

Leontjew, A.N. (1959/1980). *Probleme der Entwicklung des Psychischen.* Königstein/Ts.: Athenäum.

Lessing, H.-U. (2001). *Wilhelm Diltheys »Einleitung in die Geisteswissenschaften«.* Darmstadt: Wissenschaftliche Buchgesellschaft.

Levine, R. (2003). *Die große Verführung. Psychologie der Manipulation.* München: Piper.

Lichtenberg, G. Chr. (1778/1844). Über Physiognomik wider die Physiognomen. Zur Beförderung der Menschenliebe und Menschenkenntniß. In: *Vermischte Schriften. Vierter Band* (S. 1–108). Göttingen: Verlag der Dieterichschen Buchhandlung.

Lichtenberg, G. Chr. (1902–08/1984). *Aphorismen.* Stuttgart: Reclam.

Locke, J. (1690/2000). *Versuch über den menschlichen Verstand (An Essay Concerning Human Understanding). Band I: Buch I und II.* Hamburg: Meiner.

Locke, J. (1690/1988). *Ein Versuch über den menschlichen Verstand (An Essay Concerning Human Understanding). Band II: Buch III und IV.* Hamburg: Meiner.

Lorenz, K. (1978). *Vergleichende Verhaltensforschung: Grundlagen der Ethologie.* Wien: Springer.

Lück, H. E. (1991/2002). *Geschichte der Psychologie. Strömungen, Schulen, Entwicklung.* Stuttgart: Kohlhammer.

Lück, H. E. & Miller, R. (Hrsg.) (1993). *Illustrierte Geschichte der Psychologie.* München: Quintessenz Verlag.

Lück, H. E., Miller, R. & Rechtien, W. (Hrsg.) (1984). *Geschichte der Psychologie: ein Handbuch in Schlüsselbegriffen.* München: Urban & Schwarzenberg.

Luif, V., Thoma, G. & Boothe, B. (2006). *Beschreiben – Erschließen – Erläutern. Psychotherapieforschung als qualitative Wissenschaft*. Lengerich: Pabst Science Publ.

Lurija, A. R. (1973/1996). *Das Gehirn in Aktion. Einführung in die Neuropsychologie*. Reinbek bei Hamburg: Rowohlt.

Machiavelli, N. (1513/1976). *Der Fürst (Il Principe)*. Stuttgart: Reclam.

Markl, H. (1996). Physik des Lebendigen. In: D. Hoffmann & H. Lübbig (Hrsg.). *Hermann von Helmholtz (1821–1894). Berliner Kolloquium zum 100. Todestag* (S. 23–57). Bremerhaven: Verlag für neue Wissenschaft.

Martens, E. (2004). *Sokrates. Eine Einführung*. Stuttgart: Reclam.

Martens, W. (2001). Nachwort. In: K. Ph. Moritz. *Anton Reiser* (S. 545–567). Stuttgart: Reclam.

Martini, F. (1979). Nachwort. In: Chr. M. Wieland. *Geschichte des Agathon. Erste Fassung* (S. 643–679). Stuttgart: Reclam.

McClelland, J. L., Rumelhart, D. E. & Hinton, G. E. (1986). The appeal of distributed processing. In: D. E. Rumelhart & J. L. McClelland (Hrsg.). *Parallel distributed processing: Explorations in the microstructure of cognition* (Band 1). Cambridge, Massachusetts: MIT Press/Bradford Books.

Meili, R. (1972). Richard Meili. In: L. J. Pongratz, W. Traxel & E. G. Wehner (Hrsg.). *Psychologie in Selbstdarstellungen. Erster Band* (S. 159–191). Bern: Huber.

Meinong, A. (1891). Zur Psychologie der Komplexionen und Relationen. In: *Zeitschrift für Psychologie, 2*, 245–265.

Meinong, A. (Hrsg.) (1904). *Untersuchungen zur Gegenstandstheorie und Psychologie*. Leipzig: Barth.

Meischner-Metge, A. (2006). »Völkerpsychologie« oder allgemeine »Entwicklungspsychologie«. In: G. Jüttemann (Hrsg.). *Wilhelm Wundts anderes Erbe* (S. 81–87). Göttingen: Vandenhoeck & Ruprecht.

Mentzos, St. (1982/1989). *Neurotische Konfliktverarbeitung. Einführung in die psychoanalytische Neurosenlehre unter Berücksichtigung neuer Perspektiven*. Frankfurt a.M.: Fischer.

Messer, A. (1906). Experimentell-psychologische Untersuchungen über das Denken. In: *Archiv für die gesamte Psychologie, 8*, 1–224.

Métraux, A. (1985). Der Methodenstreit und die Amerikanisierung der Psychologie in der Bundesrepublik 1950–1970. In: M. G. Ash & U. Geuter (Hrsg.). *Geschichte der deutschen Psychologie im 20. Jahr-*

hundert. Ein Überblick (S. 225–251). Opladen: Westdeutscher Verlag.

Metzger, W. (1941/1963). *Psychologie: die Entwicklung ihrer Grundannahmen seit der Einführung des Experiments*. Darmstadt: Steinkopff.

Miller, G. A., Galanter, S. & Pribram, K. (1960/1973). *Strategien des Handelns: Pläne und Strukturen des Verhaltens*. Stuttgart: Klett.

Minsky, M. (1968). *Semantic information processing*. Cambridge, Massachusetts: MIT Press.

Montaigne, M. de (1580/1984). *Die Essais.* Stuttgart: Reclam.

Moritz, K. Ph. (1785–1790/2001). *Anton Reiser. Ein psychologischer Roman*. Stuttgart: Reclam.

Naumann, F. (2005). *Kleiner Machiavelli für Überlebenskünstler – 15 Gewinnstrategien in Krisenzeiten*. Reinbek bei Hamburg: Rowohlt.

Neisser, U. (1967/1974). *Kognitive Psychologie*. Stuttgart: Klett.

Neisser, U. (1982). Memory: What are the important questions? In: U. Neisser (Hrsg.). *Memory observed: remembering in natural contexts* (S. 3–19). San Francisco: W. H. Freeman.

Newell, A. & Simon, H.A. (1972). *Human Problem Solving*. Englewood-Cliffs, New Jersey: Prentice-Hall.

Oehler, K. (1993). *Charles Sanders Peirce*. München: Beck.

Offe, K. (1970/1977). *Leistungsprinzip und industrielle Arbeit: Mechanismen der Statusverteilung in Arbeitsorganisationen der industriellen »Leistungsgesellschaft«*. Frankfurt a. M.: Europäische Verlagsanstalt.

Pape, H. (2004). *Charles S. Peirce zur Einführung*. Hamburg: Junius.

Paul, H. (1880). *Principien der Sprachgeschichte*. Halle: Niemeyer.

Pawlow, I. P. (1904/1953). Über die psychische Sekretion der Speicheldrüse. In: *Sämtliche Werke* (Band III/1, S. 22–35). Berlin: Akademie Verlag.

Pawlow, I. P. (1916/1953). Der Zielreflex. In: *Sämtliche Werke* (Band III/1, S. 222–227). Berlin: Akademie Verlag.

Pawlow, I. P. (1953–1956). *Sämtliche Werke*. Berlin: Akademie-Verlag.

Peirce, Ch. S. (1933–35/1958). *Collected Papers.* Cambridge, Massachusetts: Harvard University Press.

Perrig, W. (2003). Psychologische Analyse der Erinnerung. In: P. Rusterholz & R. Moser (Hrsg.). *Wir sind Erinnerung. Referate einer Vorlesungsreihe des Collegium generale der Universität Bern im Sommersemester 2001* (S. 37 – 60). Bern: Haupt.

Piaget, J. (1968/1980). *Der Strukturalismus*. Stuttgart: Klett-Cotta.

Piaget, J. (1975/76). *Die Äquilibration der kognitiven Strukturen*. Stuttgart: Klett.

Piaget, J. (1979). Jean Piaget. In: L. J. Pongratz, W. Traxel & E. G. Wehner (Hrsg.). *Psychologie in Selbstdarstellungen. Zweiter Band* (S. 149–209). Bern: Huber.

Piaget, J. & Inhelder, B. (1966/2004). *Die Psychologie des Kindes*. München: Deutscher Taschenbuch Verlag.

Platon (399 v. Chr./1987). *Apologie des Sokrates (Apologia Sokratus)*. Stuttgart: Reclam.

Platon (nach 399 v. Chr./1994). *Menon*. Stuttgart: Reclam.

Platon (vor 347 v. Chr./1981). *Theätet*. Stuttgart: Reclam.

Platon (347 v. Chr./2004). *Der Staat (Politeia)*. Stuttgart: Reclam.

Pongratz, L. J. (1967/1984). *Problemgeschichte der Psychologie*. München: Francke.

Pongratz, L. J., Traxel, W. & Wehner, E.G. (Hrsg.) (1972 und 1979). *Psychologie in Selbstdarstellungen*. 2 Bände. Bern: Huber.

Popper, K. R. (1934/1966). *Logik der Forschung*. Tübingen: Mohr.

Popper, K. R. (1979). *Ausgangspunkte. Meine intellektuelle Entwicklung*. Hamburg: Hoffmann und Campe.

Probst, E. (1925). *Herder als Psychologe. Dissertation*. Laupen bei Bern: Polygraphische Gesellschaft.

Rayfield, D. (2004). *Stalin und seine Henker*. München: Blessing Verlag.

Razran, G. (1956). Backward conditioning. In: *Psychological Bulletin, 53*, 93–101.

Rechenberg, H. (1996). Helmholtz als Physiker und als Physiologe. In: D. Hoffmann & H. Lübbig (Hrsg.). *Hermann von Helmholtz (1821–1894). Berliner Kolloquium zum 100. Todestag* (S. 77–93). Bremerhaven: Verlag für neue Wissenschaft.

Riedel, M. (Hrsg.) (1907/1984). W. Dilthey. *Das Wesen der Philosophie*. Stuttgart: Reclam.

Rodi, F. (1987). Die Ebbinghaus-Dilthey-Kontroverse. Biographischer Hintergrund und sachlicher Ertrag. In: W. Traxel (Hrsg.). *Ebbinghaus-Studien 2. Beiträge zum Internationalen Hermann-Ebbinghaus-Symposium in Passau vom 30. Mai bis 2. Juni* (S. 145–154). Passau: Passavia Universitäts-Verlag.

Rogers, C. R. (1942/1985). *Die nicht-direktive Beratung. Counseling and psychotherapy*. Frankfurt a. M.: Fischer.

Rogers, C. R. (1957). The necessary and sufficient conditions of therapeutic personality change. In: *Journal of Consulting Psychology, 21*, 95–103.

Rogers, C. R. (1961/2006). *Entwicklung der Persönlichkeit*. Stuttgart: Klett-Cotta.

Rogers, C. R. (1977/2004). *Therapeut und Klient. Grundlagen der Gesprächspsychotherapie*. Frankfurt a. M.: Fischer.

Rubinstein, S. L. (1958). *Grundlagen der allgemeinen Psychologie*. Berlin: Volk und Wissen.

Sander, F. (1928). Experimentelle Ergebnisse der Gestaltpsychologie. In: E. Becher (Hrsg.). *Bericht über den 10. Kongreß für experimentelle Psychologie in Bonn vom 20.–23. April 1927* (S. 23–88). Jena: Fischer.

Sander, F. (1937). Zur neueren Gefühlslehre. In: O. Klemm (Hrsg.). *Bericht über den XV. Kongreß der Deutschen Gesellschaft für Psychologie in Jena vom 5.–8. Juli 1936* (S. 23–52). Jena: Fischer.

Sander, F. (1972). Friedrich Sander. In: L. J. Pongratz, W. Traxel & E. G. Wehner (Hrsg.). *Psychologie in Selbstdarstellungen. Erster Band* (S. 309–333). Bern: Huber.

Schneider, H. (1981). *Die Theorie Piagets: ein Paradigma für die Psychoanalyse?* Bern: Huber.

Schönpflug, W. (2004). *Geschichte und Systematik der Psychologie: ein Lehrbuch für das Grundstudium*. Weinheim: Beltz PVU.

Schulz von Thun, F. (1981). *Miteinander reden. Band 1*. Reinbek bei Hamburg: Rowohlt.

Schwartz, St. (1988). *Wie Pawlow auf den Hund kam: die 15 klassischen Experimente der Psychologie*. Weinheim: Beltz.

Sechenov, I. M. (1871/1965). *Reflexes of the brain*. Cambridge, Massachusetts: MIT Press.

Segal, H. (1964/2004). *Melanie Klein. Eine Einführung in ihr Werk*. Tübingen: ed. diskord.

Seidl, H. (1995). Kommentar. In: Aristoteles. *Über die Seele* (S. 211–277). Hamburg: Meiner.

Selz, O. (1924). *Die Gesetze der produktiven und reproduktiven Geistestätigkeit*. Bonn: F. Cohen.

Skinner, B. F. (1938). *The behavior of organisms. An experimental analysis*. New York: Appleton-Century-Crofts.

Skinner, B. F. (1971/1973). *Jenseits von Freiheit und Würde*. Hamburg: Rowohlt.

Sohn-Rethel, A. (1985). *Soziologische Theorie der Erkenntnis*. Frankfurt a. M.: Suhrkamp.

Sohn-Rethel, A. (1990). *Das Geld, die bare Münze des Apriori*. Berlin: Wagenbach.

Spitz, R. A. (1988). *Vom Dialog. Studien über den Ursprung der menschlichen Kommunikation und ihrer Rolle in der Persönlichkeitsbildung.* München: Deutscher Taschenbuch Verlag.

Stadler, M., Seeger, F. & Raeithel, A. (1975). *Psychologie der Wahrnehmung. Grundfragen der Psychologie.* München: Juventa.

Stavemann, H. H. (2002). *Sokratische Gesprächsführung. Eine Anleitung für Psychotherapeuten, Berater und Seelsorger.* Weinheim: Beltz.

Steinthal, H. (1871/81). *Einleitung in die Psychologie und Sprachwissenschaft.* Berlin: Ferd. Dümmlers Verlagsbuchhandlung.

Steinthal, H. (1887). Über den Begriff der Völkerpsychologie. In: *Zeitschrift für Völkerpsychologie und Sprachwissenschaft, XVII,* 233–264.

Streeck, U. (2004). *Auf den ersten Blick. Psychotherapeutische Beziehungen unter dem Mikroskop.* Stuttgart: Klett-Cotta.

Stubbe, H. (2006). Die Geschichte der Völkerpsychologie. In: G. Jüttemann (Hrsg.). *Wilhelm Wundts anderes Erbe* (S. 33–51). Göttingen: Vandenhoeck & Ruprecht.

Stumm, G., Wiltschko, J. & Keil, W. W. (Hrsg.) (2003). *Grundbegriffe der Personzentrierten und Focusing-orientierten Psychotherapie und Beratung.* Stuttgart: Pfeiffer bei Klett.

Suhr, M. (2005). *John Dewey zur Einführung.* Hamburg: Junius.

Szaday, Ch. (2002). Mobbing unter Schülerinnen und Schülern: der »No Blame Approach«. In: M. Drilling, P. Friedrich & H. Wehrli (Hrsg.). *Gewalt an Schulen: Ursachen, Prävention, Intervention* (S. 149–154). Zürich: Verlag Pestalozzianum.

Tausch, R. (1989/2000). *Hilfen bei Stress und Belastung.* Reinbek bei Hamburg: Rowohlt.

Tausch, R. (2000). Carl Rogers: Client-centered therapy (1951). In: H. E. Lück, R. Miller & G. Sewz-Vosshenrich (Hrsg.). *Klassiker der Psychologie* (S. 188–194). Stuttgart: Kohlhammer.

Tausch, R. & Tausch, A.-M. (1960/1990). *Gesprächspsychotherapie. Hilfreiche Gruppen- und Einzelgespräche in Psychotherapie und alltäglichem Leben.* Göttingen: Hogrefe.

Thomas von Aquin (1267/2004). *Über die Herrschaft des Fürsten* (*De regimine principum*). Stuttgart: Reclam.

Thomas von Aquin (1269/1937). *Kommentar zum Buch über Die Seele* (*Sententia in librum De anima*). Hegner: Wien.

Thorndike, E. L. (1898). Animal intelligence: An experimental study of the associative processes in animals. In: *Psychological Review. Series of Monograph Supplements 2 (4), Serial No. 8,* 109.

Tolman, E. C. (1937). The acquisition of string-pulling by rats – conditioned response or sign-gestalt? In: *Psychological Review, 44*, 195–211.

Tryphon, A. & Vonèche, J. (Hrsg.) (1996). *Piaget–Vygotski: The social genesis of thought.* Hove, East Sussex: Psychology Press.

Wallace, A. R. (1855/1870). Über das Gesetz, welches das Entstehen neuer Arten reguliert hat. In: A. B. Meyer (Hrsg.). *Charles Darwin und Alfred Russel Wallace: ihre ersten Publicationen über die »Entstehung der Arten«; Nebst einer Skizze ihres Lebens und einem Verzeichnis ihrer Schriften* (S. 14–38). Erlangen: Eduard Besold.

Wallace, A. R. (1858/1870). Über die Tendenz der Varietäten unbegrenzt von dem Originaltypus abzuweichen. In: A. B. Meyer (Hrsg.). *Charles Darwin und Alfred Russel Wallace* (S. 39–57). Erlangen: Eduard Besold.

Watson, J. B. (1913). Psychology as the Behaviorist Views It. In: *Psychological Review, 20*, 158–177.

Watson, J. B. (1925/1930). *Der Behaviorismus.* Stuttgart: Deutsche Verlags-Anstalt.

Watzlawick, P., Beavin, J. H. & Jackson, D. D. (1967/1969). *Menschliche Kommunikation. Formen, Störungen, Paradoxien.* Bern: Huber.

Weber, E. H. (1851). *Die Lehre vom Tastsinne und Gemeingefühle auf Versuche begründet: für Ärzte und Philosophen; besonders abgedruckt aus Wagners Handwörterbuche der Physiologie.* Braunschweig: Vieweg.

Wellek, A. (1950). *Die Wiederherstellung der Seelenwissenschaft im Lebenswerk Felix Kruegers: Längsschnitt durch ein halbes Jahrhundert der Psychologie.* Hamburg: Meiner.

Wellek, A. (1956). Mathematik, Intuition und Raten. Zur erkenntnistheoretischen und methodologischen Problematik der exakten Psychologie. In: *Studium Generale, 9*, 537–555.

Wellek, A. (1972). Albert Wellek. In: L. J. Pongratz, J. Traxel & G. Wehner (Hrsg.). *Psychologie in Selbstdarstellungen. Erster Band* (S. 357–388). Bern: Huber.

Wertheimer, M. (1912). Experimentelle Studien über das Sehen von Bewegung. In: *Zeitschrift für Psychologie, 61*, 161–265.

Wertheimer, M. (1922 und 1923). Untersuchungen zur Lehre von der Gestalt I und II. In: *Psychologische Forschung, 4/5*, 47–58/301–350.

Wieland, Chr. M. (1766–1767/1979). *Geschichte des Agathon. 1. Fassung.* Stuttgart: Reclam.

Wilken, B. (1997/2003). *Methoden der Kognitiven Umstrukturierung. Ein Leitfaden für die psychotherapeutische Praxis*. Stuttgart: Kohlhammer.

Winnicott, D. W. (1949). Hate in the Countertransference. In: *International Journal of Psychoanalysis, 30*, 69–74.

Wundt, W. (1862). *Beiträge zur Theorie der Sinneswahrnehmung*. Leipzig/Heidelberg: Winter.

Wundt, W. (1863/1892). *Vorlesungen über die Menschen- und Thierseele*. 2 Bände. Leipzig: Voss.

Wundt, W. (1874/1908). *Grundzüge der physiologischen Psychologie*. Leipzig: Engelmann.

Wundt, W. (1888). Über Wege und Ziele der Völkerpsychologie. In: *Philosophische Studien, IV*, 1–27.

Wundt, W. (1907). Über Ausfrageexperimente und über die Methoden zur Psychologie des Denkens. In: *Psychologische Studien, 3*, 301–360.

Wundt, W. (1908). Kritische Nachlese zur Ausfragemethode. In: *Archiv für die gesamte Psychologie*, 11, 445–459.

Wundt, W. (1916). Völkerpsychologie und Entwicklungspsychologie. In: *Psychologische Studien, 10 (3)*, 190–260.

Wundt, W. (1900–1920/1921). *Völkerpsychologie. Eine Untersuchung der Entwicklungsgesetze von Sprache, Mythus und Sitte*. 10 Bände. Leipzig: Kröner.

Wygotski, L. S. (1934/1964/1974). *Denken und Sprechen*. Frankfurt a. M.: Fischer.

Wyss, D. (1961/1977). *Die tiefenpsychologischen Schulen von den Anfängen bis zur Gegenwart: Entwicklung, Probleme, Krisen*. Göttingen: Vandenhoeck & Ruprecht.

Zimmerli, W. Ch. & Wolf, St. (Hrsg.) (1994). *Künstliche Intelligenz: philosophische Probleme*. Stuttgart: Reclam.

Zitterbarth, G. (2006). War Wundt ein Konstruktivist? In: G. Jüttemann (Hrsg.). *Wilhelm Wundts anderes Erbe* (S. 102–115). Göttingen: Vandenhoeck & Ruprecht.

Namenregister

Halbfette Namen und Seitenzahlen verweisen auf einen ganzen Artikel.

Sachregister

Halbfette Seitenzahlen verweisen auf längere Ausführungen.